소형선박 조종사

소형선박조종사

개정판 발행 2023년 5월 19일
개정2판 발행 2024년 6월 28일

편 저 자 | 자격시험연구소
발 행 처 | ㈜서원각
등록번호 | 1999-1A-107호
주 소 | 경기도 고양시 일산서구 덕산로 88-45(가좌동)
교재주문 | 031-923-2051
팩 스 | 031-923-3815
교재문의 | 카카오톡 플러스 친구[서원각]
홈페이지 | goseowon.com

Preface

해양 레저 스포츠에 관련한 열풍이 휩쓸고 있는 요즘, 일반인들도 선박을 조종할 수 있는 소형선박조종면허에 대한 관심이 나날이 커지고 있다.

또한 선박의 안전 운항에 대한 사회적 요청에 따라 선박직원법 개정 시행으로 어업인들도 총톤수 5톤 미만의 선박이라도 소형선박조종사면허 소지가 의무화됨에 따라 자격증 취득을 위한 수요가 늘고 있는 추세이다.

선택형 25문제와 진위형 25문제가 출제되었던 것에서 과목별로 25문항씩 출제가 되므로 보다 철저한 준비가 요구된다.

본 수험서에는 최근까지 기출된 문제와 출제예상문제들을 수록하여 효율적인 학습이 가능하도록 하였다. 따라서 본 교재의 내용을 충실히 보고 수험장에 간다면 두려움에서 오는 긴장감이나 큰 어려움 없이 합격할 수 있을 것이다.

Information

해기사 자격 정보

선박직원법시행령 제10조에 의거 해양수산부장관이 해양수산부령이 정하는 바에 의하여 정기시험, 임시시험, 상시시험으로 구분하여 시행하고 있다.

정기시험

직종별 등급·시험장소 그 밖에 필요한 사항을 매년 1월 10일까지 관보 및 주요일간지에 이를 공고 시행한다.

임시시험

한국해양수산연수원장이 필요하다고 인정하는 때에 수시로 시행되며 그 직종별 등급·시험일시·시험장소 그 밖에 필요한 사항은 시험시행 7일 전까지 한국해양수산연수원의 게시판에 이를 공고한다. 접수인원에 따라 시행결정한다.

상시시험

상시시험을 시행하고자 하는 경우 그 직종별 등급·시험일시·시험장소 그 밖에 필요한 사항은 시험시행 15일 전까지 한국해양수산연수원의 게시판에 이를 공고 시행한다.

시험응시절차

① 응시원서 교부 및 접수

㉠ 응시원서의 접수는 매회 시험의 접수기간 내에만 가능하며, 접수 마감일까지 접수하여야 당회 시험에 응시할 수 있다.

㉡ 당회 시험 원서 접수 취소는 시험 1일 전까지 가능하며, 취소시점에 따라 수수료는 차등 지급된다.

② 원서접수

한국해양수산연수원 시험정보 사이트(http://lems.seaman.or.kr)에 접속 후 "해기사 시험접수"에서 인터넷 접수(준비물 : 사진 및 수수료, 결제 시 필요한 공인인증서 또는 신용카드)

지정된 접수장소(시험정보 사이트 참조)로 직접 방문하여 접수(준비물 : 사진 1매, 응시수수료)

접수마감일 접수시간 내 도착분에 한하여 유효(준비물 : 사진이 부착된 응시원서, 응시수수료). 응시표를 받을 사람은 반드시 수신처 주소가 기재된 반신용 봉투를 동봉하여야 한다.

※ 응시원서에 사용되는 사진은 최근 6개월 이내에 촬영한 3cm × 4cm 규격의 탈모정면 상반신 사진이어야 하며, 제출된 서류는 일체 반환하지 않는다.

시험시간 및 장소

㉠ 1~5급 항해사, 운항사 및 1~5급 기관사 : 5과목/125분
㉡ 5급 국내한정 기관사, 6급 기관사 : 4과목/100분
㉢ 5급 국내한정 항해사, 6급 항해사 : 4과목/100분
㉣ 소형선박조종사 : 4과목/100분
※ 과목합격자 및 일부과목 면제 응시자는 응시과목 수에 따라 시험시간이 다름(과목당 25분)

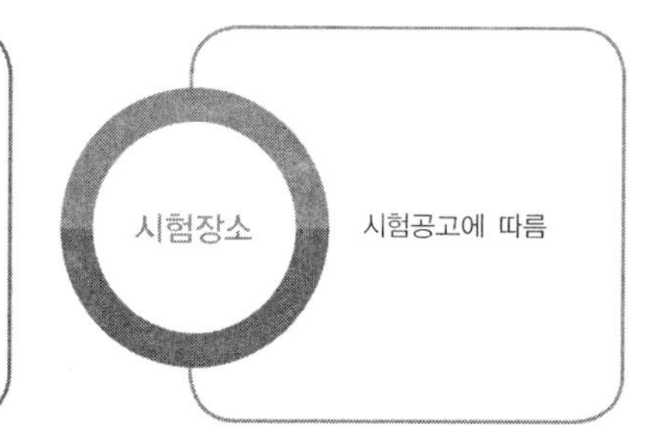

시험방법

객관식 4지선다형으로 하며 과목당 25문항

소형선박조종사 내용별 출제비율

시험과목	과목내용	출제비율	
항 해	항해계기	24	과목 계 100
	항법	16	
	해도 및 항로표지	40	
	기상 및 해상	12	
	항해 계획	8	
운 용	선체 • 설비 및 속구	28	과목 계 100
	구명설비 및 통신장비	28	
	선박조종일반	28	
	황천 시의 조종	8	
	비상제어 및 해난방지	8	
기 관	내연기관 및 추진장치	56	과목 계 100
	보조기기 및 전기장치	24	
	기관고장 시의 대책	12	
	연료유 수급	8	
법 규	해사안전기본법 및 해상교통안전법	60	과목 계 100
	선박의 입항 및 출항 등에 관한 법률	28	
	해양환경관리법	12	

Structure 특·징·및·구·성

핵심이론정리

주요 개념을 체계적으로 구성하여 핵심파악이 쉽고 학습내용에 대한 집중을 높일 수 있습니다.

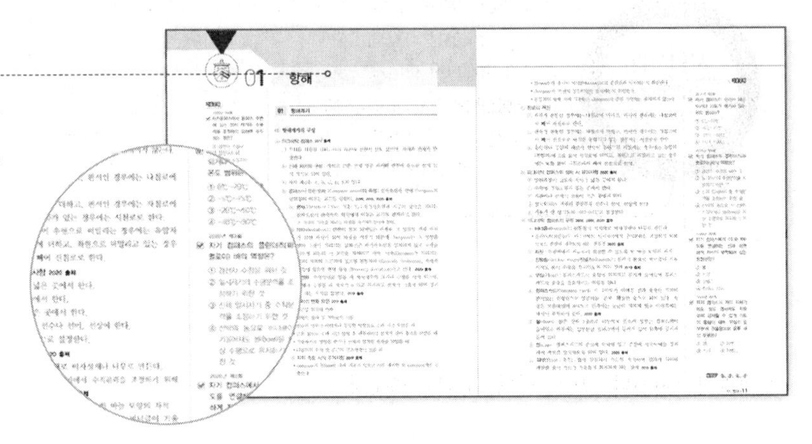

출제예상문제

출제 가능성이 높은 예상문제를 통해 각 과목별 문제유형을 익히고 학습하도록 하였습니다.

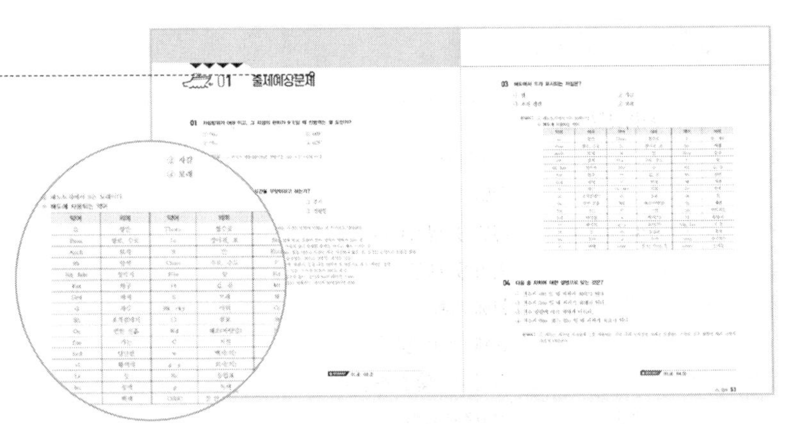

실전 모의고사

실제 시험과 같은 문항 수로 구성한 모의고사를 수록하여 최종점검이 이루어질 수 있도록 하였습니다.

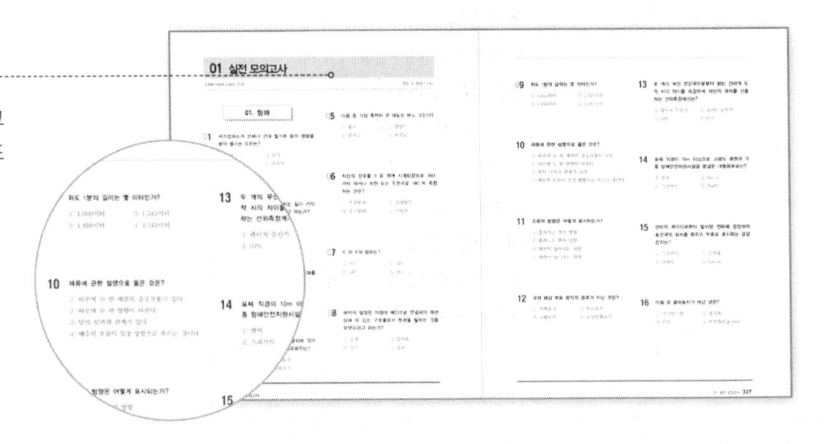

차·례 Contents

소형선박조종사

실전 모의고사

01

소형선박조종사

01. 항해 | 02. 운용 | 03. 법규 | 04. 기관

01 항해

기출문제

2021년 제1회

☑ 자기컴퍼스에서 컴퍼스 주변에 있는 일시 자기의 수평력을 조정하기 위하여 부착되는 것은?

① 상한차 수정구
② 플린더스 바
③ 경선차 수정자석
④ 경사계

2023년 제2회

☑ 자기 컴퍼스에서 선박의 동요로 비너클이 기울어져도 볼을 항상 수평으로 유지하기 위한 것은?

① 자침
② 피벗
③ 기선
④ 짐벌즈

정답 ①, ④

01 항해계기

(1) 항해계기의 구성

① **마그네틱 컴퍼스** … 자석을 통해 자침이 지구 자기의 방향을 가르키게 하는 장치로 자석을 이용한 컴퍼스이기 때문에 전원이 필요 없으며, 자차와 편차가 발생한다.

㉠ 마그네틱 컴퍼스의 구성

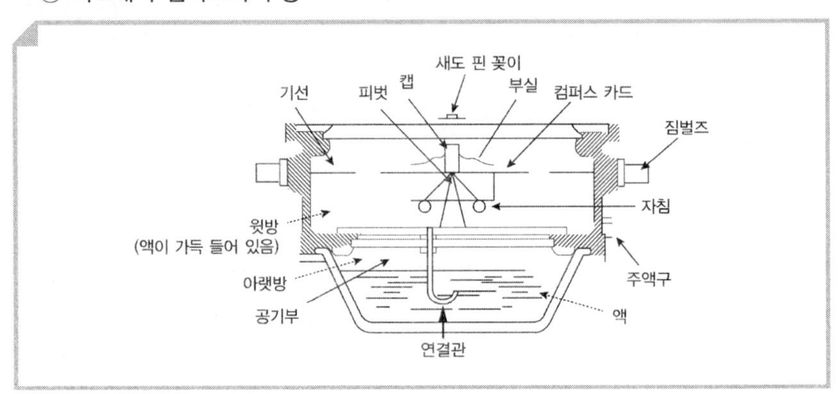

ⓐ **비너클**(Binnacle) : 원통형의 지지대로 비자성재나 나무로 만든다.

- 플린더즈(퍼멀로이) 바 : 선체의 일시자기에서 수직분력을 조절하기 위해 컴퍼스 전방에 세우도록 하는 연철봉 **2020, 2021 출제**
- 상한차수정구 : 컴퍼스 주변의 일시자기에서 수평력을 조절하기 위해 부착된 자석 **2021 출제**

ⓑ **자침** : 수평면에서 자유로이 회전할 수 있도록 한 바늘 모양의 자석

ⓒ **짐벌링**(Gimbal ring)/**짐벌즈**(Gimbals) : 선박의 동요로 비너클이 기울어져도 볼이 수평을 유지하도록 하는 장치 **2021, 2022, 2023 출제**

ⓓ **부실**(Float) : 컴퍼스카드의 중심에 위치하고 공기가 들어있어 컴퍼스카드의 중량을 감소시키는 역할을 한다.

ⓔ **컴퍼스카드**(Compass card) : 0, 180도가 이어진 선과 평행한 자석이 붙어있는 원형판으로 알루미늄, 운모, 황동판 등으로 되어 있다. 직경은 보울내경의 3/4으로 위쪽에는 눈금이 새겨져 있고 아래쪽에는 자석이 부착되어 있다. **2020, 2022 출제**

ⓕ **볼**(Bowl) : 볼은 상하 2층으로 나누어져 있으며 상부는 컴퍼스액이 들어있고 하부에는 일부분만 컴퍼스액이 들어가 있어 위쪽에 공기가 들어 있다.

ⓖ **캡**(Cap) : 컴퍼스카드의 중심에 위치해 있고 중앙에 사파이어를 장치하여 마모를 방지하도록 되어 있다. **2020, 2022 출제**

ⓗ **피벗**(Pivot : 축침) : 캡에 삽입되어 카드를 지지하며 캡과의 사이에 마찰을 줄여 카드가 자유롭게 회전하게 하는 장치

ⓘ **컴퍼스 액** : 알코올과 증류수를 4:6의 비율로 혼합하여 비중이 약 0.95인 액으로 특수기름인 버슬(Varsol)을 사용하기도 한다.

ⓙ **주액구** : 컴퍼스의 액을 보충하는 곳으로 윗방의 측면에 있으며, 볼내에 컴퍼스액이 부족하여 기포가 생길 때 사용하며 주위의 온도가 15℃ 정도일 때가 가장 적당하다.

ⓚ **기선**(Lubber's Line) : 볼 내벽의 카드와 동일한 면안에 4개의 기선이 각각 선수, 선미, 좌우의 정횡방향을 표시하며 침로를 읽기 위해서 사용한다.

ㄴ **콤파스(나침판)오차** (Compass error)**의 측정** : 진자오선과 선내 Compass의 남북선이 이루는 교각을 말한다. **2020 출제**

ⓐ **편차**(Variation : Var. 또는 V) : 자기자오선과 지구의 양극을 지나는 진자오선이 관측자의 위치에서 이루는 교각을 편차라고 한다. **2022 출제**
※ 지구의 자극을 지나는 대권을 자기자오선이라 한다.

ⓑ **자차**(Deviation) : 선박이 철로 되어있는 관계로 그 성질상 선체 자체가 약한 자석이 되어 자장을 이루기 때문에 Compass는 그 영향을 받아 그것이 가리키는 남북선은 자기자오선과 일치하지 않고 교각을 이루게 되는데 이 교각을 자차라고 하며, 나북(Compass가 가리키는 북)이 자북의 오른쪽에 있으면 편동자차 (Easterly deviation), 자북의 왼쪽에 있으면 편서 자차 (Westerly deviation)라고 한다. **2020 출제**

• 자차의 변화 요인
–지구상 위치의 변화
–선체의 경사 및 적하물의 이동
–선수의 방위가 바뀌거나 동일한 방향으로 오랜 시간 두었을 때
–같은 침로로 오랜 시간 항행 후 변침하거나 선체가 심한 충격을 받았을 때
–지방자기의 영향을 받거나 선체가 열적인 변화를 받았을 때
–나침의의 위치 및 부근의 구조변경이 있을 때

• 자차 측정 시의 주의사항
–Compass의 볼(bowl) 내에 기포가 있으면 이를 제거한 뒤 Compass액을 보충한다.
–볼(bowl)의 중심이 비너클(binnacle)의 중심선과 일치하는지 확인한다.
–Compass의 기선이 선수미선과 일치하는지 확인한다.
–통상적인 항해 시에 사용하는 Compass의 주변 자성체는 움직이지 않는다.

기출문제

2022년 제4회
☑ 자기 컴퍼스의 카드 자체가 15도 정도 경사에도 자유로이 경사할 수 있게 카드의 중심이 되며, 부실의 밑 부분에 원뿔형으로 움푹 파인 부분은?
① 캡
② 피벗
③ 기선
④ 짐벌즈

2022년 제1회
☑ 어느 지점을 지나는 진자오선과 자기 자오선이 이루는 교각은?
① 자차
② 편차
③ 풍압차
④ 유압차

정답 ①, ②

기출문제

2022년 제1회

☑ 자기 컴퍼스의 유리가 파손되거나 기포가 생기지 않는 온도 범위는?

① 0℃~70℃
② -5℃~75℃
③ -20℃~50℃
④ -40℃~30℃

2022년 제1회

☑ 자기 컴퍼스의 자차계수 중 일반적으로 수정하지 않는 자차계수는?

① A, B
② A, E
③ C, E
④ C, D

2021년 제4회

☑ 선체 경사 시 생기는 자차는?

① 지방자기
② 경선차
③ 선체자기
④ 반원차

2022년 제4회

☑ 기계식 자이로컴퍼스를 사용하고자 할 때에는 몇 시간 전에 기동하여야 하는가?

① 사용 직전
② 약 30분 전
③ 약 1시간 전
④ 약 4시간 전

정답 ③, ②, ②, ④

- **자차계수 2022 출제**

-자차계수A : 선수 방향에 상관없이 항상 일정하며 갑판면과 컴퍼스의 비대칭 배치로 인해 발생한다.

-자차계수B : 선수미 방향으로 인해 발생한다.

-자차계수C : 정횡(동서)방향으로 인해 발생한다.

-자차계수D : 상한차 자차계수로 침로가 동서남북(사방점)일때에는 자차가 없으며 4우점일 때 최대가 된다.

-자차계수E : 선체 중앙에 컴퍼스를 놓았을 경우 값이 작고 수정장치가 없어 보통 수정하지 않고 남겨둔다.

- **자차계수 수정법 2022 출제**

-자차계수B : 선체영구자기에서 선수미분력의 경우 B자석을 이용하며, 수직연철로 인한 자차의 경우는 플린더즈바를 이용하여 수정한다.

-자차계수C : C자석 또는 플린더즈 바를 이용해 수정한다.

-자차계수D : 연철구를 이용하여 수정한다.

※ A, E 계수를 선체 중앙에 설치할 경우 값이 매우 작으므로 별도로 수정하지 않는 계수이다.

ⓒ **경선차** : 수평상태로 있을 때 자차계수의 크기나 수정을 하게 되는데, 선체가 수평일 때 자차가 0°라고 하더라도 선체가 기울게 되면 생기게 되는 자차를 말한다. **2021, 2023출제**

㉢ **마그네틱 컴퍼스의 설치 시 유의사항 2020, 2022 출제**

ⓐ 방위측정이 쉽도록 시야가 넓은 곳에서 한다.
ⓑ 주위에 전류도체가 없는 곳에서 한다.
ⓒ 기관이나 선체의 진동이 적은 곳에서 한다.
ⓓ 설치위치는 선체의 중앙부분 선수나 선미, 선상에 한다.
ⓔ 기포가 안 생기도록 -20~50℃로 설정한다.

자북과 진북의 이해

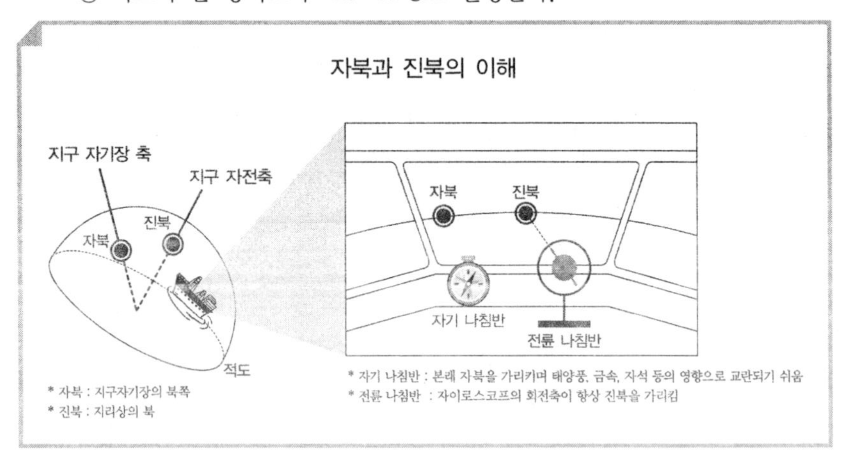

* 자북 : 지구자기장의 북쪽
* 진북 : 지리상의 북

* 자기 나침반 : 본래 자북을 가리키며 태양풍, 금속, 자석 등의 영향으로 교란되기 쉬움
* 전륜 나침반 : 자이로스코프의 회전축이 항상 진북을 가리킴

② **전륜 나침의**(자이로 컴퍼스) … 자이로스코프(gyroscope)의 원리를 응용한 것으로, 빠른 속도로 회전하는 팽이의 축이 지구의 자전하는 힘에 의하여 항상 남북을 가리키도록 한 장치

㉠ **전륜 나침의 특징**

ⓐ 선박 출항 4시간 전에 가동을 시킴 **2020, 2022 출제**

ⓑ 자차와 편차가 없음

ⓒ 전기를 사용하여 진북을 가리킴

ⓓ 장소에 관계없이 설치할 수 있다.

㉡ **전륜 나침의 오차 발생** : 가속도, 속도, 위도에 따른 오차 발생

㉢ **구성** **2020 출제**

ⓐ **주동부**(Sensitive Part) : 자동으로 북을 찾아 정지하는 지북제진 기능을 가진 부분을 말한다.

ⓑ **추종부**(Fllow-up Part) : 컴퍼스 카드가 있으며 주동부를 지지하고 또 그것을 추종하도록 되어 있는 부분을 말한다.

ⓒ **지지부**(Supporting Part) : 선체의 요동, 충격 등의 영향이 추종부에 전달되지 않도록 비너클에 지지되어 있다.

ⓓ **전원부**(Power Supply Part) : 로터를 고속으로 회전시키는데 필요한 전원을 공급하는 부분이다.

㉣ 자이로 컴퍼스 오차

ⓐ **위도오차** : 경사제진식 자이로컴퍼스에만 있으며 북반구에서는 편동, 남반구에서는 편서, 적도상에서는 0°이고, 위도에 따라 그 양이 증가한다. 이 오차는 정지점을 변화시키지 않고 lubber ring을 이동시켜서 수정하거나 위도오차수정기 및 적분기로 수정한다. **2022 출제**

ⓑ **속도오차** : 속도가 빠르고 침로가 남북 방향에 가까워지거나 위도가 높을수록 오차가 커지며, 북향일 때에는 편서오차, 남향일 때에는 편동오차속도를 오차조정기로 조정하고, 스페리식 Lubber point를 이동시켜 수정한다. **2022 출제**

ⓒ **변속도 오차** : 항해 중 선속이 변경되거나 침로가 변경될 때 생기며, 선속의 변화량에 비례하여 20분 후에 최대치로 올라가게 됨으로 로터의 진동 주기를 길게 하여 수정한다. **2021 출제**

ⓓ **동요오차** : 선박이 동요하면 자이로 컴퍼스는 gimbal 내부 장치에서 단진자와 같은 진요운동을 하는데 그 진요의 변화로 인한 가속도와 진자의 호상운동으로 인하여 오차가 생기는 것을 동요오차라고 한다. 제1동요오차 시에는 NS 축선상에 추(Compensation Weight)를 부착하고 제2동요오차 시에는 수은통 위에 추를 부착하여 수정한다. **2021 출제**

기출문제

2020년 제3회

☑ 자이로컴퍼스에서 컴퍼스 카드가 부착되어 있는 부분은?

① 주동부
② 추종부
③ 지지부
④ 전원부

2022년 제4회

☑ 경사제진식 자이로컴퍼스에만 있는 오차는?

① 위도오차
② 속도오차
③ 동요오차
④ 가속도오차

2022년 제1회

☑ 자이로컴퍼스에서 선박의 속력이 빠르고 그 침로가 남북에 가까울수록 , 또 위도가 높아질수록 커지는 오차는?

① 위도오차
② 속도오차
③ 동요오차
④ 가속도오차

2021년 제4회

☑ 기계식 자이로컴퍼스에서 동요오차 발생을 예방하기 위하여 NS축상에 부착되어 있는 것은?

① 보정 추
② 적분기
③ 오차 수정기
④ 추종 전동기

정답 ②, ①, ②, ①

기출문제

2022년 제4회

☑ 선박에서 속력과 항주거리를 측정하는 계기는?

① 나침의
② 선속계
③ 측심기
④ 핸드 레드

2022년 제3회

☑ 전자식 선속계가 표시하는 속력은?

① 대수속력
② 대지속력
③ 대공속력
④ 평균속력

2022년 제2회

☑ 음향 측심기의 용도가 아닌 것은?

① 어군의 존재 파악
② 해저의 저질 상태 파악
③ 선박의 속력과 항주 거리 측정
④ 수로 측량이 부정확한 곳의 수심 측정

2022년 제3회

☑ 수심이 얕은 곳에서 수심을 측정하거나 투묘할 때 배의 진행 방향 및 타력 또는 정박 중 닻의 끌림을 알기 위한 기기는?

① 핸드 레드
② 사운딩 자
③ 트랜스듀서
④ 풍향풍속계

정답 ②, ①, ③, ①

ⓔ **선회 오차 또는 마찰 오차** : 선박이 선회할 때 수직 축 주위가 불안전하여 수직 축 주위에 토크가 생겨 자이로 축을 경사시킴으로서 오차가 생기는 것을 선회오차 또는 마찰오차라고 한다.

③ **선속계(측정의)** … 선박의 속도를 측정하는 장비를 말하며, 보통 추측항법 및 접안시 중요하게 사용되고 속도측정 원리에 따라 선속계의 종류가 바뀐다. **2020, 2022 출제**

㉠ 선속계는 유목 관측식 선속계 ⇨ 칩 로그 ⇨ 패턴트 로그 ⇨ 유압 선속계 ⇨ 전자 선속계 ⇨ 도플러 선속계 ⇨ 코릴레이션 선속계의 순으로 발달되어 왔다.

㉡ **도플러 선속계**(Doppler speed log) : 도플러 효과를 이용한 선속계로 수온에 의한 음파의 속력을 보정하며, 대지 속력과 대수 속력을 측정한다.

㉢ **전자식 선속계** **2022 출제**

ⓐ 아연판을 부착한 검출부, 증폭기, 지시기 등의 구조로 이루어져 있다.

ⓑ 자기장과 기전력, 도체의 방향은 직각을 이루고 있다.

ⓒ 도체와 자기장이 서로 상대적인 운동상태에 있을 때 도체에는 기전력이 유지된다고 하는 패러데이의 전자유도법칙을 이용하여 만들었다.

④ **측심기(측심의)** … 수심을 측정하는 장치이다.

㉠ **종류**

ⓐ **음향 측심기**(echo sounder) : 수심을 측정하는 계기로, 흘수를 정확하게 설정해야 하며, 진동자, 펄스 발생기, 증폭기, 지시기로 구성되어 있다. 어군의 존재 및 해저의 저질이나 수로 측량이 정확하지 않은 곳의 수심을 측정한다. **2022 출제**

ⓑ **핸드 레드**(hand lead) : 수심과 저질을 파악할 수 있다. 얕은 수심에서 이를 측정하거나 정박 중에 닻의 끌림 또는 투묘 시 배의 타력이나 진행 방향을 확인 할 수 있다. **2021, 2022 출제**

㉡ **용도** : 해저의 저질이나 어군의 파악과 초행인 수로의 출입이나 여울 및 암초 등에 접근할 때 사용한다.

⑤ **육분의**(sextant)

㉠ 배의 위치를 판단하기 위해 천체와 수평선 사이의 각도를 측정하는 장치

㉡ 항해를 함에 있어 임의의 3점 사이의 각도나 태양, 달, 항성 등의 고도를 측량하는 데 사용

㉢ **수정 가능한 오차**

ⓐ **수직오차** : 동경이 기면에 수직이 아닐 때 생기는 오차를 말하며, 수정나사를 돌려 수정한다.

ⓑ **수평오차** : 수평경이 기면에 수직이 아닐 때 생기는 오차를 말하며, 수장나사를 돌려 수정하지만 수정나사를 조일 때에는 다른 수정나사를 풀어놓고 해야 한다.

ⓒ **조준오차** : 망원경의 시축선이 기면에 평행이 아닐 때 생기는 오차를 말하며, 통상적으로 실무에서는 잘 행하지 않는다.

ⓓ **기차** : 인덱스바를 0°에 놓았을 때 수평경과 동경이 평행이 아니기 때문에 생기는 오차를 말한다.

㉣ 수정이 불가능한 오차

ⓐ **분광오차** : 차광유리나 거울의 양면이 평행이 아니기 때문에 생기는 오차를 말한다.

ⓑ **눈금오차** : 육분의의 호나 마이크로미터, 버니어 등에 새겨진 눈금이 정확하지 않아서 생기는 오차를 말한다.

ⓒ **중심차** : 본호의 중심과 인덱스바의 중심이 일치하지 않아서 생기는 오차를 말한다.

⑥ **시진의** … 선박에 비치되어 있는 시계를 말한다.

⑦ VDR(Voyage Data Recorder) … 항해정보를 기록한 장치를 말한다.

⑧ **풍향 풍속계** 2020 출제 … 바람의 방향과 속력을 측정하는 기구를 말한다.

㉠ 풍향은 바람이 불어오는 방향을 뜻하며 바람이 시계방향으로 변하면 풍향순전, 시계 반대방향으로 변하면 풍향반전이라고 한다.

㉡ 풍속은 정시 관측시간 전 10분간의 평균 풍속을 구하며, 이때 순간순간의 풍속을 순간풍속, 일정 시간 내에 가장 센 풍속을 최대풍속이라 한다.

⑨ **방위 측정기구** … 방위환, 방위경, 방위반, 섀도 핀(Shadow pin) 등이 있으며, 이중에서 섀도 핀(Shadow pin)은 컴퍼스로 어떤 물표의 방위를 측정하기 위하여 컴퍼스 중심에 세우는 놋쇠로 만든 가는 막대로 방위간(方位杆)이라고도 하며, 방위를 측정할 때는 물표와 새도 핀이 겹쳐 보일 때의 카드의 도수를 읽는다.

참고

◆ 항해 계기 중 전원이 필요한 계기 : 레이더, 선속계, 전륜나침의(자이로 컴퍼스), 음향측심기 등
◆ 항해 계기 중 전원이 불필요한 계기 : 쌍안경, 마그네틱 컴퍼스(자기나침의), 기압계 등

(2) 레이더

① 개요

㉠ 레이더는 파장이 짧은 전파는 빛과 같이 일직선으로 나아가 물체에 닿으면 반사되어 되돌아오는데, 이 성질을 이용한 장치가 레이더이다.

㉡ 원리

ⓐ 전파의 도플러 효과를 이용하는 방법, 송신 전파의 주파수를 시간에 따라 변경하는 방법, 송신 전파로서 매우 짧은 시간 계속하는 전파인 펄스파를 사용하는 방법 등이 있다.

ⓑ 전파의 특성인 직진성, 반사성, 등속성을 이용한다.

기출문제

2020년 제2회

☑ 풍향풍속계에서 지시하는 풍향과 풍속에 대한 설명으로 옳지 않은 것은?

① 풍향은 바람이 불어오는 방향을 말한다.
② 풍향이 반시계 방향으로 변하면 풍향 반전이라 한다.
③ 풍속은 정시 관측 시각 전 15분간 풍속을 평균하여 구한다.
④ 어느 시간 내의 기록 중 가장 최대의 풍속을 순간 최대 풍속이라 한다.

2020년 제2회

☑ 그림에서 빗금친 영역에 있는 선박이나 물체는 본선 레이더 화면에 어떻게 나타나는가?

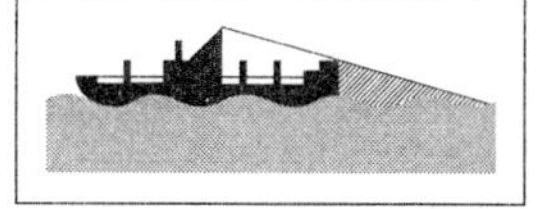

① 선명하게 나타난다.
② 나타나지 않는다.
③ 희미하게 나타난다.
④ 거짓상이 나타난다.

정답 ③, ②

기출문제

2018년 제2회

☑ 다음 중 물표까지의 거리를 직접 측정할 수 있는 계기는?

① 레이더
② 선속계
③ 방위환
④ 자기 컴퍼스

정답 ①

② **레이더의 구조** … 레이더는 지시기와 송신기, 수신기, 회전안테나인 스캐너의 구조로 되어있다.

③ **레이더의 특징**
㉠ 협수로와 시계가 불량한 지역을 항해 시 편리하다.
㉡ 날씨에 무관하게 이용이 가능하며, 선박 간 충돌위험을 사전에 예방할 수 있다.
㉢ 방위와 거리를 동시에 측정이 가능하며, 선박에서 송신과 수신이 가능하다.
㉣ 태풍의 진로와 중심을 파악하여 대비할 수 있다.
㉤ 영상을 판독하는 기술이 필요하며, 기계적인 결함과 전기적인 고장이 발생할 수 있다.
㉥ 방향과 거리를 사전에 예측함으로써 항해에 대한 계획을 수립할 수 있다.

④ **레이더의 사용법**
㉠ 레이더 조정기
ⓐ **전원스위치(power switch)** : 레이더를 작동시키기 위해서는 전원을 켜고 지시기의 음극선관과 송신장치가 예열되는 1~4분 정도를 기다렸다가 작동시켜야 한다.
ⓑ **동조 조정기(tuning)** : 레이더 국부발전기의 발진 주파수를 조정하는 것으로서 주파수를 동조시킴으로서 최대의 효과를 얻을 수 있도록 화면을 조정해야 한다.
ⓒ **감도 조정기(gain)** : 수신기의 감도를 조정하는 것으로 영상 잡음이 지시기의 중심 부근에 조금만 나타날 정도로 조정해야 한다.
ⓓ **해면반사 억제기(STC)** : 주위의 해면이 바람 등의 영향으로 해면 반사에 의해 소형 물체의 반사파를 식별하기 어렵게 하는 수신파의 방해 현상을 줄이는 장치이다.
ⓔ **비·눈의 반사 억제기(우설 반사 억제기/FTC)** : 비나 눈 등의 영향으로 화면상에 방해 현상이 많아져서 물체의 식별이 어려운 경우에 이러한 방해 현상을 줄여주는 역할을 한다.
ⓕ **휘도 조정기** : 화면의 밝기를 조절하는 장치이다.
ⓖ **탐지 거리 선택기** : 레이더의 탐지 거리를 전환시켜주는 스위치를 말한다.
ⓗ **가변 거리환 조정기(EBL)** : 원하는 물체까지의 거리를 화면상에서 측정하기 위하여 사용하는 역할을 한다.
ⓘ **방위선 조정기** : 방위를 측정하는 원판을 돌려서 방위의 측정이 가능하도록 하는 역할을 한다.
ⓙ **방위 선택 스위치** : 헤드업, 코스업, 노스업의 방위 선택을 하는 스위치를 말한다.
ⓚ **선수휘선 억제기** : 화면상에 선수휘선이 표시되지 않도록 하는 장치를 말한다.

㉡ 레이더의 작동 방법

ⓐ 전원 스위치를 OFF 위치에서 STAND BY로 맞춘다.

ⓑ 약 1~4분 후 READY 램프가 켜지면 ON으로 맞춘다.

ⓒ 원하는 거리를 선택하고 방위를 전환한다.

ⓓ 동조 조정기(TUNING)를 조정하여 목표물이 가장 선명하게 나타나도록 한다.

ⓔ 거리 선택 스위치(RANGE)를 원하는 레인지에 맞춘다.

ⓕ 감도 조정기를 목표물이 선명하게 관측되도록 조절하고 상황에 따라 해면 반사 억제기 (STC) 및 눈·비 반사 억제기(FTC)를 조정한다.

ⓖ 거리와 방위를 측정하며, 충돌을 피하기 위하여 가변 거리환 조정기를 적당하게 조절한다.

ⓗ 동작을 중지하고자 할 때에 위의 순서를 반대로 하여 STAND BY로 해 둔다.

㉢ 레이더의 작동 방식

ⓐ 상대동작과 진동작의 비교

구분	상대동작모드	진동작모드
자선의 위치	PPI상(중심)에 고정된다.	진벡터로 PPI상을 이동한다.
이동물체	• 상대벡터로 이동 • CPA 및 TCPA의 파악 용이 • 충돌예보에 유리	• 진벡터로 이동한다. • 항법관계 및 충돌 회피에 유리하다.
정지물체	자선의 속력과 동일하게 반대 방향으로 이동한다.	정지한다.
지속성	낮다.	높으므로 속력 추정이 가능하다.
탐지구역	레인지 스케일에 따라 일정하다.	변화하며, 전방 확장효과가 가능하다.
타선의 진벡터	플로팅 한다.	쉽게 확인 가능
해조류 측정	어렵다.	쉽다.
적용시기	대양항해, 육지초인에 적합	협수로 항해, 항구 접근시 적합

㉣ 레이더의 성능은 최대탐지거리, 최소탐지거리, 방위분해능, 거리분해능, 영상의 선명도가 좋아야 한다.

ⓐ 최대 탐지거리 : 물체를 탐지할 수 있는 최대의 거리를 말한다.

ⓑ 최소 탐지거리 : 가까이에 있는 물체를 탐지할 수 있는 최소의 거리를 말한다.

ⓒ 방위 분해능 : 동일한 거리에 인접해 있는 2개의 물체가 화면에서 2개의 휘점으로 표시 될 수 있는 두 물체 간의 최소한도의 방위차를 말한다.

ⓓ 거리분해능 : 동일한 방위상에 인접해 있는 2개의 물체가 화면상에서 별개의 휘점으로 표시 될 수 있는 두 물체 간의 최소거리를 말한다.

㉤ 레이더 플로팅(radar plotting) : 레이더 표시기의 영상을 이용하여 물체 표적의 검출이나 추미파라미터의 계산 및 정보를 표시하는 모든 과정을 말하며, 선박의 충돌 가능성과 예상 도착시간 및 타선의 진침로와 속도 등을 파악하는데 주요한 역할을 한다.

⑤ 레이더의 거짓상 **2022 출제**

㉠ **간접반사** : 선박의 구조물 등이 반사파에 부딪혀 생기는 거짓상으로 STC를 강하게 하거나 감도를 낮출 경우 소멸된다.

㉡ **다중반사** : 현측에 대형 장애물이 있을 경우 자선과 물표 사이에 전파가 2회 이상 왕복되면서 여러개로 나타나거나 점점 약해지면서 생기는 거짓상으로 침로를 바꾸면 소멸된다.

㉢ **부복사반사(측엽효과)** : 부엽으로 인한 주엽의 좌우 7도, 90도 좌우 대칭 방향 또는 원호 모양으로 나타나는 거짓상으로 감도나 STC를 조절하여 상대적인 위치를 바꾸면 소멸된다.

㉣ **거울면반사(경면반사)** : 반사 성능이 좋은 안벽이나 고층빌딩 등이 거울면과 같은 역할을 하여 대칭 방향으로 만들어지며 생기는 거짓상이다.

㉤ **이차 소인반사** : 초굴절이 심하게 발생할때 최대탐지거리 바깥의 물표가 영상에 나타나서 생기는 거짓상으로 range scale을 조절하면 물표의 위치가 변한다.

⑥ S밴드 레이더 · X밴드 레이더 **2020 출제**

분류	S밴드 레이더	X밴드 레이더
화면의 선명도	덜 선명함	선명함
방의와 거리의 측정	덜 명확함	명확함
소형 물표 탐지도	어려움	쉬움
탐지 거리 적합도	원거리	근거리

⑦ 선박 자동식별장치(AIS) **2020, 2022 출제**

㉠ 선박의 위치, 침로, 속력 등 항해 정보를 실시간으로 제공하는 첨단 장치이며, 해상에서 선박의 충돌을 방지하기 위한 장치이다.

㉡ 국제 해사 기구(IMO)가 추진하는 의무 사항이며, 선박 자동 식별 장치(AIS)가 도입되면 주위의 선박을 인식할 수 없는 경우에도 타선의 존재와 진행 상황 판단이 가능하다.

㉢ 시계가 좋지 않은 경우에도 선명 · 침로 · 속력 식별이 가능하여 선박 충돌 방지, 광역 관제, 조난 선박의 수색 및 구조 활동 등 안전 관리를 더욱 효과적으로 수행할 수 있다.

기출문제

2022년 제4회

☑ 선박 주위에 있는 높은 건물로 인해 레이더 화면에 나타나는 거짓상은?

① 맹목구간에 의한 거짓상
② 간접 반사에 의한 거짓상
③ 다중 반사에 의한 거짓상
④ 거울면 반사에 의한 거짓상

2020년 제3회

☑ S밴드 레이더에 비해 X밴드 레이더가 가지는 장점으로 옳지 않은 것은?

① 화면이 보다 선명하다.
② 방위와 거리 측정이 정확하다.
③ 소형 물표 탐지에 유리하다.
④ 원거리 물표 탐지에 유리하다.

2022년 제3회

☑ 선박자동식별장치(AIS)에서 확인할 수 없는 정보는?

① 선명
② 선박의 흘수
③ 선원의 국적
④ 선박의 목적지

정답 ④, ④, ③

02 항법

(1) 항법

항법이란 선박을 출발지에서 목적지까지 안전하고 가능하면 빠르게 도착할 수 있도록 하기 위한 지식과 기술, 방법 등을 말한다.

(2) 현재 사용되고 있는 항법의 종류

① **지문항법(地文航法)** … 이미 위치가 알려진 지상의 목표를 항해 중에 육안으로 확인함으로써 목적지와 본선의 위치관계를 알아내는 항해 방법이다.

② **천문항법(天文航法)** … 항해 중에 태양 · 달 · 항성 · 행성 등의 천체를 육분의(六分儀) 등으로 관측하여, 그 값과 관측한 시간에 따라 천측계산표에서 현재의 위치를 찾는 방법으로, 천측항법이라고도 한다.

③ **추측항법(推測航法)** … 선박의 대수속도 · 항행시간 · 침로 · 풍향 · 풍속 · 편류 등 항법에 필요한 제원 중 몇 개의 값을 구하거나 가정하여 그 선박의 위치 · 대지속도 · 침로 · 도착시각 등을 산출하는 방법이다.

④ **전파항법(電波航法)** … 전파의 정속성, 등속성 및 직진성을 이용한 항법이다. 원리는 위치를 알고 있는 무선국으로부터의 전파의 도래방향, 또는 전파를 전파시키는 데 소요된 시간을 측정함으로써 현재 자신의 위치 등의 정보를 확인하는 것이다.

㉠ 지상의 무선시설이 주가 되어 선박의 방위와 거리를 측정하는 방법

㉡ 선박의 무선기기가 주가 되어 지상국 또는 위성국에서의 방위와 거리를 측정하는 방법

(3) 거리와 속력

① **거리**(distance, 또는 D) … 항해에 사용하는 거리의 단위는 해리(M)로서, 위도 1'의 길이를 말하며, 위도 1'의 길이인 1,852m를 1해리로 정하여 국제해리라고 한다.

② **속력**(knot, 또는 kt) … 선박의 속력은 노트로 나타내며, 1시간에 1해리를 항주하는 속력을 1노트라고 한다. 속력(knots) = 거리/시간

③ **해사안전법상 대수속력** … 선박의 물에 대한 속력으로서 자기 선박 또는 다른 선박의 추진장치의 작용이나 그로 인한 선박의 타력(惰力)에 의하여 생기는 것을 말한다.

④ **대지속력(對地速力)** … 선박이 육지와 멀어지는 속력 즉 육지에 대한 속력을 대지속력이라 한다.

기출문제

2022년 제3회

☑ 45해리 떨어진 두 지점 사이를 대지속력 10노트로 항해할 때 걸리는 시간은? (단, 외력은 없음)

① 3시간
② 3시간 30분
③ 4시간
④ 4시간 30분

정답 ④

기출문제

⑤ 추측항법에 사용하는 속력 또는 선박 추진기의 RPM으로 속력을 계산하는 선박자체 계기판의 속도나 전자식 선속계(EM log)에 의한 속력을 대수속력이라 하며, 지문항법이나 GPS 선속계, 음파선속계(doppler log)에 의한 속력이 대지속력이다.

(4) 방위와 침로

① **방위**(bearing 또는 Bn) … 방위는 북쪽을 기준으로 하여 시계방향으로 360°를 말하며, 관측자로부터 어느 목표물의 방향을 나타낸다.

㉠ **방위의 종류**

ⓐ **진방위**(true bearing, T.B.) : 관측자와 물표를 지나는 대권이 진자오선과 이루는 교각을 말한다.

ⓑ **나침방위**(compass bearing, C.B.) : 관측자와 물표를 지나는 대권이 컴퍼스의 남북선과 이루는 교각을 말한다.

ⓒ **자침방위**(magnetic bearing, M.B.) : 관측자와 물표를 지나는 대권이 자기 자오선과 이루는 교각을 말한다.

ⓓ **상대방위**(relative bearing, R.B.) : 선수방향을 기준으로 한 방위를 말한다.

㉡ **방위 표시법**

ⓐ **360도식** : 항상 3자리 숫자로 표시하며, 북을 000도로 시계 방향으로 돌아가면서 360도까지 측정하는 것을 말하고 동은 090도 남은 180도 서는 270도로 표시한다.

ⓑ **180도식** : 방위각이라 하며, 북쪽이나 남쪽을 기준으로 180도까지 측정하는 것을 말한다.

ⓒ **포인트식** : 360도를 32등분으로 하여 그 한 등분을 1포인트 또는 1점이라 하며 11도 15분을 말한다.

② **침로**(Course, Co.) … 선수미선과 선박이 지나는 자오선이 이루는 각을 말하며, 보통 북을 000도로 하여 360도까지 측정한다. **2020 출제**

㉠ **진침로**(true course, T.Co.) : 진자오선과 항적이 이루는 각을 말한다.

㉡ **시침로**(apparent course, App.Co.) : 유압차나 풍압차가 있을 때 진자오선과 선수미선이 이루는 각을 말한다.

㉢ **자침로**(magnetic course, M.Co.) : 자기자오선과 선수미선이 이루는 각을 말한다.

㉣ **나침로**(compass course, C.Co.) : 컴퍼스의 남북선과 선수미선이 이루는 각을 말한다.

③ **유압차와 풍압차**

㉠ **유압차**(tide way) : 해조류나 조류의 영향으로 선수미선과 항적이 이루는 교각을 말한다.

2020년 제3회

☑ 선수미선과 선박을 지나는 자오선이 이루는 각은?

① 방위
② 침로
③ 자차
④ 편차

정답 ②

㉡ **풍압차**(lee way, L.W.) : 선박이 바람의 영향으로 선수미선과 항적이 이루는 교각을 말한다.

※ 풍압차와 유압차를 구분하지 않고 풍압차라고 하는 경우도 있다.

(5) 선위와 선위 측정법

① 선위(선박의 위치) … 선박의 위치를 알아서 그 위치를 해도상에 표기하는 것은 항해의 기본적인 임무이다.

㉠ **실측위치** : 선위를 실제로 관측하여 구하는 방법

㉡ **추측위치** : 알고 있는 처음 위치에서 항해한 방향으로 항해시간과 속력을 고려하여 추측으로 구한 위치를 말한다.

㉢ **추정위치** : 나침반이 가리키는 방향과 항로상의 거리를 기초로 하여 구한 위치에, 바람과 조류의 영향을 반영하여 조정한 위치를 말한다.

② 위치선 … 배가 그 선상의 어디엔가 있다는 조건을 갖춘 선을 말한다. **2020 출제**

㉠ **방위에 의한 위치선** : 직선으로 표시되며 컴퍼스로 구한 물표의 방위선이다.

㉡ **중시선에 의한 위치선** : 자선의 위치를 구할 때 사용하는데 두 물표가 일직선상에 겹쳐 보일 때 그들 물표를 연결한 직선을 중시선이라고 하며, 관측자와 가까운 물표 사이의 거리가 두 물표 사이의 거리의 3배 이내이면 매우 정확한 위치선이 된다. 중시선은 선위를 측정하는 이외에도 좁은 수로를 통과할 때의 피험선, 컴퍼스 오차의 측정 등에 이용된다.

㉢ **수평협각에 의한 중시선** : 육분의로 두 물표 사이의 수평협각을 측정한 후 해도 위에서 두 물표를 지나고 측정한 각을 원으로 표시한다.

㉣ **수심에 의한 위치선** : 수심이 일정하지 않고 특정한 변화가 없는 곳에서는 이용할 수 없으며, 직접 측정한 수심과 동일한 수심을 연결한 등심선을 위치선으로 한다.

㉤ **전파항법에 의한 위치선** : 무선 방위(方位) 측정기나 레이더, 데커 등 전파를 이용하는 계기(計器)를 사용하여 자선(自船)의 위치나 항로를 정하는 방법을 말한다.

㉥ **전위선에 의한 위치선** : 선박이 일정시간 동안 항행한 만큼 위치선을 같은 침로 방향으로 이동한 선을 말한다.

③ 선위측정법

㉠ **교차방위법** : 항해하는 선박에서 2개 이상의 물표의 방위선을 이용하여 선위를 측정하는 방법으로 연안 항행 중에 가장 많이 이용되는 방법이다. 측정법이 쉽고 또 위치의 정밀도가 높다. **2020, 2021, 2022 출제**

ⓐ 교차방위법을 위한 물표선정 시 주의사항

- 먼 물표보다는 적당히 가까운 물표를 선택한다.
- 해도상의 위치가 명확하고, 뚜렷한 목표를 선정한다.

기출문제

2020년 제4회

☑ 항해 중에 산봉우리, 섬 등 해도 상에 기재되어 있는 2개 이상의 고정된 뚜렷한 물표를 선정하여 거의 동시에 각각의 방위를 측정하여 선위를 구하는 방법은?

① 수평협각법
② 교차방위법
③ 추정위치법
④ 고도측정법

2022년 제1회

☑ 연안항해에서 많이 사용하는 방법으로 뚜렷한 물표 2개 또는 3개를 이용하여 선위를 구하는 방법은?

① 3표양각법
② 4점방위법
③ 교차방위법
④ 수심연측법

2022년 제4회

☑ 항해 중에 산봉우리, 섬 등 해도 상에 기재되어 있는 2개 이상의 고정된 뚜렷한 물표를 선정하여 거의 동시에 각각의 방위를 측정하여 선위를 구하는 방법은?

① 수평협각법
② 교차방위법
③ 추정위치법
④ 고도측정법

정답 ②, ③, ②

기출문제

2020년 제3회

☑ 교차방위법 사용 시 물표 선정 방법으로 옳지 않은 것은?

① 고정 물표를 선정할 것
② 2개보다 3개를 선정할 것
③ 물표 사이의 교각은 150°~300°일 것
④ 해도상 위치가 명확한 물표를 선정할 것

2021년 제1회

☑ 두 물표를 이용하여 교차방위법으로 선위 결정 시 가장 정확한 선위를 얻을 수 있는 상호간의 각도는?

① 30도
② 60도
③ 90도
④ 120도

2022년 제1회

☑ 위성항법장치(GPS)에서 오차가 발생하는 원인이 아닌 것은?

① 수신기 오차
② 위성 오차
③ 전파 지연 오차
④ 사이드 로브에 의한 오차

정답 ③, ③, ④

- 물표가 많을 때에는 2개보다 3개 이상을 선정하는 것이 선위의 정확도를 위해 좋다.
- 물표 상호간의 각도는 가능한 한 30°~150°인 것을 선정해야 하며, 두 물표일 때에는 90°, 세 물표일 때에는 60° 정도가 가장 좋다. **2021 출제**

ⓑ **방위측정 시 주의 할 사항**

- 선수미 방향이나 먼 물표를 먼저 측정하고, 정횡 방향이나 가까운 물표는 나중에 측정한다. 즉, 방위 변화가 빠른 물표는 나중에 측정해야 한다.
- 방위 측정과 해도 상에 방위선을 작도할 때에도 신속하고 정확하게 해야 한다.
- 위치선을 기입할 때에는 전위를 고려하여 관측 시각과 방위를 기입해 두도록 하며, 선위에도 그 관측시각을 항상 기입하여야 한다.
- 물표가 선수미선의 어느 한쪽에만 있을 경우, 선박의 선속이 빠르고 방위측정에 많은 시간이 지체되었을 경우에는 선위가 예정침로의 오른쪽 또는 왼쪽으로 편위될 수 있으므로 주의하여야 한다.

ⓒ **오차삼각형** : 교차방위법으로 선위를 결정할 때 관측한 3개의 방위선이 1점에서 만나지 않고 작은 삼각형을 이루는 경우를 오차 삼각형이라 하며, 그 삼각형의 중심을 선위로 정하고 혹시 너무 큰 삼각형이 생기면 방위를 다시 측정해야 한다.

- 오차 삼각형이 생기는 원인

–해도상의 물표의 위치가 실제와 차이가 있을 때
–관측이 부정확하거나 자차 또는 편차에 오차가 있을 때
–해도 상에 위치선을 작도할 때에 오차가 개입되었을 때
–물표의 방위를 거의 동시에 관측하지 못하고 시간차가 많이 생겼을 때

㉡ **격시관측법** : 시간차를 두고 두 번 이상 같은 물표 또는 다른 물표를 관측하여 그들의 전위치선과 현위치선을 이용하여 선위를 구하는 방법을 말한다.

㉢ **방위거리법** : 항해 목표물의 방위나 거리를 측정하여 얻는 방법

㉣ **전파항해 계기를 이용한 측정법**

ⓐ **지구위치정보시스템**[Global Positioning System, GPS] **2020, 2021 출제**

- 인공위성을 이용하여 1일 24시간 세계측지계(WGS84)상의 3차원 위치측정과 신속한 관측 자료의 처리를 통하여 높은 정확도의 위치정보를 산출할 수 있는 전천후 측위 장비이다.
- GPS 오차 발생 원인 : 위성 궤도 오차, 전파 지연 오차, 수신기 오차 등 **2022 출제**

ⓑ **고정밀위성항법장치**[Differential Global Positioning System, DGPS] : 인공위성 및 지상기지국과의 3각 교신을 통하여 현재의 위치를 알려주는 시스템이다.

ⓒ **Loran-C**(Long Range Radionavigation System-C) : 쌍곡선 원리를 이용 주국과 종국 간 정확한 전파 도달 시간차로 위치를 측정한다.

④ 선위(선박의 위치)를 나타내는 방법

㉠ 위도와 경도로 나타내며, 도, 분, 초를 사용하여 위도를 먼저 표시하고, 경도를 나중에 표시한다.

㉡ 알고 있는 위치의 어느 지점으로부터의 방위와 거리로 나타낸다.

(6) 지구상의 위치 요소

① **지축과 지극** … 지구의 자전축을 지축이라고 하며, 지구의 양쪽 끝을 지극이라고 하여 북쪽 끝을 북극, 남쪽 끝을 남극이라 한다.

② **대권과 소권** … 구를 지구의 중심을 지나는 평면으로 자른다고 할 때 지구표면에 생기는 원을 대권이라 하고 지구의 중심을 지나지 않도록 평면으로 자를 때 생기는 원을 소권이라고 한다.

③ **적도와 거등권** … 지축과 직교(90°)하는 대권을 적도라 하고 위도의 기준이 되며, 적도에 평행한 소권을 거등권 또는 평행권이라고 한다.

④ **자오선과 본초 자오선** … 지구의 양극을 지나는 대권을 자오선이라 하고 시각의 기준이 되며, 적도와 직교 한다. 자오선 중에 영국의 그리니치 천문대를 지나는 자오선을 본초 자오선이라 하며 경도의 기준이 된다.

⑤ **날짜변경선** … 날짜를 구분하기 위해 인위적으로 만든 가상의 선으로 경도 0도인 영국 그리니치 천문대와 경도 180도인 태평양 한가운데에 세로로 그어졌다. 날짜 변경선을 기준경도로 하여 동쪽에서 서쪽으로 통과할 때는 하루를 늦추며(더하며), 서쪽에서 동쪽으로 통과할 때는 하루를 건너뛴다(뺀다). **2022 출제**

⑥ **항전선** … 지구 위의 모든 자오선과 같은 각도로 만나는 곡선을 항정선이라 한다. 따라서 적도, 거등권 및 자오선도 항정선이 될 수 있다.

⑦ **경도** … 지구 위의 위치를 나타내는 좌표축 중에서 세로로 된 것으로, 지구의 남극과 북극을 잇는 자오선(子午線)을 말하며, 한 지점의 경도는 그 지점을 지나는 자오선과 런던의 그리니치 천문대를 지나는 본초 자오선을 중심으로 동서로 나누어, 각각 동경 180도, 서경 180도로 한다.

⑧ **위도** … 어느 지점의 거등권과 적도 사이의 자오선상의 호의 길이를 위도라 하며, 적도를 0°로 하여 그 방향이 북쪽이면 북위라고 하여 부호 N을 붙여 표시하며, 남쪽이면 남위라 하고 부호 S를 붙여 표시한다.

기출문제

2022년 제2회

☑ (　　)에 순서대로 적합한 것은?

> "국제협정에 의하여 (　　)을 기준경도로 정하여 서경쪽에서 동경 쪽으로 통과할 때에는 1일을 (　　)."

① 본초자오선, 늦춘다
② 본초자오선, 건너뛴다
③ 날짜변경선, 늦춘다
④ 날짜변경선, 건너뛴다

정답 ④

03 해도 및 항로표지

(1) 해도

해도란 항해중인 선박의 안전한 항해를 위해 수심, 암초와 다양한 수중장애물, 섬의 모양, 항만시설, 각종 등부표, 해안의 여러 가지 목표물, 바다에서 일어나는 조석 · 조류 · 해류 등이 아주 정밀한 실제측량을 통해 표시되어 있는 것을 말한다.

(2) 해도의 구분

① **도법상 분류 2020 출제**

㉠ **점장도** : 해도 제작의 대표적인 도법이다. **2020 출제**

ⓐ 경위도선이 평행한 직선으로 되어 있어 경선과 위선은 직각을 이루며, 경선은 진북(眞北)을 표시한다.

ⓑ 육지의 모든 물표의 각도가 해도 상의 각도와 일치하므로 배의 위치를 결정하는 데 편리하다.

ⓒ 모든 항로는 직선으로 나타낼 수 있으며 해도에 게재되어 있는 나침도에 의하여 배의 침로나 방위를 결정할 수 있다.

ⓓ 두 점 사이의 거리도 직선으로 표시되며 부근의 위도척(緯度尺)에 맞추면 쉽게 거리를 알 수 있지만 고위도에서 도형면적이 실제의 면적보다 크게 되며, 위도 60°에서는 약 4배나 커지지만 항해하는 데 있어서는 별 문제가 없다.

㉡ **평면도** : 포함구역이 적기 때문에 지구의 곡률을 고려하지 않고 평면으로 생각하여 평면삼각측량에 의하여 제작된 것으로, 보통 1/3만 이상의 대축척 해도에 상용된다.

㉢ **대권도** : 대양항해를 할 때 항로 선정의 참고도로 이용한다.

② **사용 목적별 분류 2020 출제**

㉠ 항해용 해도

ⓐ **총도**(General chart) : 지구상 넓은 구역을 한 도면에 수록한 해도로서 원거리 항해와 항해계획을 세울 때 사용한다. 축척은 1 : 4,000,000 보다 소축척으로 제작된다.

ⓑ **항양도**(Sailing chart) : 원거리 항해시 주로 사용되며 먼 바다의 수심, 주요등대 · 등부표 및 먼 바다에서도 볼 수 있는 육상의 목표물들이 표시되어 있다. 축척은 1 : 1,000,000 보다 소축척으로 제작된다. **2020 출제**

기출문제

2020년 제4회

☑ 점장도에 대한 설명으로 옳지 않은 것은?

① 항정선이 직선으로 표시된다.
② 경위도에 의한 위치표시는 직교좌표이다.
③ 두 지점 간 방위는 두 지점의 연결선과 거등권과의 교각이다.
④ 두 지점 간 거리를 잴 수 있다.

2020년 제4회

☑ 다음 해도 중 가장 소축척 해도는?

① 항박도
② 해안도
③ 항해도
④ 항양도

정답 ③, ④

ⓒ **항해도**(Coastal chart) : 육지를 멀리서 바라보며 안전하게 항해할 수 있도록 사용되는 해도로서 1 : 300,000 보다 소축척으로 제작된다.

ⓓ **해안도**(Approach chart) : 연안 항해용으로서 연안을 상세하게 표현한 해도로서, 우리나라 연안에서 가장 많이 사용 되고 있다. 축척은 1 : 50,000 보다 작은 소축척이다. **2020 출제**

ⓔ **항박도**(Harbour chart) : 항만, 투묘지, 어항, 해협과 같은 좁은 구역을 대상으로 선박이 접안할 수 있는 시설 등을 상세히 표시한 해도로서 1 : 50,000 이상 대축척으로 제작된다. **2020, 2022 출제**

ⓛ **특수 해도**

ⓐ **해저 지형도** : 해저면의 지형을 해안의 저조선과 함께 도시한 해도이다.

ⓑ **어업용 해도** : 일반 항해용해도에 어업에 필요한 제반자료를 해도번호 앞에 "F"자로 표시하여 제작한 해도이다.

ⓒ 종이해도

ⓔ **전자해도**(ECDIS) : 해도정보, 위치정보, 수심자료, 속력, 선박의 침로 등 선박의 항해와 관련된 모든 정보를 종합하여 항해용 컴퓨터 화면상에 표시하는 해상지리 정보자료시스템을 말하며 다음과 같은 역할을 한다. **2020 출제**

ⓐ 선박의 충돌이나 좌초에 관한 위험상황을 항해자에게 미리 경고하여 해난사고를 미연에 방지한다.

ⓑ 사고 발생시 자동 항적기록을 통해 원인규명을 가능케 하는 등 선박의 항해에 중요한 수단이 된다.

ⓒ 최적 항로선정을 위한 정보를 제공함으로써 수송비용의 절감과 해상교통 처리 능력을 증대시킨다.

(3) 해도상의 정보

① **해도의 축척** … 두 지점 사이의 실제 거리와 해도에서의 두 지점 사이의 거리의 비율을 말한다.

㉠ **대축척 해도** : 좁은 지역을 자세하게 표시한 것으로 항박도가 있다. **2022 출제**

ⓛ **소축척 해도** : 넓은 지역을 작게 나타낸 것으로 총도와 항양도가 있다.

② **해도의 표제기사** … 해도의 명칭과 축척, 측량년도 및 자료의 출처, 수심 및 높이의 단위와 기준면 조석에 관한 내용 등이 수록 된 것을 말한다.

※ 해류와 편차 및 등대의 등질은 표제기사가 아니다.

기출문제

2020년 제2회

☑ 연안 항해에 사용되며, 연안의 상황이 상세하게 표시된 해도는?

① 항양도
② 항해도
③ 해안도
④ 항박도

2022년 제4회

☑ 항만 내의 좁은 구역을 상세하게 표시하는 대축척 해도는?

① 총도
② 항양도
③ 항해도
④ 항박도

2022년 제1 · 4회

☑ 종이해도에서 찾을 수 없는 정보는?

① 나침도
② 간행연월일
③ 일출 시간
④ 해도의 축척

정답 ③, ④, ③

기출문제

2022년 제1회

☑ 종이해도번호 앞에 'F'(에프)로 표기된 것은?

① 해류도
② 조류도
③ 해저 지형도
④ 어업용 해도

2022년 제4회

☑ 해저의 지형이나 기복상태를 판단할 수 있도록 수심이 동일한 지점을 가는 실선으로 연결하여 나타낸 것은?

① 등고선
② 등압선
③ 등심선
④ 등온선

2021년 제1회

☑ 조석에 따라 수면위로 보였다가 수면 아래도 잠겼다가 하는 바위는?

① 노출암
② 간출암
③ 암암
④ 세암

정답 ④, ③, ②

③ **해도번호** … 해도번호는 국가 상황에 알맞게 아라비아 숫자로 부여하며, 상부 좌측 및 하부우측에 각각 표시한다. 성질에 맞게 번호 앞에 문자를 첨부한다.

㉠ P : 잠정판해도
㉡ L : 로란해도
㉢ F : 어업용해도
㉣ 101~199번 : 동해안
㉤ 201~299번 : 남해안
㉥ 301~399번 : 서해안
㉦ 401~499번 : 특수도
㉧ INT : 국제해도

④ **간행연월일 · 소개정**

㉠ **간행연월일** : 해도 하단 중앙에 표시한다.
㉡ **소개정** : 해도 하단 좌측에 표시한다.

⑤ **나침도(compass rose)** … 안쪽은 자침방위를 표시하며 중앙에는 자침편차와 1년 간의 변화량인 연차가 기록되며 바깥쪽 원은 진북을 가르키는 진방위를 표시한다. **2020 출제**

⑥ **우리나라 해도상의 수심 기준**

㉠ **해도의 수심** : 기본 수준면이 기준이다.
㉡ **물표의 높이** : 평균수면이 기준이다.
㉢ **해안선** : 약최고 고조면이 기준이다.
㉣ **조고와 간출암** : 기본 수준면이 기준이다.

⑦ **등심선** **2022 출제**

㉠ 일반적으로 2, 5, 10, 20, 200m의 선이 그려져 있다.
㉡ 해저의 지형이나 기복상태를 알기 위해 같은 수심인 장소를 연결한 선을 말한다.

⑧ **조류화살표** … 조류의 방향과 대조기의 가장 강한 유속을 표시한다.

㉠ **낙조류** : 2Km ⟶
㉡ **해조류** : ⋙ 2Km ⟶
㉢ **창조류** : ⋘ 2Km ⟶

⑨ **해저위험물**

㉠ **세 암** : 저조시에 수면과 같아서 해수에 봉우리가 씻기는 바위를 말한다.
㉡ **간출암** : 조조시에는 수면위에 나타나고 고조시에는 수중에 있는 바위를 말한다. **2021 출제**
㉢ **노출암** : 저조시에나 고조시에나 항상 보이는 바위를 말한다.
㉣ **암 암** : 저조시에도 수면에 나타나지 않는 바위를 말한다.

(4) 해도의 사용법

① **어느 지점의 경도와 위도를 구하는 방법** … 위도는 그 지점을 지나는 거등권을, 경도는 그 지점을 지나는 자오선을 통해 구한다.

② **두 지점간의 거리를 구하는 방법** … 디바이더를 이용하여 구한다.

③ **편차와 연차** … 나침도에서 구한다.

④ **두 지점 간의 방위를 구하는 방법** … 삼각자를 이용하여 구한다.

⑤ **두 지점간의 거리를 잴 때 기준이 되는 눈금** … 거리를 측정하는 단위가 마일이므로 위도는 눈금을 보면 거리를 구할 수 있다.

(5) 해도 사용 시의 주의점

① 운반 시에는 반드시 말아서 비에 젖지 않도록 풍하 쪽으로 이동한다.

② 연필은 해도에서는 필요한 선만 긋도록 하고 2B나 4B를 이용하며 연필심을 도끼날과 같이 납작하게 깎아서 사용한다.

③ 연안 항해 시에는 축척이 큰 해도를 이용한다.

④ 보관 시에는 반드시 펴서 넣고 20매 이내로 뭉쳐서 보관하며 사용 순서나 번호순서에 맞추어서 보관한다.

⑤ 해도상 얕은 수역으로 위험하다고 판단되는 등심선인 경계선은 소형선은 10m, 대형선과 기복이 심한 곳의 암초지역은 20m로 설정한다.

⑥ 보관시에 서랍 앞면에는 속에 들어 있는 해도번호와 내용물을 표시해 둔다.

⑦ 오래된 해도로 항해 시에는 편차변화에 유의하도록 한다.

⑧ 시간이 흐를수록 지형이나 수심이 변화하게 됨으로 해도는 항상 최신판이나 개정판을 사용하도록 한다.

(6) 해도도식

① **해도도식의 정의** … 해도를 제작하기 위해 여러 가지 세부적인 내용을 규정한 것으로 수심의 기준, 지형 · 지물의 채용기준, 분류, 표현방법, 기호 · 약어의 양식과 그 표시대상, 크기, 문자 · 숫자의 자체 · 색채에 이르기까지 모든 약속을 표기하는 것을 의미하지만 일반적으로는 이중에서 해도에 기재하는 기호와 약어를 편집한 것을 해도도식이라 한다. **2022 출제**

기출문제

2022년 제4회

☑ 해도에 사용되는 특수한 기호와 약어는?

① 해도도식
② 해도 제목
③ 수로도지
④ 해도 목록

2022년 제2회

☑ (　)에 적합한 것은?

> "해도상에 기재된 건물, 항만시설물, 등부표, 수중 장애물, 조류, 해류, 해안선의 형태, 등고선, 연안 지형 등의 기호 및 약어가 수록된 수로서지는 (　) 이다."

① 해류도
② 조류도
③ 해도목록
④ 해도도식

정답 ①, ④

기출문제

2022년 제4회

☑ 해도상에 표시된 해저 저질의 기호에 대한 의미로 옳지 않은 것은?

① S – 자갈
② M – 뻘
③ R – 암반
④ Co – 산호

2018년 제3회

☑ 해도상에서 개략적인 위치를 나타내는 해도도식은?

① Rep
② PA
③ uncov
④ cov

정답 ①, ②

④ 해도에 사용되는 약어 2021, 2022 출제

약어	의미	약어	의미	약어	의미
G	항만	Thoro	협수로	I	섬, 제도
Pass	항로, 수로	In	강어귀, 포	Str	해협
Anch	묘지	B	만	Entr	입구
Rk	암석	Chan	수로, 수도	P	항
Rd, Rds	정박지	Hbr	항	Hd	갑, 곶
Est	하구	Pt	갑, 곶	Mt	산악
R	암반	S	모래	M	뻘
G	자갈	Rk, rky	바위	Co	산호
Sh	조개껍데기	Cl	점토	St	돌
Oz	연한 진흙	Wd	해조(바닷말)	Sp	해변
Grd	해저	C	거친	sft	부드러운
fne	가는	w	백색(의)	bl	흑색(의)
hrd	단단한	g · y	회색(의)	Ldg, Lts	도 등
vl	황색의	Bn	등입표	r	홍색
Lt	등	g	녹색	lrreg	불규칙등
bu	청색	OBSC	잘 안 보이는 등	Occas	임시등
w	백색				

③ 위치표시

약어	의미
PA	개략적인 위치
PD	의심되는 위치
SD	의심되는 수심
ED	존재의 추측위치

④ 위험물의 해도 도식 2020 출제

1. ④ D(3)	노출암 *Rock which does not cover*	27. a ⊡	석유 개발대
2. ③ ○3 *(3)	간출암 *Rock which covers and uncovers*	28. WK Ob ○	침선 *Wreck* 어초 *Fishing reef*
3. + ⊕	세 암 *Rock awash at the level of chart datum*	29. Wks.	침선군 *Wreckage*
4. + ⊕	암 암 *Sunken rock dangerous to surface navigation*	30.	침수된 파일(위치가 명확) 암암 *ged piling* 침수된 파일(위치가 명확) *Snags, Submerged Stumps*
5. 5/R	고립암상의 얕은 수심 *Shoal sounding on isolated rock*	32. Uncov.	간출된 *Dries*
6. 21/R	암암(위험하지 않은 것)	33. Cov.	수몰된 *Covers*
6. a 17/R 15 ⧺15 ◌15	소해로 밝혀진 수중 위험물 *Sunken danger with depth cleared by wiredrag*	34. Uncov.	노출된 *Uncovers*
7. Reef	불명확한 넓은 암초 *Reef of unknown extent*	35. Rep.	보고된 *Reported*
8. Vol.	해저 화산 *Submarine volcano*	38.	위험 한계선 *Limiting danger line*
8. a Smt.	해산 *Seamount*	39. rky	암반 한계선 *Limit of rocky area*
9. ◌	변색수 *Discoloured water*	41. (P.A)	개위 *Position approximate*
10. Co	산호초 *Coral reef*	42.. (R.D)	의위 *Position doubtful*
11. Wk	선체의 일부가 노출된 침선*Wreck showing any portion of hull or superstructure*	43. (E.D)	의존 *Existence doubtful*
12. (마스트) 마스트 Wk	마스트만 노출된 침선 *Wreck fo which the masts only are visible*	44. (Ppos	의위 *Position*
13.	침선의 구기호 *Old symbols for wrecks*	45. D	의심스러운 *Doubtful*
14. Wk	항해에 위험한 침선 *Sunken wreck dangerous to surface navigation*	Ob LD	최저 수심 *Least Depth*
15. 15 Wk	수심이 확실한 침선 *Wreck over which depth is known*		
16. ⧺	위험하지 않은 침선 *Sunken wreck not dangerous to surface navigation*		
17. a Foul	험악지 *Foul ground*		
17.	사파 *Fou Foul ground Sandwave*		
18. Tide rips Oa	급류, 파문 *Overfalls, Tide-rips* 적조 *Tidal race*		
19.	와류 *Eddies*		
20. kelp	해초 *Kelp; Sea-weed*		
21. Bk.	퇴(堆) *Bank*		
22. Shl	여울 *Shoal*		
23. Rf	초(礁) *Reef*		
23. a	초맥 *Ridge*		
24. Le	암붕 *Legde*		
25.	파랑 *Breakers*		
26. ◌ Obst.	장해물 *Obstruction*		

주의
1. 침선의 노출 정도는 기본 수준면을 기준으로 함.
2. 선형이 불명확한 침선의 위치는 각 기호의 중심이 됨.

기출문제

2020년 제4회

☑ 다음 중 해도에 표시되는 높이나 깊이의 기준면이 다른 것은?

① 수심
② 간출암
③ 등대
④ 세암

2022년 제2회

☑ 노출암을 나타낸 해도도식에서 '4'가 의미하는 것은?

① 수심
② 암초 높이
③ 파고
④ 암초 크기

정답 ③, ②

기출문제

2020년 제4회

☑ 항로지에 대한 설명으로 옳지 않은 것은?

① 해도에 표현할 수 없는 사항을 설명하는 안내서이다.
② 항로의 상황, 연안의 지형, 항만의 시설 등이 기재되어 있다.
③ 국립해양조사원에서는 외국 항만에 대한 항로지는 발행하지 않는다.
④ 항로지는 총기, 연안기, 항만기로 크게 3편으로 나누어 기술하고 있다.

2022년 제1회

☑ 수로서지 중 특수서지가 아닌 것은?

① 등대표
② 조석표
③ 천측력
④ 항로지

2020년 제3회

☑ 조석표에 대한 설명으로 옳지 않은 것은?

① 조석 용어의 해설도 포함하고 있다.
② 각 지역의 조석 및 조류에 대해 상세히 기술하고 있다.
③ 표준항 이외의 항구에 대한 조시, 조고를 구할 수 있다.
④ 국립해양조사원은 외국항 조석표는 발행하지 않는다.

정답 ③, ④, ④

(7) 해도와 수로서지(수로도지)

① 수로서지

㉠ **항로지**: 선박이 항해하거나 정박할 때 필요한 각종 해양과 항만관련정보를 수록한 항로 안내서를 말하며, 수로지(水路誌)라고도 하고 국립해양조사원에서 발간한다. 국립해양조사원에서는 연안항로지, 근해항로지, 원양항로지, 중국 연안항로지 및 말라카해협 항로지 등을 발간하고 있다. 표준 항로가 구체적으로 표시되어 있으며, 항로 선정에 참고가 된다. **2020, 2021 출제**

ⓐ **연안항로지**: 연안 항해에 필요한 목표물, 위험한 지역, 닻밭, 정치어창 및 양식장, 침선 등에 관한 설명이 되어 있는 책자를 말한다.

ⓑ **근해항로지**: 교통부 수로국에서 제작한 우리나라 근해를 항해하는 선박의 항해용 서지. 〈발생과정/역사〉를 말한다.

ⓒ **대양항로지**: 태평양, 인도양, 대서양 및 카리브해와 지중해 등으로 구분하여 기상, 해상, 항해상 주의 및 항로 등을 수록한 항해용 서지를 말한다.

ⓓ **항로지정**: 우리나라 항해자를 위하여 연안, 해협, 진입로 등의 통항 분리방식과 주의사항을 알기 쉽게 편집한 서지이다.

ⓔ **중국 연안항로지**: 국립 해양 조사원에서 제작한 중국연안을 3개 지역으로 나누어 각 지역마다 항해 관련 일반적인 사항과 항로, 항만, 묘지에 관한 정보를 수록한 항해용서지 〈발생과정/역사〉를 말한다.

㉡ 특수서지

② **특수서지** … 요약 수로도서지 이외의 서지를 수로특수서지라고 한다. **2019, 2020 출제**

㉠ **등대표**: 항로표지의 이력표와 같이 전반에 관하여 빠짐없이 수록한 것이다. **2020 출제**

ⓐ 우리나라에서는 등대표 제1권에 한국 연안, 제2권에 일본 연안, 제3권에 중국 및 동남아시아 연안의 항로표지를 수록하여 간행하고 있다.

ⓑ 항로표지의 명칭과 위치 및 등질, 등고, 색상, 광달거리 등을 상세하게 기술한다.

ⓒ 우리나라의 등대표는 동해 ⇨ 남해 ⇨ 서해안을 따라 일련번호를 시계방향으로 부여하고 선박을 안전하게 유도하고 선위측정에 도움이 되도록 주간, 야간, 음향, 무선표지 등을 자세하게 수록한다.

㉡ **조석표** **2020 출제**

ⓐ 각 지역의 조시 및 조고를 기재한 표로서, 선박이 머무르는 장소와 일자에 대한 것뿐만 아니라 향후 도착할 지역의 조석과 조류를 추산하는 데 있어서 필요한 서지이다.

ⓑ 우리나라에서는 조석표 제1권, 제2권을 매년 간행하고 있다.

㉢ **조류표**: 조류는 대양 중에서는 미약하지만 만 입구, 수도 등에서 강하고, 조류의 유향은 흘러가는 방향으로써 표시한다.

㉣ 국제 신호서

ⓐ 항해와 인명의 안전에 관한 여러 가지 상황이 발생하였을 경우를 대비하여 발행된 것이다.

ⓑ 언어에 의한 의사소통에 문제가 있을 경우의 신호 방법과 수단에 대하여 규정한 것이다.

ⓒ 국제신호서에 규정되어 있는 신호기에는 영문자기(Alphabetic Flags), 숫자기(Numerical Pendants), 대표기(Substitutes) 및 회답기(Code and Answering Pendant)가 있다.

㉤ **천측력** : 천문관측으로 항해 중인 선박의 위치를 확인하는 천문항법에 관한 내용을 수록한 것이다.

(8) 해도 및 수로서지

① **항행통보** … 간행주기는 매주이며, 수심의 변화, 위험물의 발견, 항로표지의 신설 및 폐지 등을 항해자에게 통보해주는 것이다. **2020 출제**

② **항행경보** … 네브텍스가 대표적이며, 긴급한 사항은 라디오나 무선전신, 팩시밀리 등을 통해서 연락한다.

③ **소개정** … 개보할 때에는 붉은색 잉크를 사용하며, 항행통보에 의해 항행자가 직접 수기로 개보하는 것을 말한다. **2022 출제**

(9) 해수의 유동

① 조석과 조류

㉠ **조석** : 연직방향 운동으로 천체 인력인 달과 태양, 별 등에 의한 해면의 주기적인 승강운동을 말한다. **2020 출제**

㉡ **조류** : 조류는 Knot로 표시하며, 조석운동으로 인해 발생하는 해수의 수평적인 흐름으로 왕복성이 있다. **2020 출제**

㉢ **기조력** : 만유인력과 원심력으로 인해 발생하며, 조석을 일으키는 힘이다.

② **기본수준면** … 국제 수로 회의에서 「수심의 기준면은 조위(潮位)가 그 이하로는 거의 떨어지지 않는 낮은 면이어야 한다.」라고 규정하고 있다.

③ **평균수면** … 장기간 관측한 해면의 평균 높이에 있는 수면을 말한다.

④ **해도의 기준면** … 우리나라에서 사용하고 있는 해도에서 높이와 수심을 나타내는 단위는 미터(m)이며, 그 기준면은 다음과 같다. **2020, 2022 출제**

㉠ **수심** : 우리나라 해도의 수심은 기본수준면을 기준으로 하여 나타낸다. **2021 출제**

㉡ **물표의 높이** : 등대와 같은 육상 물표의 높이는 평균수면으로부터의 높이로 표시한다.

기출문제

2022년 제4회

☑ 다음 중 항행통보가 제공하지 않는 정보는?

① 수심의 변화
② 조시 및 조고
③ 위험물의 위치
④ 항로표지의 신설 및 폐지

2022년 제3회

☑ 항행통보에 의해 항해사가 직접 해도를 수정하는 것은?

① 개판
② 재판
③ 보도
④ 소개정

2022년 제3회

☑ 우리나라 해도상 수심의 단위는?

① 미터(m)
② 센티미터(cm)
③ 패덤(fm)
④ 킬로미터(km)

2021년 제1회

☑ 우리나라 해도상에 표시된 수심의 측정기준은?

① 대조면
② 평균수면
③ 기본수준면
④ 약최고고조면

정답 ②, ④, ①, ③

기출문제

㉢ **조고와 간출암** : 기본수준면을 기준으로 하여 측정된다.

㉣ **안선** : 약최고고조면에서의 수륙의 경계선으로 표시하며, 해안선(海岸線)을 줄여서 안선이라고도 한다.

⑤ **해류** … 육안으로 분간할 수 있을 정도로 흐름이 강하고 수평 방향으로 오랜 기간에 걸쳐 흐르는 바닷물의 흐름을 말한다.

㉠ 종류

ⓐ **용승류(湧昇流) 또는 침강류(沈降流)** : 하루에 1m 정도의 느린 유속(流速)으로 흐르는 해류를 말한다.

ⓑ **취송류(吹送流)** : 바람이 일정한 방향으로 계속해서 불 때 바람과 바닷물이 마찰을 일으켜 발생하는 해류를 말한다.

ⓒ **밀도류(密度流)** : 바닷물의 밀도의 차이에 의해서 바닷물이 수직 이동하는 해류가 생기는 것을 말한다.

ⓓ **경사류(傾斜流)** : 수면이 높은 곳에서 낮은 곳으로 흐르는 해류를 말한다.

ⓔ **보류(補流)** : 한 장소에서 다른 장소로 바닷물이 흘러간 뒤를 메우기 위해 생기는 해류를 말한다.

㉡ 둘레의 바닷물보다 온도가 높은 바닷물의 흐름을 난류(暖流), 낮은 것을 한류(寒流)라고 한다.

㉢ 우리나라 부근의 해류는 난류인 쿠루시오 해류로부터 갈라져 나온 동한해류와 황해해류가 있고, 한류인 리만해류로부터 나온 북한해류가 있다.

㉣ 세계의 주요 해류

ⓐ **쿠로시오해류** : 일본해류라고도 하며 대서양의 멕시코만류와 비교되는 강한 난류로, 시계방향으로 환류하는 북태평양환류의 일부를 이룬다.

ⓑ **남극환류** : 남극순환류, 남극주극해류, 환남극해류라고도 하며 서쪽에서 동쪽으로 흐르고 유속은 0.5kn 이내로 느리지만, 유폭이 넓고, 심층까지 흐르므로, 유량은 매초 1억 t을 넘는 대해류(大海流)를 이루고 있다.

ⓒ **동한해류** : 서태평양 연안을 흐르는 쿠로시오의 지류인 쓰시마해류가 쓰시마 남쪽에서 갈라지면서 대한해협을 지나 북상할 때 동해안을 스치는 난류이다.

ⓓ **인도양 남적도해류** : 인도양 남부의 시계 반대방향으로 도는 환류(環流)의 북쪽 부분을 구성하고, 남회귀선 부근에서 서(西)오스트레일리아 해류로부터 이어진다.

ⓔ **적도반류** : 적도해류는 그 흐름의 반대 방향으로 흐르는 해류를 동반하며, 이를 반류(反流, Countercurrent)라 한다.

ⓕ **쿠릴해류** : 오야시오[親潮] 해류라고도 하며 베링해 및 오호츠크 해계(海系)의 저온 · 저염분수로 구성되며 겨울의 표면수온은 2℃ 이하이다.

ⓖ **황해해류** : 황해는 한반도와 중국 대륙 사이에 위치한 천해로 양쯔강 하구에서 제주도를 연결하는 선을 남쪽 경계선으로 하는 만(灣) 형태의 반폐쇄성 해역의 해류이다.

ⓗ **크롬웰해류** : 태평양의 적도 바로 아래를 동쪽으로 흐르는 커다란 잠류이다.

용어정리

① 해류(海流) : 일정한 속도를 가지고 일정한 방향으로 유동하는 바닷물의 흐름을 말한다.
② 고조(만조) : 조석현상에 의해 해수면이 하루 중에서 가장 높아졌을 때를 말한다.
③ 저조(간조) : 조석현상에 의해 해수면이 하루 중에서 가장 낮아졌을 때를 말한다.
④ 창조(밀물) : 저조(간조)에서 고조(만조)로 상승하고 있는 동안의 조석을 말한다.
⑤ 낙조(썰물) : 고조(만조)에서 저조(간조)로 하강하고 있는 동안의 조석을 말한다.
⑥ 조위(潮位) : 단주기의 해면승강을 제외하고 일정한 기준면에서 해면을 측정했을 때의 높이를 말한다.
⑦ 정조(靜潮) : 고조(high water) 또는 저조(low water)의 전후에서 해면의 승강이 매우 느려서 마치 정지하고 있는 것과 같이 보이는 상태를 말한다.
⑧ 조차(潮差) : 이어지는 고조(high water)와 저조(low water)사이의 높이의 차이를 말하며, 간만차라고도 한다.
⑨ 사리[spring tide] : 밀물과 썰물의 차가 최대가 되는 시기를 말하며, 한사리 · 대조(大潮)라고도 한다.
⑩ 조금 : 달의 인력이 태양의 인력에 의해 상쇄되어 밀물과 썰물의 수위(水位) 차이가 작아지는 현상으로 소조(小潮)라고도 한다.
⑪ 와류(渦流) : 강하게 회전하면서 흐르는 유체의 형태를 소용돌이 혹은 와류라 부른다.
⑫ 월조간격(月潮間隔) : 달이 자오선을 통과한 후 고조나 저조가 될 때까지의 시간을 말한다.
⑬ 급조 : 해저에 암초가 산재하여 기복이 심하면 조류가 암초 등을 지날 때 해면에 파상을 나타내는 현상을 급조(overfalls)라고 하며, 특히 심한 것을 격조(tidal race)라고 한다.
⑭ 게류(憩流) : 조류의 유속이 감소되어 흐름이 정지한 상태를 말한다.
⑮ 반류(反流) : 큰 해류와 서로 이웃하면서 반대 방향으로 흐르는 해류를 말한다.
⑯ 창조류(漲潮流) : 저조에서 고조로 해면이 상승할 때 흐르는 조류를 말한다.
⑰ 낙조류(落潮流) : 고조(high tide)에서 저조(low tide)로 해면이 하강할 때를 말한다.

⑽ 항로의 표지

① **의의** … 해상교통량이 많은 해역 또는 항행상 위험성이 있는 해역에 해상교통의 지리적 특수성과 연안교통의 혼잡성을 예방하기 위하여 설치하는 항로표지 · 신호 · 조명 · 항무통신시설 등을 말한다.

기출문제

2021년 제3회

☑ 항로표지의 일반적인 분류로 옳은 것은?

① 광파(야간)표지, 물표표지, 음파(음향)표지, 안개표지, 특수신호표지
② 광파(야간)표지, 안개표지, 전파표지, 음파(음향)표지, 특수신호표지
③ 광파(야간)표지, 형상(주간)표지, 전파표지, 음파(음향)표지, 특수신호표지
④ 광파(야간)표지, 형상(주간)표지, 물표표지, 음파(음향)표지, 특수신호표지

정답 ③

기출문제

2021년 제1회

☑ 주로 등대나 다른 항로표지에 부설되어 있으며, 시계가 불량할 때 이용되는 항로표지는?

① 광파(야간)표지
② 형상(주간)표지
③ 음파(음향)표지
④ 전파표지

2020년 제4회

☑ 전자력에 의해서 발음판을 진동시켜 소리를 내게 하는 음파(음향)표지는?

① 무종
② 다이어폰
③ 에어 사이렌
④ 다이어프램 폰

2022년 제2회

☑ 아래에서 설명하는 형상(주간)표지는?

> 선박에 암초, 얕은 여울 등의 존재를 알리고 항로를 "표시하기 위하여 바다 위에 뜨게 한 구조물로 빛을 비추지 않는다."

① 도표
② 부표
③ 육표
④ 입표

2022년 제1회

☑ 암초, 사주(모래톱) 등의 위치를 표시하기 위하여 그 위에 세워진 경계표이며, 여기에 등광을 설치하면 등표가 되는 항로표지는?

① 입표
② 부표
③ 육표
④ 도표

정답 ③, ④, ②, ①

② **항로표지의 종류** …「항로표지법」에 따른 항로표지의 종류는 다음과 같다. **2021 출제**

㉠ **광파(光波)표지** : 유인등대, 무인등대, 등표(燈標), 도등(導燈), 조사등(照射燈), 지향등(指向燈), 등주, 교량등, 통항신호등, 등부표(燈浮標), 고정부표(spar buoy), 대형 등부표(LANBY) 및 등선(燈船)

㉡ **형상표지** : 입표(立標), 도표(導標), 교량표, 통항신호표 및 부표

㉢ **음파표지** : 전기 혼(electric horn), 에어 사이렌(air siren), 모터 사이렌(motor siren) 및 다이아폰(diaphone) **2020, 2021 출제**

㉣ **전파표지** : 레이더 비콘(radar beacon), 위성항법보정시스템(DGNSS) 및 지상파항법시스템(LORAN)

㉤ **특수신호표지** : 해양기상신호표지, 조류신호표지 및 자동위치식별신호표지(AIS AtoN)

㉥ 기능 및 목적에 따른 구분

ⓐ 공사용 표지
ⓑ 침몰하거나 좌초한 선박을 표시하기 위한 항로표지(이하 "침선표지"라 한다)
ⓒ 교량 표지
ⓓ 계선 표지
ⓔ 해저케이블 표지
ⓕ 해저송유관 표지
ⓖ 해양자료 수집용 표지
ⓗ 해양자원 탐사용 표지
ⓘ 해양자원 시추용 표지
ⓙ 해양자원 채굴용 표지
ⓚ 양식장 표지
ⓛ 해양풍력 발전단지 표지
ⓜ 해양조력(潮力) 발전단지 표지
ⓝ 해양파력(波力) 발전단지 표지

③ **주간표지(晝間標識)** … 암초, 침선 등을 표시하여 항로를 유도하는 역할을 하는 것으로 점등 장치가 없으며, 그 모양과 색깔로서 식별한다.

㉠ **입표(beacon)** : 암초, 사주(모래톱), 노출암 등의 위치를 표시하기 위하여 설치된 경계표로 등광을 함께 설치하여 등부표로 사용한다. **2022 출제**

㉡ **부표(buoy)** : 물위에 떠있는 비교적 항행이 곤란한 장소나 항만의 유도표지로서 항로를 따라 설치하며 주로 등부표를 사용한다. **2022 출제**

㉢ **육표(land mark)** : 입표의 설치가 곤란한 경우에 육상에 설치하는 항로표지로 주간에 이용되는 것을 육표라 하고, 야간에 이용되도록 만든 것을 등주라고 한다.

㉣ **도표**(leading mark) : 좁은 수로의 항로를 표시하기 위하여 항로의 연장선 위에 앞뒤로 2개 이상의 육표와 함께 설치해서 선박을 인도한다. **2021 출제**

④ **야간표지(광파표지)** **2020 출제** … 등화에 의해서 그 위치를 나타내며 대부분 야간의 목표가 되는 항로표지를 말하지만 주간에도 물표로 이용될 수 있다.

㉠ **구조에 의한 분류** **2020 출제**

ⓐ **등대**(light house) : 야간표지의 대표적인 것으로 해양으로 돌출한 곳이나 섬 등 선박의 물표가 되기에 적당한 장소에 탑과 같이 생긴 구조물에 등을 단 것을 말한다.

ⓑ **등주**(Staff light) : 광달거리가 별로 크지 않아도 되는 항구나 항내 등에 설치하며, 쇠나 나무 또는 콘크리트 기둥의 꼭대기에 등을 단 것을 말한다.

ⓒ **등선**(Light ship) : 밤에는 등화를 밝혀서 위치를 나타내고 낮에는 그 구조나 형태에 의해 식별할 수 있도록 한 것으로 육지에서 멀리 떨어진 해양이나 항로의 중요한 위치에 있는 사주 등을 알리기 위해 어느 일정 지점에 정박하고 있는 특수 구조의 선박을 말한다.

ⓓ **등입표 또는 등표**(Light beacon) : 선박의 좌초를 예방하고 항로를 지도하기 위해 설치하는 것으로 항로나 항행에 위험한 암초, 항행금지구역 등을 표시하는 지점에 고정하여 설치한다. **2021, 2022 출제**

ⓔ **등부표**(light buoy) : 해저의 일정한 지점에 체인으로 연결되어 해면에 떠있는 구조물로써 암초 등의 위험을 알리거나 항행을 금지하는 지점을 표시하기 위해 항로의 입구나 폭 및 변침점 등을 표시하기 위하여 설치하는 것으로 등대와 함께 널리 쓰이고 있는 구조물이다. **2020, 2022 출제**

㉡ **용도에 의한 분류**

ⓐ **도등**(Leading light) : 통항이 곤란한 협수로나 운하, 항만 입구 등에서 안전항로의 연장선 상에 높고 낮은 2~3개의 등화를 앞뒤로 설치하여 중시선에 의해서 선박의 항로를 안전하게 유도하기 위한 것이다.

ⓑ **부등**(Auxiliary light) : 조사등이라고도 하며 풍랑이나 조류로 인해 등표의 설치가 불가능한 곳에서는 그 위치로부터 가장 근접한 곳에 등대가 있는 경우 그 등대에 강력한 투광기를 설치하여 위험 구역만을 보통 홍색으로 그 범위를 비추어 주는 등화를 말한다.

ⓒ **가등**(Temporary light) : 등대를 개축할 때 임시적으로 가설되는 것을 말한다.

ⓓ **임시등**(Occasional light) : 선박의 출입이 빈번하지 않은 항만이나 하구 등에 출입항선이 있을 때 또는 고기잡이철과 같은 계절에 따라 선박의 출입이 일시적으로 많아질 때 임시로 점등되는 등화이다.

기출문제

2022년 제3회

☑ 항로, 암초, 항행금지구역 등을 표시하는 지점에 고정으로 설치하여 선박의 좌초를 예방하고 항로의 안내를 위해 설치하는 광파(야간)표지는?

① 등대 ② 등선
③ 등주 ④ 등표

2022년 제4회

☑ 등부표에 대한 설명으로 옳지 않은 것은?

① 항로의 입구, 폭 및 변침점 등을 표시하기 위해 설치한다.
② 해저의 일정한 지점에 체인으로 연결되어 떠 있는 구조물이다.
③ 조류표에 기재되어 있으므로, 선박의 정확한 속력을 구하는 데 사용하면 좋다.
④ 강한 파랑이나 조류에 의해 유실되는 경우도 있다.

정답 ④, ③

기출문제

2022년 제3회

☑ 종이해도 위에 표시되어 있는 등질 중 'Fl(3)20s'의 의미는?

① 군섬광으로 3초간 발광하고 20초간 쉰다.
② 군섬광으로 20초간 발광하고 3초간 쉰다.
③ 군섬광으로 3초에 20회 이하로 섬광을 반복한다.
④ 군섬광으로 20초 간격으로 연속적인 3번의 섬광을 반복한다.

2022년 제1회

☑ 해도상에 표시된 등대의 등질 'Fl.2s10m20M'에 대한 설명으로 옳지 않은 것은?

① 섬광등이다.
② 주기는 2초이다.
③ 등고는 10미터이다.
④ 광달거리는 20킬로미터이다.

2022년 제3회

☑ 등질에 대한 설명으로 옳지 않은 것은?

① 모스 부호등은 모스 부호를 빛으로 발하는 등이다.
② 분호 등은 3가지 등색을 바꾸어가며 계속 빛을 내는 등이다.
③ 섬광등은 빛을 비추는 시간이 꺼져 있는 시간보다 짧은 등이다.
④ 호광등은 색깔이 다른 종류의 빛을 교대로 내며, 그 사이에 등광은 꺼지는 일이 없는 등이다.

정답 ④, ④, ②

ⓒ **등대의 등질에 따른 분류** : 등질은 일반등화와 항로표지 등화를 식별하기 위해 정해진 등광의 발사상태로 주기 또는 등(燈)색으로 구분한다. **2022 출제**
 ⓐ **부동등**(F) : 등색이나 등력(광력)이 변하지 않고 지속되는 등화로 일정한 방향에 강력한 빛을 발광하여 도등역할을 하는 것으로 부동백광, 부동홍광, 부동녹광 등이 있다. **2022 출제**
 ⓑ **섬광등**(Fl) : 일정한 간격으로 섬광을 내며 빛을 비추는 시간(명간)이 꺼져있는 시간(암간)보다 짧다(암간〉명간)
 ⓒ **명암등**(Oc) : 빛을 발하는 한주기 동안 빛을 비추는 시간(명간)이 꺼져있는 시간(암간)보다 길거나 같은 등을 말한다.(명간≥암간)
 ⓓ **호광등**(Alt) : 홍백, 녹백, 홍록색이 주로 사용되며 지속적으로 등색이 바뀌고 꺼지지 않는 등을 말한다.
 ⓔ **군섬광등**(Gp, Fl) : 1주기 동안 2회 이상의 섬광을 발하는 섬광등을 말한다.
 ⓕ **급섬광등**(QK, Fl) : 섬광을 1분에 60회 이상 발하는 등을 말한다.
 ⓖ **단속 급섬광등**(I, QK, Fl) : 중간에 끊어졌다가 다시 이어지는 급성광등의 일종이다.
 ⓗ **군명암등**(Gp, Oc) : 한주기 동안 빛을 비추는 시간(명간) 총합이 꺼져있는 시간(암간) 총합보다 길거나 같은 명암등의 일종으로 1주기 동안 2회 이상 꺼진다.
 ⓘ **섬호광등**(Alt, Fl) : 등색이 교체되는 섬광등을 말한다.
 ⓙ **군섬호광등**(Alt, Gp, Fl) : 등색이 변하는 군섬광등을 말한다.
 ⓚ **명암호광등**(Alt, Oc) : 색광이 명암등으로 바뀌는 등을 말한다.
 ⓛ **군명암호광등**(Alt, Gp, Oc) : 색광이 바뀌는 군명암등을 말한다.
 ⓜ **연성부동 단섬광등**(F, Fl) : 빛이 약한 부동등 중에서 비교적 강한 섬광등이 바뀌는 것을 말한다.
 ⓝ **연성부동 군섬광등**(F, Gp, Fl) : 빛이 약한 부동등 중에서 비교적 강한 군섬광을 발하는 것을 말한다.
 ⓞ **연성부동 섬호광등**(Alt, F, Fl) : 등색이 바뀌는 연성부동 섬광등을 말한다.
 ⓟ **연성부동 군섬호광등**(Alt, F, Gp, Fl) : 등색이 바뀌는 연성부동 군섬광등을 말한다.
 ⓠ **분호등** : 등광의 색깔이 바뀌지 않고 서로 다른 지역을 다른 색상으로 비추는 등화로 위험구역만 홍색광으로 비추는 등화를 말한다.
 ⓡ **모스 부호등** : 모스 부호를 빛으로 내는 등을 말한다.

ⓔ **주기, 등색 및 점등시간 등**
 ⓐ **주기** : 정해진 등질이 반복되는 시간으로 초(Sec)로 표시되며, 등대표나 해도보다 짧거나 길수 있으므로 초시계를 이용해 정확히 측정하여야 한다. **2022 출제**

ⓑ **등색** : 등화에 이용되는 색상으로 이동되는 것은 백색, 황색, 적색, 녹색 등이 있다. **2020, 2022 출제**

ⓒ **등고(등대의 높이)** : 해도나 등대표에서 등대의 높이는 평균수면에서 등화의 중심까지를 측정한 값으로 표시하며(단위 : m 또는 ft로 표시), 등선은 수면상의 높이를 기재하고등부표는 높이가 대부분 일정하므로 표시 표시하지 않는다. **2020 출제**

ⓓ **점등시간** : 일몰시부터 일출시까지 점등하는 것(유인등대)과 항시 등화(무인 등대)하는 것이 있다.

ⓔ **명호** : 등대의 등광이 해면을 비추는 부분을 말한다.

ⓕ **암호** : 등대의 등광이 비추지 않는 부분을 말한다.

ⓖ **분호** : 암초나 암암 등이 명호 안에 있는 경우 이 위험구역을 표시하기 위하여 유색등(광)으로 비추어 지는 부분을 말한다.

㉤ **광달거리**

ⓐ 광달거리란 조선자가 등광을 인식할 수 있는 최대거리로 광파표지로부터 빛이 도달하는 최대거리를 말한다.

ⓑ **광달거리에 관여하는 요인과 영향을 주는 요인**

• 광달거리에 관여하는 요인 : 광학적 광달거리, 명목적 광달거리, 지리학적 광달거리 등이 있다.

–광학적 광달거리에 영향을 주는 요인 : 표지등화와 광도, 대기의 혼탁 정도, 표지의 배경 조건, 관측자의 조건(심리적 및 생리적 상태, 눈의 순응 상태, 배의 움직임과 시인시간 등) 등이다.

–지리학적 광달거리에 영향을 주는 요인 : 지구의 곡률, 대기의 굴절, 등화 및 관측자의 수면 상의 높이 등이다.

• 광달거리에 영향을 주는 요인 : 기온과 수온, 시계, 등화의 밝기, 광원의 높이 등이다.

⑤ **전파표지(무선표지) 2020 출제**

㉠ 전파의 직진성과 등속성, 반사성의 3가지 특성을 이용하여 선박의 위치를 파악하기 위해 만들어진 표지를 말한다.

㉡ 전파를 이용하므로 기상에 관계없이 넓은 지역에서 항상 이용이 가능한 장점을 가지고 있다.

㉢ **무선표지국**(R. Bn) : 마이크로파 표지국

ⓐ **유도비컨** : 좁은 수로나 항만에서 선박의 안전을 목적으로 2개의 전파를 발사하여 중앙의 좁은 폭에서 장음이 겹쳐서 들리도록 하며 선박이 항로상에 있으면 연속음으로 들리고 항로에서 좌우로 멀어지면 단속음이 들리게 하는 표지국이다.

ⓑ **레이더반사기** : 부표나 등표 등에 설치하는 것으로 레이더 전파의 반사능률을 높여주고 최대 탐지거리가 2배정도 증가한다.

기출문제

2022년 제2회

☑ 정해진 등질이 반복되는 시간은?

① 등색 ② 섬광등
③ 주기 ④ 점등시간

2020년 제3회

☑ 레이더 작동 중 화면상에 일정 형태의 레이콘 신호가 나타나게 하는 항로표지는?

① 신호표지
② 음파(음향)표지
③ 광파(야간)표지
④ 전파표지

정답 ③, ④

ⓒ **레이마크** : 일정한 지점에서 레이더파를 계속 발사하는 표지국으로 송신국 방향에서 1~3도 휘선으로 나타나며 유효거리는 20마일 정도이다.

ⓓ **레이콘** : 선박의 레이더에서 신호의 수신시에만 응답하며 레이더 화면상 일정한 형태의 신호가 나타나게 전파를 보내며 유효거리는 10마일 정도이다. 신호로는 표준신호 및 모스부호가 사용되어진다. **2022 출제**

ⓔ **레이더트랜스폰더** : 정확한 질문을 받거나 송신이 국부명령으로 이루어질 때 다른 관련 자료를 자동으로 송신하며 송신된 내용은 부호화 된 식별신호 및 데이터가 레이더의 화면에 나타나게 된다. **2021, 2022 출제**

ⓕ **토킹 비컨** : 가장 간단하고 정확하게 자기 선박의 방위확인이 가능하며, 펄스폭을 변조하여 음성신호를 세자리 숫자로 3°마다 방송되고 수신되는 숫자가 국으로 부터의 진방위이다.

ⓖ **소다 비전** : 주요한 항만이나 수로의 교통량이 많은 해역의 육안에 레이더를 설치하여 항로표지를 감시하고 통항하는 선박의 상황을 레이더로 포착된 영상을 TV로 방영한다.

㉣ **무선표지국**(R. Bn) : 중파 표지국

ⓐ **무지향식 무선표지국**(RC) : 방위오차는 2° 이내이며 항상 전파를 발사하는 시설로 필요할 때마다 전파를 수신하여 위치를 구할 수 있고 무선방위측정기가 필요하다.

ⓑ **회전식 무선방위표지국**(RW) : 라디오 수신기와 초시계가 필요하며, 방향성이 있는 전파빔을 일정한 각속도로 회전시켜서 발사하는 시설이다.

ⓒ **지향식 무선표지국**(RD) : 전파를 한 방향으로만 발사하여 일정한 항로를 지시하는 시설이다.

㉤ **무선방향 탐지국**(RDF) : 선박에서 발사한 전파의 방위를 육상의 무선국에서 측정하여 이를 다시 선박에 통보해 주는 무선국을 말한다. **2022 출제**

⑥ **음향표지**

㉠ 안개나 눈 또는 비 등으로 시계가 좋지 않을 때 음향을 발사하여 선박에 위치를 알리는 표지이다.

㉡ **음향표지의 종류** : 일반적으로 등대가 겸하고 있으며, 종류에는 에어사이렌, 다이어폰, 다이어그램폰, 취명부표, 타종부표, 수중음 신호 등이 있다.

※ 다이어폰 : 압축공기에 의해서 발음체인 피스톤을 왕복시켜서 소리를 낸다.

※ 다이어프램 폰 : 전자력에 의해 발음판을 진동시켜 소리를 낸다. **2022 출제**

㉢ **음향표지의 이용 시 유의사항**

ⓐ 대기의 상태나 지형에 따라 무신호의 음향전달거리는 변할 수 있으므로 신호소의 방위나 거리를 판단할 때 신호음의 강약이나 방향만을 가지고 판단해서는 안 된다.

ⓑ 음향표지에만 너무 의존하지 말고 레이더 등 다른 항해표지도 활용하여 안전한 항해를 하도록 한다.

ⓒ 무중 항해 시에는 경계에 신경을 쓰고 선내를 조용하게 한다.

기출문제

2022년 제3회

☑ 레이더 트랜스폰더에 대한 설명으로 옳은 것은?

① 음성신호를 방송하여 방위측정이 가능하다.
② 송신 내용에 부호화된 식별신호 및 데이터가 들어 있다.
③ 좁은 수로 또는 항만에서 선박을 유도할 목적으로 사용한다.
④ 선박의 레이더 영상에 송신국의 방향이 숫자로 표시된다.

2022년 제1회

☑ (　)에 적절한 것은?

> "육상 송신국 또는 선박으로부터의 전파의 방위를 측정하여 위치선으로 활용하는 것으로 등대, 섬 등 육표의 시각 방위측정법에 비해 측정거리가 길고, 천후 또는 밤낮에 관계없이 위치측정이 가능한 장비는 (　)이다."

① 알디에프(RDF)
② 지피에스(GPS)
③ 로란(LORAN)
④ 데카(DECCA)

2022년 제4회

☑ 전자력에 의해서 발음판을 진동시켜 소리를 내게 하는 음파(음향)표지는?

① 무종
② 에어 사이렌
③ 다이어폰
④ 다이어프램 폰

정답 ②, ①, ④

⑦ 국제해상부표 방식(IALA)

㉠ 연안 항해를 하거나 입출항 시 선박을 안전하게 유도하기 위해서 각 나라의 부표식의 형식과 적용 방법을 다르게 적용하며 국제항로표지협회가 구분한 해상부표식을 전세계가 공통으로 사용하고 있다.

㉡ **지역의 구분** : 지역은 크게 A지역과 B지역으로 구분하며, 우리나라를 비롯한 일본, 미국, 카리브해 지역, 남북 아메리카, 필리핀 인근 동남아시아 지역 등은 B지역에 속하고 북한과 중국은 A지역에 속한다.

㉢ **B지역의 측방표지** : 항로 좌우 한계 표시를 위해 설치한다. **2020, 2022 출제**

ⓐ **부표의 번호 부여방식** : 육지방향(수원)을 향하여 좌현은 홀수, 우현은 짝수이다.

ⓑ **측방표지의 도색** : 육지방향(수원)을 향하여 좌현은 녹색, 우현은 적색이다.

ⓒ **우선항로 표지의 도색** : 육지방향(수원)을 향하여 우측항로 우선의 경우에는 녹색에 적색횡대(녹색등)이고, 좌측항로 우선인 경우에는 적색에 녹색횡대(적색등)이다.

㉣ **방위표지** : 장애물을 기준으로 항해수역을 동, 서, 남, 북의 4개의 상한을 나누어 각각 설치한다. **2020, 2022 출제**

ⓐ **동방위 표지** : 동쪽에 가항수역이 있으며 두표는 삼각형 2개가 위아래를 향하는 모양(◆)이고 색깔은 위에서부터 흑, 황, 흑으로 하고 등화는 3회의 흰색 급섬광등으로 한다.

ⓑ **남방위 표지** : 남쪽에 가항수역이 있으며 두표는 삼각형 2개가 아래를 향하는 모양(▼▼)이고 색깔은 위에서부터 황, 흑으로 하고 등화는 6회의 흰색 급섬광등과 장섬광등 1회로 한다.

ⓒ **서방위 표지** : 서쪽에 가항수역이 있으며 두표는 삼각형 2개가 모래시계 모양(⧗)이고 색깔은 위에서부터 황, 흑, 황으로 하고 등화는 9회의 흰색 급섬광등으로 한다.

ⓓ **북방위 표지** : 북쪽에 가항수역이 있으며 두표는 삼각형 2개가 위를 향하는 모양(▲▲)이고 색깔은 위에서부터 흑, 황으로 하고 등화는 흰색 급섬광등으로 한다.

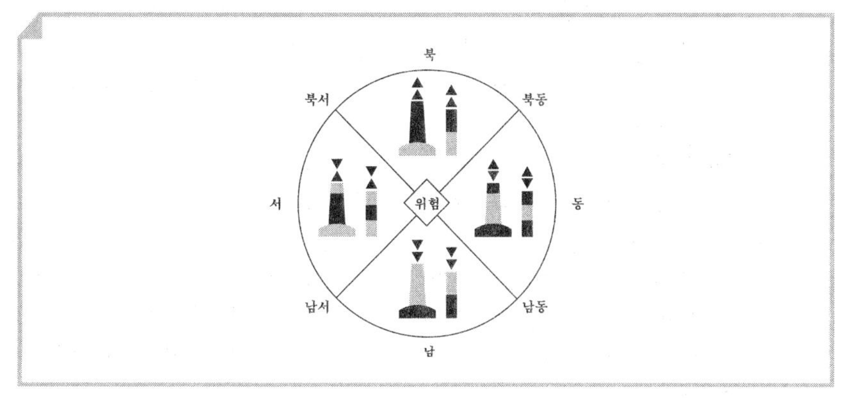

기출문제

2022년 제2회

☑ 항로의 좌우측 한계를 표시하기 위하여 설치된 표지는?

① 특수표지
② 고립장해표지
③ 측방표지
④ 안전수역표지

2022년 제3회

☑ 장해물을 중심으로 하여 주위를 4개의 상한으로 나누고, 그들 상한에 각각 북, 동, 남, 서라는 이름을 붙이고, 그 각각의 상한에 설치된 표지는?

① 방위표지
② 고립장해표지
③ 측방표지
④ 안전수역표지

2022년 제1회

☑ 다음 그림의 항로표지에 대한 설명으로 옳은 것은?(단, 두표의 모양만 고려함)

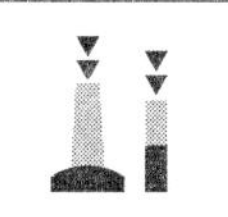

① 표지의 동쪽에 가항수역이 있다.
② 표지의 서쪽에 가항수역이 있다.
③ 표지의 남쪽에 가항수역이 있다.
④ 표지의 북쪽에 가항수역이 있다.

정답 ③, ①, ③

기출문제

2021년 제1회

☑ 황색의 'X' 모양 두표를 가진 표지는?

① 방위표지
② 특수표지
③ 안전수역표지
④ 고립장해표지

정답 ②

ⓜ 고립장애 표지 **2020 출제**
 ⓐ 암초나 침선 등 고립된 장애물 위에 표시하며 주변 해역이 가항수역이다.
 ⓑ 두표는 2개의 흑색 구형을 수직으로 부착하고 색깔은 위에서부터 흑, 적, 흑으로 하며 등화는 흰색의 섬광등이다.

ⓗ 안전수역 표지
 ⓐ 주위의 모든 가항수역은 안전수역을 표시하며 항로의 중앙을 나타낸다.
 ⓑ 두표는 적색의 구형 1개를 사용하며 색깔은 세로 방향으로 홍, 백색으로 줄무늬를 이루고 등화는 흰색의 암간과 명간의 시간이 동일한 등화이다.

ⓢ 특수표지 **2020, 2021 출제**
 ⓐ 공사구역, 토사채취장 등 특수한 작업이 행해지고 있는 수로도지에 기재된 장소를 표시한다.
 ⓑ 두표는 황색의 X자 모양 1개로 하고 색깔은 황색으로 하며 등화는 황색의 섬광등이다. **2021 출제**

04 기상 및 해상

(1) 기상요소

기상요소란 날씨를 구성하는 요소로서 기온, 습도, 구름모양, 강수량, 기압, 풍속과 풍향, 일사량과 일조시간 등을 말한다.

① 기온
 ㉠ 지표면에서 1.5m 높이에 있는 대기(大氣)의 온도를 말한다.
 ㉡ 해상의 기온은 해면상 약 10cm 높이의 대기(大氣)의 온도를 말한다.
 ㉢ 기온의 측정과 단위
  ⓐ 기온은 보통 섭씨(℃)·화씨(°F) 및 절대온도(K)로 표시되며, 각 단위 간의 관계식은 ℃=(°F−32)×(5/9), °F=℃×(9/5)+32, K=273+℃ 이다.
  ⓑ **섭씨온도** : 물의 끓는점(100℃)과 물의 어는점(0℃)을 온도의 표준으로 정하여, 그 사이를 100등분한 온도눈금으로 단위 기호는 ℃이며, 섭씨온도를 절대온도로 바꾸기 위해서는 273.15도를 더하고 섭씨온도 0°는 화씨온도 32°이다.
  ⓒ **화씨온도** : 1기압 하에서 물의 어는점을 32°F, 끓는점을 212°F로 정하고 두 점 사이를 180등분한 눈금으로 단위는 °F를 사용한다.
 ㉣ 온도계의 종류
  ⓐ **역학적 온도계** : 물체의 열팽창이나 온도에 따른 압력변화를 측정해서 그 물체에 접촉하는 물체의 온도를 판정하는 것으로 팽창식·압력식 온도계라고도 하며, 수은온도계·알코올온도계 등 액체온도계가 대표적이다.

ⓑ **전기적 온도계** : 온도와 함께 변하는 전기적 양을 측정하여 온도를 판정하는 것으로 측정범위가 액체온도계보다 넓고, 정밀도도 높다.

ⓒ **복사 온도계** : 고온체에서 나오는 복사선이 물체의 성질뿐 아니라, 그 온도에 의해서 결정된다는 것을 이용한 온도계로서 상온이나 저온도 측정할 수 있는 적외선온도계 등이 있고 공업 방면 등에서 널리 사용된다.

ⓓ **특수한 온도계** : 측정원리에 따른 종별 이외에 용도에 따라 여러 가지 형태의 것이 만들어져 있다.

② 기압

㉠ 지표면의 단위 면적에 작용하는 공기 기둥의 무게

㉡ 단위 : 헥토파스칼(hpa) **2020, 2022 출제**

> 1기압(atm) = 1,013.25hPa = 1,013.25mb = 760mm − Hg = 76cm − Hg
> = 29.92in − Hg

㉢ **저기압** : 주변에 비해 공기가 적어서 기압이 낮은 지역, 중위도 지방의 전선상에서 발생하는 파동(wave)에 의해 형성된다.

ⓐ **특징 2021, 2022 출제**

- 기압이 주위보다 낮다.
- 북반구에서 중심 쪽을 향해 반시계방향으로 바람이 불어 들어온다.
- 바람은 고기압 지역에서 저기압 지역으로 부는 성질이 있다.
- 저기압 중심에서는 상승 기류가 발달한다.
- 날씨가 흐려지며 뜨겁고 습한 바람이 불어온다.

ⓑ **종류**

- **온대저기압**(전선 저기압) : 저기압 중에서 가장 빈번하게 발생하며 기압경도가 큰 온대지방에서의 고기압과, 그 북쪽의 한대전선 사이 전선 상에서 발생하는 것이다. **2022 출제**
- **온난 저기압** : 저기압성 순환이 상층일수록 줄어드며 특정 고도에서부터 없어지는 저기압이다. 여름철에 대륙 내에 발생하며 주변보다 중심이 따뜻하다. **2020, 2021, 2022 출제**
- **열적 저기압** : 산간 지역에 발생하는 경우가 많으며, 여름 한낮에 강한 햇빛으로 지표 부근의 공기의 밀도가 작아져 생기는 저기압이다.
- **지형성 저기압** : 산맥에서 바람이 부는 아래쪽에 기압이 낮아져서 생기는 저기압으로, 날씨 변화에 큰 영향을 미치지는 않는다.

㉣ **고기압** : 주변에 비해 공기가 많이 모여 기압이 높은 지역, 주위보다 상대적으로 기압이 높은 곳을 말한다.

ⓐ **특징**

- 고기압권 안에서는 하강기류가 있어서 날씨가 맑다.

기출문제

2022년 제4회

☑ 기압 1,013밀리바는 몇 헥토파스칼인가?

① 1헥토파스칼
② 76헥토파스칼
③ 760헥토파스칼
④ 1,013헥토파스칼

2022년 제1회

☑ 전선을 동반하는 저기압으로, 기압경도가 큰 온대지과 한대지방에서 생기며, 일명 온대 저기압이라고도 부르는 것은?

① 전선 저기압
② 비전선 저기압
③ 한랭 저기압
④ 온난 저기압

2022년 제3회

☑ 중심이 주위보다 따뜻하고, 여름철 대륙 내에서 발생하는 저기압으로, 상층으로 갈수록 저기압성 순환이 줄어들면서 어느 고도 이상에서 사라지는 키가 작은 저기압은?

① 전선 저기압
② 비전선 저기압
③ 한랭 저기압
④ 온난 저기압

정답 ④, ①, ④

기출문제

2022년 제4회

☑ 시베리아 고기압과 같이 겨울철에 발달하는 한랭 고기압은?

① 온난 고기압
② 지형성 고기압
③ 이동성 고기압
④ 대륙성 고기압

정답 ④

- 구름이 있어도 소멸되며 전선이 형성되기 어렵다.
- 쇠약단계의 고기압이나 고기압 후면에서 하층이 가열되면 대기가 불안정하여 대류성 구름이 발생하고 심하면 소나기와 뇌우를 동반한다.

ⓑ 종류

- **온난고기압**: 중심부의 온도가 주위보다 높은 고기압으로, 대기 대순환에서 하강기류가 있는 곳에 생기며 상층부까지 고압대가 형성되어 키가 크며 북태평양고기압이 대표적이다.
- **한랭고기압**: 차가운 지면에 의한 공기의 냉각으로 생성되며 키 작은 고기압으로도 불리며 시베리아고기압이 대표적이다.
- **이동성 고기압**: 중심위치가 머물러 있지 않고 움직이며, 비교적 규모가 작은 고기압을 말한다.
- **지형성 고기압**: 소규모의 고기압으로 야간에 육지에서부터 오는 복사냉각으로 인해 생성되는 고기압이다. **2020 출제**
- **대륙성 고기압**: 겨울철에 지표면이 오랜기간 냉각되어 발생되며 대륙 위에서 형성되는 고기압으로 시베리아 고기압, 캐나다 고기압 등이 여기에 속한다. **2022 출제**

ⓜ **등압선**: 기압이 서로 같은 지점을 연결한 곡선으로 등압선의 간격이 좁을수록 기압의 경도력이 커져서 바람의 세기가 강하다.

ⓑ 기압계의 종류

ⓐ **수은기압계**: 1 기압일 때 수은기둥의 높이는 76cm이고, 이 수은 기둥의 높이가 기압에 비례하기 때문에 기압이 높으면 수은 기둥의 높이가 올라가고 기압이 낮으면 수은 기둥의 높이가 내려간다.

ⓑ **아네로이드기압계**: 기압이 변화함에 따라 수축과 팽창으로 공합의 두께가 변하는데, 이 공합의 움직임을 지렛대를 이용하여 확대시켜 지침을 움직이게 해서 기압눈금이 표시된 눈금판으로부터 기압을 읽을 수 있도록 한 기기이다.

ⓢ 좋은(수은) 기압계가 갖추어야 할 조건

ⓐ 정확성을 유지하면서 운반이 쉬워야 한다.
ⓑ 유리관 내경은 7mm이상 되어야 하고, 보편적으로 9mm정도가 적당하다.
ⓒ 기압계의 정확성이 오랫동안 변하지 말아야 한다.
ⓓ 해상용 기압계에서는 어느 한점의 오차가 ±0.5hPa을 초과해서는 안 된다.
ⓔ 신속히 읽을 수 있고 시도(read)가 용이해야 한다.
ⓕ 진공상태인 유리관으로 되어 있어야 하며, 중요한 수은의 순도는 이중증류와 기름제거 및 반복적인 세척과 여과가 된 것이어야 한다.
ⓖ 표준중력하에서 눈금은 0℃에서 정확한 시도를 나타내는 실제온도가 새겨져야 한다.

ⓗ 메니스커스(meniscus, 수은주 상단의 볼록한 부분)는 유리관 내경이 크지 않을 경우 평편해서는 안 된다.

③ **바람** … 두 지점의 기압 차이에 의해 수평 방향으로 이동하는 공기의 흐름을 말하는 것으로 기압이 높은 곳에서 낮은 곳으로 불며, 두 지점의 기압 차이가 클수록 강하게 분다.

㉠ **풍향** : 바람이 불어오는 방향을 말하며 보통 북쪽을 기준삼아 시계방향으로 하여금 16방위로 나타내며 이는 360° 의 원을 16등분 나눈 것을 뜻한다. **2022 출제**

㉡ **풍속** : 바람의 세기를 말하는 것으로 공기가 이동한 거리에 대한 시간의 비로 나타내며, 주어진 시간에서의 관측시간 전 10분간의 평균 풍속을 구하여 표시한다. 풍속의 단위로는 보통 m/sec, km/hour, mile/hour, knot 등이 사용되는데, 일반적으로 풍속 10m라 하면, 초속 10m를 의미하고 1m/sec는 1.9424knot이다. **2022 출제**

㉢ **바람에 작용하는 힘**

ⓐ **기압경도력** : 바람이 생기는 근본 원인으로 기압이 높은 고기압에서 기압이 낮은 저기압으로 바람이 불게 되는데 두 지역 간의 기압 차이에 의해 생기는 힘을 말한다.

ⓑ **전향력** : 지구가 자전하기 때문에 생기는 힘으로 북반구에서는 바람 방향의 오른쪽으로, 남반구에서는 왼쪽으로 작용하는 가상적인 힘을 말하며, 풍속을 변하게 하지는 않지만 풍향을 변하게 한다.

ⓒ **마찰력** : 지표면이 거칠수록 크고, 매끄러울수록 작아짐으로 올라갈수록 마찰의 영향이 적기에 바람이 강하게 분다.

④ **습도** … 공기 중에 수증기가 포함된 정도를 말하며, 대체적으로 상대습도를 말한다.

㉠ **상대습도** : 대기 중에 포함되어 있는 수증기의 양과 그 때의 온도에서 대기가 함유할 수 있는 최대수증기량(포화수증기)의 비를 백분율로 나타낸 것을 말한다.

㉡ **절대습도** : 공기 $1m^3$ 중에 포함된 수증기의 양을 g으로 나타낸 것을 말한다.

㉢ **습도계의 종류** **2022 출제**

ⓐ **건습구 습도계**

- 헝겊으로 싼 온도계를 습구 온도계, 그대로 둔 온도계를 건구 온도계라고 하며, 이 두 개의 온도계를 통틀어 건습구 온도계라고 부른다.
- 헝겊을 적신 습구 온도계에서는 물이 증발하면서 열을 빼앗아 감으로 온도가 내려가고 그렇지 않은 건구 온도계의 온도는 기온 그대로 유지되게 되므로 두 온도계의 온도는 서로 차이가 나게 되는데 이 차이를 습도 계산표에 맞추어 보면 습도를 알 수 있는 원리이다.
- 습도 측정은 건습구 온도계를 백엽상에 넣어 두고 측정한다.

기출문제

2022년 제1회

☑ 풍향에 대한 설명으로 옳지 않은 것은?

① 풍향이란 바람이 불어가는 방향을 말한다.
② 풍향이 시계방향으로 변하는 것을 풍향 순전이라 한다.
③ 풍향이 반시계 방향으로 변하는 것을 풍향 반전이라 한다.
④ 보통 북(N)을 기준으로 시계방향으로 16방위로 나타내며, 해상에서는 32방위로 나타낼 때도 있다.

2022년 제3회

☑ 풍속을 관측할 때 몇 분간의 풍속을 평균하는가?

① 5분
② 10분
③ 15분
④ 20분

2022년 제1회

☑ 선박에서 주로 사용되는 습도계는?

① 건습구 습도계
② 모발 습도계
③ 모발 자기 습도계
④ 자기 습도계

정답 ①, ②, ①

ⓑ **모발 습도계** : 사람의 머리카락은 습기가 많아지면 늘어나고, 적어지면 줄어드는데 이러한 머리카락의 성질을 이용하여 만든 습도 측정 기구로써 머리카락이 늘어나거나 줄어드는 정도를 지침으로 눈금을 가리켜 습도를 측정하도록 되어 있다.

ⓒ **자기 모발 습도계** : 지침 대신에 펜을 부착시켜 회전하는 원통 위에 습도의 변화가 기록되도록 만든 습도계를 말한다.

ⓓ **자기 습도계** : 습도를 자기지 위에서 자동으로 기록하는 습도계를 말한다.

⑤ 기타 기상 요소

㉠ **구름** : 물방울이나 작은 얼음입자가 모여서 하늘에 떠 있는 것으로 우리의 눈에 보이는 것을 말한다.

㉡ **안개** : 대기 중의 수증기가 응결하여 지표 가까이에 작은 물방울이 떠 있는 현상으로 관측자의 가시거리를 1km 미만으로 감소시키며, 가시거리가 1km 이상일 때는 안개라고 하지 않는다.

ⓐ 수증기의 공급에 의해 형성된 안개

- 증기 안개 : 찬 공기가 따뜻한 수면으로 이동할 때 생기는 안개이다.
- 전선 안개 : 온난 전선이나 한랭 전선이 구름에서 떨어지는 빗방울은 찬 공기를 지나 떨어지게 되는데 이 때 빗방울에서 증발이 일어난 후 그것이 찬 공기로 공급되면서 안개를 형성한다.

ⓑ 기온의 하강(냉각)에 의해 형성된 안개

- 복사 안개 : 바람이 약하고 맑은 날 밤에는 지표면의 온도가 크게 하강할 때 지표면 근처의 공기는 냉각되고 그 결과 과포화되어 안개를 형성한다.
- 이류 안개 : 따뜻하고 습한 공기가 차가운 지면으로 이동하게 되면, 차가운 지면에 의해 냉각되면서 과포화 되어 안개를 만들게 된다.
- 활승 안개 : 지구 대기압은 고도가 높아질수록 낮아지기 때문에 상승하는 공기는 팽창하고, 공기는 냉각되어 과포화 됨으로써 안개가 만들어 진다.

㉢ **시정** : 대기의 혼탁도를 나타내는 척도를 말하며, 수평방향으로 먼 거리의 지물을 보통 육안으로 식별할 수 있는 최대거리이고, 대기 중에 있는 안개 · 먼지 등 부유물질의 혼탁도에 따라 좌우되며, 시정장애의 큰 요인은 안개 · 황사 · 강수 · 하층운 등이다.

㉣ **강수** : 대기 중에서 생성된 액상 및 고상(固相)의 수물질로 대기 중을 낙하하여 지표면에 도달한 것을 말하며 그것이 비인 경우를 강우, 눈인 경우를 강설이라 하고 강수에는 이슬, 서리 등도 포함시킨다.

(2) 대기의 운동

① **기단** … 성질이 일정하고 거대한 공기덩어리를 말하며 발생지에 따라 고유한 성질을 갖는다.

기출문제

2018년 제2회

☑ 대기의 혼탁한 정도를 나타낸 것으로서 정상적인 육안으로 멀리 떨어진 목표물을 인식할 수 있는 최대 거리는?

① 강우량
② 강수
③ 풍력계급
④ 시정

정답 ④

㉠ 기단의 형성 : 기단은 바람이 약한 저위도 지방과 고위도 지방과 같은 주로 넓은 대륙 위나 해양 위에서 발생한다. 특히 정체성 고기압권이나 기압경도가 작은 거대한 저기압권에서 형성되기 쉽다.

㉡ 우리나라에 영향을 미치는 기단 2022 출제

기단	성질	시기	영향
시베리아 기단	한랭건조	주로 겨울	혹한, 삼한사온, 꽃샘추위
양쯔강 기단	온난건조	봄, 가을	따듯하고 건조한 날씨
북태평양 기단	고온다습	주로 여름	열대야 현상, 적란운과 소나기
오호츠크해 기단	한랭다습	초여름~장마철	높새바람, 동해안의 냉량
적도 기단	고온다습	여름	태풍

② 전선 … 발생지가 서로 다른 두 기단(氣團)의 경계인 전선면과 지표면이 만나는 선을 말하며, 종류는 다음과 같다.

㉠ 한랭전선 : 찬 공기가 따뜻한 공기 밑으로 파고 들어가는 곳에서 생기는 전선을 말한다. 2021 출제

㉡ 온난전선 : 따뜻한 공기가 찬 공기의 경계면을 따라 위로 상승되는 곳에 생기는 전선을 말한다.

㉢ 폐색(閉塞)전선 : 한랭전선과 온난전선이 서로 합쳐진 상태를 말한다. 2022 출제

㉣ 정체전선(장마전선) : 찬기단과 따뜻한 기단의 세력이 비슷할 때에는 전선이 이동하지 않는데 이것을 정체전선이라고 하며 장마전선이 대표적이다.

③ 태풍 … 여름부터 가을에 걸쳐 열대지방 해양에서 무역풍과 남서계절풍 사이에 발생하는 폭풍우를 수반하는 열대성 저기압이다.

㉠ 열대성 저기압의 발생 해역별 명칭

명칭	발생해역	특징
태풍(Typhoon)	북태평양의 남서해상의 필리핀 근해	6 ~ 10월에 발생
허리케인(Hurricane)	북대서양, 카리브해, 멕시코만, 북태평양 동부 등	6 ~ 10월에 발생
사이클론(Cyclone)	인도양, 아라비아해, 뱅골만 등	5 ~ 12월에 발생
윌리윌리(Willy-Willy)	호주 부근 남태평양	5 ~ 12월에 발생

㉡ 열대성 저기압의 종류

ⓐ 태풍

- 북태평양의 남서해상에서 발생하는 중심최대풍속이 17m/s이상의 열대저기압
- 열대저기압은 지구상 여러 곳에서 연간 평균 80개 정도가 발생하고 있으며, 그 발생장소에 따라 그 명칭을 달리한다.

기출문제

2022년 제2회

☑ 오호츠크해기단에 대한 설명으로 옳지 않은 것은?

① 한랭하고 습윤하다.
② 해양성 열대기단이다.
③ 오호츠크해가 발원지이다.
④ 오호츠크해기단은 늦봄부터 발생하기 시작한다.

2022년 제3회

☑ 한랭전선과 온난전선이 서로 겹쳐져 나타나는 전선은?

① 한랭전선
② 온난전선
③ 폐색전선
④ 정체전선

정답 ②, ③

기출문제

• 태풍의 크기 분류(우리나라) : 초속 15m 이상의 풍속이 미치는 영역으로 분류

단계	풍속 15㎧ 이상의 변경
소형	300km 미만
중형	300km 이상 ~ 500km 미만
대형	500km 이상 ~ 800km 미만
초대형	800km 이상

ⓑ 허리케인

• 대서양 서부 적도 부근의 열대 바다에서 형성된 이동성 저기압

• 구조는 태풍과 같고, 6~10월에 가장 많이 발생

ⓒ 사이클론

• 인도양, 아라비아해, 벵골만에서 발생하는 열대 저기압

• 1년에 평균 5~7회 발생

ⓓ 윌리윌리

• 호주 북부 주변 해상에서 여름부터 가을에 걸쳐 발생하는 열대 저기압

• 호주의 사막지방을 갑자기 엄습하여 모래 폭풍을 일으킨다.

㉢ 태풍의 특징

ⓐ 수온이 27℃ 이상의 해면에서 발생하며, 중심 부근에 강한 비바람을 동반한다.

ⓑ 전선을 동반하지 않으며, 폭풍 영역은 온대 저기압에 비해서 대체로 작지만 강도는 매우 강하다.

ⓒ 발생 초기에는 서북 서진하다가 점차 북상하여 편서풍을 타고 북동진한다.

ⓓ 중심 부근에 '태풍의 눈'이 있는데 이 바깥 주변에서 바람이 가장 강하다.

ⓔ 가뭄의 해소와 냉해, 적조 현상을 해결할 수 있는 장점이 있지만 강풍과 집중 호우, 해일 등으로 피해를 입는 단점이 있다.

㉣ 태풍의 눈

ⓐ 태풍의 중심부에 있는 원형모양과 같은 바람이 약한 구역을 말한다.

ⓑ 발달 단계에 따라 다르지만 눈의 크기는 보통 지름이 20~50km 정도이다.

ⓒ 푸른 하늘을 볼 수도 있으며 눈 주위에는 격렬한 상승기류와 적란운의 높은 벽이 있고 선체에 매우 위험하다.

㉤ 태풍의 일생

ⓐ **발생기** : 저기압성 순환이 지상에 나타나기 시작하여 태풍으로 발달될 때까지를 말한다.

ⓑ **발달기** : 중심시도가 최저이고, 풍속이 최대가 될 때까지이다.

ⓒ **최성기** : 중심시도는 더 이상 깊어지지 않지만 태풍의 세력이 가장 발달된 시기이다.

ⓓ **쇠약기** : 태풍이 약해져서 소멸되거나 중위도에 진입하여 온대저기압으로 변질되는 시기이다.

ⓗ 태풍의 징후

ⓐ 불규칙한 해풍과 강한 국지성 소나기가 몇 차례 내릴 경우

ⓑ 강풍이 불기 시작하고 태풍의 중심이 300Km 정도 근처에 다다르면 폭풍이 몰아친다.

ⓒ 구름의 움직임이 빨라지고 검은 빛의 노을이 생긴다.

ⓓ 해안의 파도가 높아지고 천둥 같은 소리를 낸다.

ⓔ 털구름이 나타나 하늘 전체로 퍼진다.

ⓕ 바람이 갑자기 멈추고 해륙풍이 없어진다.

ⓢ **태풍의 중심 위치 찾는 방법**(바이스 발로트 법칙) : 바람을 등지고 서서 양팔을 벌리면 왼손의 20~30도 앞쪽으로 태풍이나 저기압의 중심이 있고 오른손 20~30도 뒤쪽으로 고기압의 중심이 있게 된다.

ⓞ **태풍의 중심위치 표시기호 2021 출제**

ⓐ PSN GOOD : 위치가 정확 함(오차 : 20해리 미만)

ⓑ PSN FAIR : 위치는 거의 정확 함(오차 : 20해리~40해리)

ⓒ PSN POOR : 위치는 부정확 함(오차 : 40해리 이상)

ⓓ PSN EXCELLENT : 위치는 아주 정확 함.

ⓔ PSN SUSPECTED : 위치에 의문이 있음.

ⓙ 태풍 발생시 대처법

ⓐ 도시지역

- 저지대 · 상습침수지역 등 재해위험지구 주민대피 준비
- 노후가옥, 위험축대 등 시설물 점검 및 감시
- 고압전선 접근금지 및 옥내외 전기수리 금지
- 각종 행사장 안전조치 및 고속도로 이용차량 감속 운행
- 뇌우시 저지대 또는 인근 가옥으로 대피
- 배수문 및 양수기 점검 및 하수도 및 배수로의 점검과 정비

ⓑ 농촌지역

- 도시지역의 행동요령과 동일
- 농작물 보호 및 용 · 배수로 정비
- 소하천 및 봇물, 뚝 정비와 산간계곡의 야영객 대피 조치, 농축산 보호

ⓒ 해안지역

- 도시지역의 행동요령과 동일
- 수산증 · 양식시설물 보호 및 해안저지대 위험지역에 대한 경계 강화 및 주민 안전지대 대피준비

기출문제

2021년 제1회

☑ 태풍 중심 위치에 대한 기호의 의미를 연결한 것으로 옳지 않은 것은?

① PSN GOOD : 위치는 정확
② PSN FAIR : 위치는 거의 정확
③ PSN POOR : 위치는 아주 정확
④ PSN SUSPECTED : 위치에 의문이 있음

정답 ③

기출문제

2022년 제1회

☑ 일기도의 날씨 기호 중 ═ 가 의미하는 것은?

① 비
② 안개
③ 우박
④ 눈

2019년 제4회

☑ (　　)에 순서대로 적합한 것은?

기상도에서 등압선의 간격이 (　　) 기압경도가 커져서 바람이 (　　).

① 넓은 수록 – 강하다
② 넓은 수록 – 약하다
③ 좁을 수록 – 강하다
④ 좁을 수록 – 약하다

2022년 제2회

☑ 현재부터 1~3일 후까지의 전선과 기압계의 이동 상태에 따른 일기 상황을 예보하는 것은?

① 수치예보
② 실황예보
③ 단기예보
④ 단시간예보

정답 ②, ③, ③

ⓩ 태풍의 위험 반원과 가항반원

ⓐ **위험 반원**: 태풍에 의한 피해는 주로 태풍 중심의 오른쪽에서 발생하므로 태풍 중심의 오른쪽을 위험 반원이라고 한다.

ⓑ **가항 반원(안전반원)**: 태풍 중심의 왼쪽은 어느 정도 항해가 가능하다는 의미로 가항 반원이라고 부르며, 바다를 항행하다가 태풍을 만나게 되면 매우 위험하므로 바람을 등 뒤로 하면서 가항 반원 쪽으로 빠져나와 가까운 항구로 신속히 대피해야 한다.

ⓚ 태풍 시 피항 요령

ⓐ **태풍의 진로 상에 위치한 경우**: 풍향이 바뀌지 않고 풍력이 계속 강해지며 기압이 내려가는 경우에는 태풍의 진로 상에 있으므로 속히 가항반원(북반구는 좌반원, 남반구는 우반원)으로 빠르게 벗어나야 한다.

ⓑ **위험반원에 위치한 경우**: 바람을 우현선수로 받으면서 항행하여 피항한다.

ⓒ **가항반원에 위치한 경우**: 바람을 우현선미로 받으면서 항행하여 피항한다.

④ **일기 예보** … 일기도와 기타 정보를 통해 앞으로의 대기 상태를 예측하여 알리는 일을 말한다.

㉠ **일기 예보가 만들어지는 과정**: 기상관측 – 자료수집 및 분석 – 예보 생산 및 작성 – 예보전달

㉡ 일기 예보 종류

ⓐ **단기예보**: 1~3일 앞을 대상으로 전선 및 기압계의 이동 상태를 통해 일기 상황을 예보한다. **2022 출제**

ⓑ **장기예보**: 통계적 수단을 통해 개략적인 기상 전망을 알려주며 주간·월간·3개월·6개월 예보 등이 있다.

⑤ 기상도

㉠ **일기도**: 일정한 시간에 각 지역별로 관측한 기상 자료를 기호와 숫자를 통해 지도에 기입해서 등압선과 전선을 분석하여 넓은 지역의 기상 상황을 한 눈에 볼 수 있도록 표시한 것을 말한다.

㉡ **고층기상도**: 상공을 흐르는 대기의 구조를 나타낸 것으로 고층기상관측을 통해 얻은 데이터를 이용해 그린 기상도를 말한다.

㉢ 기상 전문실황 기입도 **2021, 2022 출제**

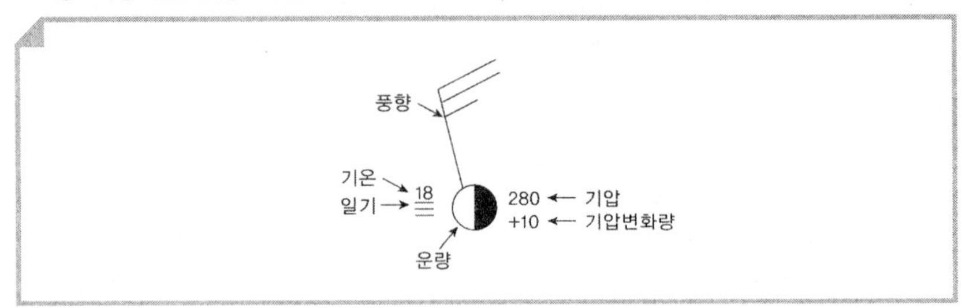

구름			일기				
맑음	갬	흐림	비	소나기	눈	안개	뇌우
○	◐	●	•	▽	✳	═	⟦

㉣ 일기도 표제 : 기상도의 종류와 기호를 연결한 것으로 A(Analysis ; 해석도), F(Forecast : 예상도), W(Warning : 경보), S(Surface : 지상 자료), U(Upper air : 고층 자료) 등

※ AS : 이시아지역, FE : 극동지역, AE : 동남아지역

㉤ 일기도(기상도)에서 등압선의 간격이 좁아질수록 기압경도가 커져서 바람이 강하고 반대로 간격이 넓을수록 바람이 약하다.

㉥ 해양예상도 : 해양에서 항로파고와 지역파고를 알 수 있는 기상도를 말한다.

05 항해 계획

(1) 항해 계획 수립 2022 출제

① 항해계획을 수립할 때에는 경제적 항해, 항해일수의 단축, 항해할 수역의 상황 등을 고려하여야 한다.

② 출항지에서 목적지까지 항해에 필요한 해도를 준비하고, 입항 서류가 필요하다면 준비하여 미리 보낸다.

③ 항로 사이에 존재하는 장애물을 피하기 위한 변침물표를 설정한다.

④ 항해에 필요한 선박 내 각종 계기를 관리 · 점검한다.

(2) 항해계획의 수립 순서 2020 출제

① 항행자료와 자신의 경험을 토대로 적합한 항로를 선정한다.

② 선정한 항로를 기준으로 항정을 산출한다.

③ 사용할 속력을 결정하고 실제 속력을 추정한다.

④ 실제속력을 추정하여 출항 및 입항시각과 항로상의 중요 지점의 통과시간을 추정한다.

⑤ 수립된 계획의 적정성을 검토한다.

⑥ 항행 예정 계획표를 작성한다.

⑦ 항행 일정을 구한 후 출항 및 입항시각을 결정한다.

(3) 항로의 분류

항로는 선박의 항해에 안전해야 하므로 깊이가 충분해야 하고 암초 등 장애물이 없으며 조류와 기상이 알맞아야 한다.

① 지리적 분류 : 연안항로, 원양항로, 근해항로로 분류할 수 있다. 2022 출제

기출문제

2022년 제1회

☑ 항해계획을 수립할 때 고려하여야 할 사항이 아닌 것은?

① 경제적 항해
② 항해일수의 단축
③ 항해할 수역의 상황
④ 선적항의 화물 준비 사항

2022년 제4회

☑ 〈보기〉에서 항해계획을 수립하는 순서를 옳게 나타낸 것은?

〈보기〉

㉠ 가장 적합한 항로를 선정하고, 소축척 종이해도에 선정한 항로를 기입한다.
㉡ 수립한 계획이 적절한가를 검토한다.
㉢ 상세한 항해일정을 구하여 출 · 입항 시각을 결정한다.
㉣ 대축척 종이해도에 항로를 기입한다.

① ㉠→㉡→㉢→㉣
② ㉠→㉢→㉣→㉡
③ ㉠→㉡→㉣→㉢
④ ㉠→㉣→㉢→㉡

2022년 제2회

☑ 항해계획을 수립할 때 구별하는 지역별 항로의 종류가 아닌 것은?

① 원양 항로
② 왕복 항로
③ 근해 항로
④ 연안 항로

정답 ④, ③, ②

② **통행 선박의 종류에 따른 분류**: 범선항로, 소형선항로, 대형선항로 등이 있다.

③ **적양지(積揚地) 및 화물의 명칭에 따른 분류**: 북아메리카(원목선) 항로, 남양(목재선) 항로, 유럽 항로 등이 있다.

④ **국가 · 국제기구에서 항해의 안전상 권장하는 항로**: 추천항로라고 한다.

⑤ **운송상의 역할에 따른 분류**: 간선항로(幹線航路)와 지선항로(支線航路)가 있고, 항로라는 말이 운항(運航)의 뜻을 내포하여 정기선항로 · 부정기선항로라고도 한다.

(4) 연안항해

연안항로를 선정 할때에는 다음과 같은 내용을 참고하여 선정한다. **2020, 2021 출제**

① **해안선과 평행한 항로**

㉠ 연안에서 확실한 물표가 없이 해안을 항해하는 경우에는 해안선과 평행한 항로를 선정하도록 한다.

㉡ 해 · 조류나 바람이 심한 경우의 야간항해를 하는 경우에는 해안선과 평행한 항로에서 바다 쪽에서 벗어난 항로를 선정하도록 한다.

② **우회항로의 선정**

㉠ 위험물이 많거나 복잡한 해역을 항해하는 경우에는 해안선에 근접하지 말고 우회하여 안전한 항해를 하도록 한다.

㉡ 선박의 조종 성능에 제한이 있는 경우에는 우회 하더라도 해안선에 근접하지 말고 안전한 항해를 하여야 한다.

③ **추천항로**: 특별한 이유가 없는 경우에는 수로지나 항로지, 해도 등에 설정된 항로를 따르도록 한다.

④ **변침물표의 결정**: 침로를 변경하는 것을 변침이라 한다.

㉠ 변침 후의 침로방향에 물표가 있거나 침로와 평행으로 있으면 가까운 거리를 선정한다.

㉡ 변침 물표는 곶이나 부표 등은 피하고, 섬이나 등대, 산봉우리, 임표 등과 같이 육안으로 뚜렷하게 볼 수 있고 방위측정에 용이한 곳을 선정한다.

㉢ 확실한 물표가 없거나 변침지점으로 중요한 곳에는 예비물표를 반드시 선정하도록 한다.

㉣ **변침 방법**

ⓐ 물표를 정횡으로 보았을 때 변침하는 방법

ⓑ 새 침로와 평행한 방위선을 이용하는 방법

ⓒ 작은 각도로 나누어 변침하는 방법: 정횡거리가 점점 짧아진다.

기출문제

2021년 제4회

☑ 연안 항로 선정에 관한 설명으로 옳지 않은 것은?

① 연안에서 뚜렷한 물표가 없는 해안을 항해하는 경우 해안선과 평행한 항로를 선정하는 것이 좋다.

② 항로지, 해도 등에 추천항로가 설정되어 있으면, 특별한 이유가 없는 한 그 항로를 따르는 것이 좋다.

③ 복잡한 해역이나 위험물이 많은 연안을 항해할 경우에는 최단항로를 항해하는 것이 좋다

④ 야간의 경우 조류나 바람이 심할 때는 해안선과 평행한 항로보다 바다 쪽으로 벗어난 항로를 선정하는 것이 좋다.

정답 ③

(5) 이안 거리 및 경계선

① 이안 거리 : 해안선으로부터 떨어져 있는 거리를 말한다. **2022 출제**

㉠ **이안거리의 고려 요소** : 선박의 크기, 항로의 길이, 선위 측정 방법 및 정확성, 해도의 정확성, 시정의 상태 및 본선의 통과시기, 해상 기상의 영향, 당직자의 기능 등

㉡ **이안 거리의 기준** : 내해 항로이면 1마일, 외양 항로이면 3~5마일, 야간항로표지가 없는 외양 항로이면 10마일 이상, 부표 · 등선은 0.5마일, 암암이 있는 대양의 경우 5~10마일, 산호초가 있는 경우 6마일, 육안이 보이지 않는 대양에 위치하고 있는 암암 등에서는 5~10마일 정도가 되어야 한다.

㉢ **표준 이상으로 이안거리를 두는 경우** : 편대항행, 고속항행, 예항중, 무중항행, 야간항행 등의 경우

② 경계선 **2020 출제**

㉠ 어느 수심보다도 얕은 위험 구역을 표시하는 등심선을 말하며, 해도상에는 빨강색으로 표시한다.

㉡ 흘수가 작은 선박은 10m 등심선

㉢ 흘수가 큰 선박이나 암초가 많은 해역에서는 20m 등심선

㉣ **더 얕은 곳을 항행할 수 있는 경우** : 상용항로나 측정이 잘 되어 신뢰할 수 있고 저질도 양호하며 수심의 변화가 단조로운 곳

(6) 피험선

협수로 통과시나 입 · 출항 시에 준비된 위험 예방선을 말한다. **2020, 2022 출제**

① 선박이 협수로를 통과할 때나 출 · 입항할 때에는 자주 변침하여 다른 선박들을 적당히 피해야 한다.

② 이런 경우에 미리 해도를 보고 조사해 둔 뚜렷한 물표의 방위, 거리, 수평협각 등에 의한 위치선을 이용하여 위험을 피하여야 한다.

③ 피험선을 선정하는 방법

㉠ 두 물표의 중시선에 의한 방법 : 가장 확실한 피험선이다.

㉡ 선수 방향에 있는 물표의 방위선에 의한 방법

㉢ 침로의 전방에 있는 한 물표의 방위선에 의한 방법

㉣ 두 물표의 수평 협각에 의한 방법(수평위험각법)

㉤ 측면에 있는 물표로부터의 거리에 의한 방법

㉥ 높이를 알고 있는 목표의 앙각방법(수직위험각법)

㉦ 수심에 의한 방법

④ 협수도의 항행 방법

㉠ 수도의 우측을 항행한다.

㉡ 법정항로, 사용항로를 따른다.

㉢ 양안을 연결한 선의 수직 2등분선 위를 통항한다.

기출문제

2022년 제1회

☑ (　)에 적합한 것은?

> "항정을 단축하고 항로표지나 자연의 목표를 충분히 이용할 수 있도록 육안에 접근한 항로를 선정하는 것이 원칙이지만, 지나치게 육안에 접근하는 것은 위험을 수반하기 때문에 항로를 선정할 때 (　) 을/를 결정하는 것이 필요하다."

① 피험선
② 위치선
③ 중시선
④ 이안 거리

2020년 제3회

☑ 어느 기준 수심보다 더 얕은 위험구역을 표시하는 등심선은?

① 변침선
② 등고선
③ 경계선
④ 중시선

2022년 제3회

☑ 피험선에 대한 설명으로 옳은 것은?

① 위험 구역을 표시하는 등심선이다.
② 선박이 존재한다고 생각하는 특정한 선이다.
③ 항의 입구 등에서 자선의 위치를 구할 때 사용한다.
④ 항해 중에 위험물에 접근하는 것을 쉽게 탐지할 수 있다.

정답 ④, ③, ④

기출문제

2022년 제3회

☑ 입항항로를 선정할 때 고려 사항이 아닌 것은?

① 항만관계 법규
② 묘박지의 수심, 저질
③ 항만의 상황 및 지형
④ 선원의 교육훈련 상태

정답 ④

(7) 출 · 입항 항로

① 출 · 입항 시에는 개항 질서법, 항만의 크기, 정박선의 동정, 위험물의 존재, 다른 선박의 내왕, 바람과 조류, 자기 선박의 성능, 주위의 상황 등을 고려하여야 한다.

② 출항 항로 선정시 주의 사항
- ㉠ 항로 좌우의 편위를 알기위해 선수 목표물을 선정한다.
- ㉡ 조류의 하류 쪽이나 바람의 풍하 쪽으로 통과한다.
- ㉢ 바로 정침 할 수 있도록 계획을 세운다.
- ㉣ 출항일시를 정한다.

③ 입항 항로 선정시 주의 사항 **2022 출제**
- ㉠ 사전조사 할 사항 : 항만의 상황, 수심, 저질, 기상, 해상 상태 등
- ㉡ 지정항로, 추천항로, 상용항로를 따른다.
- ㉢ 선수 목표와 투묘물표를 사전에 선정한다.
- ㉣ 수심이 얕거나 고르지 못한 곳, 암초, 침선 등은 가급적 피한다.
- ㉤ 입항일시를 정한다.

(8) 협수로 항법

① 통과시기
- ㉠ 좁은 수로에서 횡단할 때는 수로의 직각으로 한다.
- ㉡ 특별한 경우 외에는 우측항행 한다.
- ㉢ 레저용 보트나 요트가 대형선박과 마주칠 경우 우측으로 항해하며 최대한 멀리 운항한다.
- ㉣ 좁은 수로는 수심의 제한이 있기 때문에 대형선박 (흘수선 10m 이상)과 마주치는 경우 항로를 비켜가며 운항한다.
- ㉤ 조류가 약할 때 통과하고 조류가 있을 때는 역조의 말기나 게류시에 통과한다.
- ㉥ 굴곡이 없는 곳은 순조시에 통과하고 굴곡이 심한 곳은 역조시에 통과한다.
- ㉦ 강한 역조시에는 대지속력을 5노트 이하로 하고, 원속력의 1/2이상 시에는 통항을 중지한다.
- ㉧ 갑이나 곳 등을 우회할 때 돌출된 부위를 우현 발견 시에는 가까이 하고 좌현 발견 시에는 거리를 멀게 하여 항해한다.

② 준비사항 … 엔진 점검, 투묘 준비, 조타장치 점검 등

③ 야간 항해 시 주의사항
- ㉠ 선위측정이 곤란하며, 다른 선박의 확인이 어렵다.
- ㉡ 당직자가 졸기 쉽고 해난사고 시 대처하는데 시간이 걸린다.

㉢ 소형선박은 등화가 선명하지 않으므로 동정을 살피고 의문이 생기는 경우 주의환기 신호를 발한다.

㉣ 다른 선박과 충돌의 위험이 없도록 동정을 세심히 관찰한다.

④ 협시계 항법의 준비작업

㉠ 선장에게 보고하고 기관실과 통신실에 통보한다.

㉡ 육상 물표가 보이는 동안 선위 측정한다.

㉢ 수동 조타로 전환하고 견시원을 배치한다.

㉣ 무중신호기, 측심의, 방향탐지기, 레이더, 전파계기의 작동준비를 한다.

㉤ 수밀창을 폐쇄하고 투묘준비와 선내를 정숙 시킨다.

⑤ 산호초 항법 … 저조인 때와 태양의 고도가 등 뒤에 있으며 높고 풍력계급이 1~3으로 작은 파도가 있을 때가 견시에 좋다.

(9) 선박의 위치 결정방법

① 위치선(Line of position)

㉠ 항해 중에 어떤 물표를 관측하여 얻은 방위, 거리, 고도, 협각 등을 만족시키는 점으로 관측을 실시한 선박이 그 자취 위에 있다고 생각되는 특정한 선을 말한다.

㉡ 위치선을 동시에 2개 또는 3개 이상을 구하여 그 교점을 찾으면 선박의 실제 위치를 찾을 수 있다.

② 동시관측을 통한 선위 측정법

㉠ 교차방위법 : 여러 표적의 방위선의 교차점으로 배의 위치를 구하는 방법으로 배가 항행 중에 2곳 이상 육지 목표물의 방위를 측정한 후 해도에 그려 그 교차점으로 배의 현재 위치를 확인하는 방법이다.

㉡ 선수배각법 : 후측시 선수각이 전측시의 두배가 되게 하여 선위를 구하는 측정법이다.

㉢ 정횡거리측정법 : 어느 물표의 거리를 미리 알 경우 사용하는 방법이다.

㉣ 4점방위법 : 물표의 전축 시 선수각을 45도로 측정하고 후측시 선수각을 90도로 측정하여 선위를 결정하는 방법이다.

㉤ 8점 방위법 : 전측 시 선수각에 관계없이 후측 시 선수각을 90도로 관측하여 선위를 결정하는 방법이다.

기출문제

01 출제예상문제

01 자침방위가 069°이고, 그 지점의 편차가 9°E일 때 진방위는 몇 도인가?

① 66°
② 70°
③ 74°
④ 78°

NOTE ④ 편차가 편동(E)이므로 진방위는 69° + 9° = 78°이다.

02 정해진 등질이 반복되는 시간을 무엇이라고 하는가?

① 등색
② 주기
③ 점등시간
④ 섬광등

NOTE ② 주기란 정해진 등질이 반복되는 시간을 말하며 단위는 초 시간으로 나타낸다.

※ 해도상 등대 표시

1. 등질 : 일반 등화와 식별을 쉽게 하고, 등광의 발사 상태가 정해져 있는 것
   ㉠ 부동등(F ; fixed light) : 꺼지지 않고 일정한 광력을 가지고 계속 비추는 등
   ㉡ 섬광등(Fl ; Flashing light) : 빛을 비추는 시간이 꺼진 시간보다 짧은 것, 일정한 간격으로 섬광을 발함
   ㉢ 그 외 명암등, 등명암등, 급섬광등, 모르스 신호등, 호광등 등등
2. 등색 : 백색, 빨강색, 녹색, 황색, 오렌지, 등질 다음 위치에 첫 대문자로 표시, 백색은 생략
3. 주기 : 정해진 등질이 반복되는 시간, 주기가 20초면 20S로 표시
4. 등고 : 평균수면에서 등화 중심까지 높이, 높이가 100미터이면, 100m
5. 광달거리 : 등광을 알아볼 수 있는 최대거리, 거리가 30마일이면 30M

answer 01.④ 02.②

03 천의 극 중 관측자의 위도와 반대쪽에 있는 극을 무엇이라고 하는가?

① 동명극
② 이명극
③ 천의 남극
④ 천의 북극

NOTE 천의 극 중 관측자의 위도와 수평선 위쪽, 동명(동일)인 극을 동명극이라 하며 수평선 아래쪽, 이명(반대)인 극을 이명극이라 한다.

04 다음 중 자차에 대한 설명으로 맞는 것은?

① 선수가 180°일 때 자차가 최대가 된다.
② 선수가 360°일 때 자차가 최대가 된다.
③ 선수 방향에 따라 자차가 다르다.
④ 선수가 090° 또는 270°일 때 자차가 최소가 된다.

NOTE ③ 자차는 지구의 자기장에 상호 작용하는 선박 내의 자기장에 의해서 발생하는 오차로 선수 방향에 따라 자차가 다르게 나타난다.

05 선박의 진행방향과 같은 방향으로 흐르는 조류는?

① 순조 ② 역조
③ 와류 ④ 창조류

NOTE ① 순조는 배가 가는 쪽으로 부는 조류를 말한다.
② 역조란 해안으로 밀려오다 갑자기 먼바다 방향으로 빠르게 이동하는 해류를 말한다.

answer 03.② 04.③ 05.①

06 연안 항해에서 많이 사용하는 방법으로 뚜렷한 물표 2, 3개를 이용하여 선위를 구하는 방법을 무엇이라 하는가?

① 수심 연측법　　② 교차 방위법
③ 3표 양각법　　④ 4점 방위법

NOTE 물표 관측에 의한 선위 결정법에는 2개 이상의 물표를 동시에 관측하여 선위를 구하는 동시 관측법과, 시간차를 두고 동일 물표나 다른 물표를 2회 이상 관측하여 위치선과 전위선을 이용하여 선위를 구하는 격시 관측법으로 구분한다.
② 교차방위법이란 여러 표적의 방위선의 교차점으로 배의 위치를 구하는 방법을 말한다. 배가 항행 중에 2곳 이상 육지 목표물의 방위를 측정한 후 해도에 그려 그 교차점으로 배의 현재 위치를 확인하는 방법이다.
① 수심 연측법이란 선위를 구하고자 하는데 주위에 물표가 없거나 물표를 선정하기 어려울 경우 대략적인 선위를 구하는 방법을 말한다.
③ 3표 양각법이란 물표 3개를 육분의로 수평협각을 측정하여 선위를 측정하는 방법이다.
④ 4점 방위법(45° 방위법)은 침로와 속력을 일정하게 유지한 상태에서 한 물표를 상대방위 45°로 측정하고, 제2관측 시기는 동일물표가 정횡을 통과하는 시간을 측정하여 이동거리를 계산하면 그 물표로부터 거리가 산출되고 그 점이 선위를 계산하는 방법이다.

07 작동 중인 레이더 화면에서 A 점을 무엇이라고 하는가?

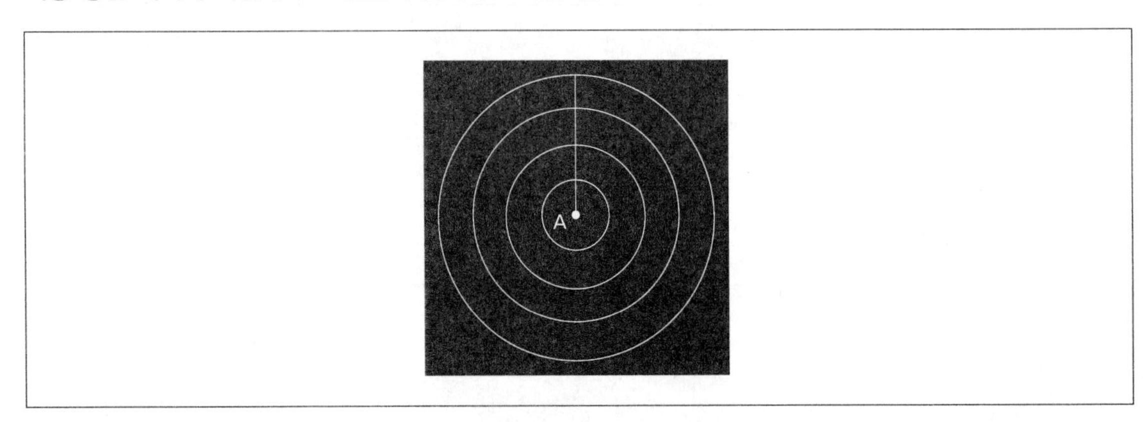

① 섬　　② 육지
③ 자기 선박　　④ 다른 선박

NOTE 그림은 상대동작레이더로 자선의 위치가 중앙의 한점에 고정되어 있어 자선의 움직임에 따라 모든 물체가 상대적인 움직임으로 보여진다.

answer 06.② 07.③

08 부표, 등표 등에 설치하여 전파의 반사효과를 잘되게 하기 위한 장치는?

① 레이더반사기　　② 경적
③ 종　　④ 무선방향탐지기

NOTE ① 레이더 반사기는 레이더파의 반사율을 극대화함으로써 레이더에 의존해 항해를 해야 하는 야간이나 심한 안개시에 소형선박의 식별을 용이하게 해 충돌을 예방하는 장치이다.

09 해도의 저질을 잘못 설명하고 있는 것은?

① S – 자갈　　② M – 뻘
③ Rk – 바위　　④ Co – 산호

NOTE ① S가 모래이며, 자갈은 G이다.

10 조류의 빠르기를 나타내는 단위는?

① 미터(m)　　② 킬로미터(km)
③ 센티미터(cm)　　④ 노트(knot)

NOTE ④ 노트(knot)는 선박이나 조류, 바람, 비행기의 빠르기를 나타내는 단위로 1노트는 선박이 1시간에 1852m를 진행하는 속력이다.

11 우리나라에서 발간하는 종이해도에 대한 설명으로 옳은 것은?

① 수심 단위는 피트(Feet)를 사용한다.
② 나침도의 바깥쪽은 나침 방위권을 사용한다.
③ 항로의 지도 및 안내서의 역할을 하는 수로서지이다.
④ 항박도는 대축척 해도로 좁은 구역을 상세히 그린 평면도이다.

NOTE ① 해도상 수심의 단위는 미터(m)를 사용한다.
② 나침도의 바깥쪽 원은 진북을 가르키는 진방위를 표시한다.
③ 수로서지는 항해를 함에 있어 해도 외에 도움을 주는 간행물을 통칭한다.

answer 08.① 09.① 10.④ 11.④

12 소형선에서 주로 사용하는 액체 자기컴퍼스의 액체 구성 성분은?

① 알콜과 증류수의 혼합액
② 알콜과 염산의 혼합액
③ 증류수와 염산의 혼합액
④ 증류수와 해수의 혼합액

NOTE ① 액체식 자기컴퍼스는 알코올과 증류수를 넣은 컴퍼스 볼 안에 경금속인 컴퍼스 카드를 뜨도록 한 것을 말한다.

13 가자기 컴퍼스에서 섀도 핀으로 방위를 측정할 경우 주의사항으로 옳지 않은 것은?

① 볼이 경사된 채로 방위를 측정할 경우 오차가 생기기 쉽다.
② 핀의 지름이 크면 오차가 생기기 쉽다.
③ 선박의 위도가 크게 변하면 오차가 생기기 쉽다.
④ 핀이 휘어져 있으면 오차가 생기기 쉽다.

NOTE 섀도 핀으로 방위를 측정할 경우 핀이 휘어져 있거나 핀의 지름이 클 때, 또는 볼이 경사된 채로 방위를 측정할 경우 오차가 생기기 쉽다.

14 해도상 두 지점간의 거리를 잴 때 기준 눈금은?

① 경도 눈금
② 위도 눈금
③ 나침도 눈금
④ 위도나 경도의 눈금

NOTE ② 해도는 적도를 중심으로 남북으로 얼마나 떨어져 있는지를 나타내는 위치점인 위도 눈금이 기준이 된다.

15 우리 나라에서 조수간만의 차가 가장 심한 곳은?

① 동해
② 남해
③ 서해
④ 제주도 근해

NOTE ③ 조수간만의 차가 나타나는 것은 달의 인력, 해안선의 모양, 해저의 지형 그리고 바다의 수심등과 같은 요소들의 영향 때문이다. 조수간만의 차이는 각 지역별로 그 차가 다르게 나타나는데 우리나라의 경우 서해안이 가장 큰 조수간만의 차가 나타난다.

answer 12.① 13.③ 14.② 15.③

16 색깔이 다른 종류의 빛을 교대로 내는 등은 어느 것인가?

① 부동등 ② 명암등
③ 호광등 ④ 섬광등

NOTE ③ 호광등은 색깔이 다른 종류의 빛을 교대로 발산하면서 빛이 꺼지지 않고 계속해서 빛을 내는 등을 말한다.

17 해수의 수직 방향의 운동은 무엇인가?

① 조석 ② 조류
③ 인력 ④ 해류

NOTE ① 조석이란 달, 태양 등의 기조력과 기압, 바람 등에 의해서 일어나는 해수면의 주기적인 승강현상을 말하며, 조류란 조석에 의한 해수의 수평적인 흐름(유향, 유속 등)을 말한다.

18 특수한 기호와 약어를 사용하여 해도상에 여러 가지 사항을 표시하는 것을 무엇이라 하는가?

① 해도 표제 ② 해도 제목
③ 수로 도지 ④ 해도 도식

NOTE ④ 해도도식이란, 해도를 만들기 위하여 여러 가지 세부사항을 규정한 것이다. 수심의 기준, 지형 · 지물의 채용기준, 분류, 표현방법, 기호 · 약어의 양식과 그 표시대상, 크기, 문자 · 숫자의 자체 · 색채에 이르기까지 모든 약속을 표기하는 것이지만 일반적으로는 이 중에서 해도에 기재하는 「기호와 약어」를 주제로 하여 한가지로 편집한 것을 해도도식이라 한다.

19 선박의 레이더에서 발사된 전파를 받은 때에만 응답전파를 발사하는 전파표지는?

① 무선방향탐지기(RDF) ② 레이마크(Ramark)
③ 레이콘(Racon) ④ 토킹 비콘(Talking beacon)

NOTE ③ 레이콘(Radar Beacons)은 레이더 전파를 수신하여 이에 응답하는 송신 장치로서 응답시 레이콘의 위치를 표시하는 약정된 기호(모르스 부호)로 판독하여 레이더 영상에 나타내는 장치이다.

answer 16.③ 17.① 18.④ 19.③

20 레이더의 수신 장치 구성요소로 옳지 않은 것은?

① 증폭장치
② 펄스변조기
③ 주파수변환기
④ 국부발진기

NOTE ② 펄스변조기는 레이더 송신장치에 해당한다.

21 자차 3˚E, 편차 6˚W이다. 컴퍼스 오차는 얼마인가?

① 9˚E
② 9˚W
③ 3˚E
④ 3˚W

NOTE ④ 6˚W − 3˚E = 3˚W

22 선위결정시 물표선정에 관한 주의사항이다. 올바른 것은?

① 해도상의 위치가 명확하고 뚜렷한 물표를 선정한다.
② 가까운 물표보다는 가능한 한 먼 물표를 선택한다.
③ 물표 상호간의 각도는 작을수록 좋다.
④ 관측하는 물표의 개수가 적을수록 선위의 정확도는 높아진다.

NOTE ① 해도상의 위치가 명확하고, 뚜렷한 목표를 선정하는 것이 정확도가 높다.

※ 교차방위법 – 물표선정상의 주의사항

1. 해도상의 위치가 명확하고, 뚜렷한 목표를 선정한다.
2. 먼 물표보다는 적당히 가까운 물표를 선택한다.
3. 물표 상호간의 각도는 가능한 한 30˚~150˚인 것을 선정해야 하며, 두 물표일 때에는 90˚, 세 물표일 때에는 60˚ 정도가 가장 좋다.
4. 물표가 많을 때에는 2개보다 3개 이상을 선정하는 것이 정확도가 높다.

answer 20.② 21.④ 22.①

23 선박의 동요로 비너클(binnacle)이 기울어져도 볼(bowl)을 항상 수평으로 유지시켜 주는 장치는?

① 피벗(pivot)
② 컴퍼스 액
③ 짐벌즈(gimbals)
④ 섀도 핀(shadow pin)

NOTE ③ 비너클(나침함)이 기울어져도 볼(bowl)을 항상 수평으로 유지시켜 주는 장치는 짐벌즈이다.

24 항로표지를 식별하는데 이용되지 않는 것은?

① 등광
② 형상
③ 크기
④ 등색

NOTE ③ 항로표지는 등광, 형상, 색채, 음향, 전파 등의 수단으로 항만, 해협, 기타 대한민국의 내수, 영해 및 배타적 경제수역을 항행하는 선박의 지표로 운영되는 등대, 등표, 입표, (등)부표, 무신호소, DGPS 등의 시설을 말한다.

※ 항로표지

구분	종류
광파표지	유인등대, 무인등대, 등표, 도등, 조사등, 지향등, 등주, 교량등, 통항신호등, 스파부이, 램비, 등선
형상표지	입표, 도표, 교량표, 통항신호표, 부표
음파표지	전기혼, 에어사이렌, 모터사이렌, 다이아폰
전파표지	레이더비콘, 로란, 위성항법보정시스템(DGPS), 레이다국
특수신호표지	조류신호표지, 선박통항신호표지(VTM), 해양기상신호표지, 자동위치식별신호표지(AIS)
기능에 따른 특수항로표지	공사목적용표지, 침몰 좌초선박표지, 교량표지, 계선표지, 해저케이블표지, 해저송유관표지, 해양자료수집용표지, 해양자원탐사용표지, 해양자원시추용표지, 해양자원채굴용표지

25 야간 표지의 대표적인 것으로 선박의 물표가 되기에 알맞은 장소에 설치된 탑과 같이 생긴 구조물은?

① 등선
② 등표
③ 등대
④ 등주

NOTE ③ 등대란 항해하는 선박이 육지나 배의 위치를 확인하고자 할 때 사용하거나 항만의 소재, 항의 입구 등을 알리기 위하여 사용하는 것으로 연안의 육지에 설치된 등화를 갖춘 탑 모양의 구조물을 말한다.

answer 23.③ 24.③ 25.③

26 **축척이 1/50,000 이하로서 연안항해에 사용하는 것이며, 연안의 상황을 상세하게 그린 해도는?**

① 항박도 ② 해안도
③ 항해도 ④ 총도

NOTE ② 연안항해에 사용하는 해도로서 연안의 여러 가지 물표나 지형이 매우 상세히 표시되어 우리나라 연안에서 가장 많이 사용되는 해도이며, 축척 1/5만 보다 작은 소축척 해도이다.

27 **항해계획을 지역별 항로로 구별하여 수립할 때의 종류로 해당하지 아닌 것은?**

① 연안 항로 ② 왕복 항로
③ 근해 항로 ④ 원양 항로

NOTE 항해계획을 수립할 때에는 연안항로, 원양항로, 근해항로로 지리적 항로를 분류할 수 있다.

28 **어느 기준 수심보다 더 얕은 위험 구역을 표시하는 등심선은?**

① 피험선 ② 경계선
③ 중시선 ④ 위치선

NOTE ② 경계선은 어느 수심보다 더 얕은 위험 구역을 표시하는 등심선을 말한다.
① 피험선이란 협수로 통과시나 입출항시 자주 변침을 하는 경우에 위치선을 이용하여 위험을 피하도록 준비한 위험 예방선이다.

29 **자북이 진북의 왼쪽에 있을 때의 오차는?**

① 편서자차 ② 편동자차
③ 편동편차 ④ 편서편차

NOTE 편차는 자침이 북(자북)을 기준으로 오른쪽에 있을 때에는 편동편차(E)라 하고 왼쪽에 있을 때에는 편서편차(W)라고 한다.

answer 26.② 27.② 28.② 29.④

30 자차에 대한 설명으로 옳은 것은?

① 선수가 180°일 때 자차가 최대가 된다.

② 선수가 360°일 때 자차가 최대가 된다.

③ 선수 방향에 따라 자차가 다르다.

④ 선수가 090° 또는 270°일 때 자차가 최소가 된다.

NOTE | 자차(Deviation) … 선박이 철로 되어있는 관계로 그 성질상 선체 자체가 약한 자석이 되어 자장을 이루기 때문에 Compass는 그 영향을 받아 그것이 가리키는 남북선은 자기자오선과 일치하지 않고 교각을 이루게 되는데 이 교각을 자차라고 하며, 나북(Compass가 가리키는 북)이 자북의 오른쪽에 있으면 편동자차 (Easterly deviation), 자북의 왼쪽에 있으면 편서 자차 (Westerly deviation)라고 하며, 자차는 선박마다 다르며 선수의 방향이나 시일의 경과 및 지구상의 위치에 따라 다르다.

31 해상에서 자차 수정 작업 시 게양하는 기류 신호는?

① Q기
② OQ기
③ NC기
④ VE기

NOTE | Q기 : 본선, 건강함, OQ기 : 자차 측정 중, NC기 : 본선은 조난중, VE기 : 본선은 소독 중을 표시함.

32 ( )에 들어갈 말로 적절한 것은 무엇인가?

> 자이로컴퍼스에서 지지부는 선체의 요동이나 충격 등의 영향이 추종부에 거의 전달되지 않도록 ( ) 구조로 추종부를 지지하게 되며, 그 자체는 비너클에 지지되어 있다

① 짐벌
② 토커
③ 로터
④ 인버터

NOTE | ① 짐벌은 선박의 동요로 인해 비너클이 기울어져도 볼을 항상 수평으로 유지해준다.

answer 30.③ 31.② 32.①

33 자동 조타장치에서 선박이 설정 침로에서 벗어날 때 그 침로를 되돌리기 위하여 사용하는 타는?

① 평형타 ② 제동타
③ 복원타 ④ 수동타

NOTE 복원타 … 선박이 설정 침로에서 벗어날 때 그 침로를 되돌리기 위하여 사용하는 타이다.

34 아래에서 설명하는 것은?

> 해도상에 기재된 건물, 항만, 시설물, 등부표, 해안선의 형태 등의 기호 및 약어를 수록하고 있다.

① 해저 지형도 ② 해도도식
③ 해류도 ④ 조류도

NOTE ② 해도도식 … 해도를 제작하기 위해 여러 가지 세부적인 내용을 규정한 것으로 수심의 기준, 지형 · 지물의 채용기준, 분류, 표현방법, 기호 · 약어의 양식과 그 표시대상, 크기, 문자 · 숫자의 자체 · 색채에 이르기까지 모든 약속을 표기하는 것을 의미하지만 일반적으로는 이중에서 해도에 기재하는 기호와 약어를 편집한 것을 해도도식이라 한다.

35 다음 중 ( )에 순서대로 적합한 것은?

> 우리나라는 동경 ( )를 표준 자오선으로 정하고 이를 기준으로 정한 평시를 사용하므로 세계시를 기준으로 9시간 ( ).

① 120° – 느리다 ② 120° – 빠르다
③ 135° – 느리다 ④ 135° – 빠르다

NOTE 우리나라는 동경 135°를 표준 자오선으로 정하고 이를 기준으로 정한 평시를 사용하므로 세계시를 기준으로 영국보다 9시간 빠르다.

answer 33.③ 34.② 35.④

36 섭씨온도 0도는 화씨온도로 약 몇 도인가?

① 1도　　② 5도
③ 10도　　④ 32도

NOTE 1기압에서 물의 어는점이 섭씨온도는 0도이고 화씨온도는 32도이다.

37 음파의 속력이 1,500미터/초일 때 음향측심기의 음파가 반사되어 수신한 시간이 0.4초라면 수심은?

① 75미터　　② 150미터
③ 300미터　　④ 450미터

NOTE 음향 측심기를 이용한 수심 계산방식 : D(선저에서 해저까지의 거리) = 1/2t(음파가 진행하는 시간) × v(해수 속에서의 음파 속도)이므로 1/2 × 0.4초 × 1,500m/초 = 300m이다.

38 북(N)을 0도로 하였을 때 서(W)의 방위는?

① 90도　　② 180도
③ 270도　　④ 360도

NOTE 북(N)을 0도로 하였으므로 시계방향으로 보면 동(E)은 90도, 남(S)은 180도, 서(W)는 270도이다.

39 등대의 등색으로 사용하지 않는 색은?

① 적색　　② 녹색
③ 백색　　④ 보라색

NOTE ④ 등색은 등화에 이용되는 색상으로 이용되는 것은 백색, 황색, 적색, 녹색 등이 있다.

answer 36.④ 37.③ 38.③ 39.④

40 전자해도를 종이해도와 비교했을 때 전자해도의 장점이 아닌 것은?

① 축척을 변경하여 화상의 표시범위를 임의로 바꿀 수 있다.
② 레이더 영상을 해도 화면상에 중첩시킬 수 있다.
③ 얕은 수심 등의 위험해역에 가까웠을 때 경보를 표시할 수 있다.
④ 초기 설치비용이 저렴하다.

NOTE 초기 설치비용이 많이 든다.

41 모든 주위가 가항 수역임을 알려주는 표지로서 중앙선이 수로의 중앙을 나타내는 항로표지는?

① 안전수역표지
② 측방표지
③ 고립장애표지
④ 방위표지

NOTE 안전수역표지
㉠ 주위의 모든 가항수역은 안전수역을 표시하며 항로의 중앙을 나타낸다.
㉡ 두표는 적색의 구형 1개를 사용하며 색깔은 세로 방향으로 홍, 백색으로 줄무늬를 이루고 등화는 흰색의 암간과 명간의 시간이 동일한 등화이다.

answer 40.④ 41.①

Chapter 01. 항해

요점만 한 눈에 보는 암기노트

콤파스(나침판)오차 (Compass error)의 측정 2020 출제

진자오선과 선내 Compass의 남북선이 이루는 교각을 말한다.

① **편차**(Variation : Var. 또는 V) : 자기자오선과 지구의 양극을 지나는 진자오선이 관측자의 위치에서 이루는 교각을 편차라고 한다. **2022 출제**

※ 지구의 자극을 지나는 대권을 자기자오선이라 한다.

② **자차**(Deviation) : 선박이 철로 되어있는 관계로 그 성질상 선체 자체가 약한 자석이 되어 자장을 이루기 때문에 Compass는 그 영향을 받아 그것이 가리키는 남북선은 자기자오선과 일치하지 않고 교각을 이루게 되는데 이 교각을 자차라고 하며, 나북(Compass가 가리키는 북)이 자북의 오른쪽에 있으면 편동자차 (Easterly deviation), 자북의 왼쪽에 있으면 편서 자차 (Westerly deviation)라고 한다. **2020 출제**

㉠ 자차의 변화 요인

ⓐ 지구상 위치의 변화

ⓑ 선체의 경사 및 적하물의 이동

ⓒ 선수의 방위가 바뀌거나 동일한 방향으로 오랜 시간 두었을 때

ⓓ 같은 침로로 오랜 시간 항행 후 변침하거나 선체가 심한 충격을 받았을 때

ⓔ 지방자기의 영향을 받거나 선체가 열적인 변화를 받았을 때

ⓕ 나침의의 위치 및 부근의 구조변경이 있을 때

㉡ 자차 측정 시의 주의사항

ⓐ Compass의 볼(bowl) 내에 기포가 있으면 이를 제거한 뒤 Compass액을 보충한다.

ⓑ 볼(bowl)의 중심이 비너클(binnacle)의 중심선과 일치하는지 확인한다.

ⓒ Compass의 기선이 선수미선과 일치하는지 확인한다.

ⓓ 통상적인 항해 시에 사용하는 Compass의 주변 자성체는 움직이지 않는다.

㉢ 자차계수 2022 출제

ⓐ 자차계수A : 선수 방향에 상관없이 항상 일정하며 갑판면과 컴퍼스의 비대칭 배치로 인해 발생한다.

ⓑ 자차계수B : 선수미 방향으로 인해 발생한다.

ⓒ 자차계수C : 정횡(동서)방향으로 인해 발생한다.

ⓓ 자차계수D : 상한차 자차계수로 침로가 동서남북(사방점)일때에는 자차가 없으며 4우점일 때 최대가 된다.

ⓔ 자차계수E : 선체 중앙에 컴퍼스를 놓았을 경우 값이 작고 수정장치가 없어 보통 수정하지 않고 남겨둔다.

㉣ 자차계수 수정법 2022 출제

ⓐ 자차계수B : 선체영구자기에서 선수미분력의 경우 B자석을 이용하며, 수직연철로 인한 자차의 경우는 플린더즈바를 이용하여 수정한다.

ⓑ 자차계수C : C자석 또는 플린더즈 바를 이용해 수정한다.

ⓒ 자차계수D : 연철구를 이용하여 수정한다.

※ A, E 계수를 선체 중앙에 설치할 경우 값이 매우 작으므로 별도로 수정하지 않는 계수이다.

③ **경선차** : 수평상태로 있을 때 자차계수의 크기나 수정을 하게 되는데, 선체가 수평일 때 자차가 0°라고 하더라도 선체가 기울게 되면 생기게 되는 자차를 말한다. **2021 출제**

마그네틱 컴퍼스의 구성

① **비너클**(Binnacle) : 원통형의 지지대로 비자성재나 나무로 만든다.

- 플린더즈(퍼멀로이) 바 : 선체의 일시자기에서 수직분력을 조절하기 위해 컴퍼스 전방에 세우도록 하는 연철봉 **2020, 2021 출제**
- 상한차수정구 : 컴퍼스 주변의 일시자기에서 수평력을 조절하기 위해 부착된 자석 **2021 출제**

② **자침** : 수평면에서 자유로이 회전할 수 있도록 한 바늘 모양의 자석

③ **짐벌링**(Gimbal ring)/**짐벌즈**(Gimbals) : 선박의 동요로 비너클이 기울어져도 볼이 수평을 유지하도록 하는 장치 **2021, 2022 출제**

④ **부실**(Float) : 컴퍼스카드의 중심에 위치하고 공기가 들어있어 컴퍼스카드의 중량을 감소시키는 역할을 한다.

⑤ **컴퍼스카드**(Compass card) : 0, 180도가 이어진 선과 평행한 자석이 붙어있는 원형판으로 알루미늄, 운모, 황동판 등으로 되어 있다. 직경은 보울내경의 3/4으로 위쪽에는 눈금이 새겨져 있고 아래쪽에는 자석이 부착되어 있다. **2020, 2022 출제**

⑥ **볼**(Bowl) : 볼은 상하 2층으로 나누어져 있으며 상부는 컴퍼스액이 들어있고 하부에는 일부분만 컴퍼스액이 들어가 있어 위쪽에 공기가 들어 있다.

⑦ **캡**(Cap) : 컴퍼스카드의 중심에 위치해 있고 중앙에 사파이어를 장치하여 마모를 방지하도록 되어 있다. **2020, 2022 출제**

⑧ **피벗**(Pivot : 축침) : 캡에 삽입되어 카드를 지지하며 캡과의 사이에 마찰을 줄여 카드가 자유롭게 회전하게 하는 장치

⑨ **컴퍼스 액** : 알코올과 증류수를 4:6의 비율로 혼합하여 비중이 약 0.95인 액으로 특수기름인 버슬(Varsol)을 사용하기도 한다.

⑩ **주액구** : 컴퍼스의 액을 보충하는 곳으로 윗방의 측면에 있으며, 볼내에 컴퍼스액이 부족하여 기포가 생길 때 사용하며 주위의 온도가 15℃ 정도일 때가 가장 적당하다.

⑪ **기선**(Lubber's Line) : 볼 내벽의 카드와 동일한 면안에 4개의 기선이 각각 선수, 선미, 좌우의 정횡방향을 표시하며 침로를 읽기 위해서 사용한다.

마그네틱 컴퍼스의 설치 시 유의사항 2020, 2022 출제

① 방위측정이 쉽도록 시야가 넓은 곳에서 한다.

② 주위에 전류도체가 없는 곳에서 한다.

③ 기관이나 선체의 진동이 적은 곳에서 한다.

④ 설치위치는 선체의 중앙부분 선수나 선미, 선상에 한다.

⑤ 기포가 안 생기도록 -20~50℃로 설정한다.

측심기(측심의)의 종류 : 수심을 측정하는 장치이다.

① 음향 측심기(echo sounder) : 수심을 측정하는 계기로, 흘수를 정확하게 설정해야 하며, 진동자, 펄스 발생기, 증폭기, 지시기로 구성되어 있다. 어군의 존재 및 해저의 저질이나 수로 측량이 정확하지 않은 곳의 수심을 측정한다. 2022 출제

② 핸드 레드(hand lead) : 수심과 저질을 파악할 수 있다. 얕은 수심에서 이를 측정하거나 정박 중에 닻의 끌림 또는 투묘 시 배의 타력이나 진행 방향을 확인할 수 있다. 2021, 2022 출제

레이더

① 레이더는 파장이 짧은 전파는 빛과 같이 일직선으로 나아가 물체에 닿으면 반사되어 되돌아오는데, 이 성질을 이용한 장치가 레이더이다.

② 원리

㉠ 전파의 도플러 효과를 이용하는 방법, 송신 전파의 주파수를 시간에 따라 변경하는 방법, 송신 전파로서 매우 짧은 시간 계속하는 전파인 펄스파를 사용하는 방법 등이 있다.

㉡ 전파의 특성인 직진성, 반사성, 등속성을 이용한다.

상대동작과 진동작의 비교

구분	상대동작모드	진동작모드
자선의 위치	PPI상(중심)에 고정된다.	진벡터로 PPI상을 이동한다.
이동물체	• 상대벡터로 이동 • CPA 및 TCPA의 파악 용이 • 충돌예보에 유리	• 진벡터로 이동한다. • 항법관계 및 충돌 회피에 유리하다.
정지물체	자선의 속력과 동일하게 반대 방향으로 이동한다.	정지한다.
지속성	낮다.	높으므로 속력 추정이 가능하다.
탐지구역	레인지 스케일에 따라 일정하다.	변화하며, 전방 확장효과가 가능하다.
타선의 진벡터	플로팅 한다.	쉽게 확인 가능
해조류 측정	어렵다.	쉽다.
적용시기	대양항해, 육지초인에 적합	협수로 항해, 항구 접근시 적합

위치선

배가 그 선상의 어디엔가 있다는 조건을 갖춘 선을 말한다. **2020 출제**

지구위치정보시스템[Global Positioning System, GPS] 2020, 2021 출제

- 인공위성을 이용하여 1일 24시간 세계측지계(WGS84)상의 3차원 위치측정과 신속한 관측 자료의 처리를 통하여 높은 정확도의 위치정보를 산출할 수 있는 전천후 측위 장비이다.
- GPS 오차 발생 원인 : 위성 궤도 오차, 전파 지연 오차, 수신기 오차 등 **2022 출제**

해도의 구분

① **도법상 분류** **2020 출제**

㉠ **점장도** : 해도 제작의 대표적인 도법이다. **2020 출제**

ⓐ 경위도선이 평행한 직선으로 되어 있어 경선과 위선은 직각을 이루며, 경선은 진북(眞北)을 표시한다.

ⓑ 육지의 모든 물표의 각도가 해도 상의 각도와 일치하므로 배의 위치를 결정하는 데 편리하다.

ⓒ 모든 항로는 직선으로 나타낼 수 있으며 해도에 게재되어 있는 나침도에 의하여 배의 침로나 방위를 결정할 수 있다.

ⓓ 두 점 사이의 거리도 직선으로 표시되며 부근의 위도척(緯度尺)에 맞추면 쉽게 거리를 알 수 있지만 고위도에서 도형면적이 실제의 면적보다 크게 되며, 위도 60°에서는 약 4배나 커지지만 항해하는 데 있어서는 별 문제가 없다.

㉡ **평면도** : 포함구역이 적기 때문에 지구의 곡률을 고려하지 않고 평면으로 생각하여 평면삼각측량에 의하여 제작된 것으로, 보통 1/3만 이상의 대축척 해도에 상용된다.

㉢ **대권도** : 대양항해를 할 때 항로 선정의 참고도로 이용한다.

② **사용 목적별 분류** **2020 출제**

㉠ **항해용 해도**

ⓐ **총도**(General chart) : 지구상 넓은 구역을 한 도면에 수록한 해도로서 원거리 항해와 항해계획을 세울 때 사용한다. 축척은 1 : 4,000,000 보다 소축척으로 제작된다.

ⓑ **항양도**(Sailing chart) : 원거리 항해시 주로 사용되며 먼 바다의 수심, 주요등대·등부표 및 먼 바다에서도 볼 수 있는 육상의 목표물들이 표시되어 있다. 축척은 1 : 1,000,000 보다 소축척으로 제작된다. **2020 출제**

ⓒ **항해도**(Coastal chart) : 육지를 멀리서 바라보며 안전하게 항해할 수 있도록 사용되는 해도로서 1 : 300,000 보다 소축척으로 제작된다.

ⓓ **해안도**(Approach chart) : 연안 항해용으로서 연안을 상세하게 표현한 해도로서, 우리나라 연안에서 가장 많이 사용 되고 있다. 축척은 1 : 50,000 보다 작은 소축척이다. **2020 출제**

ⓔ **항박도**(Harbour chart) : 항만, 투묘지, 어항, 해협과 같은 좁은 구역을 대상으로 선박이 접안할 수 있는 시설 등을 상세히 표시한 해도로서 1 : 50,000 이상 대축척으로 제작된다. **2020, 2022 출제**

㉡ 특수 해도

ⓐ **해저 지형도** : 해저면의 지형을 해안의 저조선과 함께 도시한 해도이다.

ⓑ **어업용 해도** : 일반 항해용해도에 어업에 필요한 제반자료를 해도번호 앞에 "F"자로 표시하여 제작한 해도이다.

㉢ 종이해도

㉣ **전자해도(ECDIS)** : 해도정보, 위치정보, 수심자료, 속력, 선박의 침로 등 선박의 항해와 관련된 모든 정보를 종합하여 항해용 컴퓨터 화면상에 표시하는 해상지리 정보자료시스템을 말하며 다음과 같은 역할을 한다. **2020 출제**

ⓐ 선박의 충돌이나 좌초에 관한 위험상황을 항해자에게 미리 경고하여 해난사고를 미연에 방지한다.

ⓑ 사고 발생시 자동 항적기록을 통해 원인규명을 가능케 하는 등 선박의 항해에 중요한 수단이 된다.

ⓒ 최적 항로선정을 위한 정보를 제공함으로써 수송비용의 절감과 해상교통 처리 능력을 증대시킨다.

나침도(compass rose) 2020 출제

안쪽은 자침방위를 표시하며 중앙에는 자침편차와 1년 간의 변화량인 연차가 기록되며 바깥쪽 원은 진북을 가르키는 진방위를 표시한다.

우리나라 해도상의 수심 기준

① **해도의 수심** : 기본 수준면이 기준이다.

② **물표의 높이** : 평균수면이 기준이다.

③ **해안선** : 약최고 고조면이 기준이다.

④ **조고와 간출암** : 기본 수준면이 기준이다.

해도도식의 정의

해도를 제작하기 위해 여러 가지 세부적인 내용을 규정한 것으로 수심의 기준, 지형 · 지물의 채용기준, 분류, 표현방법, 기호 · 약어의 양식과 그 표시대상, 크기, 문자 · 숫자의 자체 · 색채에 이르기까지 모든 약속을 표기하는 것을 의미하지만 일반적으로는 이중에서 해도에 기재하는 기호와 약어를 편집한 것을 해도도식이라 한다. **2022 출제**

조석표 2020 출제

① 각 지역의 조시 및 조고를 기재한 표로서, 선박이 머무르는 장소와 일자에 대한 것뿐만 아니라 향후 도착할 지역의 조석과 조류를 추산하는 데 있어서 필요한 서지이다.

② 우리나라에서는 조석표 제1권, 제2권을 매년 간행하고 있다.

야간표지(광파표지) 2020 출제

등화에 의해서 그 위치를 나타내며 대부분 야간의 목표가 되는 항로표지를 말하지만 주간에도 물표로 이용될 수 있다.

① 구조에 의한 분류 2020 출제

㉠ **등대**(light house) : 야간표지의 대표적인 것으로 해양으로 돌출한 곳이나 섬 등 선박의 물표가 되기에 적당한 장소에 탑과 같이 생긴 구조물에 등을 단 것을 말한다.

㉡ **등주**(Staff light) : 광달거리가 별로 크지 않아도 되는 항구나 항내 등에 설치하며, 쇠나 나무 또는 콘크리트 기둥의 꼭대기에 등을 단 것을 말한다.

㉢ **등선**(Light ship) : 밤에는 등화를 밝혀서 위치를 나타내고 낮에는 그 구조나 형태에 의해 식별할 수 있도록 한 것으로 육지에서 멀리 떨어진 해양이나 항로의 중요한 위치에 있는 사주 등을 알리기 위해 어느 일정 지점에 정박하고 있는 특수 구조의 선박을 말한다.

㉣ **등입표 또는 등표**(Light beacon) : 선박의 좌초를 예방하고 항로를 지도하기 위해 설치하는 것으로 항로나 항행에 위험한 암초, 항행금지구역 등을 표시하는 지점에 고정하여 설치한다. 2021, 2022 출제

㉤ **등부표**(light buoy) : 해저의 일정한 지점에 체인으로 연결되어 해면에 떠있는 구조물로써 암초 등의 위험을 알리거나 항행을 금지하는 지점을 표시하기 위해 항로의 입구나 폭 및 변침점 등을 표시하기 위하여 설치하는 것으로 등대와 함께 널리 쓰이고 있는 구조물이다. 2020, 2022 출제

② 용도에 의한 분류

㉠ **도등**(Leading light) : 통항이 곤란한 협수로나 운하, 항만 입구 등에서 안전항로의 연장선 상에 높고 낮은 2~3개의 등화를 앞뒤로 설치하여 중시선에 의해서 선박의 항로를 안전하게 유도하기 위한 것이다.

㉡ **부등**(Auxiliary light) : 조사등이라고도 하며 풍랑이나 조류로 인해 등표의 설치가 불가능한 곳에서는 그 위치로부터 가장 근접한 곳에 등대가 있는 경우 그 등대에 강력한 투광기를 설치하여 위험구역만을 보통 홍색으로 그 범위를 비추어 주는 등화를 말한다.

㉢ **가등**(Temporary light) : 등대를 개축할 때 임시적으로 가설되는 것을 말한다.

㉣ **임시등**(Occasional light) : 선박의 출입이 빈번하지 않은 항만이나 하구 등에 출입항선이 있을 때 또는 고기잡이철과 같은 계절에 따라 선박의 출입이 일시적으로 많아질 때 임시로 점등되는 등화이다.

등고(등대의 높이)

해도나 등대표에서 등대의 높이는 평균수면에서 등화의 중심까지를 측정한 값으로 표시하며(단위 : m 또는 ft로 표시), 등선은 수면상의 높이를 기재하고 등부표는 높이가 대부분 일정하므로 표시 표시하지 않는다. 2020 출제

광달거리 2018 출제

① 광달거리란 조선자가 등광을 인식할 수 있는 최대거리로 광파표지로부터 빛이 도달하는 최대거리를 말한다.

② 광달거리에 관여하는 요인과 영향을 주는 요인

㉠ 광달거리에 관여하는 요인 : 광학적 광달거리, 명목적 광달거리, 지리학적 광달거리 등이 있다.

ⓐ 광학적 광달거리에 영향을 주는 요인 : 표지등화와 광도, 대기의 혼탁 정도, 표지의 배경 조건, 관측자의 조건(심리적 및 생리적 상태, 눈의 순응 상태, 배의 움직임과 시인시간 등) 등이다.

ⓑ 지리학적 광달거리에 영향을 주는 요인 : 지구의 곡률, 대기의 굴절, 등화 및 관측자의 수면 상의 높이 등이다.

㉡ 광달거리에 영향을 주는 요인 : 기온과 수온, 시계, 등화의 밝기, 광원의 높이 등이다.

안전수역 표지

① 주위의 모든 가항수역은 안전수역을 표시하며 항로의 중앙을 나타낸다.

② 두표는 적색의 구형 1개를 사용하며 색깔은 세로 방향으로 홍, 백색으로 줄무늬를 이루고 등화는 흰색의 암간과 명간의 시간이 동일한 등화이다.

특수표지 2020, 2021 출제

① 공사구역, 토사채취장 등 특수한 작업이 행해지고 있는 수로도지에 기재된 장소를 표시한다.

② 두표는 황색의 ×자 모양 1개로 하고 색깔은 황색으로 하며 등화는 황색의 섬광등이다. 2021 출제

습도계의 종류 2022 출제

① 건습구 습도계

㉠ 헝겊으로 싼 온도계를 습구 온도계, 그대로 둔 온도계를 건구 온도계라고 하며, 이 두 개의 온도계를 통틀어 건습구 온도계라고 부른다.

㉡ 헝겊을 적신 습구 온도계에서는 물이 증발하면서 열을 빼앗아 가므로 온도가 내려가고 그렇지 않은 건구 온도계의 온도는 기온 그대로 유지되게 되므로 두 온도계의 온도는 서로 차이가 나게 되는데 이 차이를 습도 계산표에 맞추어 보면 습도를 알 수 있는 원리이다.

㉢ 습도 측정은 건습구 온도계를 백엽상에 넣어 두고 측정한다.

② 모발 습도계 : 사람의 머리카락은 습기가 많아지면 늘어나고, 적어지면 줄어드는데 이러한 머리카락의 성질을 이용하여 만든 습도 측정 기구로써 머리카락이 늘어나거나 줄어드는 정도를 지침으로 눈금을 가리켜 습도를 측정하도록 되어 있다.

③ 자기 모발 습도계 : 지침 대신에 펜을 부착시켜 회전하는 원통 위에 습도의 변화가 기록되도록 만든 습도계를 말한다.

④ 자기 습도계 : 습도를 자기지 위에서 자동으로 기록하는 습도계를 말한다.

피험선

협수로 통과시나 입 · 출항 시에 준비된 위험 예방선을 말한다. **2020, 2022 출제**

① 선박이 협수로를 통과할 때나 출 · 입항할 때에는 자주 변침하여 다른 선박들을 적당히 피해야 한다.

② 사전에 해도를 보고 조사해 둔 뚜렷한 물표의 방위, 거리, 수평 협각 등에 의한 위치선을 이용하여 위험을 피하여야 한다.

02 운용

기출문제

01 선체 · 설비 및 속구

(1) 선박의 정의 및 구조

① **선박의 정의** … 수상에서 사람 또는 물건을 싣고, 이것들을 운반하는 데 쓰이는 "구조물"을 말한다.

② **선박의 3요소**

㉠ **부양성** : 선박은 수상에 떠야 한다.

㉡ **적재성** : 여객 또는 화물을 실을 수 있어야 한다.

㉢ **이동성** : 적재된 것을 원하는 위치로 운반할 수 있어야 한다.

③ **선박의 구분**

구분	내용
기선	기관을 사용하여 추진하는 선박과 수면비행선박
범선	돛을 사용하여 추진하는 선박
부선	자력항행능력이 없어 다른 선박에 의하여 끌리거나 밀려서 항행되는 선박

④ **선박의 구성** … 선박은 크게 선체와 기관으로 구분한다.

㉠ 선체

ⓐ 선박의 외형과 이를 지탱하기 위한 모든 구조물

ⓑ 선체의 구조물은 수직선으로 대들보 역할을 하는 용골, 가로를 지탱하는 조골, 수밀과 강도를 위해 선창 내부를 수직으로 분리해 주는 격벽과 수평으로 분리해 주는 상하갑판 등

㉡ 기관

ⓐ 동력을 발생시키는 장치를 말한다.

ⓑ 기관실에서 엔진 속도를 조절하여 추진기에 연결되어 있는 프로펠러의 속도를 조절함으로써 선박의 속력을 조절한다.

⑤ **선박의 기능**

㉠ **부양기능** : 선박자체의 무게를 비롯하여 적재된 화물의 무게를 견디고 물에 뜨는 기능을 말한다.

㉡ **복원기능** : 선박은 물에 뜬 상태로 어느 한쪽으로 기울여지지 않아야 하기 때문에 선박 운항 때 무게중심을 유지하기 위해 배 아래나 좌우에 설치된 탱크에 채워넣는 바닷물인 선박 평형수를 이용한다.

㉢ 추진기능 : 바지선과 같이 다른 동력선이 끌어주는 선박 외에는 대다수 선박은 자체의 힘으로 항해를 할 수 있어야 한다.

㉣ 내항기능 : 선박은 운행 중 파도를 마주치더라도 움직임이 안정적이어야 한다.

(2) 선박의 톤수

① 용적톤 … 총톤수, 순톤수, 재화용적톤수

㉠ 총톤수(GT) : 선박의 부피를 무게로 나타낸 것으로 선체 총용적에서 상갑판 상부에 있는 추진, 항해, 안전, 위생에 관련된 공간을 뺀 것을 톤수로 표시한 용적을 말한다.

㉡ 순톤수(NT) : 화물 및 여객의 수용 등 직접 상행위에 사용되는 용적으로 기관실, 선원실, 밸러스트 탱크 등을 빼고 직접 화물과 여객의 수송에 제공되는 용적만을 나타낸 것을 말한다. **2020, 2021 출제**

㉢ 재화용적톤수 : 선박의 각 창의 용적과 특수화물 창고 등 선박의 화물적재 능력을 용적으로 표시한 것을 말한다.

② 중량톤수

㉠ 배수량톤수 : 물위에 떠있는 선박의 수면 아래 부분의 배수용적에 동일한 물의 중량을 말한다.

㉡ 재화중량톤수 : 선박이 가라앉지 않고 실을 수 있는 한계로 선박이 적재할 수 있는 화물의 최대중량을 말한다.

(3) 선박의 치수와 명칭

① 배의 길이

㉠ 전장 : 선체에 고정적으로 붙어있는 돌출물을 포함해서 선수의 가장 앞 끝에서부터 선미 맨 끝까지의 수평거리를 말한다.

㉡ 등록장 : 상갑판양의 윗면의 연장과 선수재의 전면과의 맞닿는 점부터 선미재의 후면에 이르는 수평거리를 말한다. **2020, 2022 출제**

㉢ 수선간장 : 건현표의 원표의 중심을 지나는 계획만재흘수선 상의 선수재의 전면과 타주의 후면에, 기선에서 각각 수선을 세워서 이 양 수선 간의 거리를 배의 길이로 나타낸 것을 말한다. **2021, 2022 출제**

㉣ 수선장 : 하기만재흘수선 상의 선수재 전면에서 선미 후단까지의 수평 거리를 말한다. **2022 출제**

② 배의 넓이(선박 폭)

㉠ 전폭 : 선체의 가장 넓은 폭 부분에서 측정한 외판의 외면에서 외면까지의 수평 거리를 측정한 것을 말한다. **2021 출제**

㉡ 형폭 : 선체의 가장 넓은 폭 부분에서 측정한 늑골의 외면에서 외면까지의 수평 거리로 측정한 선폭을 말한다. **2021 출제**

기출문제

2022년 제4회

☑ 여객이나 화물을 운송하기 위하여 쓰이는 용적을 나타내는 톤 수는?

① 순톤수
② 총톤수
③ 배수톤수
④ 재화중량톤수

2022년 제3회

☑ 강선구조기준, 선박만재흘수선규정, 선박구획기준 및 선체 운동의 계산 등에 사용되는 길이는?

① 전장
② 등록장
③ 수선장
④ 수선간장

2022년 제1회

☑ 상갑판 보(Beam) 위의 선수재 전면으로부터 선미재 후면까지의 수평거리로 선박원부 및 선박국적증서에 기재되는 길이는?

① 전장
② 수선장
③ 등록장
④ 수선간장

2022년 제2회

☑ 각 흘수선상의 물에 잠긴 선체의 선수재 전면에서 선미 후단까지의 수평거리는?

① 전장
② 등록장
③ 수선장
④ 수선간장

정답 ①, ④, ③, ③

③ 배의 깊이

㉠ **형깊이** : 선체의 중앙에서 상갑판 빔의 현측 상면에서 용골의 상면까지의 수직 거리를 말한다.

㉡ **형선** : 형선이란 선박에 있어서 가장 내측의 선을 뜻하는 것으로, 선측에서는 내판의 내측, 선저에서는 용골의 상면을 통하는 선을 말한다.

④ 선박의 안전을 위한 표시

㉠ **의의** : 선박의 조종이나 재화중량의 톤수를 구하는데 사용하는 것으로 선박의 최하부와 수면이 접하는 부분까지의 수직거리를 말한다.

㉡ **흘수표의 표시** : 흘수는 일반적으로 알기 쉽게 선수나 선미, 선체 중앙부(중대형선)에 미터법이나 야드파운드법으로 높이를 표시한다.

㉢ **트림** : 선수흘수와 선미흘수의 차이로 생기는 경사면으로 선박의 감항성 및 속력에 큰 영향을 미친다. **2022 출제**

ⓐ **등흘수** : 선수흘수와 선미흘수가 같은 상태를 말한다.

ⓑ **선수트림** : 선미흘수보다 선수흘수가 큰 상태를 말한다.

ⓒ **선미트림** : 선수흘수보다 선미흘수가 큰 상태를 말한다.

㉡ 만재흘수선

ⓐ 충분한 예비 부력을 가지고 여객이나 화물을 싣고 안전하게 항행할 수 있도록 허락된 최대의 흘수이다.

ⓑ 선박이 선적할 수 있는 최대용량을 넘지 않았다는 것을 나타내기 위해 선박의 중앙부 양현에 표시된 일종의 기호이다.

ⓒ 이것은 선박의 규정에 의하여 선종별로, 같은 선박일지라도 최대 만재흘수가 각각 개별적으로 지정되어 있다.

ⓓ **만재 흘수선표(건현표)** : 만재 흘수를 외부에서 인식할 수 있도록 나타내는 표시이다.

㉢ 건현

ⓐ 선체 중앙부 상갑판의 선측 상면에서 만재흘수선까지의 수직거리이다.

ⓑ 선박의 안전을 확보하기 위하여 선체 높이의 일정부분이 물에 잠기지 않도록 하여 예비 부력을 확보해야 하는 역할을 한다.

(4) 선체의 구조와 명칭

① 선박의 구조와 명칭

구분	내용
선체(hull)	마스트와 키 추진기 등을 제외한 선박의 주요부분
용골(kell)	선박에서 마치 우리 몸의 척추와 같은 역할을 하는 용골은 선저의 선체 중심선을 따라서 선수재로부터 선미골재까지 길이 방향으로 관통하는 구조부재
선수(bow, head)	선체의 앞쪽 끝부분
선미(stern)	뒤쪽 끝부분을 총칭

기출문제

2022년 제2회

☑ 트림(Trim)에 대한 설명으로 옳은 것은?

① 선수 흘수와 선미 흘수의 곱
② 선수 흘수와 선미 흘수의 비
③ 선수 흘수와 선미 흘수의 차
④ 선수 흘수와 선미 흘수의 합

2022년 제4회

☑ 트림의 종류가 아닌 것은?

① 등흘수
② 중앙트림
③ 선수트림
④ 선미트림

2018년 제3회

☑ 선체의 최하부 중심선에 있는 종강력재로, 선체의 중심선을 따라 선수재에서 선미재까지의 종방향 힘을 구성하는 부분은?

① 늑골
② 용골
③ 보
④ 브래킷

정답 ③, ②, ②

기출문제

2022년 제2회

☑ 선체의 외형에 따른 명칭 그림에서 ①은?

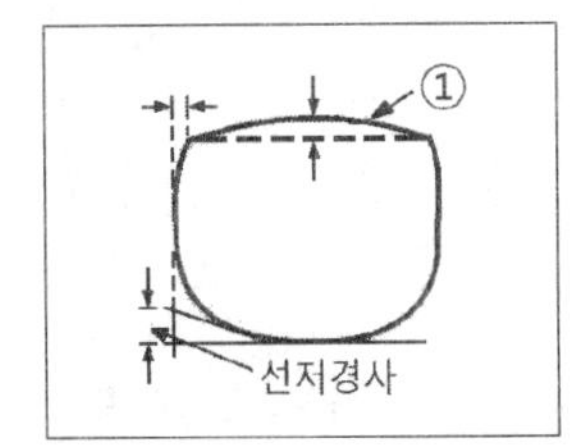

① 캠버
② 플레어
③ 텀블 홈
④ 선수현호

2018년 제4회

☑ 갑판의 하면에 배치되고 양현의 늑골과 빔 브래킷으로 결합되어 있는 보강재로서 갑판 위의 무게를 지탱하고 횡방향의 수압을 감당하는 선체 구조물은?

① 갑판보
② 갑판개구
③ 기둥
④ 외판

정답 ①, ①

마스트	선박의 꼭대기
선수미선	선박의 선수와 선미의 정중앙을 대칭되게 연결하는 길이 방향의 중심선
수선(water line)	선체와 수면이 만나서 이루어지는 선
정횡(abeam)	선수미선과 직각을 이루는 방향
우현과 좌현	선박을 선미에서 선수를 향하여 바라볼 때, 선체 길이 방향의 중심선인 선수미선 우측을 우현, 좌측을 좌현
흘수	선체의 수면에 잠겨있는 깊이를 용골에서부터 수면까지의 수직 높이로 나타낸 것
현호(sheer)	건현 갑판의 현측선이 선체의 앞뒤의 방향으로 휘어진 것
캠버(camber)	양현의 현측보다 선체 중심부 부근을 높게 한 것으로 갑판상의 배수 능력과 선체의 횡강력을 증가시키는 역할 **2022 출제**
텀블홈 (tumble home)	상갑판 부근의 선측 상부가 안으로 굽은 정도
플레어 (flare)	상갑판 부분의 선층 상부가 선체의 바깥쪽으로 굽어있는 형상
빌지	선저와 선측을 연결된 만곡부위
늑골(frame)	용골과 직각으로 배치되어 있으며, 선체의 좌우현측을 구성하는 골격으로 선체의 바깥모양을 이루는 뼈대
보(beam)	늑골의 상단과 중간을 가로로 연결하는 뼈대로 가로방향의 수압과 갑판의 무게를 지탱한다.
선수재(stem)	용골의 앞쪽과 양현의 외판이 모여 선수를 구성하는 골재로 충돌시 선체를 보호하는 역할을 하며 클리퍼형, 직립형, 경사형, 구상형 등이 있다.
선미재 (strn frame)	용골의 뒤쪽과 양현의 외판이 모여 선미를 구성하며, 키와 추진기(프로펠러)를 보호하는 역할을 한다.
외판 (shell plating)	선체의 외곽을 형성하며, 배가 물에 뜨게 하는 역할을 한다.
갑판(deck)	보의 위쪽을 가로질러 물이 새지 않도록 깔아 놓은 견고한
코버탬 (cofferdam)	다른 구획으로부터의 기름 등의 유입을 방지하기 위하여 인접 구획 사이에 2개의 격벽 또는 플로우(floor)를 설치하여 생긴 좁은 공간
선미 돌출부	선미 중에서 러더 스톡의 후방으로 돌출된 부분

② 선체의 구조

㉠ 단저구조(single bottom)

ⓐ 횡방향의 늑판과 종방향의 중심선 킬슨(center keelson)과 사이드 킬슨(side keelson)으로 조립되어 있다.

ⓑ 늑판은 선저 외판의 위쪽에 늑골 위치마다 횡으로 배치되어 있는 강판으로 늑골과 결합하여 선체의 횡강력을 분담한다.

ⓒ 주로 소형선박에서 많이 채택하고 있다.

㉡ 이중저 구조(double bottom)

ⓐ 선수나 선미부를 제외하고 선체 바닥은 이중 구조를 가지게 되어 선체 파공에도 침수를 방지하고 선체 강도를 향상시키며, 발라스트 탱크로 선박 복원성을 조절하거나 연료탱크로도 사용한다.

ⓑ 바닥에는 오수를 저장하는 소형 탱크가 설치되어 있고 펌프로 배수관을 통해 선외로 배출할 수 있다.

ⓒ 종방향으로 중심선 거더가 용골상을 종통하며, 횡방향으로 늑골의 위치에 늑판을 배치한다.

ⓓ 외판에는 선저 외판을, 내저에는 내저판을 덮고, 다시 내저 빌지 부근에는 마진 플레이트를 덮어 탱크를 수밀 또는 유밀 구조로 한다.

ⓔ 이중저 구조의 장점

- 선저부가 손상을 입어도 수밀이 유지되므로 화물과 선박의 안전을 기할 수 있다.
- 선저부의 구조를 견고하게 함으로써 호깅 및 새깅의 상태에도 잘 견딘다.
- 이중저의 내부를 구획하여 밸러스트나 연료 및 청수 탱크로 사용할 수 있다.
- 탱크의 주·배수로를 이용하여 선박의 중심과 횡경사, 트림 등을 조절할 수 있다.

③ 기타 선체 구조

㉠ 기둥(pillar) : 기둥은 보의 보강과 아울러 선체의 횡강재 및 진동을 억제하는 역할을 하는 것으로 보와 갑판 또는 내저판 사이에 견고히 고착되어, 보를 지지하고 갑판상의 하중을 지탱하는 부재이다.

㉡ 갑판하 거더(deck girder) : 기둥의 간격을 넓게 하는 대신 갑판보를 지지하기 위하여 갑판 밑에 설치하는 부재이다.

㉢ 빌지 용골(bilge keel) : 평판 용골인 선박에서 선체의 횡동요를 경감시키는 것으로 빌지 외판의 바깥쪽에 종방향으로 붙이는 판을 말한다.

㉣ 수밀 격벽(watertight bulkhead)

ⓐ 선내의 침수나 화재 등을 국부적으로 제한하기 위한 것으로 유조선, 벌크 캐리어 등에서는 화물을 구분하고 안정성을 가지기 위하여 선체의 전후 방향으로 종격벽이 설치된다.

기출문제

2018년 제4회

☑ 평판용골인 선박에서 선박의 횡동요를 경감시키기 위하여 외판의 바깥쪽에 종방향으로 붙인 것은?

① 후판
② 늑판
③ 빌지 용골
④ 내저판

2018년 제4회

☑ 선저에서 갑판까지 가로나 세로로 선체를 구획하는 것은?

① 이중저
② 갑판
③ 외판
④ 격벽

정답 ③, ④

ⓑ 선박충돌시 충격을 막고, 기관실의 안전을 위해 선수/선미 격벽, 기관실 전단/후단 격벽 등에 배치하고 있다. **2022 출제**

ⓒ 역할

- 선박이 충돌이나 좌초 등으로 침수될 경우, 그 침수되는 구역에 한정시켜 선박의 침몰을 막을 수 있다.
- 화재가 발생했을 경우 방화벽의 역할을 한다.
- 선체의 중요한 횡강력재 또는 종강력재를 구성한다.
- 화물을 분산하여 트림을 조정할 수 있고 특성에 따라 구별하여 적재할 수 있다.

ⓜ **불워크**(bulwark) : 상갑판과 선루 갑판의 폭로된 부분의 선측에는 갑판상에 올라오는 파랑으로부터 해치 등의 갑판구를 보호하고 또 통행의 안전을 위하여 설치하는 강판을 말한다.

ⓑ **디프 탱크**(deep tank) : 물 또는 기름과 같은 액체 화물을 적재하기 위하여 선창 내 또는 선수미 부근에 설치한 깊은 탱크를 말한다.

ⓢ **선미 골재**(stern frame) : 용골의 후부에 연결되고, 양현의 외판이 접합하여 선미의 형상을 이루는 골재를 말한다.

ⓞ **선창**(cargo hold) : 화물 적재에 이용되는 공간으로 선저판, 외판 및 갑판 등에 둘러싸인 공간이다. **2020 출제**

ⓙ **해치**(Hatch) : 화물을 적재하거나 양하하기 위해 설치한 갑판의 개구부를 말한다. **2022 출제**

ⓒ **빌지 웰**(bilge well) : 선창 내의 물을 모아 배출하기 위해 선창 내저판의 좌우현 끝 부분에 하방으로 오목히 들어간 빌지 웰을 통해 모아진 물을 선외로 배출한다.

④ 선체가 받는 힘

㉠ **종방향의 힘** : 배가 항행할 때 상향력과 하향력에 의해 종방향으로 굽힘모멘트를 받게되는 힘으로 파도 속을 항행할 때에는 파도의 위치에 따라 호깅이나 새깅상태가 된다. 종강력 구성재로는 용골(keel), 중심선 거더, 종격벽, 외판, 내저판, 상갑판 등이 있다.

㉡ **횡방향의 힘** : 선체가 횡방향에서 파랑을 받거나 횡동요를 하게 되면 선체의 좌현과 흘수가 달라져서 변형이 일어나는 것을 말하며, 이러한 현상을 방지하기 위해서는 횡강력 구성재인 늑골(frame), 갑판보, 횡격벽, 갑판, 외판일부 등의 강도를 크게 하여야 한다.

㉢ **종강력 구성재이면서 횡강력 구성재** : 상갑판(갑판), 외판일부

㉣ **국부적인 힘** **2022 출제**

ⓐ **팬팅**(panting) : 선수부 및 선미부에 파랑으로 인한 충격으로 심한 진동이 발생하는 현상

기출문제

2022년 제1회

☑ 다음 중 선박에 설치되어 있는 수밀 격벽의 종류가 아닌 것은?

① 선수 격벽
② 기관실 격벽
③ 선미 격벽
④ 타기실 격벽

2022년 제4회

☑ 갑판 개구 중에서 화물창에 화물을 적재 또는 양화하기 위한 개구는?

① 탈출구
② 해치(Hatch)
③ 승강구
③ 맨홀(Manhole)

2020년 제3회

☑ 선저판, 외판, 갑판 등에 둘러싸여 화물적재에 이용되는 공간은?

① 코퍼댐
② 밸러스트 탱크
③ 격벽
④ 선창

2022년 제2회

☑ 파랑 중에 항행하는 선박의 선수부와 선미부는 파랑에 의한 큰 충격을 예방하기 위해 선수미 부분을 견고히 보강한 구조의 명칭은?

① 팬팅(Panting) 구조
② 이중선체(Double hull) 구조
③ 이중저(Double bottom) 구조
④ 구상형 선수(Bulbous bow) 구조

정답 ④, ②, ④, ①

ⓑ 슬래밍(slamming) : 선저부에 대한 파랑의 충격을 말하며 선미 기관선에서 공선 상태로 항해할 때 가장 심하게 나타난다.

ⓒ 휘핑(whipping) : 진동하는 계의 일부분의 진동이 심한 현상을 말한다.

ⓓ 국부적인 힘에 대응하기 위해서는 선수미부에 팬딩구조 등 특히 강한 재료와 구조로 국부강력을 갖도록 해야 한다.

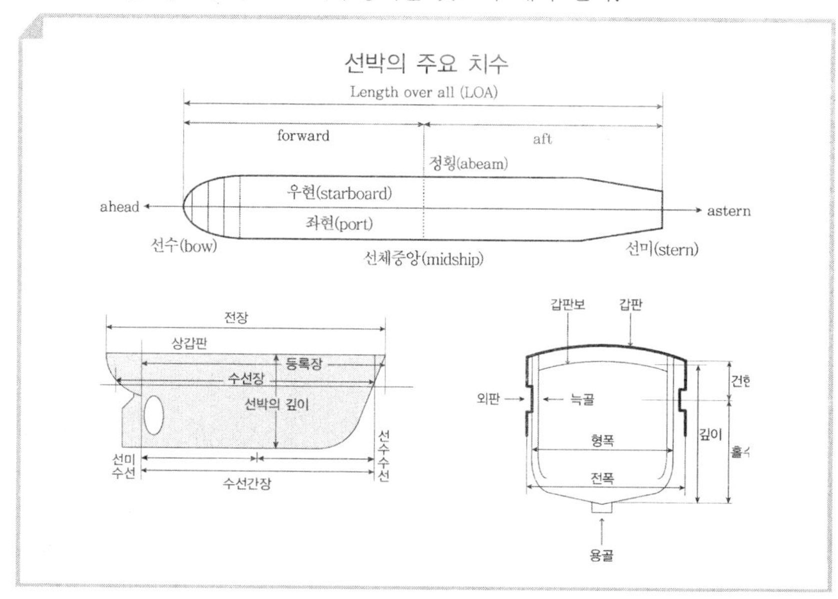

(5) 선박의 주요 설비

① 조타 설비

㉠ 타(키) **2021 출제**

ⓐ 타는 타주의 후부 또는 타두재(rudder stock)에 설치되어 전진 또는 후진시에 배를 임의의 방향으로 회전시키고 일정하게 침로를 유지하는 역할을 한다.

ⓑ 타는 항주 중 저항이 작아야 하며, 보침성 및 선회성이 좋고, 수류의 저항과 파도의 충격에 강해야 한다.

㉡ 타두재[舵頭材, rudder stock] : 선미의 방향타 장치에 달려 있는 수직 부분으로 선박의 방향을 조정하는 방향타의 회전축을 말한다.

㉢ 타(키)의 종류

ⓐ 구조상 분류

- 단판타(키) : 한 장의 판으로 되어 있는 키
- 복판타(키) : 두 장의 판을 유선형으로 만든 키

ⓑ 타를 회전시키는 축의 위치에 따른 분류

- 평형타 : 타에 선회력을 주는 지점이 타면의 중앙에 가깝게 위치해 있는 타를 말하며, 타압과 회전 중심이 가까워 회전 모멘트가 작으므로 선박 조종이 쉽기 때문에 널리 사용된다.

기출문제

2022년 제3회

☑ 선체 각부의 명칭을 나타낸 아래 그림에서 ㉠은?

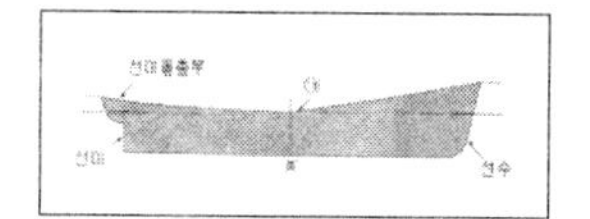

① 선수현호
② 선미현호
③ 상갑판
④ 용골

2021년 제3회

☑ 전진 또는 후진 시에 배를 임의의 방향으로 회두시키고 일정한 침로를 유지하는 역할을 하는 설비는?

① 타(키)
② 닻
③ 양묘기
④ 주기관

정답 ③, ①

기출문제

2022년 제2회

☑ 타(키)의 구조 그림에서 ㉠은?

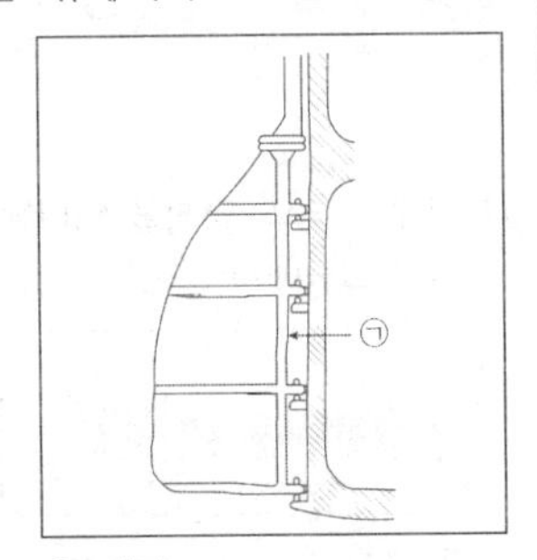

① 디판
② 타주
③ 거전
④ 타심재

2021년 제4회

☑ 타의 구조에서 ①은 무엇인가?

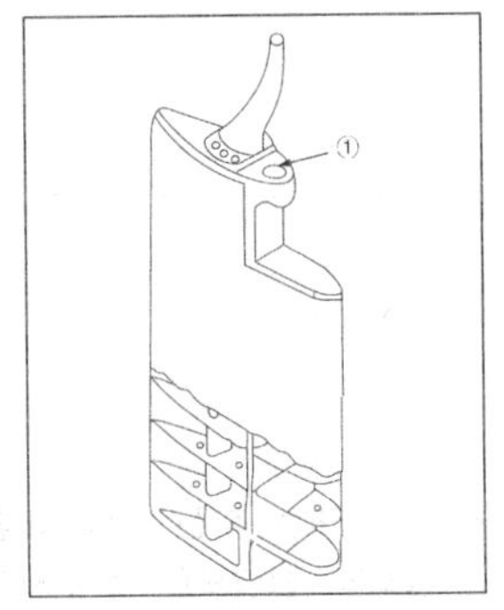

① 타판
② 핀틀
③ 거전
④ 타심재

2022년 제3회

☑ 동력 조타장치의 제어장치 중 주로 소형선에 사용되는 방식은?

① 유압식
② 기계식
③ 전기식
④ 전동 유압식

정답 ④, ④, ②

- 비평행타 : 타에 선회력을 주는 지점이 타면의 전단에 있는 타를 말한다.
- 반평행타 : 평형타의 장점을 살린 형으로 타의 상부는 비평형타, 하부는 평형타로 되어 있다.

㉣ 타(키)의 구조 **2020, 2021, 2022 출제**

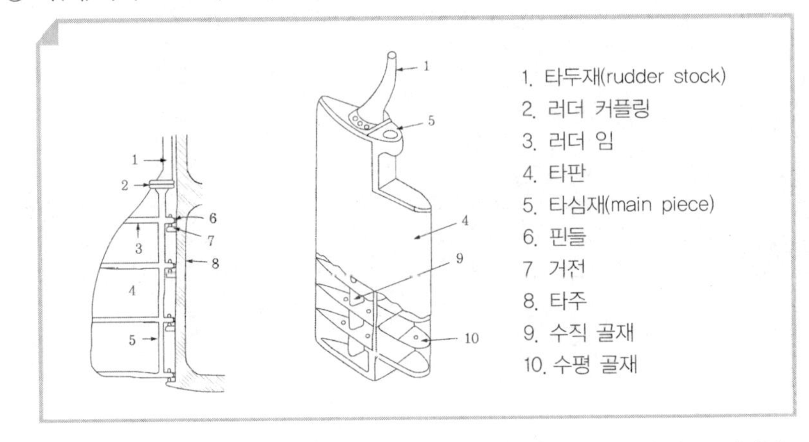

② **조타장치** … 키를 움직여 선박의 진로를 유지하거나 변경하는 장치를 말한다.

㉠ **타각제한장치** : 이론적으로 타각이 45°일 때 선박을 회전시키는 회전 능률이 최대이지만 속력의 감쇠작용이 크므로 보통 최대 타각은 35°정도가 가장 유효하기 때문에 조타장치에 파손을 줄 우려가 있으므로 대략 35°정도로 타각을 제한하는 장치를 말한다.

㉡ 조타 장치의 구비 조건

ⓐ 조타기구는 가급적 간단하고 고장이 없을 것.
ⓑ 인력 조타의 경우 1명의 조타수로 장시간 동안 쉽게 조타할 수 있을 것
ⓒ 동력 조타의 경우 작은 동력이 필요할 것.
ⓓ 보수 및 유지 등이 편리하고 취급이 간단할 것.
ⓔ 조타수의 조타동작은 신속하고 정확하게 타두재에 회전 운동을 전달할 수 있을 것.

㉢ 조타 장치의 종류

ⓐ **인력 조타장치** : 소형선이나 범선 등에서 사용되며, 선교의 조타륜을 인력에 의하여 키가 회전되는 방식으로 보통 대형선의 보조나 응급용으로도 사용된다.

ⓑ **동력 조타장치** : 중·대형선에서 사용되는 것으로 동력을 이용한 조타 장치로 구성은 다음과 같다.

- 제어 장치(controlling gear) : 조타륜에서 발생한 신호를 전달받아 키의 회전에 필요한 신호를 동력 장치에 전달하는 것으로 기계식, 유압식 및 전기식 등이 있으며, 기계식은 주로 소형선에 사용되고, 유압식 또는 전기식은 중대형선에 사용된다. **2022 출제**

• 추종 장치(follow-up gear) : 소요 각도까지 키가 돌아가면 키를 움직이는 동력 장치를 정지시키고 키를 그 위치에 고정시키는 장치를 말한다.
• 원동기(prime mover) : 키가 회전하는데 필요한 동력을 발생시키는 장치로 원동기의 형식으로는 증기 유압펌프식, 전기 전동식, 전동 유압식 등이 있다.
• 전달 장치(transmission gear) : 원동기의 기계적 에너지를 축, 기어, 유압 등에 의하여 키에 전달하는 장치이다.

㉣ 기타의 조타 설비

ⓐ **자동조타장치** : 선박이 침로를 벗어나면 자동으로 키를 써서 침로를 유지시켜주는 장치를 말한다.

ⓑ **사이드 스러스트**(side thruster) : 주로 정지시 혹은 미속 항해시에 사용되며, 부두 접 · 이안시와 긴급 선회시에 매우 편리한 장치로 선수 또는 선미 부근의 수면하에 횡방향으로 원형 또는 4각형의 터널을 만들고 그 내부에 고정 피치 프로펠러나 가변 피치 프로펠러를 설치해서 이것을 원동기로 구동하여 물을 한쪽 현에서 다른 쪽 현으로 내보내고, 선수나 선미를 횡방향으로 이동시키는 장치이다.

㉤ 조타장치 취급시의 주의사항 **2020 출제**

ⓐ 조타기에 과부하가 걸리는지 점검한다.
ⓑ 작동중 이상한 소음이 발생하는지 점검한다.
ⓒ 유압 계통은 유량이 적정한지 점검한다.
ⓓ 작동부에 그리스가 들어가지 않는지 점검한다.

③ 소방 설비

㉠ **화재 탐지 장치** : 화재의 발생을 초기에 감지하여, 자동으로 경보를 발하는 화재 감시 장치로 열식 화재 탐지장치, 수동식 화재 경보장치, 연관식 화재 탐지장치 등이 있다.

㉡ 소화 설비

ⓐ **소화전** : 소화전에 소화호스를 연결하여 화재 발생장소에 물을 분사하는 설비를 말한다.

ⓑ **휴대식 소화기** : 화재 초기에 작은 화재를 현장에 접근하여 신속하게 불을 끄는 데 적합하다.

• 이산화탄소 소화기 : B급, 전기 화재인 C급 화재의 소화에 효과적이며, 액체 상태의 압축 이산화탄소를 고압 용기에 충전해 둔 것이다. 매우 낮은 온도의 분사 가스로 인해 동상에 걸리지 않도록 손잡이를 이용하며 사람에게 분사하지 않도록 한다. **2020 출제**
• 포말 소화기(foam extinguisher) : 종이 등과 같은 A급 화재와, 유류와 같은 B급 화재에 효과적이며, 용기 속에 중탄산나트륨과 황산알루미늄을 각각 격리시켜 충전해 둔 것이다.

기출문제

2020년 제2회

☑ 조타장치 취급 시의 주의사항으로 옳지 않은 것은?

① 유압펌프 및 전동기의 작동 시 소음을 확인한다.
② 항상 모든 유압펌프가 작동되고 있는지 확인한다.
③ 수동조타 및 자동조타의 변환을 위한 장치가 정상적으로 작동하는지 확인한다.
④ 작동부에서 그리스의 주입이 필요한 곳에 일정 간격으로 주입되었는지 확인한다.

정답 ②

- 할론 소화기(halon extinguisher) : B급 화재와 C급 화재에 효과적이며, 할론은 공기보다 5.3배 가량 더 무거운 불활성 가스로 화재 주변의 산소 농도를 떨어뜨리고, 열분해 과정에서 물과 이산화탄소를 생성함으로써 소화하는 방식이다. **2022 출제**
- 분말 소화기(dry chemical extinguisher) : B급, C급, A급 화재에 효과적이며, 용기 내에 중탄산나트륨 또는 중탄산칼륨 등의 약제 분말과 질소, 이산화탄소 등의 가스를 배합하여 방출시에 산소 차단 작용과 냉각 작용으로 소화하는 것이다.

ⓒ **고정식 소화기** : 기관실이나 화물창 등의 독립 지역에 발생한 비교적 큰 규모의 화재 진압을 위한 소화 설비이다.

- 고정식 CO_2 소화 장치 : 화물창이나 기관실의 소화에 이용한다.
- 고정식 포말 소화 장치 : 기관실이나 화물 탱크 내의 소화에 이용된다.
- 고정식 분말 소화 장치 : 가스 운반선에 널리 이용된다.
- 고정식 할론 소화 장치 : 기관실이나 펌프실의 소화에 이용되며 일반 잡화용 화물창에는 설치할 수 없다.
- 자동 스프링클러(sprinkler) 장치 : 화재가 발생하면 스프링클러가 자동으로 작동하여 물을 분사한다. **2020, 2022 출제**

ⓓ **이너트 가스 설비**(inert gas system : I.G.S) : 유조선의 방화 설비이며, 화물탱크 속의 공기를 불활성 가스의 공급에 의해 연소가 일어나지 않는 범위의 산소 농도로 유지하게 하는 설비이다.

④ **계선 설비** : 선박이 부두에 접안하거나 묘박 혹은 부표에 계류하기 위한 설비로 닻(anchor), 묘쇄(anchor chain), 로프(Rope) 등이 있다.

㉠ 앵커(닻)와 앵커 체인

ⓐ 앵커의 종류와 명칭

- 구조에 의한 분류 **2020 출제**

–스톡 앵커(닻)(stock anchor) : 소형선이나 범선에 이용되며, 스톡을 가진 앵커로 투묘할 때 파주력은 크지만 격납이 불편하여 대형선에서는 중묘 또는 소묘로 사용된다.

–스톡리스 앵커(닻)(Stockless anchor) : 대형선에 사용되며, 스톡이 없는 앵커로 스톡 앵커보다 파주력은 떨어지지만 닻 작업시에 취급과 격납이 간단하고, 얕은 수심에서 앵커 암이 선저를 손상시키는 일이 없다.

- 용도에 의한 분류

–선수묘(Bower anchor) : 선수 양현에 비치하는 대형의 앵커이다.

–예비묘(Sheet anchor) : 선수묘와 같거나 조금 작은 선수묘의 예비묘이다.

–중묘(Stream anchor) : 좌초시 선체의 고정이나 특수 조선에 사용하며, 선수묘의 1/3 ~ 1/5의 중량이다.

–소묘(Kedge anchor) : 선미 동요를 방지하거나 좌초시 선체 고정에 사용하며, 선수묘의 1/6 ~ 1/10의 중량이다.

기출문제

2022년 제3회

☑ 열분해 작용 시 유독가스를 발생하므로, 선박에 비치하지 아니하는 소화기는?

① 포말 소화기
② 분말 소화기
③ 할론 소화기
④ 이산화탄소 소화기

2022년 제2회

☑ 고정식 소화장치 중에서 화재가 발생하면 자동으로 작동하여 물을 분사하는 장치는?

① 고정식 포말 소화장치
② 자동 스프링클러 장치
③ 고정식 분말소화 장치
④ 고정식 이산화탄소 소화장치

2020년 제4회

☑ 아래 그림에서 ㉠은?

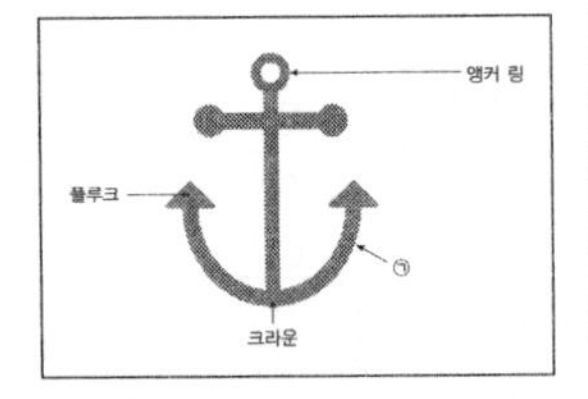

① 암
② 빌
③ 생크
④ 스톡

정답 ③, ②, ①

–단정묘(Boat anchor) : 단정의 계류에 사용된다.

–그래프널 앵커(Grapnel anchor) : 해저에 떨어진 닻줄이나 로프 등을 건지기 위하여 사용하는 4개의 암을 가진 소형 닻이다.

ⓑ **앵커 체인**(anchor chain) **또는 묘쇄**

• 닻과 앵커 체인의 관리 : 앵커 체인은 부식과 마모가 심하여 평균 지름의 10% 이상 마멸되거나 부식되면 체인을 교환해야 된다.

• 입거시에는 전체적인 손상 및 마모를 확인하고 섀클 표시를 다시 해야 하며, 닻의 움직이는 부분은 가끔씩 그리스를 주입한다.

ㄴ **양묘기**(windlass) : 앵커를 감아올리거나 투묘 작업 및 선박을 부두에 접안시킬 때, 계선줄을 감는 데 사용되는 갑판 보기이다.

ⓐ **체인 드럼**(chain drum) : 구조가 홈에 앵커 체인이 꼭 끼도록 되어 있어서 드럼의 회전에 따라 체인을 신출하거나 감아 들인다.

ⓑ **클러치**(cluch) : 회전축에 동력을 전달한다.

ⓒ **마찰 브레이크** : 회전축에 동력이 차단되었을 때 회전축의 회전을 제어한다.

ⓓ **워핑 드럼**(warping drum) : 계선줄을 워핑드럼을 통하지 않고 회전축에 직접 연결되어 조정한다.

⑤ **그 밖의 정박 설비**

ㄱ **펜더**(fender, 방현재) : 선체가 외부에 접촉하게 될 때 충격을 완충시켜주는 것이다.

ㄴ **히빙 라인**(heaving line) : 계선줄을 부두에 내보내기 위해 줄잡이에게 꼬리 부분을 붙들어 매어 미리 내주는 줄을 말한다.

ㄷ **쥐막이**(rat guard) : 접안 후 선박에 쥐의 침입을 막기 위해서 계선줄에 설치하는 것이다.

ㄹ **비트**(bitt)**와 볼라드**(bollard) : 계선줄을 붙들어 매기 위한 기둥을 말하며, 기둥이 1개 있는 것을 비트, 2개 있는 것을 볼라드라고 한다.

ㅁ **캡스턴**(capstan) : 수직축을 중심으로 회전하는 동력에 의해 계선줄이나 앵커 체인을 감아올리기 위한 갑판 기기를 말한다.

ㅂ **자동 계선 윈치**(auto-tension mooring winch) : 계선줄의 장력을 고르게 유지시키도록 제작된 것으로 많은 일손이 필요한 계선 작업을 안전하고 간편하게 하기 위해 설치하는 갑판기기이다.

ㅅ **계선공** : 계선줄이 선외로 빠져 나갈 수 있도록 불워크에 설치된 구멍이다.

ㅇ **페어 리더**(fair leader) : 롤러들로 구성되어 계선줄이 선외로 쉽게 빠져 나가도록 하는 것이다.

기출문제

2022년 제3회

☑ 크레인식 하역장치의 구성요소가 아닌 것은?

① 카고 훅
② 토핑 윈치
③ 데릭 붐
④ 선회 윈치

정답 ③

⑥ 하역 설비 **2022 출제**

㉠ **데릭식 하역 설비** : 널리 쓰이는 선박의 하역 설비로 데릭 포스트(derrick post), 데릭 붐(derrick boom), 윈치(winch) 및 로프들로 구성되어 있다.

㉡ **크레인식 하역 장치** : 크레인식은 하역 준비 및 격납이 쉽고 하역 작업이 간편하고 빠르기 때문에 널리 쓰이고 있으며, 종류로는 위치가 고정되어 있는 집 크레인(jib crane)과 선수미 방향으로 이동하며 하역하는 갠트리 크레인(gantry crane)이 있다.

㉢ **블록**(block) : 로프를 통하여 힘의 방향을 바꾸거나, 힘의 배력을 얻기 위해서 사용하는 것으로 블록의 크기는 목재 블록의 경우는 셸의 세로 길이를, 철재 블록은 시브의 직경을 mm로 나타낸다.

㉣ **태클**(tackle) : 블록과 로프를 결합하여 작은 힘으로 중량을 들어 올리거나 이동시키는 장치를 말한다.

⑦ 동력 설비

㉠ **주기관** : 선박을 추진시키기 위한 엔진을 말하며, 크게 나누면 외연 기관과 내연 기관으로 분류할 수 있다.

ⓐ **외연 기관** : 연소가스의 열로 보일러에서 물을 가열하여 고압의 수증기를 만들고 이 수증기로 왕복기관, 증기터빈 등을 움직인다.

ⓑ **내연 기관** : 연료와 공기 등의 산화제를 연소실 내부에서 연소시켜 에너지를 얻는다.

• 내연 기관의 장점
–기관의 중량과 체적이 작아 소형이고 운반이 편리하다.
–기관의 시동 준비가 간단하다.
–연료 소비율이 적고 열효율이 높다.

• 내연 기관의 단점
–기관의 진동과 소음이 크고 연료에 큰 제한이 있다.
–저속운전이 곤란하고 자력으로 운전할 수 없다.

• 점화 방법에 의한 분류
–불꽃 점화 기관(spark ignition engine) : 가솔린 기관과 가스기관 같이 전기 불꽃점화 장치에 의하여 연료에 점화하는 형식의 기관이다.
–압축 점화 기관(compression ignition engine) : 디젤기관이 대표적이며, 실린더 내에 압축된 공기의 열을 이용하여 연료를 발화시키는 형식의 기관이다.
–소구 기관(hot bulb engine) : 시동시에 소구라고 하는 연소실의 일부를 적열상태로 만들어 여기에 연료를 분사시켜 점화하는 방식의 기관이다.

• 내연 기관의 4 작용과 사이클 내연기관의 4 작용 : 흡기작용, 압축작용, 연소작용, 배기작용의 네 가지 동작을 말하며, 이 4 작용을 1조로 하여 1사이클(cycle)이라 한다.

ⓒ **디젤 기관** : 압축비가 높아 연료를 경제적으로 사용할 수 있다.

• 디젤 기관의 장점

-사용 연료의 범위가 넓고 값이 싼 연료를 사용할 수 있어 큰 출력의 기관을 만드는 것이 용이하다.

-화재에 대하여 안전하며, 열효율이 높고 연료 소비율을 적게 할 수 있어 선박과 대형 자동차용으로 적당하다.

-2행정 사이클 기관을 만드는데 유리하고 운전제어가 용이하다.

-신뢰성과 내구성이 크며 오우버홀(overhaul) 기간도 길다.

• 디젤 기관의 단점

-동일 연료를 연소시킬 때 가솔린 기관보다 실린더 용적이 커야 하고 실린더의 강도를 높여야 한다.

-압축비가 높기 때문에 시동하기가 어려우며, 추운 지방에서는 압축에 의한 온도상승이 점화보다 어렵기 때문에 흡기가열, 윤활유 예열 등의 보조장치가 필요하다.

-소음이 크며, 연료분배를 균일하게 하기가 어렵고 소형 기관에서는 특히 진동이 심하다.

-연소에 시간을 필요로 하므로 고속회전기관이나 소형에는 적당하지 않다.

-값이 비싸고 정비하기가 어렵다.

• 디젤기관의 배기 상태에 따른 기관의 이상 유무

-배기색이 무색 또는 남색인 경우 : 정상이다.

-배기색이 흑색인 경우 : 과부하, 불완전 연소, 실린더 과열 또는 소음기의 오손이다.

-배기색이 백색인 경우 : 실린더 냉각수의 누설, 연료 중 수분 함유 또는 한 실린더가 폭발하지 않는다.

-배기색이 청색인 경우 : 윤활유와 연료유가 함께 연소한다.

ⓓ **가솔린 기관** : 압축비가 낮고 연소시간이 짧아 소형이고 경량인 고속기관에 적당하다.

• 가솔린 기관의 장점

-실린더 용적이 작아도 되고 기관의 강도가 디젤 기관보다 적어도 된다.

-연료의 기화가 좋고, 고속 회전을 얻기 쉽다.

-압축비가 낮으므로 시동이 쉽다.

• 가솔린 기관의 단점

-대형기관은 불리하고 녹크 등으로 사용 연료에 제한을 받아, 연료비가 비싸다.

-화재의 위험이 높고 압축비를 높일 수 없으므로 열효율이 낮다.

ⓛ **동력의 단위** : 와트(1W=1J/s), 킬로와트(1kW=103W), 메가와트(1MW=103kW), 미터마력(1PS=75kg · m/s=0.7355kW), 영국 마력(1hp=0.746kW) 등을 사용한다.

기출문제

2022년 제3회

☑ 다음 중 합성 섬유로프가 아닌 것은?

① 마닐라 로프
② 폴리프로필렌 로프
③ 나일론 로프
④ 폴리에틸렌 로프

2020년 제3회

☑ 일반적으로 섬유 로프의 무게는 어떻게 나타내는가?

① 1미터의 무게
② 1사리의 무게
③ 10미터의 무게
④ 1발의 무게

정답 ①, ②

(6) 선박의 정비

① **로프(rope)** … 섬유 또는 강선 등을 여러 가닥 꼬아 만든 튼튼한 줄을 말하며, 동력전달 · 매달아올리기 · 견인 · 계류 등에 사용된다.

㉠ **섬유로프** : 면 · 마 · 합성섬유 등 각종 섬유로 만들며, 마닐라삼 · 사이잘삼 등으로 만든 것은 어업 · 임업 등에 광범위하게 사용된다.

㉡ **와이어로프** : 강(鋼)의 선재(線材)로 만든다.

㉢ 합성섬유로프는 나일론 · 폴리에틸렌 등으로 만든다. **2022 출제**

ⓐ **나일론 로프** : 가장 많이 사용되며 마닐라로프보다 2.9배 정도의 인장강도를 가짐과 동시에 합성로프 중 인장강도가 가장 뛰어나다. 또한 신축성 및 탄력성이 좋아 충격하중이 생길 시 이를 잘 흡수하며 자외선과 내마모성에도 강한 성질을 가지고 있다.

ⓑ **폴리에틸렌 로프** : 인장강도는 나일론로프보다는 약하지만 경량으로 물보다 가벼운 성질을 가지고 있다.

ⓒ **폴리프로필렌 로프** : 마찰강도와 내마모성이 우수한 성질을 가지고 있다.

㉣ **로프의 굵기** : 얽기용 로프의 굵기는 얽을 기둥의 굵기를 기준으로 하여 1:12의 비율로 산출한다. 즉, 기둥의 지름이 12cm일 경우 로프의 굵기는 1cm 내외가 되며, 원주를 인치로 표시한 굵기를 cm로 환산하려면 다음의 방식에 의한다.

ⓐ 원주의 인치×8=얽기용 로프의 굵기(mm)

ⓑ 로프의 길이 얽기용 로프의 소요량은 얽을 기둥의 지름을 기준하여 산출하는데 기둥의 지름 인치만큼의 발(Fathom, 1발은 약 180cm)이 소요된다. 즉 지름이 6인치(약15cm)의 경우 6발에 해당하는 약 10.8m가 소요된다.

얽기용 로프의 길이 = 기둥 지름의(cm)×7.2

ⓒ 로프가 절단되는 순간의 힘이나 무게를 파단하중이라 하고 안전한 사용하중은 파단력의 약 1/6정도이다.

㉤ **일반적인 로프의 취급시 유의사항**

ⓐ 로프의 안쪽 끝을 아래로 오게 하여 사리의 가운데 구멍을 통하여 위로 끌어낸다.

ⓑ 킹크(kink)가 생기지 않도록 주의한다.

ⓒ 로프는 꼬임방향과 반대방향으로 사려둔다.

ⓓ 와이어 로프는 여러 회 사릴 때마다 반대방향으로 1회씩 사림을 넣는다.

ⓔ 로프는 시간이 경과함에 따라 강도가 떨어지므로 파단하중과 안전사용하중을 고려하여 사용한다.

ⓕ 와이어로프는 마찰되는 부분에 기름이나 그리스를 바르고 섬유심에 기름을 쳐서 철사의 마멸을 막는다.

ⓖ 마찰이 많은 곳에서는 캔버스를 감아서 사용하고 항상 건조한 상태에서 보관한다.

ⓗ 로프를 동력으로 감아드리는 경우에는 무리한 장력이 걸리지 않도록 한다.

㉥ 섬유로프의 사용 시 유의사항

ⓐ 오래 된 것은 강도와 내구력이 약하므로 무거운 짐을 취급할 때에는 가급적 새 것을 사용하도록 한다.

ⓑ 볼라드나 비트 등에 감아 둘 때에는 하부에 3회 이상 감아두도록 한다.

ⓒ 로프가 기름이 스며들거나 물에 젖은 경우 강도가 1/4로 감소하므로 주의하도록 한다.

ⓓ 로프를 절단한 경우에는 휘핑(whipping)하여 스트랜드가 풀리지 않도록 한다.

ⓔ 스플라이싱(splicing)한 부분은 강도가 약 20~30%정도 떨어지므로 주의하여야 한다.

ⓕ 계선줄이나 구명줄 등과 같은 동삭은 강도가 약해지지 않도록 자주 교체하도록 한다.

㉦ 와이어로프의 사용 시 유의사항

ⓐ 급격한 압착은 킹크와 비슷한 해를 줄 수 있으므로 피하도록 한다.

ⓑ 볼라드 등은 와이어로프 지름의 약 15배 이상의 것으로 해서 굽혀지지 않도록 한다.

ⓒ 녹스는 것을 방지하기 위해서는 스톡홀름 타르에 수산화칼슘을 가열해서 바르거나 백납과 그리스의 혼합액을 발라두는 것이 좋다.

ⓓ 사용하지 않는 경우에는 와이어를 릴에 감고 캔버스 덮개를 덮어두도록 한다.

ⓔ 비트나 볼라드, 클라트 등에 매는 경우에는 4~5회 이상 감아서 미끄러지지 않도록 하고 가는 줄로 시징(seazing)하도록 한다.

ⓕ 외측의 각 소선이 약 1/2정도 마멸되었거나 킹크가 생겼을 경우에는 새 것으로 교체하도록 한다.

ⓖ 스플라이싱 한 부분이 약한 것은 끝에 아이(eye)가 있으므로 주의하도록 한다.

ⓗ 사리는 기중기로 운반하며 떨어뜨리거나 나무판 위에서 굴리지 않도록 한다.

㉧ 섬유로프의 보존 방법 **2021 출제**

ⓐ 비나 해수에 젖지 않도록 하고 만약 젖은 경우에는 신속하게 건조해서 보관하도록 한다.

ⓑ 산성이나 알칼리성 물질에 닿지 않도록 주의한다.

ⓒ 통풍과 환기가 잘 되는 곳에 보관하고 너무 뜨거운 장소는 피한다.

ⓓ 마찰이 많은 부분에는 캔버스로 감싸서 보존한다.

기출문제

2021년 제1회

☑ 섬유로프 취급 시 주의사항으로 옳지 않은 것은?

① 항상 건조한 상태로 보관한다.

② 산성이나 알칼리성 물질에 접촉되지 않도록 한다.

③ 로프에 기름이 스며들면 강해지므로 그대로 둔다.

④ 마찰이 심한 곳에는 캔버스를 감아서 보호한다.

정답 ③

ⓩ 와이어로프의 보존 방법

ⓐ 통풍이 잘 되는 곳에 보관하고 삼심에 기름이 스며들도록 정기적으로 기름을 칠하도록 한다.

ⓑ 항상 건조시키고 만약 녹이 발생한 경우 제거하고 기름을 발라두도록 한다.

ⓒ 정삭으로 사용되는 것은 식물성 타르를 매년 1회씩 발라서 스플라이싱 한다.

ⓓ 캔버스로 감아 둔 것은 내부에서 녹이 발생 할 수 있으므로 가끔씩 풀어서 정비하도록 한다.

ⓔ 동삭은 부식을 방지하기 위해 식물성 타르나 아마씨 기름에 흑연을 혼합한 것이나 동물성 기름을 합친 점성이 큰 것을 발라두도록 한다.

② 선박의 부식과 오손

㉠ **산화 작용** : 금속에 녹이 생기는 것을 말하며, 녹은 공기 중에서 보다 수중에서 훨씬 잘 진행한다.

㉡ **전식 작용** : 양성인 금속 표면이 이온화하여 전기 화학적인 부식이 일어나는 것을 말하며, 선미 선저부에 아연판을 부착하여 이러한 전식작용을 방지하여야 한다.

㉢ **오손** : 패류나 해초류로 인해 선체가 더러워지는 것을 말한다.

㉣ 선체의 부식과 오손 방지법

ⓐ **부식 방지법** : 선체의 부식은 녹과 전식작용이 가장 큰 원인이므로 이를 방지해야 한다.

- 방청용 페인트나 시멘트를 발라서 습기의 접촉을 방지한다.
- 부식이 심한 장소나 소형 부속구의 파이프는 주석이나 아연을 도금한 것을 사용한다.
- 프로펠러나 키의 주변에는 침식이 강하므로 철보다 이온화 경향이 큰 아연판을 부착한다.
- 기관실 등에 고순도의 마그네슘이나 아연의 양극금속을 설치하여 전류를 약하게 흐르도록 한다.
- 화물선의 경우에는 화물창에 환기를 하게 할 수 있도록 하다.
- 유조선의 경우에는 탱크 내에 이너트 가스를 주입하고 양하 작업 중 잔유 문제를 잘 정리하도록 한다.

ⓑ 오손 방지법

- 산화수은이나 산화구리를 성분으로 한 2호 선저도료(No.2 bottom paint, anti-fouling paint, A/F)를 선체도료로 사용한다.
- 해양오염 등을 방지하기 위해 천연재료를 이용한 천연도료를 사용한다.
- 선체의 표면을 미끄럽게 하여 부착을 방지한다.
- 부착되는 생물들의 특성에 따른 특수도료를 이용하여 부착을 방지한다.

기출문제

2019년 제4회

☑ 선체가 강선인 경우 부식을 방지하기 위한 방법으로 옳지 않은 것은?

① 선체 외판에 아연판을 붙여 이온화 침식을 막는다.
② 아연 또는 주석 도금을 한 파이프를 사용한다.
③ 방청용 페인트를 칠해서 습기의 접촉을 차단한다.
④ 아연으로 제작된 타판을 사용한다.

2022년 제1회

☑ 다음 중 페인트를 칠하는 용구는?

① 스크레이퍼
② 스프레이 건
③ 철솔
④ 그리스 건

정답 ④, ②

ⓒ 선박의 도료

- 선체 도장 목적 : 장식이나 방식, 방오, 청결이 그 주된 목적이다.
- 선체 도료의 종류 : 도료의 성분에 따라 페인트, 바니스, 락커(lacquer), 잡 도료 등으로 구분 한다.
- 선체 도장시의 유의 사항

–강재의 표면에 붙어있는 녹이나 각종 먼지, 기름기, 수분 등을 충분히 제거한다.

–도장할 면을 평활히 하도록 한다.

–도장용 선용품은 페인트 스프레이건, 페인트 붓, 페인트 롤러 등이 있다.

- 페인트의 취급

–기상 상태에 따라서 필요한 양을 준비하고 칠하기 전에 충분히 저어서 농도를 고르게 하여 사용한다.

–건조제를 과다하게 첨가하면 광택이 없어지거나 기포와 주름이 생기기 쉬우므로 0.1% 이내로 첨가한다.

–시간이 경과하여 희석제가 휘발해서 농도가 진해지면, 시너로 적당히 희석시켜 사용한다.

–사용 후 남아 있는 페인트는 같은 종류 별로 페인트 통에 모아 밀폐하여 보관하고, 응고되기 전에 빠른 시간 내에 사용하도록 한다.

- 적절한 도장 시기

–너무 덥거나 추운지역에서 도장을 하게 되면 나중에 도막에 균열이 일어나게 되므로 도료의 퍼짐과 건조가 양호한 따뜻하고 습도가 낮은 계절이 좋다.

–도면에 먼지가 부착하지 않도록 도장일 전후는 맑고 건조하며 바람이 거의 없는 것이 좋다

–비가 온 후에는 습기가 많으므로 약 2일 정도 지난 후 해가 뜬 다음에 시작하여 오후 3~4시경에 마치도록 한다.

–안개나 이슬, 서리가 많이 내리는 지역에서는 이 시간대는 피하는 것이 좋다

–여객선의 경우에는 여객이 없을 때, 화물선의 경우에는 하역작업으로 인한 도면의 오손 우려가 없을 때를 선택하도록 한다.

ⓓ 퍼티의 종류 **2020 출제**

–필러(에폭시/PE) : 특정 깊이 또는 폭의 크랙(갈라짐)이나 파손부위에 부적합하며, 작은 핀홀의 메꿈에 사용한다.

–퍼티 : 파손된 부분의 수리, 국소부위의 외형복원, 적층 및 용접 후 모양잡기 등에 사용된다.

–Faring 전용 컴파운드 : 대형 표면의 선체 성형 및 화장 작업시에 사용하며, 대형 프로젝트에 많이 사용한다.

기출문제

2021년 제4회

☑ 선체에 페인트칠을 하기에 가장 좋은 때는?

① 따뜻하고 습도가 낮을 때
② 서늘하고 습도가 낮을 때
③ 따뜻하고 습도가 높을 때
④ 서늘하고 습도가 높을 때

2020년 제3회

☑ 목조 갑판의 틈 메우기에 쓰이는 황백색의 반 고체는?

① 흑연
② 타르
③ 퍼티
④ 시멘트

정답 ①, ③

기출문제

2019년 제3회

선박안전법에 의하여 선체 및 기관, 설비 및 속구, 만재흘수선, 무선 설비 등에 대하여 5년마다 실행하는 정밀검사는?

① 정기검사
② 임시검사
③ 중간검사
④ 특수선검사

정답 ①

③ **선박의 검사** … 선박의 안전을 위해 실시되는 선체 · 기관 · 설비 등에 관한 검사를 말하며, 선박안전법에 따라 국토해양부장관이 실시한다.

㉠ **건조검사** : 선박을 건조할 때 설치하는 선박시설에 대한 검사로, 이 검사에 합격하면 건조검사증서를 받고, 최초로 항해할 때의 정기검사를 면제받는다.

㉡ **정기검사** : 선박안전법과 어선법에 따라 정기적으로 행해지는 검사로, 선박을 최초로 항해시킬 때와 유효기간이 만료된 때 선박시설과 만재흘수선(滿載吃水線)에 대하여 실시되며, 이 검사에 합격하면 선박검사증서가 교부되고, 배는 이 검사증서 등을 소지하지 않으면 항해가 금지되며, 유효기간은 5년이다.

㉢ **중간검사** : 제1종과 제2종으로 구분되며, 정기검사와 정기검사 사이에 실시하는 간이 검사를 말한다.

ⓐ **제1종 중간검사** : 입거하여 검사하며 선저검사도 포함된다. 검사항목은 선체 및 기관, 만재흘수선, 설비 및 속구, 무선 전신전화 설비 등이며 정기검사 후 2~3년 사이에 검사를 받는다.

ⓑ **제2종 중간검사** : 입거상태가 아니고 물위에 떠있는 상태에서 받게 되며 검사항목은 만재흘수선, 양하장치, 무선 전신전화 설비 등으로 정기검사나 제1종 중간검사를 받은 날로부터 1년 이내의 기간에 받는다.

㉣ **임시검사** : 선박의 용도를 변경할 때, 선박시설에 대하여 개조 또는 수리를 행할 때, 선박검사증서에 기재된 내용을 변경하고자 할 때, 만재흘수선의 변경 등의 경우에 실시된다.

㉤ **임시항해검사** : 정기검사를 받기 전에 임시로 선박을 항해에 사용하고자 할 때나 국내의 조선소에서 건조된 외국선박의 시운전 등을 할 때 항해능력이 있는지 판단하기 위해 받는 검사를 말한다.

㉥ **국제협약검사** : 국제항해에 취항하는 선박의 경우 선박의 감항성 및 인명안전과 관련하여 실시하는 검사를 말한다.

㉦ **수중검사** : 선령이 15년 이내인 선박에 해당되며 선급이 적당하다고 인정하는 경우 5년 이내에 2회의 입거검사 중 1회의 입거검사를 수중검사로 대신할 수 있다.

㉧ **제조검사** : 길이가 24m 이상인 선박이나 여객선을 제조할 경우 선체나 기관 등 주요 설비에 대하여 공사의 진척도에 따라 하는 검사이다.

㉨ **특수선 검사** : 일반 선박이 임시로 여객을 운송하거나 이민선이 국내에서 최후로 출항 또는 선박이 갑판여객을 운송하고자 할 때 행하는 검사이다.

02 구명설비 및 통신장비

(1) 구명설비

① 구명정(life boat)

㉠ 생존정이라고도 하며 해상에서 조난을 당해 선박을 버리고 탈출하는 경우에 사용하는 자항능력(自航能力)을 갖춘 보트로서 내부에는 신호장치, 의약품, 비상식량 등 응급용품이 비치되어 있다.

㉡ 선박의 20도 횡경사와 10도의 종경사에서도 안전하게 진수될 수 있어야 한다.

㉢ 2명이서 5분 이내에 진수 할 수 있어야 하고 시속 6km로 24시간 연속항주 할 수 있는 연료를 갖추어야 한다.

② 구조정(rescue boat) : 인명 구조나 다른 구명 설비를 유도 및 보호하기 위한 보트이다.

③ 팽창식 구명 뗏목(life raft) **2020, 2021, 2022 출제**

㉠ 나일론 등과 같은 합성 섬유로 된 포지를 고무로 가공하여 뗏목 모양으로 만들고, 안에 탄산가스나 질소가스를 압입한 기구로서 긴급상황에 팽창시키면 뗏목처럼 펼쳐지는 구명 설비이다.

㉡ **자동이탈장치** : 선박이 침몰해서 수면 아래로 4m정도에 이르게 되면 수압에 의해서 자동으로 작동하여 구명 뗏목을 부상시키는 장치를 말한다.

④ **구명부환**(life buoy) … 수중의 생존자가 구조될 때까지 잡고 떠 있게 하는 도넛 모형의 개인용 구명 설비이다.

⑤ **구명동의**(life jacket) … 조난 또는 비상시에 상체에 착용하는 것으로 고형식과 팽창식이 있다.

⑥ **구명부기** … 선박의 조난 시 구조를 기다리는 동안 여러 사람이 타지 않고 손으로 붙잡고 떠 있을 수 있는 부체를 말한다. **2021, 2022 출제**

⑦ **방수복** … 물이 들어오지 않아 낮은 수온의 물속에서 체온을 보호하기 위한 장비로 2분 이내에 착용할 수 있어야 한다. **2022 출제**

⑧ **보온복** … 체온을 유지할 수 있도록 열전도율이 낮은 방수 물질로 만들어진 포대기 또는 옷으로 방수복을 착용하지 않은 사람이 착용하여야 한다. **2020, 2021, 2022 출제**

⑨ **구명줄 발사기** … 선박이 조난을 당한 경우에, 조난선과 구조선 또는 육상 간에 연결용 줄을 보내는 데 사용하는 기구로 수평에서 45° 각도로 발사하여야 하며, 구명줄 발사기의 구비요건은 다음과 같다.

㉠ 사용자에게 위험을 주지 않고 취급이 용이하여야 한다.

기출문제

2022년 제4회

☑ 선박이 침몰하여 수면 아래 4미터 정도에 이르면 수압에 의하여 선박에서 자동 이탈되어 조난자가 탈 수 있도록 압축가스에 의해 펼쳐지는 구명설비는?

① 구명정 ② 구명뗏목
③ 구조정 ④ 구명부기

2022년 제2회

☑ 나일론 등과 같은 합성섬유로 된 포지를 고무로 가공하여 제작되며, 긴급 시에 탄산가스나 질소가스로 팽창시켜 사용하는 구명설비는?

① 구명정
② 구조정
③ 구명부기
④ 구명뗏목

2022년 제1회

☑ 물이 스며들지 않아 수온이 낮은 물속에서 체온을 보호할 수 있는 것으로 2분 이내에 혼자서 착용 가능하여야 하는 것은?

① 구명조끼
② 보온복
③ 방수복
④ 방화복

2022년 제3회

☑ 체온을 유지할 수 있도록 열전도율이 낮은 방수 물질로 만들어진 포대기 또는 옷을 의미하는 구명설비는?

① 방수복
② 구명조끼
③ 보온복
④ 구명부환

정답 ②, ④, ③, ③

㉡ 구명색을 230m(250 yard) 이상 운반할 수 있어야 한다.

㉢ 4개 이상의 구명줄과 발사체가 비치되어 있어야 한다.

⑩ **연결룰**(Painter) : 구명뗏목 본체와 적재대의 링에 고정되어 구명뗏목과 본선의 연결상태를 유지시켜 준다.

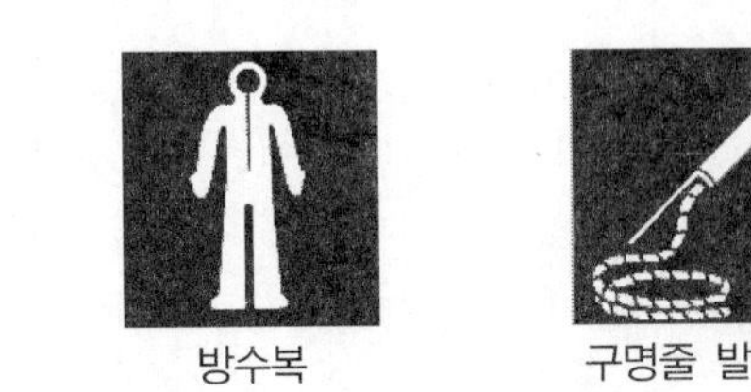

방수복　　구명줄 발사기

구명 뗏목

(2) 조난신호 장비

① **자기 점화등**(self-igniting light) … 구명부환과 함께 수면에 투하되면 자동적으로 점등되며, 야간에 구명부환의 위치를 알려 주는 등이다.

② **일광 신호경**(daylight signalling mirror) … 햇빛이 강한 날에 효과가 크며, 낮에 거울 또는 금속편에 의해 태양의 반사광을 보내는 것이다.

③ **발연부 신호**(buoyant smoke signal) … 방수 용기로 쌓여있으며 불을 붙여 잔잔한 해면에다 던지면 해면 위에서 오렌지색 연기가 3분 이상 잘 보이는 주간용 조난 신호장비이다. **2020, 2022 출제**

④ **로켓 낙하산 화염 신호**(rocket parachute flare signal) … 공중에 발사되면 낙하산에 의해 천천히 떨어지면서 불꽃을 내며, 가장 먼 시인거리를 가진 야간용 조난신호 장비이다. **2020, 2022 출제**

⑤ **자기 발연 신호**(self-activating smoke signal) … 주간에 구명부환의 위치를 알려주는 조난신호장비로, 물에 들어가면 자동으로 오렌지색 연기를 내며, 자기 점화등과 같은 목적의 주간 신호이다. **2021, 2022 출제**

⑥ **로켓 신호**(rocket signal) … 공중에서 폭발하여 별 모양의 불꽃을 내며, 선박의 야간용 조난 신호이다.

⑦ **신호 홍염**(hand flare) … 손잡이를 잡고 불을 붙이면 붉은 색의 불꽃을 내며, 야간용 조난 신호로 쓰인다.

⑧ **휴대용 비상 통신기** … 퇴선시 휴대하는 무선 조난 신호 장치이다.

⑨ **생존정용 구명무선설비**

㉠ 조난 상태에서 수색과 구조작업 시 생존자의 위치 결정을 쉽게 하도록 무선표지신호를 발신하는 장비이다.

㉡ 선박이 조난 상태에서 수신시설도 이용할 수 없을 때 표시하는 것으로 색상은 오렌지색이나 노란색으로 눈에 잘 띄도록 하여야 한다.

기출문제

2021년 제4회

☑ 다음 그림과 같이 표시되는 장치는?

① 신호 홍염
② 구명줄 발사기
③ 줄사다리
④ 자기 발연 신호

2022년 제4회

☑ 다음 조난신호 중 수면상 가장 멀리서 볼 수 있는 것은?

① 신호 홍염
② 기류신호
③ 발연부 신호
④ 로켓 낙하산 화염신호

2022년 제2회

☑ 자기 점화등과 같은 목적으로 구명부환과 함께 수면에 투하되면 자동으로 오렌지색 연기를 내는 것은?

① 신호 홍염
② 자기 발연 신호
③ 신호 거울
④ 로켓 낙하산 화염신호

정답 ②, ④, ②

㉢ 20m 높이에서 투하했을 때 손상되지 않고 10m의 수심에서 5분 이상 수밀되며 48시간 이상 작동되고 수심 4m 이내에서 수압에 의해 자동이탈장치가 작동되어야 한다.

(3) 통신장비

① **해상통신** … 해상에서의 선박과 육지의 해안국사이의 통신 및 선박 상호간의 통신을 통해 운항에 필요한 데이터의 공유 및 정보전달 업무를 수행하며 선박의 안전운항 및 긴급조난시 신속한 인명안전구조 업무에 목적을 두는 통신을 말한다.

② **해상통신의 종류** … 기류신호, 음향신호, 발광신호, 수기신호 등이 있고 무선전신은 중파, 중단파, 단파 등을 사용한다. **2020, 2021 출제**

③ **무선전화**

㉠ 연근해나 근거리 통신에 주로 이용되며, 단파나 초단파를 사용한다.

㉡ **초단파대 무선전화**(VHF) : 약 50km 이내의 연안해역을 항해하는 선박이나 정박 중인 선박에서 주로 이용한다.

④ **해상이동업무 식별번호**(MMSI) **2022 출제**

㉠ 일부 무선망을 통하여 선박국, 선박 지구국, 해안국, 해안 지구국을 식별하기 위하여 사용되는 9개의 숫자로 된 부호이다.

㉡ 주로 디지털 선택 호출(DSC)이나 경보 표시 신호(AIS) 등에 사용되는 선박 식별 번호로 사용되며, 국가 또는 지역을 나타내는 해상 이동식별 숫자(MID:maritime identification digit) 3개와 나머지 선박국, 해안국 등을 표시하는 숫자로 구성된다.

㉢ 전화 및 텔렉스 가입자가 일반 통신망을 통해 자동으로 선박을 호출하기 위해 사용할 수도 있다.

⑤ **해사 위성통신** … 국제해사기구(IMO)에 의해 설립된 해사 위성 또는 해사 통신 패키지를 매개로 하여 수행하는 선박과 육상 간 또는 선박 상호 간의 통신을 말한다.

⑥ **세계 해상조난 및 안전 제도**〈GMDSS(Global Maritime Distress and Safety System,)〉

㉠ 국제해사기구(IMO)에 의해 추진된 통신체제로, 세계의 어느 해역에서 조난을 당해도 위성통신을 이용해 신속한 교신이 가능하다.

㉡ 수심이 깊은 곳에서 조난을 당하는 경우에는 자동 발신기에 의해 자동으로 통보된다.

㉢ 모스 신호 등의 기술이 필요하지 않다는 특징이 있다.

㉣ 1992년 2월 이 제도의 도입을 골자로 하는 조약을 발표한 후 단계적 이행기간을 거쳐 1999년 2월 1일부터 전면적으로 실시되었으며, 총 톤수 300톤 이상의 모든 선박은 GMDSS규정에 따라야 한다.

기출문제

2021년 제3회

☑ 해상에서 사용되는 신호 중 시각에 의한 통신이 아닌 것은?

① 수기신호
② 기류신호
③ 기적신호
④ 발광신호

2022년 제1회

☑ 해상이동업무식별번호 (MMSI)에 대한 설명으로 옳은 것은?

① 5자리 숫자로 구성된다.
② 9자리 숫자로 구성된다.
③ 국제 항해 선박에만 사용된다.
④ 국내 항해 선박에만 사용된다.

정답 ③, ②

기출문제

2019년 제3회

☑ 우리나라 연해구역을 항해하는 총톤수 10톤인 소형선박에 반드시 설치해야 하는 무선통신설비는?

① 초단파무선설비(VHF) 및 EPIRB
② 중단파무선설비(MF/HF) 및 EPIRB
③ 초단파무선설비(VHF) 및 SART
④ 중단파무선설비(MF/HF) 및 SART

2022년 제4회

☑ 평수구역을 항해하는 총톤수 2톤 이상의 선박에 반드시 설치해야 하는 무선통신 설비는?

① 초단파(VHF) 무선설비
② 중단파(MF/HF) 무선설비
③ 위성통신설비
④ 수색구조용 레이더 트랜스폰더(SART)

2022년 제2회

☑ 초단파(VHF) 무선설비를 사용하는 방법으로 옳지 않은 것은?

① 볼륨을 적절히 조절한다.
② 항해 중에는 16번 채널을 청취한다.
③ 묘박 중에는 필요할 때만 켜서 사용한다.
④ 관제구역에서는 지정된 관제통신 채널을 청취한다.

2020년 제4회

☑ 가까운 거리의 선박이나 연안국에 조난통신을 송신할 경우 가장 유용한 통신장비는?

① 중파(MF) 무선설비
② 단파(HF) 무선설비
③ 초단파(VHF) 무선설비
④ 위성통신설비

정답 ①, ①, ③, ③

㉤ 주요 기능
　ⓐ 조난 현장이나 수색 및 구조의 통제 통신이다.
　ⓑ 조난경보의 송수신 및 위치 측정을 위한 신호를 발한다.
　ⓒ 일반 무선통신과 선교간 통신이 가능하다.
　ⓓ 해상경보나 기상경보 및 긴급 경보를 선박에 통보하는 해상안전정보(MSI) 기능을 한다.

㉥ 지구의 정지궤도상에 있는 해사통신위성의 가청범위 내의 해역(A3해역 : 대략 북위70도와 남위 70도 사이의 해역)을 항행하는 선박은 다음의 통신설비를 구비하여야 한다.
　ⓐ VHF 무선설비(DSC : Digital Selective Calling, 송수신장치, 무선전화)
　ⓑ MF 무선설비(DSC 송수신장치, 무선전화)
　ⓒ MF/HF 무선설비(DSC 송수신장치, 무선전화, 직접인쇄전신)
　ⓓ 해상안전정보 수신설비(NAVTEX 수신기, FH 전송사진 수신기)
　ⓔ INMARSAT(International Maritime Satellite)선박지구국(SES, Ship Earth Station)
　ⓕ 9GHz대 Radar Transponder(90억 헬츠대 레이더 송수신기)
　ⓖ 2,182KHz 무선전화 경보신호 발생장치
　ⓗ 위성용 EPIRB(COSPAS-SARSAT, INMARSAT System)
　ⓘ 무선전화 조난 주파수 2,182KHz 수신기
　ⓙ VHF용 EPIRB(156.525MHz : 채널 70, 지상계 EPIRB)

㉦ VHF 무선설비 **2020, 2022 출제**
　ⓐ VHF 채널 70(156.525 MHz)에 의한 DSC와 채널 6, 13 및 16에 의한 무선전화의 송수신이 가능하고 선박의 통상적인 위치에서 조난경보신호를 발신할 수 있어야 한다.
　ⓑ 채널 70에 의한 DSC청수 당직을 계속 유지할 수 있는 장치가 있어야 한다.
　ⓒ VHF대(156~174MHz)에서 무선전화로 일반 무선통신도 할 수 있어야 한다.
　ⓓ 총 2톤 이상 선박이 평수구역을 항해할 때 반드시 설치해야 한다.
　ⓔ **사용상의 원칙**
　　• 선박업무 및 안전항해의 용도로만 사용되고 권고된 통화절차를 준수하여야 한다.
　　• 통화는 간결하고 명료하여야 하며, 일정한 목소리로 천천히 명확하게 말해야 한다.
　　• 가급적이면 해사표준용어를 사용해야 한다.
　　• VHF통신의 사용은 당직 항해사가 통제하고 항해 당직 중에는 채널 16이나 지정된 채널의 청취를 유지하도록 하여야 한다.

ⓕ 채널 16의 사용 기준

• 상대국의 일반적인 통신 채널을 알고 있으면 채널 16을 우선하여 사용하도록 한다.

• 채널 16을 사용하여 2분 간격으로 3회 호출한다.

• 선교 당직자는 현지의 규칙에 규정된 청취 채널이 없는 경우에는 채널 16을 청취하도록 한다.

• 채널 16을 사용하여야 하는 경우

–조난이나 긴급 및 항해의 안전을 위한 통신

–상대국의 통상통신이 사용되고 있거나 모르는 경우

ⓖ 해상의 주요 통신

• 조난 통신 : 무선전화에 의한 조난신호 ⇨ MAYDAY의 3회 반복

• 긴급 통신 : 무선전화에 의한 조난신호 ⇨ PAN PAN의 3회 반복

• 안전 통신 : 무선전화에 의한 조난신호 ⇨ SECURITE의 3회 반복

ⓞ 비상위치지시용 무선표지설비(EPIRB) **2020, 2021, 2022 출제**

ⓐ 선박 침몰시 일정수압이 가해지면 자동으로 이탈장치가 풀리면서 수면 위로 부상해 조난신호를 보내는 통신장치를 말한다.

ⓑ 총톤수 2톤 이상의 모든 선박에 의무 탑재토록 돼 있으며, 수색과 구조작업 시 생존자의 위치를 쉽게 알 수 있다.

ⓒ 조난신호가 잘못 발신되었을 경우에는 수색구조조정본부로 연락하여야 한다.

ⓩ 양방향 VHF 무선전화 장치 : 선박의 조난시 조난선박, 생존정(구명정 · 구명뗏목 등 생존에 필요한 구명장비를 말한다. 이하 같다), 구조선박 상호간에 통신하기 위한 장치를 말한다(무선설비규칙 제2조)

⑦ 국제기류신호 : 인명의 안전에 관한 여러 가지 상황이 발생하였는데 언어나 의사소통에 문제가 있을 경우 규정된 신호방법 중 기류를 통한 방법을 말한다.

㉠ 수기신호를 행할 때에는 먼저 보기 쉬운 곳에 국제신호기 'J'를 게양해서 수기신호를 보내겠다는 의사를 표시한다.

㉡ 수기의 크기는 40×30cm가 표준이며, 시인거리(視認距離)는 육안으로 약 400m, 6배 쌍안경으로 약 2km, 송신속도는 1분간에 55자가 기준이다.

㉢ 기의 종류는 영어의 알파벳기 A~Z까지 26개, 0~9까지의 숫자기 10개, 제1~3의 대표기 3개, 회답기(回答旗) 1개로서 모두 40개의 기로 되어 있다.

㉣ 회답기는 회답용 수신기로서 상대방의 신호를 보았을 때는 반만 올리고, 신호를 알아차렸을 때는 전부를 게양하여 사용한다.

㉤ 국제기류신호의 종류

ⓐ 1문자기 : 긴급하고 중요하며 자주 사용하는 것으로 영문 알파벳 문자기를 사용한다.

ⓑ 2문자기 : 일반 부분의 통신문에 사용하며, 주로 조난과 응급, 사상과 손상, 항로표지와 항행, 수로 조종과 그 밖에 통신 및 검역 등에 사용한다.

ⓒ 3문자기 : 의료 부분의 통신문으로 첫 자가 M으로 시작한다.

기출문제

2022년 제3회

☑ 선박이 침몰할 경우 자동으로 조난신호를 발신할 수 있는 무선설비는?

① 레이더(Radar)
② NAVTEX 수신기
③ 초단파(VHF) 무선설비
④ 비상위치지시 무선표지(EPIRB)

2021년 제1회

☑ 선박이 침몰할 경우 자동으로 조난신호를 발신할 수 있는 무선설비는?

① 레이더(Radar)
② NAVTEX 수신기
③ 초단파(VHF) 무선설비
④ 비상위치지시 무선표지(EPIRB)

2022년 제3회

☑ 비상위치지시 무선표지(EPIRB)로 조난신호가 잘못 발신되었을 때 연락하여야 하는 곳은?

① 회사
② 서울무선전신국
③ 주변 선박
④ 수색구조조정본부

2022년 제2회

☑ 해상에서 인명과 선박의 안전을 위해 널리 사용하는 신호서는?

① 국제신호서
② 선박신호서
③ 해상신호서
④ 항공신호서

정답 ④, ④, ④, ①

기출문제

2020년 제3회

☑ 국제 기류신호 'G'기는 무슨 의미인가?

① 사람이 물에 빠졌다.
② 나는 위험물을 하역 중 또는 운송 중이다.
③ 나는 도선사를 요청한다.
④ 나를 피하라, 나는 조종이 자유롭지 않다.

정답 ③

ⓑ 국제신호선(INTERCO)에 의한 깃발(기류)신호 해석 **2020 출제**

A : 잠수부를 하선시키고 있다. 미속으로 충분히 피하라.
B : 위험물을 하역중 또는 운반중임.
C : 그렇다.
D : 본선을 피하라. 조종이 여의치 않음.
E : 우현으로 침로를 바꾸고 있음.
F : 본선, 조종 불능.
G : 본선, 수로 안내인이 필요함.
H : 본선에 수로 안내인을 태우고 있음.
I : 좌현으로 침로를 바꾸고 있음.
J : 본선, 화재중임. 위험물을 싣고 있으므로 본선을 피하라.
K : 본선, 귀선과 통신하고자 함.
L : 귀선, 정선하라.
M : 본선, 정선하고 있음.
N : 아니다.
O : 사람이 바다에 떨어졌다.
P : 본선, 출항하려 함.
Q : 본선, 건강함.
R : 검역교통허가증의 교부바람.
S : 본선의 엔진이 후진중임.
T : 본선을 피하라.
U : 귀선은 위험물을 향해 가고 있음.
V : 본선을 도와달라.
W : 본선은 의료상의 도움을 바람.
X : 실시를 기다려라. 그리고 본선의 신호에 주의하라.
Y : 본선은 닻을 걷고 있음.
Z : 예인선이 필요함.

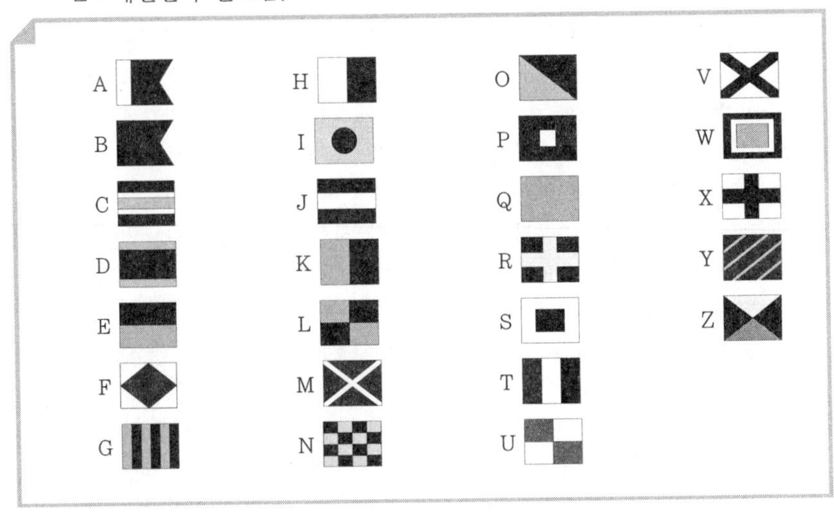

⑧ **선박교통관리제도(VTS)** : 선박통항의 안전과 효율성을 증진시키고 안전 운항을 위한 조언 또는 필요한 정보를 제공함으로서 항만운영의 효율성 향상과 물류비 절감을 가져오게 되는 항만 교통 정보 서비스 시스템을 말한다.

㉠ **VTS의 역할** : 해상교통량의 폭주에 따른 통항서비스 실시

㉡ **VTS의 주요임무**

ⓐ 도선이나 정박지, 선석지정에 관한 정보제공

ⓑ 항계내 해상교통질서의 유지에 따른 안전사고 예방

ⓒ 해상기상 및 항만운영과 관련된 사항에 대한 정보제공

ⓓ 항만이용자 및 관련기관 간 정보제공 및 교환(전파)

ⓔ 입 · 출항 선박 및 운항 선박에 대한 동정 파악

ⓕ 선박의 해양안전사고 및 긴급상황 발생 시 신속한 초등조치 및 전파

ⓖ 선박통항에 대한 항행안전 정보제공 및 필요시 권고 및 조언

03 선박조종 일반

(1) 선박의 복원성

① **복원성과 용어**

㉠ **복원성** : 선박이 외부의 힘에 의해 한쪽으로 기울어 졌다가 다시 원래의 위치로 돌아오려고 하는 성질을 복원성이라 하고 돌아오려는 힘을 복원력이라 한다. **2021 출제**

㉡ **배수량(W)**

ⓐ 선박이 수면 아래의 잠겨있는 부분의 용적에 그 물의 밀도와 곱한 것을 말한다.

ⓑ 물위에 떠있는 선박은 그 선박이 배제한 물의 무게만큼 부력을 갖는다.

㉢ **무게중심(G)** : 선박이 물위에 떠 있을 때 선체 전체의 중량이 한 점에 모여 있다고 생각하는 가상의 점을 말한다.

㉣ **부심(B)** : 수면 아래의 선체 용적의 기하학적인 중심을 말한다.

㉤ **부력과 중력** : 물에 떠있는 선박에서는 중력이 하방으로 작용하고 부력은 상방으로 작용하는데 이 두 힘의 크기는 같다.

㉥ **메타센터(M, 경심)** : 배가 물위에 똑바로 떠 있을 때 부력의 작용선과 경사된 때 부력의 작용선이 만나는 점을 말한다.

㉦ **지엠(GM, 메타센터의 높이)** : 무게중심에서 메타센터까지의 높이를 말하며, GM에 따른 선박의 상태는 다음과 같다.

ⓐ GM이 0보다 큰 경우 : 선박의 안정 상태

ⓑ GM이 0인 경우 : 선박의 중립 평형 상태

ⓒ GM이 0보다 작은 경우 : 선박이 불안정해서 전복의 위험

기출문제

2021년 제4회

☑ 선박이 물에 떠 있는 상태에서 외부로부터 힘을 받아서 경사할 때, 저항 또는 외력을 제거하면 원래의 상태로 되돌아오려고 하는 힘은?

① 중력
② 복원력
③ 구심력
④ 원심력

정답 ②

기출문제

2022년 제1회

☑ 현호의 기능이 아닌 것은?

① 선박의 능파성을 향상시킨다.
② 선체가 부식되는 것을 방지한다.
③ 건현을 증가시키는 효과가 있다.
④ 갑판단이 일시에 수중에 잠기는 것을 방지한다.

2022년 제2회

☑ 복원력에 관한 내용으로 옳지 않은 것은?

① 복원력의 크기는 배수량의 크기에 반비례한다.
② 무게중심의 위치를 낮추는 것이 복원력을 크게 하는 가장 좋은 방법이다.
③ 황천항해 시 갑판에 올라온 해수가 즉시 배수되지 않으면 복원력이 감소될 수 있다.
④ 항해의 경과로 연료유와 청수 등의 소비, 유동수의 발생으로 인해 복원력이 감소할 수 있다.

정답 ②, ①

② 복원력의 요소 **2022 출제**

㉠ **선폭** : 선박의 다른 치수와 상태가 변하지 않을 때 선폭이 증가하면 복원력이 커진다.

㉡ **건현** : 적당한 폭과 GM을 가지고 있어도 예비부력을 증대시키기 위해 충분한 건현을 가지고 있어야 한다.

㉢ **무게중심** : 복원성을 높이기 위해서는 무게중심의 위치를 낮추는 것이 가장 좋은 방법으로 화물을 선적할 때 이를 고려하여야 한다.

㉣ **배수량** : 배수량에 따라 복원력의 크기는 변화한다. 즉, 배수량이 크면 복원력이 증대한다.

㉤ **현호** : 현호가 증가하면 능파성을 증가시켜 갑판 끝단이 물에 잠기는 것을 방지하며, 복원력이 증대된다. **2022 출제**

③ 항해 경과와 복원력의 감소

㉠ **유동수의 발생** : 탱크의 빈 공간에 선체의 횡동요에 따라 유동수가 생겨서 무게중심의 위치가 상승하게 되어 GM의 감소를 가져오게 된다.

㉡ **갑판의 결빙** : 추운 겨울철에 북쪽 지방을 항행하게 되면 갑판 위로 올라온 해수가 결빙되어 갑판 중량의 증가로 GM의 감소를 가져오게 된다.

㉢ **갑판적재 화물의 흡수** : 갑판 위로 올라온 해수에 의하여 물을 흡수하게 되면 중량이 증가하여 GM의 감소를 가져오게 된다.

㉣ **연료유와 청수 등의 소비** : 선박이 항해를 하면 연료유와 청수 등의 소비로 배수량의 감소와 GM의 감소를 가져오게 된다.

④ 화물의 배치와 복원성

㉠ **화물 무게의 수직 배치**

ⓐ **수직 배치의 원칙** : 선체의 무게 중심이 수직 방향의 위치에 따라 GM의 크기가 변한다.

ⓑ **무게 중심을 낮추는 방법**

- 화물선은 선저부의 탱크에 밸러스트를 적재하므로 복원성을 개선시킬 수 있다.
- 어선이나 모래 운반선 등은 높은 곳의 중량물을 아래쪽으로 옮겨서 무게중심을 낮추도록 한다.
- 목재운반선과 컨테이너 운반선, 자동차 전용선 등은 높은 위치에 화물을 적재해서 선저부의 탱크에 평형수를 만재시켜 복원력을 확보하도록 한다.

㉡ **화물 무게의 세로 배치** : 화물의 무게 분포가 전후부의 선창에 집중되거나 중앙 선창에 집중되지 않도록 하여야 한다.

㉢ **유동수의 영향** : 유동수에 의한 무게 중심의 상승은 자유 표면의 관성모멘트와 연관이 있다.

㉣ **화물의 이동 방지** : 과적이나 한쪽 현으로 화물이 집중되는 것을 막기 위해 화물의 적재 시에 화물의 이동대책을 세우도록 한다.

(2) 선박의 조종장치

① 키(타, rudder)

㉠ 조종성 : 배가 주어진 항로를 따라 가게 하거나 조타수의 의도대로 방향을 바꿀 수 있게 하는 특성을 말한다. **2022 출제**

ⓐ **침로안정성**(course keeping qualities) **또는 방향안전성**(course stability) : 일정한 직선 운동을 유지할 수 있는 성질을 말하며, 선박의 효율적인 운용을 위해 필요한 요소이고 항행거리에 영향을 끼친다. 일반 화물선에 유효하다.

ⓑ **선회성** : 운동 방향을 변화시킬 수 있는 성질을 말한다.

- 빠른 선회성을 요하는 군함이나 어선들에게 적합하다.
- 선회 중일 때에는 선속이 감소하고 횡경사와 선미킥이 발생한다.

ⓒ **추종성** : 타에 대한 선체응답의 빠르기 정도를 나타내는 것으로, 조타기의 반응속도를 말한다. **2022 출제**

㉡ 타각이 45°일 때 최대 유효 타각이 되지만 항력의 증가, 조타기의 마력 증가 등을 고려하여 선박에서는 최대 타각이 35°정도가 되도록 타각 제한 장치가 설치된다.

㉢ 이상적인 키(타)는 타각을 주지 않을 때에는 최소한의 저항을 가지며, 타각을 줄 때에는 최대한의 횡압력을 주는 것이다.

㉣ **키판(타판)에 작용하는 압력** : 선박이 항진 중에 타각을 주면 수류가 키판(타판)에 부딪혀서 키판(타판)을 미는 힘이 작용하게 된다.

ⓐ **직압력**

- 수류에 의하여 키(타)에 작동하는 전체 압력으로 키판(타판)에 직각으로 작용하는 힘을 말한다.
- 키판이 수류에 받는 각도나 키판의 면적, 선박의 전진 속도에 따라 변화한다.

ⓑ **항력 2021, 2022 출제**

- 키판(타판)에 작용하는 힘 중에서 선수미 방향의 분력이다.
- 전진할 때 타각을 주어 선회하게 되면 속력이 떨어지는 원인이 된다.
- 힘의 방향이 선체의 후방에 있으므로 전진선속을 감소시키는 저항력으로 작용한다.
- 저항력을 감소시키기 위해서는 키판의 외형이나 두께를 각 선박에 알맞게 설계하고 단면을 유선형으로 만들어야 한다.

ⓒ **양력**

- 키판에 작용하는 힘의 방향이 선미를 미는 정횡방향이다.
- 이론상으로는 최대 유효타각이 45도이지만 항력의 증가와 조타기의 마력 증가 등을 고려하여 일반 선박의 경우에는 최대 타각이 35도 정도가 되도록 타각제한장치를 설치한다.

기출문제

2022년 제3회

☑ 선박의 침로안정성에 대한 설명으로 옳지 않은 것은?

① 방향안정성이라고도 한다.
② 선박의 항행거리와는 관계가 없다.
③ 선박이 정해진 항로를 직진하는 성질을 말한다.
④ 침로에서 벗어났을 때 곧바로 침로에 복귀하는 것을 침로안정성이 좋다고 한다.

2022년 제1회

☑ 전진 중인 선박에 어떤 타각을 주었을 때, 타에 대한 선체응답이 빠르면 무엇이 좋다고 하는가?

① 정지성
② 선회성
③ 추종성
④ 침로안정성

2022년 제2회

☑ 선박의 조종성을 판별하는 성능이 아닌 것은?

① 복원성
② 선회성
③ 추종성
④ 침로안정성

2022년 제2회

☑ 타판에서 생기는 항력의 작용 방향은?

① 우현 방향
② 좌현 방향
③ 선수미선 방향
④ 타판의 직각 방향

정답 ②, ③, ①, ③

ⓓ 마찰력 **2020 출제** : 물의 점성에 의하여 파탄 표면에 작용하는 힘을 말한다.

ⓜ 방형계수(방형비척계수) **2020 출제**

ⓐ 물속에 잠긴 선체의 비만도(뚱뚱한 정도)를 나타내는 계수이다.

ⓑ 최대값은 1이며, 대부분의 선박들은 0.5~0.9정도의 값을 가진다.

ⓒ 방형계수 값이 작으면 고속선에 유리하지만 유조선과 같이 방형계수가 큰 선박은 선회성은 양호하지만 추종성이나 침로안전성은 좋지 않다.

② 조타 명령

㉠ midship : 타각을 0°로 하시오.

㉡ starboard eight : 타각을 우현 8°로 하시오.

㉢ port six : 타각을 좌현 6°로 하시오.

㉣ hard starboard : 최대한 우현으로 전타하시오.

㉤ ease to ten : 타각을 10°로 줄여 잡으시오.

㉥ port easy : 좌현으로 7~8°로 하시오.

㉦ port(starboard) : 좌현(우현) 타각을 15°주시오.

㉧ steady : 가능한 빨리 회두를 줄이시오.

㉨ course again : 일시적인 변침 후 원침로로 정침하시오.

㉩ steady as she goes : 현재의 침로를 유지하시오.

㉪ port steer 123° : 좌현으로 전타하여 123°에 맞추시오.

㉫ port(starboard) more : 현재의 타각보다 3~4°정도 더 주시오.

㉬ nothing to port : 현재의 침로를 유지하되, 키를 좌현측으로 주지 마시오.

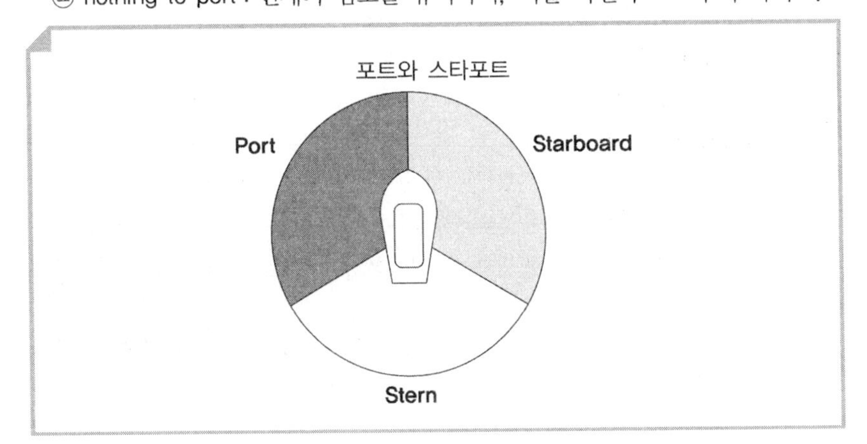

기출문제

2020년 제2회

☑ 선체의 뚱뚱한 정도를 나타내는 것은?

① 등록장
② 의장수
③ 방형계수
④ 배수톤수

정답 ③

(3) 선박추진장치

① 스크루 프로펠러

㉠ 3~5개의 날개(blade)로 구성

㉡ 선박의 속력은 스크루 프로펠러의 회전수(RPM)에 의해 결정

㉢ 고정 피치 프로펠러 : 날개의 각도가 고정

㉣ 가변 피치 프로펠러 : 피치각을 자유롭게 조절 가능 **2020 출제**

② 프로펠러의 작동 … 스크루 프로펠러가 회전하면서 물을 뒤로 차 밀어내면, 그 힘이 선체를 앞으로 미는 추진력이 발생하여 선박이 운항하게 된다.

③ 선속의 단위 … 선속은 노트(knot)로 표시하며 1노트란 배가 1시간에 1해리(1,852m)만큼 전진하는 빠르기를 말한다.

④ 피치 … 스크류 프로펠러가 360도 회전하면서 전진하는 거리를 말한다.

⑤ 스크류의 종류

구분	내용
흡입류	앞쪽에서 프로펠러에 빨려드는 수류를 말한다.
배출류	프로펠러의 뒤쪽으로 흘러나가는 수류를 말한다.
반류	선체가 앞으로 나아가며 생기는 빈공간을 채워주는 수류로 인해 뒤쪽 선수미선상의 물이 앞쪽으로 따라 들어오는 수류를 말한다.

⑥ 배출류의 영향

㉠ 전진할 때 시계방향으로 물을 회전시키면서 뒤쪽으로 배출하기 때문에 키에 직접적으로 부딪히게 되어 수류의 힘이 키의 상부보다 하부에 강하게 작용해서 선미는 좌현으로 선두는 우현쪽으로 밀게 된다.

㉡ 후진할 때에는 프로펠러를 반시계방향으로 회전하여 배출류는 우현으로 흘러가게 되어 우현의 선미벽에 부딪히면서 측압을 형성하여 선미는 좌현, 선수는 우현쪽으로 회두시킨다.

㉢ 가변피치프로펠러 선박은 선미를 우현, 선수를 좌현 쪽으로 회두시킨다.

⑦ 횡압력의 영향 **2021 출제**

㉠ 스크루 프로펠러는 물을 밀어 내면서 회전하므로 회전에 대항하는 반작용력을 받는다.

㉡ 수심이 깊어지면 수압이 수면 부근보다 높아지므로, 날개에 걸리는 반작용력이 깊이 잠긴 부분이 수면 부근 보다 크게 된다.

㉢ 전진할 때에는 스크루 프로펠러가 시계방향으로 회전 되어서 선수를 좌편향시킨다.

㉣ 후진할 때에는 스크루 프로펠러가 반시계 방향으로 회전 되어서, 전진과는 반대로 선수가 우편향한다.

기출문제

2020년 제4회

☑ 기동성이 요구되는 군함, 여객선 등에서 사용되는 추진기로서 추진기관을 역전하지 않고 날개의 각도를 변화시켜 전후진 방향을 바꿀 수 있는 추진기는?

① 외륜 추진기
② 직렬 추진기
③ 고정피치 프로펠러
④ 가변피치 프로펠러

2021년 제4회

☑ 선박 후진 시 선수회두에 가장 큰 영향을 끼치는 수류는?

① 반류
② 흡입류
③ 배출류
④ 추적류

2021년 제1회

☑ 스크루 프로펠러가 회전할 때 물속에 깊이 잠긴 날개에 걸리는 반작용력이 수면 부근의 날개에 걸리는 반작용력보다 크게 되어 그 힘의 크기 차이로 발생하는 것은?

① 측압작용
② 횡압력
③ 종압력
④ 역압력

정답 ④, ③, ②

(4) 키 및 추진기에 의한 선체 운동

① 정지에서 전진할 경우

㉠ **키가 중앙일 때** : 선체가 전진하고자 할 때 추진기가 회전을 시작하는 초기에는 횡압력이 커지므로 선수가 좌회두를 하고, 전진하는 속력이 증가하면 배출류가 강해지므로 선수의 좌회두는 멈추게 되고 우회두 하려는 경향을 나타낸다.

㉡ **우타각일 때** : 배출류로 인해서 키의 압력이 생기고, 횡압력보다 크게 작용하게 되므로 선수는 우현 쪽으로, 선미는 좌현 쪽으로 회두를 시작하며, 속력이 증가하면서 우회두가 빨라지게 된다.

㉢ **좌타각일 때** : 배출류와 횡압력이 함께 선미를 우현 쪽으로 밀기 때문에 선수의 좌회두가 빨라지게 된다.

② 정지에서 후진 할 경우

㉠ 키가 중앙일 때

ⓐ 후진 기관을 작동하면, 배출류와 횡압력의 측압 작용이 선미를 좌현 쪽으로 밀게 되므로 선수는 우회두 한다.

ⓑ 후진 기관을 계속 사용하면 배수류의 측압 작용이 강해져서 선미는 더욱 좌현 쪽으로 치우치게 된다.

ⓒ 가변 피치 프로펠러의 경우에는 후진 시에도 시계방향으로 회전하면서, 피치각이 후진 쪽이므로 배출류의 측압 작용은 좌현 선미를 우현 쪽으로 밀고 선수는 좌회두 한다.

㉡ **우타각일 때** : 배출류와 횡압력이 선미를 좌현 쪽으로 밀고, 흡입류에 의한 직압력은 우현 쪽으로 밀어서 평형을 유지하고, 후진 속력이 점차 커지면 흡입류의 영향이 커지게 되므로 선수는 좌회두 한다. **2020, 2022 출제**

㉢ **좌타각일 때** : 배출류와 횡압력, 흡입류 모두 선미를 좌현 쪽으로 밀기 때문에 선수는 우회두 한다.

③ 선회권의 용어 **2022 출제**

㉠ **전 심**(pivoting point) : 선회권의 중심으로부터 선박의 선수미선에 수직선을 내려서 만나는 점으로 선체 자체의 외관상의 회전 중심에 해당한다.

㉡ **선회권**(turning circle) : 선회운동 중에 선체의 무게중심이 그리는 항적을 말하며 같은 타각이라고 해도 좌선회가 그리는 선회권이 우선회 선회권보다 더 크다.

㉢ **선회 종거**(advance) **또는 종거** : 전타를 시작한 처음 위치에서 선수가 원침로 선상으로 부터 90˚회두했을 때까지의 원침로 선상에서의 전진 거리를 말한다.

㉣ **선회 횡거**(transfer) **또는 횡거** : 전타를 시작한 처음 위치에서 선체 회두가 90˚된 곳까지 원침로에서 직각 방향으로 잰 거리를 말한다.

기출문제

2022년 제4회

☑ (　)에 적합한 것은?

> "우회전 고정피치 스크루 프로펠러 1개가 설치되어 있는 선박이 타가 우 타각이고, 정지상태에서 후진할 때, 후진속력이 커지면 흡입류의 영향이 커지므로 선수는 (　)한다."

① 좌회두
② 우회두
③ 물속으로 하강
④ 직진

정답 ①

ⓜ **선회 지름**(tactical diameter) **또는 선회경** : 회두가 원침로 선상으로부터 180˚된 곳까지 원침로에서 직각 방향으로 잰 거리를 말하며, 이것은 선박의 기동성을 나타내고 전속 전진 상태에서 보통 선체 길이의 3~4배 정도이다.

ⓑ **최종 선회 지름**(final tactical diameter) : 선박이 정상 원운동을 할 때의 선회권의 지름을 말한다.

ⓢ **킥**(kick) : 원침로상에서 횡방향으로 무게중심이 벗어난 거리를 말한다.

ⓞ **리치**(reach) : 전타를 시작한 최초의 위치에서 최종 선회지름의 중심까지의 거리를 원침로선상에서 잰 거리를 말한다.

ⓙ **신침로 거리** : 전타 위치에서 신 · 구침로의 교차점까지를 원침로상에서 잰 거리를 말한다.

④ 선회 중의 선체 경사

㉠ **내방 경사**(안쪽 경사) : 조타한 직후에 수면 상부의 선체는 타각을 준 선회권의 안쪽으로 생기는 경사를 말한다.

㉡ **외방 경사**(바깥 쪽 경사) : 정상적인 원운동 시에는 수면 상부의 선체가 타각을 준 반대쪽인 선회권의 바깥쪽으로 생기는 경사를 말한다.

⑤ 선회권에 영향을 주는 요소

㉠ **방향 비척 계수** : 선폭에 비하여 그 길이가 짧고 뚱뚱한 선형을 나타내는 방형 비척 계수가 큰 선박일수록 선회권이 짧다.

㉡ **타각** : 타각이 크면 키에 작용하는 압력이 크므로 선회우력이 커짐에 따라 선회권이 작아진다. **2020, 2022 출제**

㉢ **트림** : 선수 트림은 물의 저항 작용점이 배의 무게 중심보다 전방에 있으므로 선회우력이 커져서 선회권이 작아지고, 선미 트림은 선회권이 커진다.

㉣ **흘수** : 만재 상태에서는 경하 상태보다도 키 면적에 대한 선체의 질량이 증가되어 선회권이 커진다.

㉤ **수심** : 수심이 얕은 수역에서는 키 효과가 나빠지고 선체의 저항이 증가하여 선회권이 커진다.

⑥ **선박의 속력** … 선박이 속력을 나타내는 단위는 노트(knot)로 표시된다. 노트는 1시간에 항행하는 거리를 마일(mile)로 표시한 것이며, 10노트는 1시간에 10마일을 항행하는 속력을 말하며,1 마일 (1해리) = 1,852m이다.

㉠ **항해속력** : 선박이 만재상태에서 기관의 상용출력을 사용하여 얻어지는 속력으로 대양 항해와 같이 정상적인 항행상태에서 사용되는 출력을 말한다.

㉡ **조종 속력** : 주기관이 주위의 여건에 따라 언제라도 발동과 가속 및 정지 등을 사용할 수 있도록 준비된 상태로 항해할 때의 속력을 말한다.

기출문제

2019년 제2회

☑ ( )에 적합한 것은?

선체는 선회 초기에 원침로로부터 타각을 준 반대쪽으로 약간 벗어나는데, 이러한 원침로상에서 횡방향으로 벗어난 거리를 ( )(이)라고 한다.

① 킥(Kick)
② 종거
③ 횡거
④ 신침로거리

2022년 제4회

☑ 전속 전진 중인 선박이 선회 중 나타나는 일반적인 현상으로 옳지 않은 것은?

① 선속이 감소한다.
② 횡경사가 발생한다.
③ 선미 킥이 발생한다.
④ 선회 가속도가 감소하다가 증가한다.

2022년 제3회

☑ ( )에 순서대로 적합한 것은?

"타각을 크게 하면 할수록 타에 작용하는 압력이 커져서 선회 우력은 ( ) 선회권은 ( )"

① 커지고, 커진다.
② 작아지고, 커진다.
③ 커지고, 작아진다.
④ 작아지고, 작아진다.

정답 ①, ④, ③

㉢ 기관의 조종

ⓐ 선교에서 선장의 기관 명령이 내려지면 엔진 텔레그래프(Engine telegraph)로 명령을 지시한다.

ⓑ **링업 엔진**(Ring up engine) : 통상적인 항행상태로 전진 전속으로 기관을 상용할 필요가 없을 때 항해 당직상태를 말한다.

⑦ **타력** … 선체운동에서 계속 같은 상태를 유지하려는 관성을 타력이라고 한다.

㉠ 타력의 종류

ⓐ **발동 타력** : 정지 중인 선박에서 주기관을 전진 전속을 발동하여 출력에 해당하는 일정한 속력이 될 때까지의 타력을 말한다.

ⓑ **정지 타력** : 일정한 속력으로 전진 중인 선박에 기관의 정지를 명하여 선체가 정지할 때까지의 타력을 말한나.

ⓒ **반전 타력** : 전진 전속 중에 기관을 후진 전속으로 걸어서 선체가 정지할 때까지의 타력을 말한다.

ⓓ 회두 타력

- 전타선회 중에 키를 중앙으로 한 때부터 선체의 회두운동이 멈출 때까지의 거리를 말한다.
- 선폭이 좁고 길이가 긴 선박은 선폭이 넓고 길이가 짧은 선박보다 회두 타력이 적다.
- 흘수에 비례하고 선저오손에 반비례한다.

㉡ 최단 정지거리(긴급 정지거리)(shortest stopping distace)

ⓐ 전속 전진 중에 기관을 후진 전속으로 걸어서, 선체가 물에 대하여 정지 상태가 될 때까지의 진출한 거리를 말한다.

ⓑ 반전 타력을 나타내는 척도가 되며, 충돌 회피, 위험물 피항시 등의 긴급 조종시에 필요하다.

ⓒ 기관의 종류, 배수톤수, 초기 속력, 선체의 비척도 등에 따라 큰 차이가 생긴다.

ⓓ 국제해사기구(IMO)의 규정 상 선체길이의 15배가 넘지 않도록 규정하고 있다.

(5) 선체 저항과 외력의 영향

① **선체 저항** 2021, 2022 출제

㉠ 마찰 저항

ⓐ 선체 표면이 물과 접하게 되면 물의 점성에 의해 부착력이 선체에 작용하여 선체의 진행을 방해하는 힘이 생기는 것을 말한다.

ⓑ 저속선에서 마찰 저항이 가장 큰 비중을 차지한다.

ⓒ 선속이나 선체의 침하 면적 및 선저 오손 등이 크면 마찰 저항이 증가한다.

기출문제

2018년 제3회

☑ 운항중인 선박에서 나타나는 타력의 종류가 아닌 것은?

① 정지타력
② 전속타력
③ 발동타력
④ 반전타력

2022년 제3회

☑ 다음 중 선박 조종에 미치는 영향이 가장 작은 요소는?

① 바람
② 파도
③ 조류
④ 기온

정답 ②, ④

㉡ 조파 저항

ⓐ 선체가 공기와 물의 경계면에서 운동을 할 때 발생하는 저항을 말한다.

ⓑ 최근의 고속 선박들은 조파 저항을 줄이기 위해 선수의 형태를 구형 선수(bulbous bow)로 많이 하고 있다.

㉢ **조와 저항** : 물분자의 속도차에 의하여 선미 부근에서 생기는 와류로 인하여 선체는 전방으로부터 후방으로 힘을 받게 되는 저항을 말한다.

㉣ **공기 저항** : 선박이 항진 중에 수면 상부의 선체 및 갑판 상부의 구조물이 공기의 흐름과 부딪쳐서 생기는 저항을 말한다.

② 바람의 영향

㉠ **선박 항주 중** : 바람을 선수미선상에서 받게 되면 선속에 큰 영향을 미치지만 선수 편향에는 거의 영향을 받지 않는다.

㉡ 바람을 옆에서 받으면 선수가 편향한다.

ⓐ **전진 중** : 선미는 풍하측, 선수는 풍상측으로 향한다.

ⓑ **후진 중** : 풍력이 약할 때에는 배출류의 측압 작용으로 선수가 우회두하지만 풍력이 강하면 선미가 바람이 불러오는 쪽으로 향한다.

③ 조류의 영향

㉠ 조류가 빠른 수역에서는, 선수 방향에서 조류를 받을 때에는 타효가 커서 선박 조종이 잘 된다.

㉡ 선미 방향에서 조류를 받게 되면 선박의 조종 성능이 떨어진다.

㉢ 조류의 방향 판단법

ⓐ 조석표

ⓑ 부표가 기울어진 방향

ⓒ 정박선의 자세

④ 파도의 영향

㉠ **전진시** : 파도의 마루 쪽이 선수부에 위치하면 파의 압력이 작용하여 선수는 파도의 골 쪽으로 밀린다.

㉡ **후진 중** : 선미 쪽의 수압이 커지고, 선수부는 낮아져서 파도의 골 쪽으로 밀린다.

㉢ **정지 중** : 선체가 파도의 골 쪽에 가로 놓이게 된다.

㉣ 횡동요 주기와 파도의 주기가 일치하면 전복될 위험이 커진다.

⑤ 수심이 얕은 수역(천수지역)의 영향 **2020, 2022 출제**

㉠ **선체의 침하(흘수증가)** : 흐름이 빨라지는 선저 부근의 수압은 낮아지고 선수나 선미 부근의 수압은 높아져서 흘수가 증가하게 된다.

㉡ **속력 감소** : 조파저항이 커지고 선체 침하로 저항이 증대하여 속력이 감소한다.

기출문제

2018년 제2회

☑ **선박이 항주할 때 수면 하의 선체가 받는 저항이 아닌 것은?**

① 조파저항
② 조와저항
③ 공기저항
④ 마찰저항

2022년 제1회

☑ **수심이 얕은 수역에서 항해 중인 선박에 나타나는 현상이 아닌 것은?**

① 타효의 증가
② 선체의 침하
③ 속력의 감소
④ 선회권 크기 증가

2020년 제3회

☑ **스크루 프로펠러로 추진되는 선박을 조종할 때 천수의 영향에 대한 대책으로 옳지 않은 것은?**

① 가능하면 흘수를 얕게 조정한다.
② 천수역을 고속으로 통과한다.
③ 천수역 통항에 필요한 여유수심을 확보한다.
④ 가능한 한 고조시에 천수역을 통과한다.

2020년 제3회

☑ **천수효과(Shallow water effect)에 대한 설명으로 옳지 않은 것은?**

① 선박의 속력이 감소한다.
② 선체 침하 현상이 생긴다.
③ 선회성이 좋다.
④ 트림의 변화가 생긴다.

정답 ③, ①, ②, ③

기출문제

㉢ 선회성의 저하

㉣ 수심이 얕은 수역을 항행할 때 대책

ⓐ 저속으로 항행하는 것이 가장 좋다.(RPM 감소)

ⓑ 가능하면 수심이 깊어지는 고조시를 택하여 조종하는 것이 유리하다.

ⓒ 예인선을 이용한다.

⑥ 제한 수로의 영향

㉠ 안벽의 영향 : 선속이 강할 때에는 선수는 안벽의 반대쪽으로 반발하고 선미가 안벽쪽으로 붙으려는 경향이 있다.

㉡ 측벽의 영향

ⓐ 수로폭이 제한될 때 선체 주위의 유선 변화가 매우 심하고 불안정한 모멘트가 커져서 선박의 침로 안정성이 저하된다.

ⓑ 대책

- 저속 항행을 한다.
- 수로의 중앙을 항행한다.
- 중앙에서 한쪽으로 치우치는 경우 가까운 둑 쪽으로 약간의 타각을 주어서, 선수 부분에 대한 둑으로부터의 반발 작용을 막도록 한다.

㉢ 해저 경사의 영향

ⓐ 전진 중에는 선수가 수심이 깊은 쪽으로 편향한다.

ⓑ 후진 중에는 선미가 깊은 쪽으로 편향한다.

⑦ 두 선박 상호간의 작용 … 두 선박이 서로 가깝게 마주치거나, 한 선박이 추월하는 경우에는 주위의 압력 변화로 인하여 두 선박 사이에 당김과 밀어냄 및 회두 작용이 일어나는데 이것을 상호 간섭 또는 흡인 배척 작용이라고 하며, 이러한 작용은 충돌 사고의 원인이 되기도 한다.

㉠ 상호 간섭 또는 흡인 배척 작용의 원인

ⓐ 두 선박의 속력과 배수량이 클 때 심하다.

ⓑ 수심이 얕은 곳을 항주할 때 뚜렷이 나타난다.

ⓒ 크기가 다른 선박의 사이에서는 작은 선박이 아주 큰 영향을 받고, 소형 선박이 대형 선박에 흡인되는 경우도 있다.

㉡ 상호 간섭 작용을 막기 위한 대책

ⓐ 선속을 저속으로 항행한다.(RPM감소)

ⓑ 상대선과의 거리를 멀게 하여 항행한다.

ⓒ 마주칠 때보다 추월할 때가 상호 간섭 작용이 더 오래 지속되므로 더 위험하고, 소형선은 선체가 작아서 쉽게 끌려들 수 있으므로 주의해야 한다.

㉢ 추월 및 마주칠 때

ⓐ 추월 시 양 선박은 선수나 선미의 고압부분끼리 마주치게 되면 서로 반발하고 선수나 선미가 중앙부의 저압부분과 마주치면 중앙부 쪽으로 끌리게 된다.

ⓑ 두 선박이 평행을 하였을 경우에는 두 선박사이를 흐르는 수류가 바깥쪽 보다 더 빨라져서 두 선박은 서로 끌어당기게 되어 사고의 원인이 될 수 있으므로 안전거리를 항상 유지하여야 한다.

ⓒ 양선박이 마주칠 때에도 두 선박이 끌어당기는 현상이 발생하는데 추월할 때보다 짧은 시간 안에 상호작용이 끝나게 되므로 추월 시보다 작용할 시간이 짧다.

ⓓ **대책** : 선속을 저속으로 하고 상대 선박과의 거리를 멀리하여 항행하는 것이 좋다.

㉣ 접안선과 통항선

ⓐ 접안선은 상호간섭작용과 선수파의 영향으로 통항선이 접근할 때에는 통항선 쪽으로 끌리고 통과 후에는 다시 반대쪽으로 밀리게 되어 선체가 좌우로 움직여서 계선줄이 손상되거나 끊어질 수 있다.

ⓑ 접안선은 계선줄에 걸리는 장력을 분산시킬 수 있도록 계선줄의 수를 증가시키고 필요에 따라 통항선 쪽에 앵커를 투하하여 배의 움직임을 억제하도록 한다.

ⓒ 통항선은 접안선으로 부터 멀리 떨어져서 저속으로 통과하도록 하여야 한다.

(6) 출입항 계획 및 준비

① 출입항 계획

㉠ **선박 조종의 물표** : 가장 좋은 것은 고정 물표의 중시선이다.

㉡ **변침점** : 정횡 부근의 뚜렷한 물표를 선택하고, 등화도 구별이 쉽고 다른 것과 오인되지 않는 것을 선택한다.

㉢ **항로의 선정** : 지정된 수로를 이용하고, 항로 선정이 특별히 필요한 경우에는 본선의 조종성능, 흘수, 적화 상태, 기상 및 항법 규정 등을 고려하여야 한다.

㉣ **정박지** : 가상이 좋지 않아도 영향을 적게 받고 안전한 장소이며 주위에 장애물이 없고 수심 저질이 좋은 곳이어야 한다.

② 출항 준비

㉠ **선내 이동물의 고박(lashing)** : 단정, 데릭 붐, 현문 사다리 등을 고정시킨다.

㉡ **수밀장치의 밀폐** : 수밀문, 천창, 통풍통, 해치 웨이, 현창, 기타 개구부 등을 밀폐시킨다.

㉢ **필요한 기계의 시운전** : 조타기, telegraph, 양묘기 등을 시운전 한다.

㉣ 선교 및 해도실의 준비

㉤ 황천 준비 및 승무원의 점검

㉥ **P기의 게양** : 전 승무원의 즉시 귀선조치

기출문제

ⓢ 계선줄을 Single up의 상태로 준비

ⓞ 하역 관계 서류 등의 준비

③ 입항 준비

㉠ 입항 30분 전에 stand by engine 하고 각 부서장에게 알린다.

㉡ 국기와 사기 및 검역기, G기 기타 필요한 기류신호를 올리거나 올릴 준비를 한다.

㉢ 입항과 동시에 하역작업을 할 때에는 윈치의 시운전과 데릭을 준비하거나 해치커버를 연다.

㉣ 정박할 때에는 투묘준비와 양묘기의 시운전을 한다.

㉤ **부표 계류시** : buoy rope의 준비, capstan의 시운전을 하고, 기타 계류 작업용구를 선수루에 준비한다.

㉥ **안벽 계류시** : shore line, heaving line, fender, stopper, rat guard 등을 준비한다.

ⓢ Gangway ladder와 Pilot ladder를 준비한다.

ⓞ 신고서 등 입항에 필요한 서류를 준비를 한다.

④ 연료 소비량의 추정

㉠ 매시간 연료 소비량은 속력의 세제곱에 비례한다. $C \propto V^3$

㉡ 1 마일당 연료 소비량은 속력의 제곱에 비례한다. $C \propto V^2$

㉢ 전체 항로(D마일)에 필요한 총 연료 소비량(C톤)은 속력(V)의 제곱(V^2)과 거리의 곱에 비례하게 된다. $C \propto D\,V^2$

㉣ 이러한 관계로부터 속력(V1)과 거리(D1)가 다른 경우의 연료 소비량(C1)은 다음과 같다. $C : C1 = DV^2 : D1V1^2$

㉤ **연료소비량 계산** : 일정한 시간 동안에 소비하는 연료는 속력의 3제곱에 비례하고 또 일정한 거리를 항주하는데 소비하는 연료는 속력의 2제곱에 비례한다.

(7) 앵커(닻) 작업과 운용

① **파주력**(holding power) … 앵커와 앵커 체인이 해저로 파고 들어가서 선체를 머무르게 하는 힘을 말한다.

㉠ **선박의 파주력** : 파주력 = $(Ma \times Wa) + (Mc \times Wc \times \iota)$
(Wa : 앵커의 수중 무게(톤), Wc : 앵커 체인의 단위 길이당 수중 무게(톤), Ma : 앵커의 파주 계수, Mc : 앵커 체인의 파주 계수, ι : 파주부 길이(미터))

㉡ **선박에서 많이 사용하는 앵커 체인의 신출 길이**(단, D : 수심(미터))

ⓐ 보통(풍속 20m/sec 이하)••••3D + 90 미터

ⓑ 황천(풍속 30m/sec 이하)••••4D + 145 미터

2022년 제3회

☑ 접 · 이안시 닻을 사용하는 목적이 아닌 것은?

① 전진속력의 제어
② 후진시 선수의 회두 방지
③ 선회보조 수단
④ 추진기관의 출력 증가

정답 ④

㉢ 앵커 및 체인의 파주 계수

파주계수 \ 저질	푸른펄	된펄	모래펄	모래	자갈	바위	주묘중
ASS형앵커(Ma)	5	4	4	3.5	3	2	1.5
AC14형앵커(Ma)	10	8	8	7	6	2.5	2
앵커체인(Ma)	1	1	1	0.8	0.8	0.8	0.5

② 닻(앵커) … 바다에서 배를 정박시킬 때 사용하는 계선구(繫船具)를 말하며, 선박의 속도 감속, 좁은 수역에서의 방향전환 등 선박 조정의 보조역할을 한다. **2022 출제**

③ 앵커의 투하작업

㉠ 윈드라스에 기어를 넣은 상태로 역회전 시켜서 앵커를 수면 부근까지 내린다.

㉡ 브레이크밴드를 단단하게 조여서 앵커의 무게를 지탱하게 한다.

㉢ 윈드라스기어를 빼고 투묘위치에서 브레이크밴드를 풀면 앵커의 자체 중량에 의해 자연스럽게 낙하되도록 한다.

㉣ 투묘한 후 수심의 약 3~4배 정도까지 앵커체인을 넉넉하게 풀어주어 앵커가 파주력을 갖게 되면 수심을 고려해서 앵커체인의 길이 장력을 적당하게 조절한다.

④ 앵커체인의 수납

㉠ 해수로 깨끗이 씻어서 체인로커에 수납한다.

㉡ 관리자는 산출된 앵커체인의 샤클수와 방향, 장력 등을 보고한다.

⑤ 앵커작업 용어

㉠ **숏 스테이**(short stay) : 앵커체인의 산출 길이가 1.5배 정도인 상태를 말한다.

㉡ **업 앤드 다운**(up and down) : 앵커체인이 묘쇄공의 바로 아래에 수직이 된 상태를 말한다.

㉢ **앵커 어웨이**(anchor aweigh) : 닻이 해저를 떠날 때를 말한다.

㉣ **클리어 앵커**(clear anchor) : 닻이 앵커체인과 엉키지 않고 올라온 상태를 말한다.

㉤ **업 앵커**(up anchor) : 닻의 수납작업이 완료된 상태를 말한다.

㉥ **브로트 업 앵커**(brought up anchor) : 앵커가 해저에 파고들어가서 정상적으로 파주력을 가진 상태를 말한다.

㉦ **파울 호즈**(foul hawse) : 앵커체인이 서로 꼬인 상태를 말한다.

㉧ **오픈 호즈**(open hawse) : 앵커체인이 꼬이지 않은 상태를 말한다.

기출문제

2022년 제4회

☑ 다음 중 정박지로 가장 좋은 저질은?

① 뻘
② 자갈
③ 모래
④ 조개껍질

2022년 제2회

☑ 다음 중 닻의 역할이 아닌 것은?

① 침로 유지에 사용된다.
② 좁은 수역에서 선회하는 경우에 이용된다.
③ 선박을 임의의 수면에 정지 또는 정박시킨다.
④ 선박의 속력을 급히 감소시키는 경우에 사용된다.

정답 ①, ①

참고

앵커체인의 꼬임에 대한 용어
- ▶ 크로스(cross) : 반바퀴 꼬인 상태를 말한다.
- ▶ 엘보(elbow) : 한바퀴 꼬인 상태를 말한다.
- ▶ 라운드 턴(round turn) : 한바퀴 반 꼬인 상태를 말한다.
- ▶ 라운드 턴 앤드 엘보(round turn and elbow) : 두바퀴 꼬인 상태를 말한다.

⑥ **묘박법** : 배가 닻만으로 정박하는 경우를 묘박(錨泊)이라 하며, 부표(浮標) · 안벽(岸壁)에 매어둘 경우라도 항구의 선박 출입 통제 편의상 닻을 사용하는 경우가 많다.

㉠ **단묘박**(Lying at single anchor) : 하나의 닻으로 정박시키는 방법이다.
ⓐ 선체가 바람이나 조류에 따라 선회하기 때문에 넓은 수역이 필요하다.
ⓑ 선체가 돌기 때문에 닻이 끌릴 수 있다.
ⓒ 닻을 올리고 내리기가 수월해서 많이 이용되고 있다.

㉡ **쌍묘박**(mooring) : 2개의 닻으로 정박시키는 방법이다.
ⓐ 양쪽 현의 선수닻을 앞 뒤쪽으로 먼 거리에 투묘하여 그 중간에 선박을 위치시키는 방식이다.
ⓑ 선체의 선회면적이 작기 때문에 선박의 통행량이 많은 곳이나 좁은 구역에서 주로 이용된다.

㉢ **이묘박**(riding at two anchor) : 강풍이나 파랑 등이 심한 수역에서 강한 파주력을 필요로 할 때 이용되는 방식이다.
ⓐ **양현앵커를 나란히 사용하는 법**
- 파주력이 단묘박의 약 2배 정도로 양현의 닻줄을 같게 내어주는 방법이다.
- 강한 파주력을 얻기 위해 양쪽현에 있는 앵커체인의 사이 각이 별로 없도록 투묘한다.
- 양현묘쇄의 교각이 50도 ~ 60도 정도 될 때가 스윙이 적다.
- 선체의 스윙이 심해져서 급격한 장력이 걸리게 된다.

ⓑ **굴레(bridle)를 씌우는 법** : 선회의 억제를 위해 한쪽현의 앵커체인은 길게 하여 강한 파주력을 갖게 하고 다른 한쪽의 현은 앵커체인을 수심의 1.5 ~ 2배 정도로 한다.

㉣ **선수미묘법**(mooring by the head and stern) : 일정한 방법으로 선수를 세우기 위한 방법이다.

⑦ **투묘법**

㉠ **전진투묘법**
ⓐ 선박이 전진타력을 가진 상태에서 저속 접근하다가 정박지에 투묘하는 방법이다.
ⓑ 정해진 위치에 정박하기 수월하고 짧은 시간 안에 작업을 마칠 수 있다.

ⓒ 묘쇄 및 선체에 무리가 가고 체인이 절단될 위험이 있으며, 전방에 상당한 여유수역이 필요하다는 단점이 있다.

㉡ 후진투묘법

ⓐ 단묘박에서 가장 보편적으로 행하는 방법이다.

ⓑ 후진기관 사용으로 배수류가 선체길이의 2/3정도에 왔을 때 기관을 정지하고 투묘하면 4~5 shackle 산출되고 정지된다.

ⓒ 선체 및 묘쇄에 무리가 가지 않고 투묘 직후에 닻이 해저에 잘 박힌다는 장점이 있다.

ⓓ 강한 풍조를 옆에서 받으면 정확한 투묘가 어렵다는 단점이 있다.

ⓔ 상선이나 어선 등에서 single anchoring시 통상적으로 항해하는 방법이다.

㉢ 심해투묘법

ⓐ 수심이 25~30m이상의 수역에서는 가속도에 의한 손상을 막기 위해 반드시 앵커 및 앵커 체인케이블의 적당한 길이를 워크백(walk back)하여 투묘하도록 한다.

ⓑ 심해에서 대형선이 주로 이용하며 정지 투묘법에 해당한다.

(8) 접안 및 이안작업

① **표준 이안거리** … 묘박지를 선정 시 선박이나 부표 등의 위험물로부터의 거리를 말한다.

② **계선줄의 종류**

㉠ **선수줄**(head line) : 선수에서 내어 전방의 부두에 묶는 줄을 말한다.

㉡ **선수 뒷줄**(fore spring line) : 선수에서 내어 후방의 부두에 묶는 줄을 말한다.

㉢ **선미줄**(setern line) : 선미에서 내어 후방의 부두에 묶는 줄을 말한다.

㉣ **선미 앞줄**(after spring line) : 선미에서 내어 전방의 부두에 묶는 줄을 말한다.

㉤ **옆줄**(breast line) : 선수 및 선미에서 부두에 직각에 가까운 각도의 방향으로 잡는 계선줄을 말한다.

③ **계선설비**

㉠ **안벽**(Quay) : 해안이나 강가에 선박을 접안시킬 목적으로 콘크리트로 쌓아 올린 시설로 하부는 물이 유통하지 않고 벽에는 일정한 간격으로 방현물을 붙인다.

㉡ **잔교**(Pier) : 수심이 깊은 곳에 기둥을 세워서 그 위에는 콘크리트나 목판으로 덮은 구조물로 해안이나 강가에 기둥사이로 물이 흐르게 하여 직각으로 돌출되어 있다.

기출문제

2022년 제3회

☑ 정박 중 선내 순찰의 목적이 아닌 것은?

① 각종 설비의 이상 유무 확인
② 선내 각부의 화재위험 여부 확인
③ 정박등을 포함한 각종 등화 및 형상물 확인
④ 선내 불빛이 외부로 새어 나가는지 여부 확인

정답 ④

㉢ **부두**(wharf) : 하역이나 창고 등을 갖춘 육상의 안벽과 잔교를 포함한 모든 시설물을 말한다.

㉣ **돌핀**(Dolphin) : 수심이 매우 깊은 바다에 여러개의 기둥을 조립하여 세워 놓은 계선설비를 말한다.

㉤ SBM(single buoy moring) : 바다 가운데에 대형 무어링부이를 설치하여 육상으로부터 무어링부이까지 송유관을 설치하여 선박에서 화물의 적/양하를 할 수 있도록 한 설비로서 대형 유조선 등에 활용된다.

④ 접안방법

㉠ 풍조류가 있을 경우에는 앵커를 투하하여 주묘를 실시한다.

㉡ 좌현계류가 우현계류보다 접안이 쉽다.

㉢ 출항자세 계류시에 풍조류가 있으면 예선이 없는 상황에서는 실행하지 않는 것이 좋다.

㉣ 앵커 투하는 계류 반대현의 앵커를 투하한다.

㉤ **좌현계류 시 풍조가 없을 때** : 안벽에 15도 정도 접근하여 back spring을 잡은 후 후진한다.

㉥ **좌현계류 시 풍조가 있을 때**

ⓐ 선수에서 20 ~ 25도로 접근한다.

ⓑ 선미에서는 위험하므로 앵커를 투하하거나 예선을 이용한다.

ⓒ 부두 쪽에서 앵커투하 대각도 접근이나 평행하게 접근하여 신속하게 계류한다.

ⓓ 부두 쪽으로 앵커를 투하하여 주묘를 하면서 접안하거나 예선을 이용한다.

⑤ 이안방법

㉠ 백스프링만 남기고 부두 쪽으로 최대타각을 주고 전진미속하여 선미가 부두에서 떨어지면 후진한 후 이안한다.

㉡ 풍조가 있는 경우의 이안

ⓐ 선수에서 after spring만 남기고 선수가 벌어지면 전진하거나 후진하여 이안한다.

ⓑ 부두 쪽으로 예선을 이용하거나 강력한 fore spring만 남기고 부두 쪽으로 최대타각을 주고 전진미속하여 선미가 부두에서 떨어지면 후진하여 이안한다.

(9) 정박 중인 선박의 순찰 목적 2020, 2021, 2022 출제

① 화재에 대비하기 위한 선내 각 부의 화기 비치 유무를 확인한다.

② 선박의 등화 및 형상물을 확인한다.

③ 각종 설비 등의 이상 유무를 확인한다.

⑽ 선박의 조종

① 협수로에서의 조종 **2020, 2022 출제** … 조류의 유속은 협수로에서는 수로의 중앙부가 강하고, 육안에 가까울수록 약하며, 만곡부에서는 만곡의 외측에서 강하고, 내측에서는 약하다.

㉠ 기관사용 및 투묘준비상태를 항상 유지하면서 항행한다.

㉡ 협수로의 중앙을 벗어나면 육안영향(bank effect)에 의한 선체회두를 고려한다.

㉢ 회두시의 조타명령은 순차로 구령하여 소각도로 여러 차례 변침한다.

㉣ 조류는 역조 때에는 정침이 잘 되지만 순조 때에는 정침이 어렵다.

㉤ 선수미선과 조류의 유선이 일치되도록 조종한다.

㉥ 추월 시에는 추월신호를 하여야 하고 가급적이면 추월은 금지하도록 한다.

㉦ 유속이나 선속이 빠르면 천수영향이 커서 조종이 어렵다.

㉧ 역조통항선은 순조통항선이 통과한 후 통항한다.

㉨ 타효가 잘 나타나는 보통 유속보다 3노트 빠른 정도의 안전한 속력을 유지한다.

㉩ 해양에서 강으로 들어가면 비중이 낮아져서 흘수가 증가한다.

㉪ 강에는 원목 등과 같은 부유물이 많으므로 키나 추진기가 손상되지 않도록 주의한다.

㉫ 통항 시기는 게류(slack water)시나 조류가 약할 때를 선택하고 만곡이 급한 수로는 순조시 통항을 피한다.

㉬ 강에서는 사주, 퇴적물로 인한 얕은 지역이 수시로 생기므로 고조시를 이용하고 선수 및 선미를 등흘수로 조정한다.

② 제한된 시계 내에서의 조종

㉠ 해상교통안전법에서 규정하고 있는 제한된 시계 내에서의 항법을 준수하고 무중신호를 포함한 적절한 조치를 취한다.

㉡ 야간항해 및 제한된 시계 내에서의 항해 시에는 레이더 등의 항해계기를 적극 활용하고 주의 깊은 경계로써 선박의 안전운항을 위하여 최선을 다하도록 한다.

③ 협시계에서의 조종

㉠ 일정한 간격으로 선위를 계속 확인한다.

㉡ 선위가 정확하지 않다고 판단되면 표류하거나 임시로 정박을 해서 시계가 회복될 때까지 기다린다.

㉢ 가급적 ARPA 및 레이더를 최대한 활용하여 조기에 타선의 동정을 확인한다.

㉣ 항해등 외에 경계에 지장을 주는 조명등은 규제한다.

기출문제

2020년 제2회

☑ 협수로 항해에 관한 설명으로 옳지 않은 것은?

① 통항시기는 게류 때나 조류가 약한 때를 택하고, 만곡이 급한 수로는 순조시 통항을 피한다.

② 협수로 만곡부에서의 유속은 일반적으로 만곡의 외측에서 강하고 내측에서는 약한 특징이 있다.

③ 협수로에서의 유속은 일반적으로 수로 중앙부가 약하고, 육지에 가까울수록 강한 특징이 있다.

④ 협수로는 수로의 폭이 좁고, 조류나 해류가 강하며, 굴곡이 심하여 선박의 조종이 어렵고, 항행할 때에는 철저한 경계를 수행하면서 통항하여야 한다.

2020년 제3회

☑ 좁은 수로를 항해할 때 유의사항으로 옳지 않은 것은?

① 순조 때에는 타효가 나빠진다.

② 변침할 때는 소각도로 여러 차례 변침하는 것이 좋다.

③ 선수미선과 조류의 유선이 직각을 이루도록 조종하는 것이 좋다.

④ 언제든지 닻을 사용할 수 있도록 준비된 상태에서 항행하는 것이 좋다.

정답 ③, ③

기출문제

2022년 제4회

☑ 협수로를 항해할 때 유의할 사항으로 옳은 것은?

① 침로를 변경할 때는 대각도로 한 번에 변경하는 것이 좋다.
② 선·수미선과 조류의 유선이 직각을 이루도록 조종하는 것이 좋다.
③ 언제든지 닻을 사용할 수 있도록 준비된 상태에서 항행하는 것이 좋다.
④ 조류는 순조 때에는 정침이 잘 되지만, 역조 때에는 정침이 어려우므로 조종 시 유의하여야 한다.

2022년 제1회

☑ 선체운동 중에서 강한 횡방향의 파랑으로 인하여 선체가 좌현 및 우현 방향으로 이동하는 직선 왕복운동은?

① 종동요운동(Pitching)
② 횡동요운동(Rolling)
③ 요잉(Yawing)
④ 스웨이(Sway)

정답 ③, ④

ⓜ 선내에서는 정숙하여 경계의 효과를 높이고 타선의 무중신호를 잘 듣도록 한다.

ⓑ 항상 사용할 수 있도록 기관을 점검하여 준비하고, 안전한 속력으로 항행한다.

ⓢ 시각, 청각 및 이용 가능한 모든 수단을 동원하여 주의 깊은 경계를 유지한다.

ⓞ 측심기를 작동시켜 수심을 계속 확인하고 필요한 경우 즉시 사용할 수 있도록 투묘준비를 한다.

④ 항로지정 수역에서의 선박운용

ⓖ 통항로의 진행방향을 확인하고 통항로의 중앙을 침로로 설정한다.

ⓝ 화두가 필요한 경우에 급하게 전타를 하지 않도록 적당한 변침점을 확보한다.

ⓓ 항로표지를 항상 식별하고 있어야 하며 다른 통항로로 진입하지 않았는지 수시로 위치를 확인한다.

ⓡ 연안통항대 선박의 동태와 위험한 수역의 경계를 강화한다.

ⓜ 통항로와 인접한 항만의 출입항 선박에 대한 동태를 파악한다.

ⓑ VTS 교신을 유지하고 교신 내용은 명확히 기록한다.

ⓢ 가급적 통항로의 횡단을 피하고 횡단해야 할 경우에는 직각에 가까운 각도로 출입한다.

ⓞ 통항대 부근에서는 항상 주의하여 항행하고 분리통항대를 이용하지 않을 시에는 되도록 분리통항대에서 떨어져 항행한다.

ⓙ 통항분리방식을 지키지 않고 있는 선박을 발견한 경우에는 'YG' 기를 게양한다.

ⓒ 길이 20m 미만의 선박이나 범선은 통항로를 따라 항행하고 있는 다른 선박의 항행을 방해하여서는 안된다.

04 황천시의 조종

(1) 선체운동(선체의 6주유도 운동) 2020 출제

① 직진운동

ⓖ **전후동요**(surging) : 선박의 종방향, 선수미 방향의 진동운동을 말한다.

ⓝ **좌우동요**(swaying) : 선박의 좌현과 우현 방향의 진동운동을 말한다. 2022 출제

ⓓ **상하동요**(heaving) : 선박의 상하(수직방향)방향의 진동운동을 말한다.

② 회전운동

㉠ 횡동요(롤링, rolling) : 선박의 길이 방향 축을 기준으로 회전운동하는 것을 말하며, 승선감에 가장 큰 영향을 미치고 러치(Lurch)현상이 올 수도 있다. **2022 출제**

㉡ 종동요(피칭, pitching) : 폭방향축을 기준으로 한 회전운동을 말하며, 선속을 감소시키고 적재화물을 파손시킬 수 있으며 심한 경우 선체의 중앙부분이 절단될 수도 있다. **2020 출제**

㉢ 선수동요(요잉, yawing) : 선박의 수직 방향축을 기준으로 한 회전운동을 말하며, 선박의 보침성과 관련이 있다. **2020 출제**

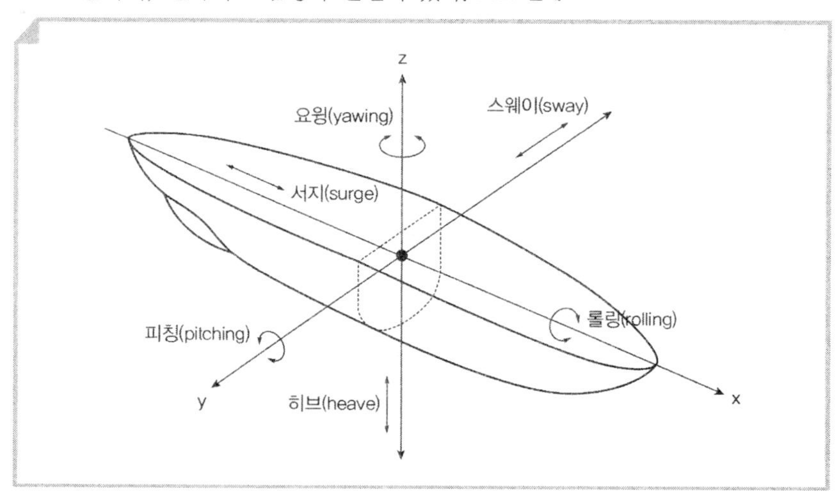

(2) 황천 시의 조종

① 파랑 중의 위험현상

㉠ 동조 횡동요(synchronized rolling)

ⓐ 선체의 횡동요 주기가 파도의 주기와 일치하여 횡동요각이 점점 커지는 현상을 말한다.

ⓑ 선체가 대각도로 경사하면 매우 위험하므로 파도를 만나는 주기를 바꾸도록 한다.

ⓒ 침로나 속력을 바꾸어서 파도를 만나는 주기를 바꾸도록 한다.

㉡ 러칭(Lurching) **2022 출제**

ⓐ 선체가 횡동요 중 옆에서 돌풍을 만나던지 파랑 중에 대각도 조타를 하여 선체가 갑자기 큰 각도로 경사하는 현상을 말한다.

ⓑ 이 현상으로 많은 양의 해수가 갑판상에 올라오게 되어 갑판에 있는 적재물의 이동이나 선체의 손상이 발생할 수 있다.

기출문제

2022년 제3회

☑ 선체운동 중에서 선수미선을 중심으로 좌 · 우현으로 교대로 횡경사를 일으키는 운동은?

① 종동요
② 횡동요
③ 전후운동
④ 상하운동

2020년 제4회

☑ 선체운동을 나타낸 그림에서 ①은?

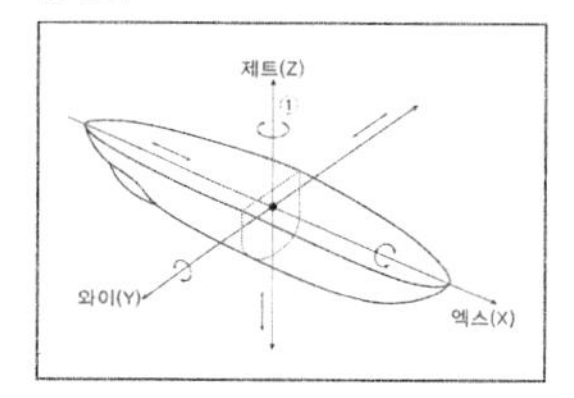

① 종동요
② 횡동요
③ 선수동요
④ 전후동요

2022년 제1회

☑ 선체가 횡동요(Rolling) 운동 중 옆에서 돌풍을 받는 경우 또는 파랑 중에서 대각도 조타를 시작하면 선체가 갑자기 큰 각도로 경사하게 되는 현상은?

① 러칭(Lurching)
② 레이싱(Racing)
③ 슬래밍(Slamming)
④ 브로칭 투(Broaching-to)

정답 ②, ③, ①

ⓒ 슬래밍(slamming) **2020 출제**

ⓐ 파도를 선수에서 받으면서 항주하면, 선수 선저부가 강한 파도의 충격을 받아서 선체는 짧은 주기로 급격한 진동을 하게 되며, 이러한 파에 의한 충격을 말한다.

ⓑ 흘수가 작은 경우 슬래밍이 심하면 선수 선저부가 손상될 수도 있으며, 이러한 손상을 방지하기 위해서는 선속을 낮추든가 파도를 선수 외의 방향에서 받도록 하여야 한다.

ⓓ 브로칭(broaching) **2020, 2022 출제**

ⓐ 파도를 선미에서 받으며 항주할 때 선체중앙이 파도의 마루나 파도의 오르막 파면에 위치하면, 급격한 선수동요에 의해 선체는 파도와 평행하게 놓이는 현상을 말한다.

ⓑ 파도가 갑판을 덮치고 대각도 횡경사가 유발되어 전복의 위험이 있다.

ⓒ 브로칭 현상은 배의 길이가 파장과 거의 같을 때에 심하다.

ⓓ 속력이 빠른 소형선박이나 컨테이너선은 선미파를 받지 않도록 침로를 유지하고, 감속하여야 한다.

ⓔ 프로펠러 공회전(propeller racing)

ⓐ 파도를 선수나 선미에서 받아 선미부가 공기 중에 노출되어 프로펠러에 부하가 급격히 감소하면 프로펠러는 진동을 일으키며 급회전을 하게 된다.

ⓑ 이 현상이 나타나면 프로펠러뿐만 아니라 기관에도 손상을 일으킬 수 있다.

ⓒ 이를 막기 위해서는 선미흘수를 증가시키고, 피칭을 줄일 수 있는 침로를 변경하며, 기관의 회전수를 줄여야 한다.

② 태풍 피항법

㉠ **3R(RRR) 법칙** : 북반구에서 태풍이 접근할 때 풍향이 우전(R) 변화하면 자선은 태풍의 진로의 우반원(R)에 있으므로 풍향을 우현(R) 선수에 받아서 선박을 조종하는 방법이다.

㉡ **LLS 법칙** : 북반구에서 태풍이 접근할 때 풍향이 좌전(L)변화하면 자선은 태풍의 진로 좌반원(L)에 있으므로 풍향을 우현 선미(right Stern)에 받아서 선박을 태풍의 중심에서 벗어날 수 있도록 조종하는 방법이다.

㉢ **순주**(scudding) : 풍향에 변화가 없이 일정하고 풍력이 강해지며 기압이 더욱 하강하면 자선은 태풍의 진로상에 있게 되므로 풍랑을 우현 선미에서 받으며 가항반원으로 항주하는 피항 침로를 취해야 한다.

기출문제

2020년 제2회

☑ 황천 중 선박이 선수파를 받고 고속 항주할 때 선수 선저부에 강한 선수파의 충격으로 급격한 선체진동을 유발하는 현상은?

① Slamming(슬래밍)
② Scudding(스커딩)
③ Broaching to(브로칭 투)
④ Pooping down(푸핑 다운)

2020년 제3회

☑ 선수부 좌우현의 급격한 요잉(Yawing) 현상과 타효 상실 등으로 선체가 선미파에 가로눕게 되어 발생하는 대각도 횡경사 현상은?

① 슬래밍(Slamming)
② 히브 투(Heave to)
③ 브로칭 투(Broaching to)
④ 푸핑 다운(Pooping down)

2022년 제2회

☑ 배의 길이와 파장의 길이가 거의 같고 파랑을 선미로부터 받을 때 나타나기 쉬운 현상은?

① 러칭(Lurching)
② 슬래밍(Slamming)
③ 브로칭(Broaching)
④ 동조 횡동요 (Synchronized rolling)

정답 ①, ③, ③

③ 황천 대응 준비

㉠ 정박 중의 황천대응 준비

ⓐ 이동물을 고박하고 선체의 개구부를 밀폐한다.

ⓑ 부두에 접안한 상태에서 대비하고자 한다면 계선줄의 마모에 유의하며 보강해서 넉넉하게 내어주고 현측 보호를 위해 방현재가 이탈하지 않도록 해야 한다.

㉡ 항해 중의 황천대응 준비 **2020 출제**

ⓐ 중량물은 가급적 낮은 위치로 이동하여 적재한다.

ⓑ 탱크 내의 물이나 기름 등은 가득 채우거나 불필요한 것은 비워서 유동수에 의한 복원의 감소를 막도록 한다.

ⓒ 이동물을 고박하고 선체의 개구부를 밀폐한다.

ⓓ 빌지펌프(오 · 폐수 시설) 등 배수설비의 기능이 정상적으로 작동하는지 점검한다.

ⓔ 배수구와 방수구를 점검하고 정상적인 기능을 할 수 있도록 청소한다.

④ 황천 시 선박의 조종법

㉠ 거주(heave to) **2022 출제**

ⓐ 풍랑 쪽으로 선수를 향하게 하여 조타가 가능한 최소의 속력으로 전진하는 방법이다.

ⓑ 풍랑을 선수로부터 좌우현 25~35°방향에서 받도록 하는 것이 좋다.

ⓒ 파도에 대하여 자세를 취하기 쉽고 선체의 동요를 줄이게 되어 풍하측으로의 표류가 적다.

ⓓ 파도에 의한 선수부의 충격과 파도의 침입이 심하며 너무 감속하면 보침이 어려워 정횡으로 파도를 받는 형태가 될 우려가 있다.

㉡ 순주(scudding) **2022 출제**

ⓐ 풍랑을 선미 사면(quarter)에서 받으며 파에 쫓기는 자세로 항주하는 방법을 말한다.

ⓑ 선체가 받는 파의 충격이 적고 일정 속력을 유지할 수 있으므로 태풍권으로부터 벗어나는데 유리하다.

ⓒ 선미 추파에 의해 해수가 선미 갑판을 덮칠 수 있고 보침성이 저하되어 브로칭 현상이 일어날 수 있다.

㉢ 표주(lie to) **2022 출제**

ⓐ 기관을 정지하고 선체를 풍하 측으로 표류하도록 하는 방법을 말하며, 대형선이나 특수선 이외에는 사용하지 않는다.

ⓑ 선체에 부딪히는 파의 충격을 최소화할 수 있고 키에 의한 보침의 필요가 없으나, 풍하 측의 수역이 필요하고 횡파를 받아 대각도 경사가 일어날 수 있다.

기출문제

2022년 제3회

☑ 황천항해 중 선수 2~3점(Point)에서 파랑을 받으면서 조타가 가능한 최소의 속력으로 전진하는 방법은?

① 표주(Lie to)법
② 순주(Scudding)법
③ 거주(Heave to)법
④ 진파기름(Storm oil)의 살포

2022년 제1회

☑ 황천조선법인 순주(Scudding)의 장점이 아닌 것은?

① 상당한 속력을 유지할 수 있다.
② 선체가 받는 충격작용이 현저히 감소한다.
③ 보침성이 향상되어 브로칭 투 현상이 일어나지 않는다.
④ 가항반원에서 적극적으로 태풍권으로부터 탈출하는 데 유리하다.

2022년 제2회

☑ 황천 중에 항행이 곤란할 때 기관을 정지하고 선체를 풍하 측으로 표류하도록 하는 방법으로서 소형선에서 선수를 풍랑 쪽으로 세우기 위하여 해묘(Sea anchor)를 사용하는 방법은?

① 라이 투(Lie to)
② 스커딩(Scudding)
③ 히브 투(Heave to)
④ 스톰 오일(Storm oil)의 살포

정답 ③, ③, ①

㉣ 진파기름(storm oil)의 살포

ⓐ 구명정이나 조난선이 표주할 때 선체주위에 점성이 큰 기름을 살포하여 파랑을 진정시킬 수 있다.

ⓑ 스톰오일은 파도를 진정시키는 효과뿐만 아니라 조난선의 위치확인에도 도움을 줄 수 있다.

ⓒ 풍상의 현측 바깥에 작은 구멍을 뚫어서 기름주머니를 매달아 1시간에 약 2L정도 살포할 수 있도록 한다.

05 비상제어 및 해난방지

(1) 의의와 발생 원인

① **의의** … 바다에서 일어나는 사고. 선박 충돌이나 침몰, 그로 인한 원유 유출 따위의 사고부터 낚시꾼들의 실종이나 실족사, 선원들끼리의 다툼과 같은 사고들까지를 통틀어 이른다.

② **원인** … 해양사고는 태풍이나 폭풍과 같은 천재지변과 승무원의 과실 및 근무 태만 등 여러 가지의 복합적인 원인에 따라 발생할 수 있다.

(2) 선박사고 발생 시의 조치사항

① 충돌시의 조치

㉠ 자선과 타선에 급박한 위험이 있는지를 파악하여 위급상황 시에는 긴급구조를 요청하는 등의 조치를 취한다.

㉡ 자선과 타선의 인명구조에 관항 조치를 한다.

㉢ 서로 상호간에 선명과 선적항, 선박소유자, 출항지 및 도착지 등을 알린다.

㉣ 충돌시각과 위치, 선수방향과 당시의 침로, 기상상태 등을 상세하게 기록한다.

㉤ 퇴선하는 경우에는 반드시 중요한 서류를 가지고 퇴선하도록 한다.

② 충돌시의 선박운용

㉠ 충돌직후 기관을 즉시 정지한다.

㉡ 급박한 위험이 있는 경우 음향신호를 연속적으로 울려서 신속한 구조를 요청한다.

㉢ 파손된 부분에 구멍이 크게 생겨서 침수가 심한 경우에는 수밀문을 닫아서 한 구획만 침수되도록 한다.

㉣ 충돌 후 침몰이 예상되는 경우에는 우선 사람을 신속하게 대피시킨 후 수심이 낮은 적당한 해안가에 좌초시킨다.

기출문제

2022년 제3회

☑ 선박의 충돌 시 더 큰 손상을 예방하기 위해 취해야 할 조치사항으로 옳지 않은 것은?

① 가능한 한 빨리 전진속력을 줄이기 위해 기관을 정지한다.
② 승객과 선원의 상해와 선박과 화물의 손상에 대해 조사한다.
③ 전복이나 침몰의 위험이 있더라도 임의 좌주를 시켜서는 아니 된다.
④ 침수가 발생하는 경우, 침수구역 배출을 포함한 침수 방지를 위한 대응조치를 취한다.

정답 ③

③ 좌초와 이초시의 조치

㉠ 좌초의 원인

ⓐ 강풍이나 좁은 시계, 강한 조류 등에 의한 불가항력적인 경우

ⓑ 충돌을 회피하기 위한 운용술의 미숙이나 항해위험물에 대한 주의 태만으로 인한 경우

ⓒ 항해사의 항해술 미숙함으로 인해 선위측정을 부정확하게 한 경우

㉡ 좌초시의 조치

ⓐ 기관을 즉시 정지하고 빌지와 탱크를 측심하여 선저의 손상유무를 확인한다.

ⓑ 본선의 기관만으로 이초가 가능한지를 파악하고 후진기관의 사용은 손상을 더욱 키울 염려가 있으므로 신중하도록 한다.

ⓒ 자력으로 이초가 불가능한 경우에는 협조를 요청하도록 한다.

ⓓ 임의좌주(선박의 충돌사고 등으로 선체의 손상이 너무 커서 침몰 직전에 이르게 되면 선체를 해안가의 적당한 곳에 고의로 좌초시키는 것)한다. **2020, 2022 출제**

㉢ 손상 확대를 막기 위한 조치

ⓐ 선체고박 : 자력으로 이초가 불가능한 경우에는 선체를 현재의 자리에 고정시킨다.

ⓑ 선저탱크에 해수를 주입하여 선저를 해저에 밀착시켜서 선체의 움직임을 방지한다.

ⓒ 임시로 사용한 앵커체인은 길게 내어 팽팽하게 고정시키고 육지의 바위 등과 같은 고정물에 로프 등을 연결하여 고정시킨다.

ⓓ 체인 하나에 앵커를 2개 연결하여 파주력을 크게 해서 사용한다.

㉣ **자력이초** : 항해 중에 암초에 걸린 배가 자력으로 암초에서 떨어져 나가는 것을 말한다.

ⓐ 바람이나 파도 및 조류 등을 이용하여 고조가 되기 직전에 실시한다.

ⓑ 이초를 시작하기 직전에 선체 중량의 경감을 실시한다.

ⓒ 기관의 회전수를 천천히 높이고 반출했던 앵커와 앵커체인을 감아들인다.

ⓓ 암초에 얹혔을 때에는 얹힌 부분의 흘수를 줄이고, 모래에 좌주된 경우에는 얹히지 않은 부분의 흘수를 줄이도록 한다.

ⓔ 갯바위나 모래에 좌주 된 경우에는 펄이나 모래가 냉각수에 흡입되어 기관의 고장을 일으킬 수 있으므로 주의하도록 한다.

ⓕ 선미가 얹힌 경우에는 키와 프로펠러가 손상되지 않도록 선미흘수를 줄인 후 기관을 사용하도록 한다.

ⓖ 갯벌에 얹혔을 경우에는 선체를 좌우로 흔들면서 기관을 사용하도록 한다.

기출문제

2022년 제4회

☑ 선박의 침몰 방지를 위하여 선체를 해안에 고의적으로 얹히는 것은?

① 좌초
② 접촉
③ 임의 좌주
④ 충돌

2020년 제3회

☑ 다음 해저의 저질 중 임의 좌주를 시킬 때 가장 적합하 지 않은 것은?

① 뻘
② 모래
③ 자갈
④ 모래와 자갈이 섞인 곳

정답 ③, ①

④ 화재발생의 원인 및 조치 **2020 출제**

㉠ 원인

ⓐ 전선단락 및 절연상태 불량

ⓑ 인화성물질 관리 소홀

㉡ 조치사항 **2020 출제**

ⓐ 비상벨을 울리고 화재사실을 브릿지에 알린다.

ⓑ 소화장비와 안전장비를 집결시키고 진화한다.

ⓒ 화재구역의 통풍을 차단하고 전기를 차단한다.

ⓓ 소화 작업자의 안전에 유의하며 작업자를 구출할 준비를 한다.

ⓔ 불이 확산되지 않도록 가연성 물질을 제거하고 인접한 격벽에 물을 뿌린다.

㉢ 화재 종류 **2021, 2022 출제**

ⓐ **A급 화재** : 연소 후 재가 남는 고체 물질의 화재로 목재, 종이, 의류, 로프 등의 화재.

ⓑ **B급 화재** : 연소 후 재가 남지 않는 가연성 액체의 화재로 연료, 페인트, 윤활유 등의 화재.

ⓒ **C급 화재** : 전기에 의한 화재로 전기 스파크, 전기회로 단락 또는 과열 등의 화재

ⓓ **D급 화재** : 가연성 금속 물질의 화재로 마그네슘, 나트륨, 알루미늄 등의 화재.

ⓔ **E급 화재** : LNG, LPG, 아세틸린 등의 가스 화재.

⑤ 침수시의 조치

㉠ 모든 방법을 다하여 배수하고 침수가 한 구획에만 한정되도록 수밀문을 밀폐한다.

㉡ 침수를 발견하면 원인과 침수된 곳의 구멍의 크기와 깊이 및 침수량 등을 확인하여 조치하도록 한다.

⑥ 항해 중 사람이 선외로 추락한 경우의 조치 **2020, 2021, 2022 출제**

㉠ 선외로 추락한 사람이 시야에서 벗어나지 않도록 주시한다.

㉡ 인명구조 조선법을 이용하여 익수자 위치로 되돌아간다.

㉢ 익수자가 발생한 현측으로 즉시 전타하여야 한다.

㉡ 선외로 추락한 사람을 발견한 사람은 익수자에게 구명부환을 던져주어야 한다.

기출문제

2020년 제3회

☑ 열 작업(Hot work) 시 화재 예방을 위한 방법으로 옳지 않은 것은?

① 작업 장소는 통풍이 잘 되도록 한다.
② 가스 토치용 가스용기는 항상 수평으로 유지한다.
③ 적합한 휴대용 소화기를 작업 장소에 배치한다.
④ 작업장 주변의 가연성 물질은 반드시 미리 옮긴다.

2022년 제3회

☑ 화재의 종류 중 전기화재가 속하는 것은?

① A급 화재
② B급 화재
③ C급 화재
④ D급 화재

2022년 제4회

☑ 선박에서 선장이 직접 조타를 하고 있을 때, "선수 우현 쪽으로 사람이 떨어졌다."라는 외침을 들은 경우 선장이 즉시 취하여야 할 조치로 옳은 것은?

① 우현 전타
② 엔진 후진
③ 좌현 전타
④ 타 중앙

정답 ②, ③, ①

(3) 사고 발생시 조치

① 사고발생 … 해양사고가 발생 시 피해를 최소화하기 위해 자선으로 가능한 조치를 강구함과 아울러 동시에 인근선박, 무선국, 관할기관 등에 보고한다.

② 관계기관 통보사항

㉠ 선종, 선명, 톤수, 승무원 수, 조난 등의 일시, 장소, 수난사고의 종류, 사상자 및 유출유의 유무 등을 통보한다.

㉡ 조난 상황, 현재의 조치상태, 피해 확대 가능성 유무, 현재의 날씨 및 수상(해상)상태 등을 통보한다.

③ 구조 신호

㉠ 낙하산 부착 적색 염화로켓(로켓낙하산신호) 또는 휴대용 염화(신호홍염)에 의한 신호를 발사한다.

㉡ 오렌지색의 연기(자기발연신호)로 신호를 발사한다.

㉢ 의류, 회중전등 등 모든 물건을 사용하여 신속히 알린다.

(4) 조난 신호 종류 2020, 2022 출제

① 1분 간격으로 시행되어지는 1회 발포 및 기타 폭발에 의한 신호이다.

② 불꽃, 붉은 빛, 오렌지색 연기, 또는 둥근 물체 위에 달린 4각 깃발 등과 같은 사각신호이다.

③ 일정한 간격으로 발사된 총이나 로켓 소리, 또는 안개신호 장치의 연속음과 같은 음향 신호이다.

④ 모스 부호인 SOS, 국제부호인 NC, 또는 무선전화에 의해 음성으로 하는 '메이데이' 등과 같은 무선 신호이다.

⑤ 조난당한 배는 4초간의 장음을 12차례 보내는 무선신호나 30~60초 동안 서로 다른 2가지 음을 번갈아 보내는 무선전화신호로, 다른 배의 경보기를 작동시킬 수도 있다.

⑥ 팔을 좌우로 벌린 후 위아래로 반복해 천천히 흔드는 신호이다.

기출문제

2022년 제1회

☑ 항해 중 선수 부근에서 사람이 선외로 추락한 경우 즉시 취하여야 하는 조치로 옳지 않은 것은?

① 선외로 추락한 사람을 발견한 사람은 익수자에게 구명부환을 던져주어야 한다.
② 선외로 추락한 사람이 시야에서 벗어나지 않도록 계속 주시한다.
③ 익수자가 발생한 반대 현측으로 즉시 전타한다.
④ 인명구조 조선법을 이용하여 익수자 위치로 되돌아간다.

2022년 제1회

☑ 선박이 조난된 경우 조난을 표시하는 신호의 종류가 아닌 것은?

① 국제신호기 'NC'기 게양
② 로켓을 이용한 낙하산 화염신호
③ 흰색 연기를 발하는 발연부 신호
④ 약 1분간의 간격으로 행하는 1회의 발포 기타 폭발에 의한 신호

정답 ③, ③

02 출제예상문제

01 〈보기〉에서 구명설비에 대한 설명과 명칭이 옳게 짝지어진 것은?

〈보기〉

▸ 구명설비에 대한 설명

㉠ 야간에 구명부환의 위치를 알려주는 등으로 구명부환과 함께 수면에 투하되면 자동으로 점등되는 설비

㉡ 자기 점화등과 같은 목적의 주간신호이며, 물에 들어가면 자동으로 오렌지색 연기를 내는 설비

㉢ 선박이 비상상황으로 침몰 등의 일을 당하게 되었을 때 자동으로 본선으로부터 이탈 부유하며 사고지점을 포함한 선명 등의 정보를 자동적으로 발사하는 설비

㉣ 낮에 거울 또는 금속편에 의해 태양의 반사광을 보내는 것이며, 햇빛이 강한 날에 효과가 큼

▸ 구명설비의 명칭

A. 비상위치지시 무선표지

B. 신호 홍염

C. 자기 점화등

D. 신호 거울

E. 자기 발연 신호

① ㉠ – A
② ㉡ – E
③ ㉢ – B
④ ㉣ – C

NOTE ㉠ – 자기 점화등
㉡ – 자기 발연 신호
㉢ – 비상위치지시 무선표지
㉣ – 신호 거울

answer 01.②

02 목조 갑판 위의 틈 메우기에 쓰이는 황백색의 반 고체는?

① 흑연
② 시멘트
③ 퍼티
④ 타르

NOTE ③ 퍼티(putty)란 산화주석이나 탄산칼슘을 12~18%의 건성유(아마인유 등)로 반죽한 점토상의 접합제로, 공기 속에서 서서히 굳는 성질을 이용해 유리창의 유리 고정, 판의 이음매 등을 채우거나 바른다.

03 사람이 배 밖으로 떨어지지 않게 하거나 손잡이 역할을 주로 하는 것은?

① 배수구
② 대빗
③ 구명줄
④ 핸드레일

NOTE ④ 핸드레일은 작업 시 사람이 떨어지지 않도록 만든 난간을 가리킨다.

04 선박에서 흘수를 조사하는 이유는?

① 항행이 가능한 수심을 안다.
② 해수의 침입을 방지하기 위해서
③ 풍랑을 선미에서 받을 수 있다.
④ 날씨의 변화를 조사하기 위하여

NOTE ① 선박이 물에 떠 있을 때 물속에 잠기는 침수부의 깊이 즉 수면과 용골 바닥과의 수직거리를 흘수(Draft)라 한다. 선박이 물에 떠 있을 때 선체 및 적재물의 중량에 의해 일정 부분이 수면 하에 잠기게 되며 이 잠기는 체적은 이러한 중량에 비례하게 된다. 주어진 선형이 있을 때 수면 밑으로 잠긴 깊이와 수면 상부에 노출된 높이는 선박의 운항에 중요한 의미를 갖는다.

05 안개가 끼었을 때 행하는 신호이다. 틀린 것은?

① 기류신호
② 타종신호
③ 사이렌
④ 기적신호

NOTE ① 기류신호(flag signaling)란 인명의 안전에 관한 여러 가지 상황이 발생하였을 경우를 대비하여, 특히 언어에 의사소통에 문제가 있을 경우 규정된 신호방법으로 안개로 인하여 시야가 좋지 않은 경우 사용할 수 없다.

answer 02.③ 03.④ 04.① 05.①

06 **선박용 페인트의 성질을 설명한 것 중 맞지 않는 것은?**

① 페인트는 전부 독물의 성분이 있다.
② 도장하기 쉬운 점성이 있으며 빨리 건조된다.
③ 색의 조합이 쉽다.
④ 도장 후 갈라지거나 잘 떨어지지 않는다.

NOTE ① 해양에 설치되거나 사용되는 모든 구조물은 열악한 환경에 노출될 수밖에 없으며, 특히 수중에 잠겨 있어야 하는 구조물은 극한의 환경을 견딜 수 있어야 한다. 이에 선박용 도료는 바닷물의 염부에 의한 부식이나 기름, 각종 화학 물질, 온도 편차, 자외선 및 복사열로부터 구조물을 보호할 뿐만 아니라 각종 해양 생물에 의한 오염을 방지하는데 필수적인 기능을 발휘하여야 한다. 선박용 도료가 모두 독성을 함유하는 것은 아니며, 현재는 바다를 오염시키지 않는 친환경 페인트가 대세로 자리 잡고 있다.

07 **항해 중 안개가 끼어 앞이 안보일 때 본선의 행동으로 적당한 것은?**

① 안전한 속력으로 항행하며 수단과 방법을 다하여 소리를 발생하고, 근처에 항행하는 선박에 알린다.
② 다른 배는 모두 레이더를 가지고 있으므로 우리 배를 피할 것으로 보고 계속 항행한다.
③ 최고의 속력으로 빨리 항구에 입항한다.
④ 컴퍼스를 이용하여 선위를 구한다.

NOTE ① 모든 선박은 안개 등으로 시계가 제한된 그 당시의 사정과 조건에 적합한 안전한 속력으로 항행하여야 하며, 시계가 제한된 수역이나 그 부근에 있는 모든 선박은 밤낮에 관계없이 신호를 하여야 한다.

08 **선박이 얕은 곳을 항행할 때 일어나는 현상 중 틀린 것은?**

① 속력이 감소한다.
② 선체가 침하한다.
③ 보침성이 좋아진다.
④ 조종성이 나빠진다.

NOTE ③ 보침성이란 선박이 안전한 항해를 위하여 그 침로와 속력을 유지할 수 있도록 작용하는 힘을 말한다. 얕은 곳에서는 침로와 속력을 유지하기가 상대적으로 어렵다.

answer 06.① 07.① 08.③

09 닻을 감아 올리는 갑판기계는?

① 윈치
② 윈드라스
③ 체인스토퍼
④ 비트

NOTE ② 윈드라스(windlass)는 닻을 감아올리는 기계이다.

10 선박이 물위에 떠 있는 상태에서 외부로부터 힘을 받아서 경사하려고 할 때의 저항 또는 경사한 상태에서 그 외력을 제거하였을 때 원래의 상태로 돌아오려고 하는 힘을 무엇이라고 하는가?

① 배수량
② 부력
③ 복원력
④ 중력

NOTE ③ 선박이 파도나 바람 등의 외력에 의하여 어느 한쪽으로 기울었을 때 원래의 위치로 되돌아오려는 성질을 복원성이라 하고, 이때 작용하는 힘을 복원력이라 한다.

11 선박에 화물을 실을 때 유의사항으로 옳은 것은?

① 흘수선 이상 최대한으로 많은 화물을 싣는다.
② 화물의 무게분포가 한 곳에 집중되지 않도록 한다.
③ 선수 화물창에 화물을 많이 싣는 것이 좋다.
④ 선체의 중앙부에 화물을 많이 싣는다.

NOTE ② 화물이 한 곳으로 쏠리게 되면 항행 시 복원력에 이상이 발생할 수 있기 때문에 화물은 한 곳으로 집중되지 않도록 한다.

answer 09.② 10.③ 11.②

12 고장으로 움직이지 못하는 조난선박에서 생존자를 구조하기 위하여 접근하는 구조선이 풍압에 의하여 조난선박보다 빠르게 밀리는 경우 조난선에 접근하는 방법은?

① 조난선박의 풍상 쪽으로 접근한다.

② 조난선박의 풍하 쪽으로 접근한다.

③ 조난선박의 정선미 쪽으로 접근한다.

④ 조난선박이 밀리는 속도의 3배로 접근한다.

NOTE 고장으로 움직이지 못하는 조난선박에서 구조선이 풍압에 의해 조난선박보다 빠르게 밀리는 경우 조난선박의 풍상 쪽으로 접근하여 생존자를 구조한다.

13 다음 중 강재에 페인트 칠을 할 때 유의 사항과 관계가 적은 것은?

① 주위 도장면을 확대해서 칠한다.

② 녹 제거 후 도장한다.

③ 표면을 평활하게 해서 칠한다.

④ 먼지와 수분을 우선 제거한다.

NOTE ① 부식된 철판 표면의 도장은 녹슨 정도에 따라 스크레이퍼나 스케일링 머신 등을 사용하여 녹을 먼저 제거한 다음, 먼지와 수분 등을 깨끗이 청소하고 나서 페인트칠을 한다.

14 경사된 선박이 원위치로 되돌아 가려는 성질을 무엇이라 하는가?

① 복원성　　② 부력

③ 중력　　④ 중심

NOTE ① 선박이 파도나 바람 등의 외력에 의하여 어느 한쪽으로 기울었을 때 원래의 위치로 되돌아오려는 성질을 복원성이라 하고, 이때 작용하는 힘을 복원력이라 한다.

answer 12.① 13.① 14.①

15 배의 운항상 충분한 건현이 필요한 이유는?

① 수심을 알기 위하여 필요하다.
② 안전항해를 하기 위하여 필요하다.
③ 배의 조종성능을 알기 위하여 필요하다.
④ 배의 속력을 줄이기 위하여 필요하다.

NOTE ② 건현은 수면 윗부분에 위치한 용적의 크기를 결정하는 중요한 요소이며 이 용적이 예비 부력을 형성한다. 주어진 선형에서 흘수가 증가하면 반대로 건현은 감소하게 되므로 안전 항해를 위해서 필요한 최소한의 건현은 그 선박의 최대 허용 흘수를 정함으로써 결정된다.

16 수신된 조난신호의 내용 중 '05:30 UTC'라고 표시된 시각을 우리나라 시각으로 나타낸 것은?

① 05시 30분
② 14시 30분
③ 15시 30분
④ 17시 30분

NOTE UTC는 협정세계시로 전 세계가 동일하게 사용하는 국제 표준시간을 말한다. 한국 표준시(KST)는 협정세계시(UTC)와의 +9:00 시차를 보이므로 '05:30 UTC'는 '14:30 KST'가 된다.

17 다음 중 복원력의 크기에 가장 영향을 적게 미치는 것은?

① 선폭의 크기
② 건현의 크기
③ 배수량의 크기
④ 프로펠러의 크기

NOTE ④ 선박이 파도나 바람 등의 외력에 의하여 어느 한쪽으로 기울었을 때 원래의 위치로 되돌아오려는 성질을 선박의 복원성(Stability)이라 하고, 이때 작용하는 힘을 복원력이라 한다. 복원성에 영향을 미치는 요소는 선폭, 건현, 현호, 배수량, 유동수에 영향을 크게 받는다.

answer 15.② 16.② 17.④

18 건현을 두는 목적은 무엇인가?

① 선속을 빠르게 하기 위함이다.
② 선박의 부력을 줄이기 위함이다.
③ 화물의 적재를 용이하게 하기 위함이다.
④ 예비 부력을 증대시키기 위함이다.

NOTE ④ 선박의 안전을 확보하기 위하여 선체 높이의 일정부분이 물에 잠기지 않도록 하여 예비 부력을 확보해야 하는데 이것을 건현이라고 한다.

19 물에 빠진 사람을 구조하는 조선법이 아닌 것은?

① 표준 턴
② 샤르노브 턴
③ 싱글 턴
④ 윌리암슨 턴

NOTE 인명구조 조선법에는 윌리암슨 턴, 싱글 턴, 샤르노브 턴(역 윌리엄슨턴), 더블턴 등이 있다.

20 다음의 휴대식 이산화탄소 소화기의 사용 순서가 바르게 나열된 것은?

㉠ 안전핀을 뽑는다.	㉡ 불이 난 곳으로 뿜는다.
㉢ 손잡이를 강하게 움켜쥔다.	㉣ 혼을 뽑아 불이 난 곳으로 향한다.

① ㉠→㉣→㉡→㉢
② ㉠→㉣→㉢→㉡
③ ㉡→㉠→㉣→㉢
④ ㉡→㉠→㉢→㉣

NOTE ② 휴대식 이산화탄소 소화기는 안전핀을 뽑은 다음, 혼을 뽑아 불이 난 곳으로 향하여 손잡이를 강하게 움켜진 상태에서 불이 난 곳으로 소화액을 뿌린다.

answer 18.④ 19.① 20.②

21 닻의 중요 역할이 아닌 것은?

① 침로유지에 사용된다.
② 선박을 임의의 수면에 정지 또는 정박시킨다.
③ 좁은 수역에서 선회하는 경우에 이용된다.
④ 선박의 속도를 급히 감소시키는 경우에 사용된다.

NOTE ① 닻은 배를 정박시킬 때 사용하는 계선구로 침로 유지에 사용되는 것이 아니다.

22 전진 전속중에 기관을 후진 전속으로 걸어서 선체가 물에 대하여 정지 상태가 될 때까지 진출한 최단 정지거리와 관계 있는 타력은?

① 반전 타력
② 정지 타력
③ 회두 타력
④ 발동 타력

NOTE ① 반전타력이란 선박이 전진 항주 중 기관을 전속으로 반전하였을 경우 기관이 발동하여 선체가 수면에 정지할 때까지의 타력을 말한다.

23 선수트림이 조선상 불리한 이유로 옳지 않은 것은?

① 스크루 프로펠러의 공전이 심하다.
② 속력이 빠르고 침로유지가 쉽다.
③ 타효가 나빠진다.
④ 침수사고가 일어날 수 있다.

NOTE ② 선수의 흘수가 선미의 흘수보다 큰 경우를 선수 트림이라 하며 선체가 앞쪽으로 경사한 상태이다. 선수 트림이 지나치게 큰 경우에는 선수방향의 파도에 대한 내항 성능이나 타효가 나빠지고 파도에 의한 충격으로 선수부에 손상이 발생할 수 있다.

answer 21.① 22.① 23.②

24 국제신호서의 문자신호 'B'의 의미는 무엇인가?

① 사람이 물에 빠졌다.

② 나는 위험물을 하역중 또는 운송중이다.

③ 나는 도선사를 요구한다.

④ 그렇다.

NOTE ② 오늘날 사용되는 국제신호기는 1934년부터 사용되었던 것으로서 국제선박신호조사위원회가 편집한 국제통신서에 의하여 기의 종류 · 사용법 · 신호문 등이 규정되어 있다. 기의 종류는 영어의 알파벳기 A~Z까지 26개, 0~9까지의 숫자기 10개, 제1~3의 대표기 3개, 회답기 1개로서 모두 40개의 기로 되어 있다. 이 가운데 문자신호 B는 위험물을 하역중 또는 운반중이라는 것을 나타낸다.

25 아래 그림에서 ㉠은?

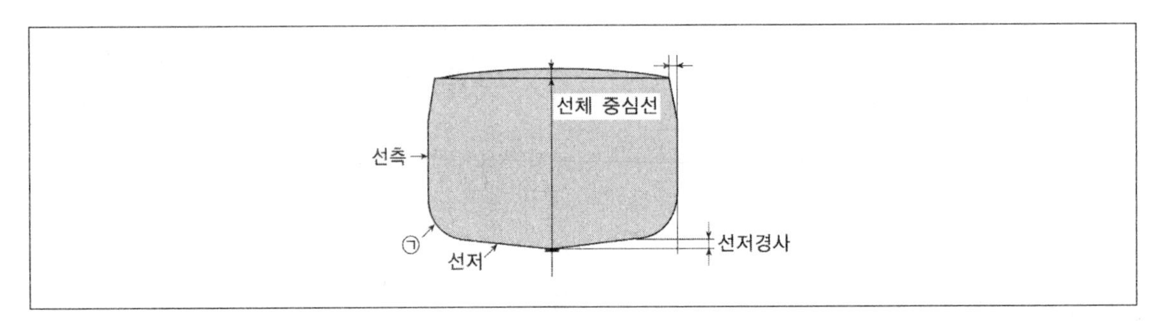

① 캠버

② 용골

③ 텀블 홈

④ 빌지

NOTE 선저만곡부(빌지) … 선저와 선측이 연결된 만곡부위

answer 24.② 25.④

26 아래 그림에서 ㉠은?

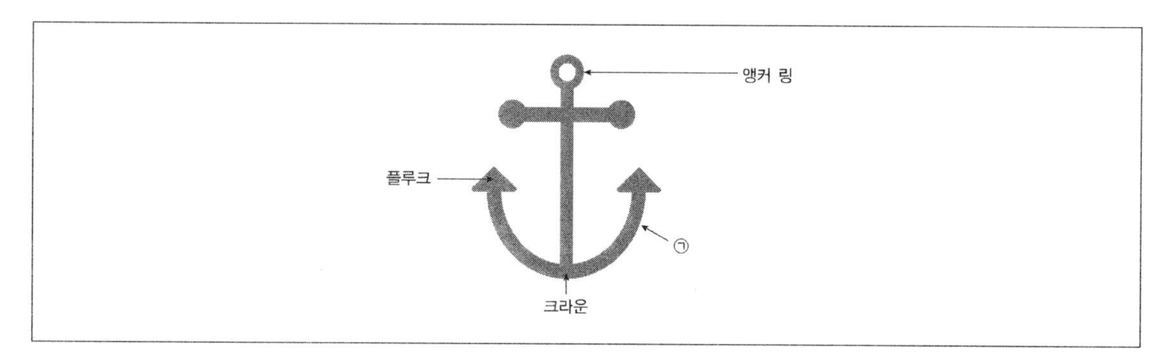

① 빌 ② 스톡
③ 생크 ④ 암

NOTE

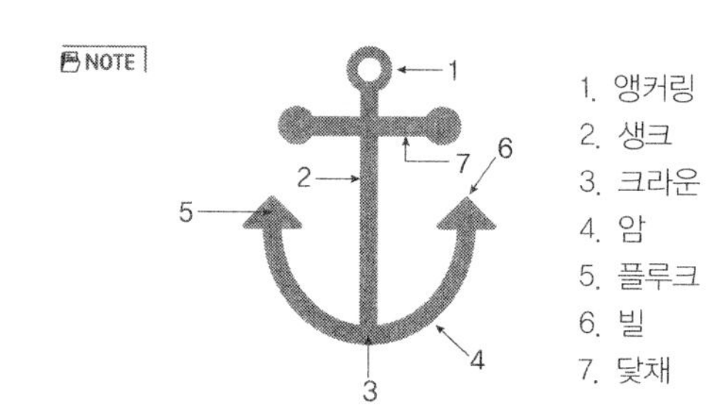

1. 앵커링
2. 생크
3. 크라운
4. 암
5. 플루크
6. 빌
7. 닻채

27 본선 선명은 '동해호'이다, 상대 선박 '서해호'로부터 호출을 받았을 때 응답하는 절차로 옳은 것은?

① 서해호, 여기는, 동해호, 감도 양호합니다.
② 동해호, 여기는, 서해호, 감도 양호합니다.
③ 서해호, 여기는, 동해호, 조도 양호합니다.
④ 동해호, 여기는, 서해호, 조도 양호합니다.

NOTE 호출한 선명호를 말하고 본선의 선명호를 말한 후 통신 감도상태를 말한다.

answer 26.④ 27.①

28 아래 그림에서 ㉠은?

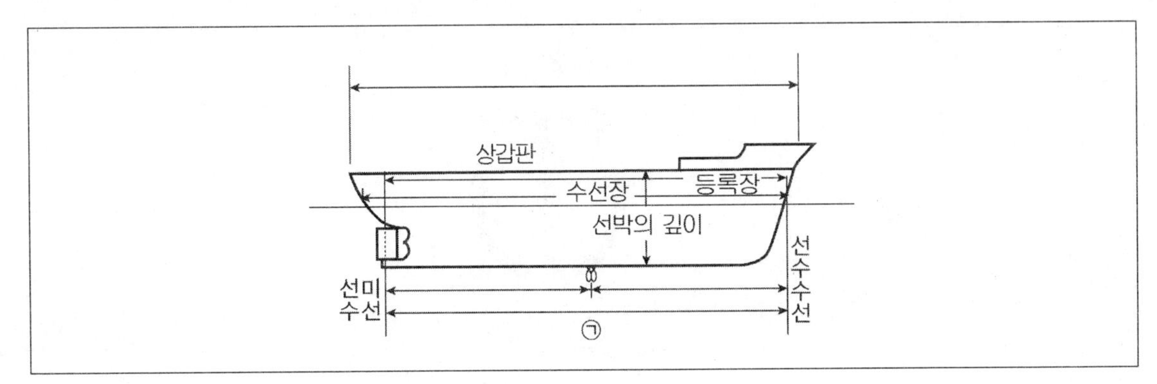

① 수선간장　　② 수선장
③ 전장　　④ 등록장

NOTE 수선간장 … 건현표의 원표의 중심을 지나는 계획만재흘수선 상의 선수재의 전면과 타주의 후면에, 기선에서 각각 수선을 세워서 이 양 수선 간의 거리를 배의 길이로 나타낸 것

29 (　　)에 적합한 것은?

> 선회우력은 양력과 선체의 (　　)에서 타의 작용 중심까지의 거리를 곱한 것이 된다.

① 경사의 중심　　② 무게의 중심
③ 기하학적인 중심　　④ 부력의 중심

NOTE 선회우력은 양력과 선체의 무게의 중심에서 타의 작용 중심까지의 거리를 곱한 것이 된다.

answer 28.① 29.②

30 선박이 항진 중에 타각을 주었을 때, 수류에 의하여 타에 작용하는 힘 중에서 방향이 선체 후방인 분력은?

① 마찰력　　② 양력
③ 직압력　　④ 항력

NOTE 항력
- 키판(타판)에 작용하는 힘 중에서 선수미 방향의 분력이다.
- 전진할 때 타각을 주어 선회하게 되면 속력이 떨어지는 원인이 된다.
- 힘의 방향이 선체의 후방에 있으므로 전진선속을 감소시키는 저항력으로 작용한다.
- 저항력을 감소시키기 위해서는 키판의 외형이나 두께를 각 선박에 알맞게 설계하고 단면을 유선형으로 만들어야 한다.

31 선박의 저항, 추진력의 계산 등에 사용되는 길이는?

① 수선장　　② 수선간장
③ 전장　　④ 등록장

NOTE 수선장 … 하기만재흘수선 상의 선수재 전면에서 선미 후단까지의 수평 거리

32 (　　)에 순서대로 적합한 것은?

일반적으로 유조선과 같이 방형계수가 큰 비대선은 (　　)이 양호한 반면에 (　　)이 좋지 않다.

① 선회성 – 추종성 및 침로안정성
② 선회성 및 침로안정성 – 추종성
③ 침로안정성 및 추종성 – 선회성
④ 추종성 및 선회성 – 침로안정성

NOTE 일반적으로 유조선과 같이 방형계수가 큰 비대선은 선회성이 양호한 반면에 추종성 및 침로안정성이 좋지 않다.

answer 30.④ 31.① 32.①

33 (　　)에 순서대로 적합한 것은?

> 우선회 가변피치 스크루 프로펠러 1개가 장착된 선박이 정지상태에서 후진 할 때, 타가 중앙이면 (　　) 및 (　　)가 작용하여 선수는 좌회두한다.

① 횡압력 – 배출류
② 횡압력 – 흡입류
③ 직압력 – 배출류
④ 직압력 – 흡입류

NOTE 우선회 가변피치 스크루 프로펠러 1개가 장착된 선박이 정지상태에서 후진 할 때, 타가 중앙이면 횡압력 및 배출류가 작용하여 선수는 좌회두한다.

34 국제신호기를 이용하여 혼돈의 염려가 있는 방위신호를 할 때 최상부에 게양하는 기류는?

① A기
② B기
③ C기
④ D기

NOTE 국제신호선에 의한 깃발 A기는 방위신호 시 혼돈을 우려하여 최상부에 게양한다.
① A기 : 잠수부를 하선시키고 있다. 미속으로 충분히 피하라.
② B기 : 위험물을 하역중 또는 운반중임.
③ C기 : 그렇다.
④ D기 : 본선을 피하라. 조종이 여의치 않음

answer 33.① 34.①

35 타의 구조에서 ㉠은?

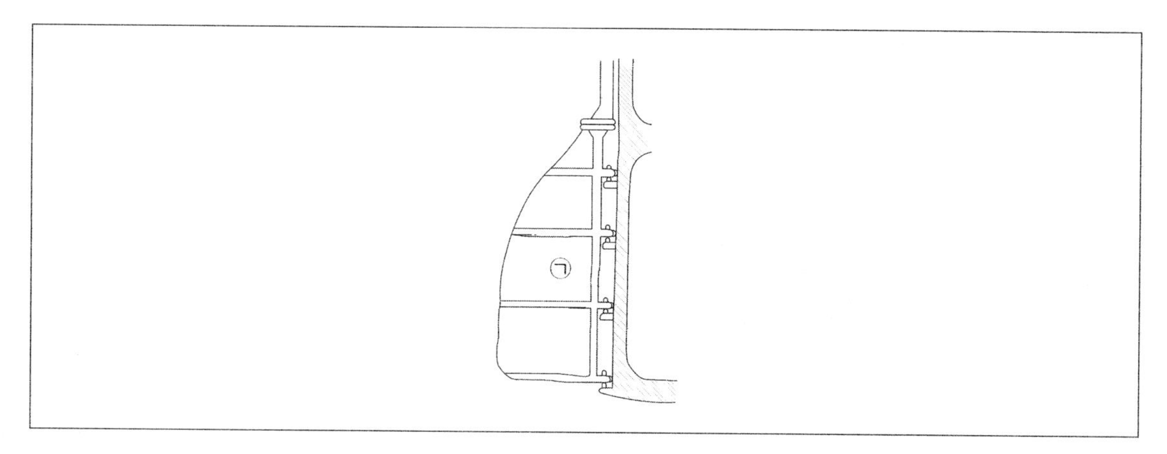

① 핀틀 ② 거전

③ 타판 ④ 타두재

NOTE

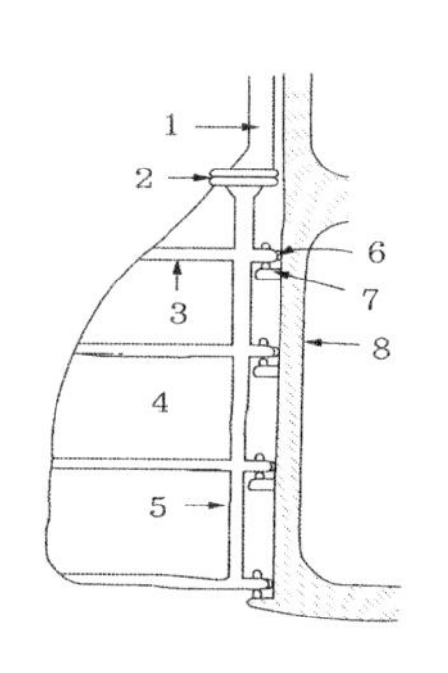

1. 타두재(rudder stock)
2. 러더 커플링
3. 러더 임
4. 타판
5. 타심재(main piece)
6. 핀틀
7. 거전
8. 타주
9. 수직 골재
10. 수평 골재

answer 35.③

36 **황천조선법인 순주(Scudding)의 장점이 아닌 것은?**

① 상당한 속력을 유지할 수 있다.

② 선체가 받는 충격작용이 현저히 감소한다.

③ 가항반원에서 적극적으로 태풍권으로부터 탈출하는데 유리하다.

④ 보침성이 향상되어 브로칭 투 현상이 일어나지 않는다.

NOTE 순주(scudding)
㉠ 풍랑을 선미 사면(quarter)에서 받으며 파에 쫓기는 자세로 항주하는 방법을 말한다.
㉡ 선체가 받는 파의 충격이 적고 일정 속력을 유지할 수 있으므로 태풍권으로부터 벗어나는데 유리하다.
㉢ 선미 추파에 의해 해수가 선미 갑판을 덮칠 수 있고 보침성이 저하되어 브로칭 현상이 일어날 수 있다.

37 **생존자의 위치식별을 돕기 위한 구명설비로서 9GHz 레이더의 펄스 신호를 수신하면 응답신호전파를 발사하여 수색팀에게 생존자의 위치를 알림과 동시에 가청 경보음을 울려서 생존자에게 수색구조선의 접근을 알리는 장비는?**

① Beacon
② EPIRB
③ SART
④ 2-way VHF 무선전화

NOTE 수색구조용 위치발신장치(SART) … 선박이 조난당했을 때 레이더에서 발사되는 전파를 수신하면 답신 전파가 발사되어 레이더에 위치가 표기되도록 하는 장비이다.

38 **퇴선 시 여러 사람이 붙들고 떠 있을 수 있는 부체는?**

① 페인터

② 구명부기

③ 구명줄

④ 부양성 구조고리

NOTE ② 선박의 조난 시 구조를 기다리는 동안 여러 사람이 타지 않고 손으로 붙잡고 떠 있을 수 있는 부체를 말한다.

answer 36.④ 37.③ 38.②

39 선체의 외형에 따른 명칭 그림에서 ㉠은?

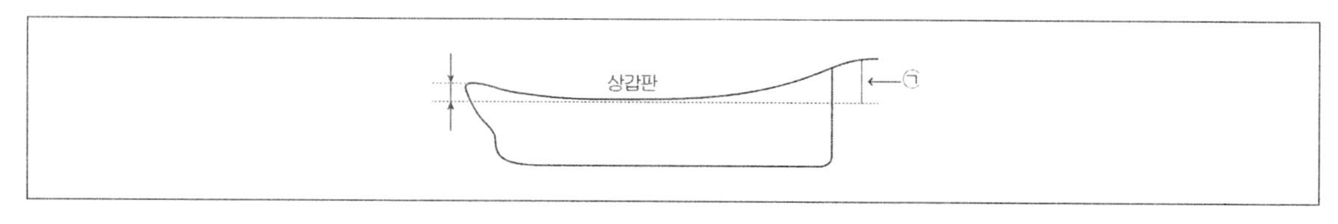

① 선수현호 ② 텀블 홈
③ 플레어 ④ 캠버

NOTE

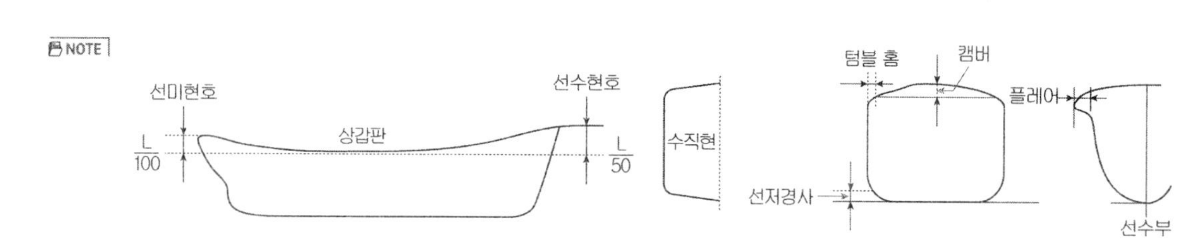

40 초단파무선설비(VHF)에서 쒸~하는 잡음이 계속해서 들리고 있을 때 잡음이 들리지 않고 교신이 원활하도록 하는 방법은?

① 마이크를 걸어 놓는다. ② 볼륨(Volume)을 줄인다.
③ 전원을 껏다가 켠다. ④ 스켈치(Squelch)를 조절한다.

NOTE 초단파무선설비(VHF)에서 잡음이 계속해서 들리는 경우에는 스켈치(Squelch)를 조절한다.

41 타주를 가진 선박에서 계획만재흘수선상의 선수재 전면으로부터 타주 후면까지의 수평거리는?

① 전장 ② 등록장
③ 수선장 ④ 수선간장

NOTE ④ 수선간장 : 건현표의 원표의 중심을 지나는 계획만재흘수선 상의 선수재의 전면과 타주의 후면에, 기선에서 각각 수선을 세워서 이 양 수선 간의 거리를 배의 길이로 나타낸 것을 말한다.

answer 39.① 40.④ 41.④

42 선체운동을 나타낸 그림에서 ㉠은?

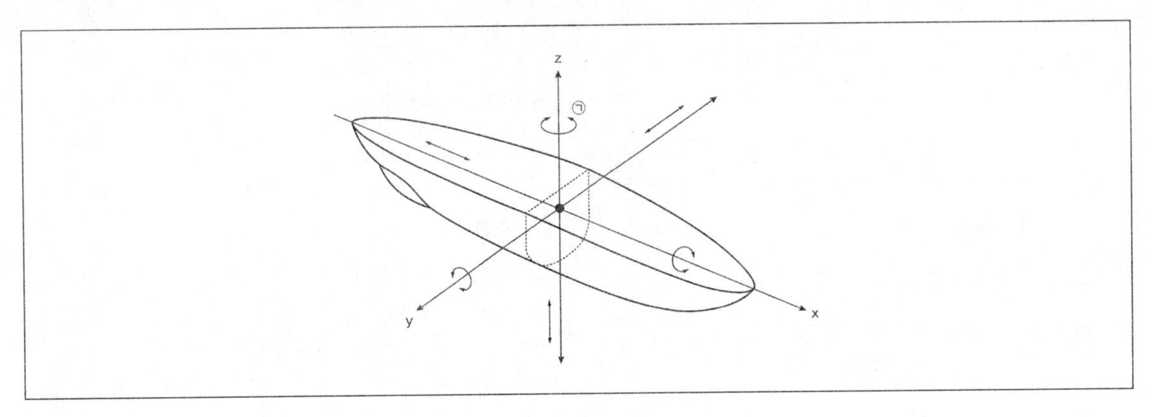

① 선수동요　　② 횡동요
③ 종동요　　④ 전후동요

NOTE

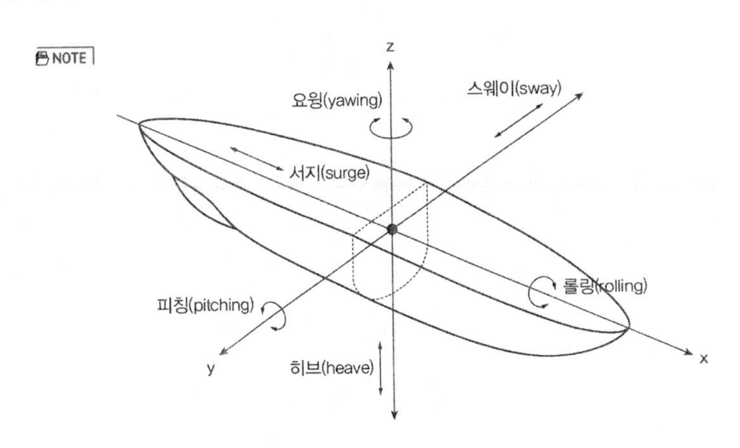

43 항해 중 당직항해사가 선장에게 즉시 보고하여야 하는 경우가 아닌 것은?

① 시계가 제한되거나 제한될 것으로 예상될 경우
② 침로의 유지가 어려울 경우
③ 예정된 변침지점에서 침로를 변경한 경우
④ 예기치 않은 항로표지를 발견한 경우

NOTE 예정된 변침지점에서 침로를 변경한 경우는 선장에게 보고할 사항이 아니다.

answer 42.① 43.③

Chapter 02. 운용

요점만 한 눈에 보는 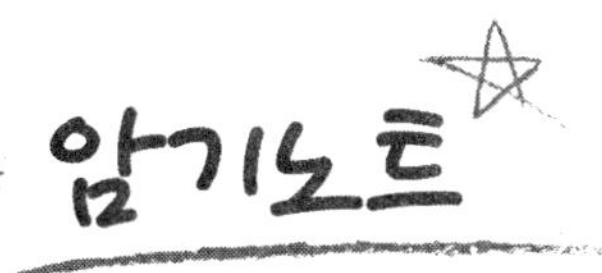

이중저 구조(double bottom)

① 선수나 선미부를 제외하고 선체 바닥은 이중 구조를 가지게 되어 선체 파공에도 침수를 방지하고 선체 강도를 향상시키며, 발라스트 탱크로 선박 복원성을 조절하거나 연료탱크로도 사용한다.

② 바닥에는 오수를 저장하는 소형 탱크가 설치되어 있고 펌프로 배수관을 통해 선외로 배출할 수 있다.

③ 종방향으로 중심선 거더가 용골상을 종통하며, 횡방향으로 늑골의 위치에 늑판을 배치한다.

④ 외판에는 선저 외판을, 내저에는 내저판을 덮고, 다시 내저 빌지 부근에는 마진 플레이트 덮어 탱크를 수밀 또는 유밀 구조로 한다.

⑤ 이중저 구조의 장점

㉠ 선저부가 손상을 입어도 수밀이 유지되므로 화물과 선박의 안전을 기할 수 있다.

㉡ 선저부의 구조를 견고하게 함으로써 호깅 및 새깅의 상태에도 잘 견딘다.

㉢ 이중저의 내부를 구획하여 밸러스트나 연료 및 청수 탱크로 사용할 수 있다.

㉣ 탱크의 주·배수로를 이용하여 선박의 중심과 횡경사, 트림 등을 조절할 수 있다.

팽창식 구명 뗏목(life raft) 2020, 2021, 2022 출제

① 나일론 등과 같은 합성 섬유로 된 포지를 고무로 가공하여 뗏목 모양으로 만들고, 안에 탄산가스나 질소가스를 압입한 기구로서 긴급상황에 팽창시키면 뗏목처럼 펼쳐지는 구명설비이다.

② **자동이탈장치** : 선박이 침몰해서 수면 아래로 4m정도에 이르게 되면 수압에 의해서 자동으로 작동하여 구명 뗏목을 부상시키는 장치를 말한다.

구명부기

선박의 조난 시 구조를 기다리는 동안 여러 사람이 타지 않고 손으로 붙잡고 떠 있을 수 있는 부체를 말한다. 2021, 2022 출제

방수복

물이 들어오지 않아 낮은 수온의 물속에서 체온을 보호하기 위한 장비로 2분 이내에 착용할 수 있어야 한다. 2022 출제

구명줄 발사기

선박이 조난을 당한 경우에, 조난선과 구조선 또는 육상 간에 연결용 줄을 보내는 데 사용하는 기구로 수평에서 45° 각도로 발사하여야 하며, 구명줄 발사기의 구비요건은 다음과 같다.

① 사용자에게 위험을 주지 않고 취급이 용이하여야 한다.

② 구명색을 230m(250 yard) 이상 운반할 수 있어야 한다.

③ 4개 이상의 구명줄과 발사체가 비치되어 있어야 한다.

생존정용 구명무선설비

① 조난 상태에서 수색과 구조작업 시 생존자의 위치 결정을 쉽게 하도록 무선표지신호를 발신하는 장비이다.

② 선박이 조난 상태에서 수신시설도 이용할 수 없을 대 표시하는 것으로 색상은 오렌지색이나 노란색으로 눈에 잘 띄도록 하여야 한다.

③ 20m높이에서 투하했을 때 손상되지 않고 10m의 수심에서 5분 이상 수밀되며 48시간 이상 작동되고 수심 4m 이내에서 수압에 의해 자동이탈장치가 작동되어야 한다.

해상이동업무 식별번호(MMSI) 2022 출제

① 일부 부선망을 통하여 선박국, 선박 지구국, 해안국, 해인 지구국을 식별히기 위하어 사용되는 9개의 숫자로 된 부호이다.

② 주로 디지털 선택 호출(DSC)이나 경보표시 신호(AIS) 등에 사용되는 선박 식별 번호로 사용되며, 국가 또는 지역을 나타내는 해상 이동식별 숫자(MID:maritime identification digit) 3개와 나머지 선박국, 해안국 등을 표시하는 숫자로 구성된다.

③ 전화 및 텔렉스 가입자가 일반 통신망을 통해 자동으로 선박을 호출하기 위해 사용할 수도 있다.

채널 16의 사용 기준

① 상대국의 일반적인 통신 채널을 알고 있으면 채널 16을 우선하여 사용하도록 한다.

② 채널 16을 사용하여 2분 간격으로 3회 호출한다.

③ 선교당직자는 현지의 규칙에 규정된 청취 채널이 없는 경우에는 채널 16을 청취하도록 한다.

④ 채널 16을 사용하여야 하는 경우

㉠ 조난이나 긴급 및 항해의 안전을 위한 통신

㉡ 상대국의 통상통신이 사용되고 있거나 모르는 경우

비상위치지시용 무선표지설비(EPIRB) 2020, 2021, 2022 출제

① 선박 침몰시 일정 수압이 가해지면 자동으로 이탈장치가 풀리면서 수면 위로 부상해 조난신호를 보내는 통신장치를 말한다.

② 총 톤수 2톤 이상의 모든 선박에 의무 탑재토록 돼 있으며, 수색과 구조작업 시 생존자의 위치를 쉽게 알 수 있다.

③ 조난신호가 잘못 발신되었을 경우에는 수색구조조정본부로 연락하여야 한다.

양력

① 키판에 작용하는 힘의 방향이 선미를 미는 정횡방향이다.

② 이론상으로는 최대 유효타각이 45도이지만 항력의 증가와 조타기의 마력 증가 등을 고려하여 일반 선박의 경우에는 최대 타각이 35도 정도가 되도록 타각제한장치를 설치한다.

방형계수(방형비척계수) 2020 출제

① 물속에 잠긴 선체의 비만도(뚱뚱한 정도)를 나타내는 계수이다.

② 최대값은 1이며, 대부분의 선박들은 0.5 ~ 0.9정도의 값을 가진다.

③ 방형계수 값이 작으면 고속선에 유리하지만 유조선과 같이 방형계수가 큰 선박은 선회성은 양호하지만 추종성이나 침로안전성은 좋지 않다.

선회 종거(advance) 또는 종거

전타를 시작한 처음 위치에서 선수가 원침로 선상으로 부터 90°회두했을 때까지의 원침로 선상에서의 전진 거리를 말한다.

선회 횡거(transfer) 또는 횡거

전타를 시작한 처음 위치에서 선체 회두가 90°된 곳까지 원침로에서 직각 방향으로 잰 거리를 말한다.

선회 중의 선체 경사

① 내방 경사(안쪽 경사) : 조타한 직후에 수면 상부의 선체는 타각을 준 선회권의 안쪽으로 생기는 경사를 말한다.

② 외방 경사(바깥 쪽 경사) : 정상적인 원운동 시에는 수면 상부의 선체가 타각을 준 반대쪽인 선회권의 바깥쪽으로 생기는 경사를 말한다.

선체 저항 2021, 2022 출제

① 마찰 저항
- ㉠ 선체 표면이 물과 접하게 되면 물의 점성에 의해 부착력이 선체에 작용하여 선체의 진행을 방해하는 힘이 생기는 것을 말한다.
- ㉡ 저속선에서 마찰 저항이 가장 큰 비중을 차지한다.
- ㉢ 선속이나 선체의 침하 면적 및 선저 오손 등이 크면 마찰 저항이 증가한다.

② 조파 저항
- ㉠ 선체가 공기와 물의 경계면에서 운동을 할 때 발생하는 저항을 말한다.
- ㉡ 최근의 고속 선박들은 조파 저항을 줄이기 위해 선수의 형태를 구형 선수(bulbous bow)로 많이 하고 있다.

③ 조와 저항 : 물분자의 속도차에 의하여 선미 부근에서 생기는 와류로 인하여 선체는 전방으로부터 후방으로 힘을 받게 되는 저항을 말한다.

④ 공기 저항 : 선박이 항진 중에 수면 상부의 선체 및 갑판 상부의 구조물이 공기의 흐름과 부딪쳐서 생기는 저항을 말한다.

닻(앵커)

바다에서 배를 정박시킬 때 사용하는 계선구(繫船具)를 말하며, 선박의 속도 감속, 좁은 수역에서의 방향 전환 등 선박 조정의 보조역할을 한다. 2022 출제

선체운동(선체의 6주유도 운동) 2020 출제

① 직진운동
- ㉠ **전후동요**(surging) : 선박의 종방향, 선수미 방향의 진동운동을 말한다.
- ㉡ **좌우동요**(swaying) : 선박의 좌현과 우현 방향의 진동운동을 말한다. 2022 출제
- ㉢ **상하동요**(heaving) : 선박의 상하(수직방향)방향의 진동운동을 말한다.

② 회전운동
- ㉠ **횡동요**(롤링, rolling) : 선박의 길이방향 축을 기준으로 회전운동 하는 것을 말하며, 승선감에 가장 큰 영향을 미치고 러치(Lurch)현상이 올 수도 있다. 2022 출제
- ㉡ **종동요**(피칭, pitching) : 폭방향축을 기준으로 한 회전운동을 말하며, 선속을 감소시키고 적재화물을 파손시킬 수 있으며 심한 경우 선체의 중앙부분이 절단될 수도 있다. 2020 출제
- ㉢ **선수동요**(요잉, yawing) : 선박의 수직 방향축을 기준으로 한 회전운동을 말하며, 선박의 보침성과 관련이 있다. 2020 출제

브로칭(broaching) 2020, 2022 출제

① 파도를 선미에서 받으며 항주할 때 선체중앙이 파도의 마루나 파도의 오르막 파면에 위치하면, 급격한 선수동요에 의해 선체는 파도와 평행하게 놓이는 현상을 말한다.

② 파도가 갑판을 덮치고 대각도 횡경사가 유발되어 전복의 위험이 있다.

③ 브로칭 현상은 배의 길이가 파장과 거의 같을 때에 심하다.

④ 속력이 빠른 소형선박이나 컨테이너선은 선미파를 받지 않도록 침로를 유지하고, 감속하여야 한다.

항해 중의 황천대응 준비 2020 출제

① 중량물은 가급적 낮은 위치로 이동하여 적재한다.

② 탱크 내의 물이나 기름 등은 가득 채우거나 불필요한 것은 비워서 유동수에 의한 복원의 감소를 막도록 한다.

③ 이동물을 고박하고 선체의 개구부를 밀폐한다.

④ 빌지펌프(오 · 폐수 시설) 등 배수설비의 기능이 정상적으로 작동하는지 점검한다.

⑤ 배수구와 방수구를 점검하고 정상적인 기능을 할 수 있도록 청소한다.

황천 시 선박의 조종법 중 거주(heave to)란? 2022 출제

① 풍랑 쪽으로 선수를 향하게 하여 조타가 가능한 최소의 속력으로 전진하는 방법이다.

② 풍랑을 선수로부터 좌우현 25~35°방향에서 받도록 하는 것이 좋다.

③ 파도에 대하여 자세를 취하기 쉽고 선체의 동요를 줄이게 되어 풍하 측으로의 표류가 적다.

④ 파도에 의한 선수부의 충격과 파도의 침입이 심하며 너무 감속하면 보침이 어려워 정횡으로 파도를 받는 형태가 될 우려가 있다.

표주(lie to) 2022 출제

① 기관을 정지하고 선체를 풍하 측으로 표류하도록 하는 방법을 말하며, 대형선이나 특수선 이외에는 사용하지 않는다.

② 선체에 부딪히는 파의 충격을 최소화할 수 있고 키에 의한 보침의 필요가 없으나, 풍하 측의 수역이 필요하고 횡파를 받아 대각도 경사가 일어날 수 있다.

선박충돌시의 조치

① 자선과 타선에 급박한 위험이 있는지를 파악하여 위급상황 시에는 긴급구조를 요청하는 등의 조치를 취한다.

② 자선과 타선의 인명구조에 관항 조치를 한다.

③ 서로 상호간에 선명과 선적항, 선박소유자, 출항지 및 도착지 등을 알린다.

④ 충돌시각과 위치, 선수방향과 당시의 침로, 기상상태 등을 상세하게 기록한다.

⑤ 퇴선 하는 경우에는 반드시 중요한 서류를 가지고 퇴선 하도록 한다.

03 법규

기출문제

01 해사안전기본법

(1) 제1장 총칙

① 목적(법 제1조)

이 법은 해사안전 정책과 제도에 관한 기본적 사항을 규정함으로써 해양사고의 방지 및 원활한 교통을 확보하고 국민의 생명·신체 및 재산의 보호에 이바지함을 목적으로 한다.

② 정의(법 제3조)

㉠ "해사안전관리"란 선원·선박소유자 등 인적 요인, 선박·화물 등 물적 요인, 해상교통체계·교통시설 등 환경적 요인, 국제협약·안전제도 등 제도적 요인을 종합적·체계적으로 관리함으로써 선박의 운용과 관련된 모든 일에서 발생할 수 있는 사고로부터 사람의 생명·신체 및 재산의 안전을 확보하기 위한 모든 활동을 말한다.

㉡ "선박"이란 물에서 항행수단으로 사용하거나 사용할 수 있는 모든 종류의 배로 수상항공기(물 위에서 이동할 수 있는 항공기를 말한다)와 수면비행선박(표면효과 작용을 이용하여 수면 가까이 비행하는 선박을 말한다)을 포함한다.

㉢ "해양시설"이란 자원의 탐사·개발, 해양과학조사, 선박의 계류(繫留)·수리·하역, 해상주거·관광·레저 등의 목적으로 해저(海底)에 고착된 교량·터널·케이블·인공섬·시설물이거나 해상부유 구조물(선박은 제외한다)인 것을 말한다.

㉣ "해사안전산업"이란 「해양사고의 조사 및 심판에 관한 법률」 제2조에 따른 해양사고로부터 사람의 생명·신체·재산을 보호하기 위한 기술·장비·시설·제품 등을 개발·생산·유통하거나 관련 서비스를 제공하는 산업을 말한다.

㉤ "해상교통망"이란 선박의 운항상 안전을 확보하고 원활한 운항흐름을 위하여 해양수산부장관이 영해 및 내수에 설정하는 각종 항로, 각종 수역 등의 해양공간과 이에 설치되는 해양교통시설의 결합체를 말한다.

㉥ "해사 사이버안전"이란 사이버공격으로부터 선박운항시스템을 보호함으로써 선박운항시스템과 정보의 기밀성·무결성·가용성 등 안전성을 유지하는 상태를 말한다.

(2) 국가해사안전기본계획의 수립 등

① 국가해사안전기본계획(법 제7조)

㉠ 해양수산부장관은 해사안전 증진을 위한 국가해사안전기본계획(이하 "기본계획"이라 한다)을 5년 단위로 수립하여야 한다. 다만, 기본계획 중 항행환경개선에 관한 계획은 10년 단위로 수립할 수 있다.

㉡ 해양수산부장관은 기본계획을 수립하거나 대통령령으로 정하는 중요한 사항을 변경하려는 경우에는 관계 행정기관의 장과 협의하여야 한다.

㉢ 해양수산부장관은 기본계획을 수립하거나 변경하기 위하여 필요하다고 인정하는 경우에는 관계 중앙행정기관의 장, 특별시장 · 광역시장 · 특별자치시장 · 도지사 · 특별자치도지사(이하 "시 · 도지사"라 한다), 시장 · 군수 · 구청장(자치구의 구청장을 말한다. 이하 같다), 「공공기관의 운영에 관한 법률」 제4조에 따른 공공기관의 장(이하 "공공기관의 장"이라 한다), 해사안전과 관련된 기관 · 단체의 장 또는 개인에 대하여 관련 자료의 제출, 의견의 진술 또는 그 밖에 필요한 협력을 요청할 수 있다. 이 경우 요청을 받은 자는 특별한 사유가 없으면 이에 따라야 한다.

㉣ 기본계획의 수립 및 시행에 필요한 사항은 대통령령으로 정한다.

② 선해사안전시행계획의 수립 · 시행(법 제8조)

㉠ 해양수산부장관은 기본계획을 시행하기 위하여 매년 해사안전시행계획(이하 "시행계획"이라 한다)을 수립 · 시행하여야 한다.

㉡ 해양수산부장관은 시행계획을 수립하려는 경우에는 시행계획의 수립지침을 작성하여 관계 중앙행정기관의 장, 시 · 도지사, 시장 · 군수 · 구청장, 공공기관의 장에게 통보하여야 하며, 이에 따라 통보를 받은 관계 중앙행정기관의 장, 시 · 도지사, 시장 · 군수 · 구청장 및 공공기관의 장은 기관별 해사안전시행계획을 작성하여 해양수산부장관에게 제출하여야 한다.

㉢ 시행계획에 포함할 내용과 수립 절차 · 방법 등에 필요한 사항은대통령령으로 정한다.

(3) 해상교통관리시책 등

① 해상교통관리시책 등(법 제11조)

㉠ 해양수산부장관은 선박교통환경 변화에 대비하여 해상에서 선박의 안전한 통항 흐름이 이루어질 수 있도록 해상교통관리에 필요한 시책을 강구하여야 한다.

㉡ 해양수산부장관은 해상교통관리시책을 이행하기 위하여 주기적으로 연안해역 등에 대한 교통영향을 평가하고 그 결과를 공표하여야 하며, 선박의 항행안전을 위하여 필요한 경우에는 각종 해상교통시설을 설치 · 관리하여야 한다.

㉢ 해상교통관리시책의 수립 · 추진 및 이행 등에 관한 사항은 따로 법률로 정한다.

기출문제

② 선박 및 해양시설의 안전성 확보(법 제12조)

㉠ 해양수산부장관은 선박의 안전성을 확보하기 위하여 선박의 구조 · 설비 및 시설 등에 관한 기술기준을 개선하고 지속적으로 발전시키기 위한 시책을 마련하여야 한다.

㉡ 해양수산부장관은 선박의 교통상 장애를 제거하기 위하여 해양시설에 대한 안전관리를 하여야 한다.

㉢ 선박의 안전성 및 해양시설에 대한 안전관리에 관하여는 따로 법률로 정한다.

③ 해사안전관리 전문인력의 양성(법 제13조)

㉠ 해양수산부장관은 해사안전관리를 효과적으로 할 수 있는 전문인력을 양성하기 위하여 다음 각 호의 시책을 수립 · 추진하여야 한다.

ⓐ 해사안전관리 분야별 전문인력 양성
ⓑ 해사안전관리 업무종사자의 역량 강화를 위한 교육 · 연수
ⓒ 해사안전관리 업무종사자에 대한 교육프로그램 및 교재 개발 · 보급
ⓓ 신기술 접목 선박 등의 안전관리에 필요한 전문인력 양성
ⓔ 그 밖에 해사안전관리 전문인력의 양성을 위하여 필요하다고 인정되는 사업

㉡ 해양수산부장관은 전문인력을 양성하기 위하여 해사안전관리와 관련한 대학 · 연구소 · 기관 또는 단체를 전문인력 양성기관으로 지정할 수 있다.

㉢ 해양수산부장관은 지정된 전문인력 양성기관에 대하여 교육 및 훈련에 필요한 비용의 전부 또는 일부를 지원할 수 있다.

㉣ 해양수산부장관은 지정된 전문인력 양성기관이 다음 각 호의 어느 하나에 해당하는 경우 그 지정을 취소할 수 있다.

ⓐ 거짓 또는 부정한 방법으로 지정을 받은 경우
ⓑ 정당한 사유 없이 지정받은 업무를 수행하지 아니한 경우
ⓒ 업무수행능력이 현저히 부족하다고 인정되는 경우

㉤ 전문인력 양성기관의 지정 및 지정취소의 기준 · 절차와 지원 범위, 그 밖에 필요한 사항은 대통령령으로 정한다.

(4) 국제협력 및 해사안전산업의 진흥

① 국제협력의 증진(법 제17조)

㉠ 해양수산부장관은 해사안전분야의 발전을 위하여 각종 해사안전 동향 조사 및 정책 개발, 인력 · 기술의 교류 등에 관하여 국제해사기구를 비롯한 국제기구, 외국정부 및 기관과의 협력사업을 추진할 수 있다.

㉡ 해양수산부장관은 국제해사기구가 추진하는 해사안전에 관한 새로운 규제 등에 선제적으로 대응하기 위하여 융복합 연구개발 기반을 마련하고 이에 필요한 각종 지원을 적극적으로 추진하여야 한다.

② 해사안전산업의 진흥시책(법 제18조)

㉠ 해양수산부장관은 해사안전의 증진을 위하여 해사안전산업을 진흥하기 위한 시책을 마련하여 추진하여야 한다.

㉡ 해양수산부장관은 새롭게 등장하는 해사안전 분야의 신산업 발전을 효과적으로 지원하기 위하여 관련 조사, 기술개발, 기반시설 구축 등 각종 지원사업을 실시할 수 있다.

㉢ 해양수산부장관은 해사안전산업의 진흥을 위하여 금융지원 등 필요한 지원을 할 수 있다.

③ 국제해사기구의 국제협약 이행 기본계획 등(법 제20조)

㉠ 해양수산부장관은 국제해사기구의 국제협약을 이행하기 위한 계획(이하 "이행계획"이라 한다)을 7년마다 수립하여야 한다.

㉡ 해양수산부장관은 이행계획을 시행하기 위하여 매년 점검계획(이하 "점검계획"이라 한다)을 수립하여야 한다.

㉢ 해양수산부장관은 이행계획 및 점검계획을 수립하거나 변경하기 위하여 필요하다고 인정하는 경우에는 관계 중앙행정기관의 장, 시 · 도지사, 시장 · 군수 · 구청장, 공공기관의 장, 그 밖의 관계인에게 관련 자료의 제출, 의견의 진술 또는 그 밖에 필요한 협력을 요청할 수 있다. 이 경우 요청을 받은 자는 특별한 사유가 없으면 요청에 따라야 한다.

㉣ 이행계획 및 점검계획의 세부 내용 및 수립 절차 · 방법 등에 필요한 사항은 대통령령으로 정한다.

02 해상교통안전법

(1) 총칙

① 목적(법 제1조)

이 법은 수역 안전관리, 해상교통 안전관리, 선박·사업장의 안전관리 및 선박의 항법 등 선박의 안전운항을 위한 안전관리체계에 관한 사항을 규정함으로써 선박항행과 관련된 모든 위험과 장해를 제거하고 해사안전 증진과 선박의 원활한 교통에 이바지함을 목적으로 한다.

② 정의(법 제2조)

㉠ "해사안전관리"란 「해사안전기본법」 제3조 제1호에 따른 안전관리를 말한다.

㉡ "선박"이란 「해사안전기본법」 제3조 제2호에 따른 선박을 말한다.

㉢ "대한민국선박"이란 「선박법」 제2조각 호에 따른 선박을 말한다.

㉣ "위험화물운반선"이란 선체의 한 부분인 화물창(貨物倉)이나 선체에 고정된 탱크 등에 해양수산부령으로 정하는 위험물을 싣고 운반하는 선박을 말한다.

㉤ "거대선"(巨大船)이란 길이 200미터 이상의 선박을 말한다.

㉥ "고속여객선"이란 시속 15노트 이상으로 항행하는 여객선을 말한다.

㉦ "동력선"(動力船)이란 기관을 사용하여 추진(推進)하는 선박을 말한다. 다만, 돛을 설치한 선박이라도 주로 기관을 사용하여 추진하는 경우에는 동력선으로 본다.

㉧ "범선"(帆船)이란 돛을 사용하여 추진하는 선박을 말한다. 다만, 기관을 설치한 선박이라도 주로 돛을 사용하여 추진하는 경우에는 범선으로 본다.

㉨ "어로에 종사하고 있는 선박"이란 그물, 낚싯줄, 트롤망, 그 밖에 조종성능을 제한하는 어구(漁具)를 사용하여 어로(漁撈) 작업을 하고 있는 선박을 말한다.

㉩ "조종불능선"(操縱不能船)이란 선박의 조종성능을 제한하는 고장이나 그 밖의 사유로 조종을 할 수 없게 되어 다른 선박의 진로를 피할 수 없는 선박을 말한다.

㉪ "조종제한선"(操縱制限船)이란 다음 각 목의 작업과 그 밖에 선박의 조종성능을 제한하는 작업에 종사하고 있어 다른 선박의 진로를 피할 수 없는 선박을 말한다.

ⓐ 항로표지, 해저전선 또는 해저파이프라인의 부설·보수·인양 작업

ⓑ 준설(浚渫)·측량 또는 수중 작업

ⓒ 항행 중 보급, 사람 또는 화물의 이송 작업

ⓓ 항공기의 발착(發着)작업

ⓔ 기뢰(機雷)제거작업

ⓕ 진로에서 벗어날 수 있는 능력에 제한을 많이 받는 예인(曳引)작업

ⓔ "흘수제약선"(吃水制約船)이란 가항(可航)수역의 수심 및 폭과 선박의 흘수와의 관계에 비추어 볼 때 그 진로에서 벗어날 수 있는 능력이 매우 제한되어 있는 동력선을 말한다.

ⓟ "해양시설"이란 「해사안전기본법」 제3조 제3호에 따른 시설을 말한다.

ⓗ "해상교통안전진단"이란 해상교통안전에 영향을 미치는 다음 각 목의 사업(이하 "안전진단대상사업"이라 한다)으로 발생할 수 있는 항행안전 위험요인을 전문적으로 조사 · 측정하고 평가하는 것을 말한다.

ⓐ 항로 또는 정박지의 지정 · 고시 또는 변경

ⓑ 선박의 통항을 금지하거나 제한하는 수역(水域)의 설정 또는 변경

ⓒ 수역에 설치되는 교량 · 터널 · 케이블 등 시설물의 건설 · 부설 또는 보수

ⓓ 항만 또는 부두의 개발 · 재개발

ⓔ 그 밖에 해상교통안전에 영향을 미치는 사업으로서 대통령령으로 정하는 사업

㉠-1 "항행장애물"(航行障礙物)이란 선박으로부터 떨어진 물건, 침몰 · 좌초된 선박 또는 이로부터 유실(遺失)된 물건 등 해양수산부령으로 정하는 것으로서 선박항행에 장애가 되는 물건을 말한다.

㉡-1 "통항로"(通航路)란 선박의 항행안전을 확보하기 위하여 한쪽 방향으로만 항행할 수 있도록 되어 있는 일정한 범위의 수역을 말한다.

㉢-1 "제한된 시계"란 안개 · 연기 · 눈 · 비 · 모래바람 및 그 밖에 이와 비슷한 사유로 시계(視界)가 제한되어 있는 상태를 말한다.

㉣-1 "항로지정제도"란 선박이 통항하는 항로, 속력 및 그 밖에 선박 운항에 관한 사항을 지정하는 제도를 말한다.

㉤-1 "항행 중"이란 선박이 다음 각 목의 어느 하나에 해당하지 아니하는 상태를 말한다.

ⓐ 정박(碇泊)

ⓑ 항만의 안벽(岸壁) 등 계류시설에 매어 놓은 상태[계선부표(繫船浮標)나 정박하고 있는 선박에 매어 놓은 경우를 포함한다]

ⓒ 얹혀 있는 상태

㉥-1 "길이"란 선체에 고정된 돌출물을 포함하여 선수(船首)의 끝단부터 선미(船尾)의 끝단 사이의 최대 수평거리를 말한다.

㉦-1 "폭"이란 선박 길이의 횡방향 외판의 외면으로부터 반대쪽 외판의 외면 사이의 최대 수평거리를 말한다.

㉧-1 "통항분리제도"란 선박의 충돌을 방지하기 위하여 통항로를 설정하거나 그 밖의 적절한 방법으로 한쪽 방향으로만 항행할 수 있도록 항로를 분리하는 제도를 말한다.

기출문제

ⓧ-1 "분리선"(分離線) 또는 "분리대"(分離帶)란 서로 다른 방향으로 진행하는 통항로를 나누는 선 또는 일정한 폭의 수역을 말한다.

ⓩ-1 "연안통항대"(沿岸通航帶)란 통항분리수역의 육지 쪽 경계선과 해안 사이의 수역을 말한다.

㉪-1 "예인선열"(曳引船列)이란 선박이 다른 선박을 끌거나 밀어 항행할 때의 선단(船團) 전체를 말한다.

㉫-1 "대수속력"(對水速力)이란 선박의 물에 대한 속력으로서 자기 선박 또는 다른 선박의 추진장치의 작용이나 그로 인한 선박의 타력(惰力)에 의하여 생기는 것을 말한다.

(2) 해양시설의 보호수역 설명 및 관리

① 보호수역의 설정 및 입역허가(법 제5조)

㉠ 해양수산부장관은 해양시설 부근 해역에서 선박의 안전항행과 해양시설의 보호를 위한 수역(이하 "보호수역"이라 한다)을 설정할 수 있다.

㉡ 누구든지 보호수역에 입역(入域)하기 위하여는 해양수산부장관의 허가를 받아야 하며, 해양수산부장관은 해양시설의 안전 확보에 지장이 없다고 인정하거나 공익상 필요하다고 인정하는 경우 보호수역의 입역을 허가할 수 있다.

㉢ 해양수산부장관은 입역허가에 필요한 조건을 붙일 수 있다.

㉣ 해양수산부장관은 입역허가에 관하여 필요하면 관계 행정기관의 장과 협의하여야 한다.

㉤ 보호수역의 범위는 대통령령으로 정하고, 보호수역 입역허가 등에 필요한 사항은 해양수산부령으로 정한다.

② 보호수역의 입역(제6조)

㉠ 제5조 ㉡에도 불구하고 다음 각 호의 어느 하나에 해당하면 해양수산부장관의 허가를 받지 아니하고 보호수역에 입역할 수 있다.

ⓐ 선박의 고장이나 그 밖의 사유로 선박 조종이 불가능한 경우

ⓑ 해양사고를 피하기 위하여 부득이한 사유가 있는 경우

ⓒ 인명을 구조하거나 또는 급박한 위험이 있는 선박을 구조하는 경우

ⓓ 관계 행정기관의 장이 해상에서 안전 확보를 위한 업무를 하는 경우

ⓔ 해양시설을 운영하거나 관리하는 기관이 그 해양시설의 보호수역에 들어가려고 하는 경우

㉡ 입역 등에 필요한 사항은 해양수산부령으로 정한다.

(3) 교통안전특정해역 등의 설정 및 관리

① 교통안전특정해역의 설정 등(법 제7조)

㉠ 해양수산부장관은 다음 각 호의 어느 하나에 해당하는 해역으로서 대형 해양사고가 발생할 우려가 있는 해역(이하 "교통안전특정해역"이라 한다)을 설정할 수 있다.

ⓐ 해상교통량이 아주 많은 해역

ⓑ 거대선, 위험화물운반선, 고속여객선 등의 통항이 잦은 해역

㉡ 해양수산부장관은 관계 행정기관의 장의 의견을 들어 해양수산부령으로 정하는 바에 따라 교통안전특정해역 안에서의 항로지정제도를 시행할 수 있다.

㉢ 교통안전특정해역의 범위는 대통령령으로 정한다.

② 거대선 등의 항행안전확보 조치(법 제8조)

해양경찰서장은거대선, 위험화물운반선, 고속여객선, 그 밖에 해양수산부령으로 정하는 선박이 교통안전특정해역을 항행하려는 경우 항행안전을 확보하기 위하여 필요하다고 인정하면 선장이나 선박소유자에게 다음 각 호의 사항을 명할 수 있다.

ⓐ 통항시각의 변경

ⓑ 항로의 변경

ⓒ 제한된 시계의 경우 선박의 항행 제한

ⓓ 속력의 제한

ⓔ 안내선의 사용

ⓕ 그 밖에 해양수산부령으로 정하는 사항

③ 어업의 제한 등(법 제9조)

㉠ 교통안전특정해역에서 어로 작업에 종사하는 선박은 항로지정제도에 따라 그 교통안전특정해역을 항행하는 다른 선박의 통항에 지장을 주어서는 아니 된다.

㉡ 교통안전특정해역에서는 어망 또는 그 밖에 선박의 통항에 영향을 주는 어구 등을 설치하거나 양식업을 하여서는 아니 된다.

㉢ 교통안전특정해역으로 정하여지기 전에 그 해역에서 면허를 받은 어업권 · 양식업권을 행사하는 경우에는 해당 어업면허 또는 양식업 면허의 유효기간이 끝나는 날까지 ㉡을 적용하지 아니한다.

㉣ 특별자치도지사 · 시장 · 군수 · 구청장(자치구의 구청장을 말한다)이 교통안전특정해역에서 어업면허, 양식업 면허, 어업허가 또는 양식업 허가(면허 또는 허가의 유효기간 연장을 포함한다)를 하려는 경우에는 미리 해양경찰청장과 협의하여야 한다.

기출문제

기출문제

(4) 유조선통항금지해역 등의 설정 및 관리

① **유조선의 통항제한**(법 제11조)

㉠ 다음 각 호의 어느 하나에 해당하는 석유 또는 유해액체물질을 운송하는 선박(이하 "유조선"이라 한다)의 선장이나 항해당직을 수행하는 항해사는 유조선의 안전운항을 확보하고 해양사고로 인한 해양오염을 방지하기 위하여 대통령령으로 유조선의 통항을 금지한 해역(이하 "유조선통항금지해역"이라 한다)에서 항행하여서는 아니 된다.

ⓐ 원유, 중유, 경유 또는 이에 준하는 「석유 및 석유대체연료 사업법」 제2조 제2호 가목에 따른 탄화수소유, 같은 조 제10호에 따른 가짜 석유제품, 같은 조 제11호에 따른 석유대체연료 중 원유 · 중유 · 경유에 준하는 것으로 해양수산부령으로 정하는 기름 1천500킬로리터 이상을 화물로 싣고 운반하는 선박

ⓑ 「해양환경관리법」 제2조 제7호에 따른 유해액체물질을 1천500톤 이상 싣고 운반하는 선박

㉡ 유조선은 다음 각 호의 어느 하나에 해당하면 제1항에도 불구하고 유조선통항금지해역에서 항행할 수 있다.

ⓐ 기상상황의 악화로 선박의 안전에 현저한 위험이 발생할 우려가 있는 경우

ⓑ 인명이나 선박을 구조하여야 하는 경우

ⓒ 응급환자가 생긴 경우

ⓓ 항만을 입항 · 출항하는 경우. 이 경우 유조선은 출입해역의 기상 및 수심, 그 밖의 해상상황 등 항행여건을 충분히 헤아려 유조선통항금지해역의 바깥쪽 해역에서부터 항구까지의 거리가 가장 가까운 항로를 이용하여 입항 · 출항하여야 한다.

② **시운전금지해역의 설정**(법 제12조)

㉠ 누구든지충돌 등 해양사고를 방지하기 위하여 시운전(조선소 등에서 선박을 건조 · 개조 · 수리 후 인도 전까지 또는 건조 · 개조 · 수리 중 시험운전하는 것을 말한다. 이하 이 조 및 제114조 제7호에서 같다)을 금지한 해역(이하 "시운전금지해역"이라 한다)에서 길이 100미터 이상의 선박에 대하여 해양수산부령으로 정하는 시운전을 하여서는 아니 된다.

㉡ 시운전금지해역의 범위는 대통령령으로 정한다.

(5) 해상교통안전진단

① **해상교통안전진단**(법 제13조)

㉠ 해양수산부장관은 안전진단대상사업을 하려는 자(국가기관의 장 또는 지방자치단체의 장인 경우는 제외한다. 이하 "사업자"라 한다)에게 해양수산부령으로 정하는 안전진단기준에 따른 해상교통안전진단을 실시하도록 하여야 한다.

㉡ 사업자는 안전진단대상사업에 대하여 「항만법」, 「공유수면 관리 및 매립에 관한 법률」 및 「선박의 입항 및 출항 등에 관한 법률」등 해양의 이용 또는 보존과 관련된 관계 법령에 따른 허가 · 인가 · 승인 · 신고 등(이하 "허가등"이라 한다)을 받으려는 경우 실시한 해상교통안전진단의 결과(이하 "안전진단서"라 한다)를 허가등의 권한을 가진 행정기관(이하 "처분기관"이라 한다)의 장에게 제출하여야 한다.

㉢ 해상교통안전진단을 실시하고 안전진단서를 제출하여야 하는 안전진단대상사업의 범위는 대통령령으로 정한다.

㉣ 안전진단서를 제출받은 처분기관은 허가등을 하기 전에 사업자로부터 이를 제출받은 날부터 10일 이내에 해양수산부장관에게 제출하여야 한다.

㉤ 해양수산부장관은 처분기관으로부터 안전진단서를 제출받은 날부터 45일 이내에 안전진단서를 검토한 후 해양수산부령으로 정하는 바에 따라 그 의견(이하 "검토의견"이라 한다)을 처분기관에 통보하여야 한다. 이 경우 안전진단서의 서류를 보완하거나 관계 기관과의 협의에 걸리는 기간은 통보기간에 산입하지 아니한다.

㉥ 해양수산부장관은 안전진단서 검토를 위하여 해상교통안전 관련 분야의 전문가 또는 대통령령으로 정하는 해상교통안전진단 전문기관(이하 "해상교통안전진단 전문기관"이라 한다)의 의견을 들을 수 있다.

㉦ 처분기관은 해양수산부장관으로부터 검토의견을 통보받은 날부터 10일 이내에 이를 사업자에게 통보하여야 한다.

㉧ ㉠부터 ㉥까지에서 규정한 사항 외에 안전진단서의 작성, 제출시기, 검토, 공개 및 진단기술인력에 대한 교육 등 해상교통안전진단에 필요한 사항은 해양수산부령으로 정한다.

② **안전진단서 제출이 면제되는 사업 등**(법 제14조)

㉠ 사업자는 안전진단대상사업이 다음의 어느 하나에 해당하여 안전진단서 제출이 필요하지 아니하다고 판단하는 경우 해양수산부령으로 정하는 바에 따라 해당 사업의 목적, 내용, 안전진단서 제출이 필요하지 아니한 사유 등이 포함된 의견서를 해양수산부장관에게 제출하여야 한다.

ⓐ 선박통항안전, 재난대비 또는 복구를 위하여 긴급히 시행하여야 하는 사업

ⓑ 그 밖에 선박의 통항에 미치는 영향이 적은 사업으로 해양수산부장관이 정하여 고시하는사업

㉡ 의견서를 제출받은 해양수산부장관은 해양수산부령으로 정하는 바에 따라 의견서를 검토한 후 의견서를 제출받은 날부터 30일 이내에 안전진단서 제출 필요성 여부를 결정하여 그 결과를 통보하여야 한다. 이 경우 의견서의 서류를 보완하는 데 걸리는 기간은 통보기간에 산입하지 아니한다.

기출문제

㉢ 해양수산부장관이 사업자에게 안전진단서의 제출을 통보한 경우 사업자는 해양수산부장관에게 안전진단서를 제출하여야 한다.

㉣ 해양수산부장관은 사업자로부터 안전진단서를 제출받은 날부터 45일 이내에 안전진단서를 검토한 후 검토의견을 사업자에게 통보하여야 한다. 이 경우 안전진단서의 서류를 보완하거나 관계 기관과의 협의에 걸리는 기간은 통보기간에 산입하지 아니한다.

③ **검토의견에 대한 이의신청**(법 제15조)

㉠ 검토의견에 이의가 있는 사업자는 처분기관을 경유하여 해양수산부장관에게 이의신청을 할 수 있다. 이 경우 사업자는 검토의견을 통보받은 날부터 30일 이내에 처분기관에 이의신청서를 제출하여야 한다. 다만, 천재지변 등 부득이한 사정이 있을 때에는 그 기간을 제출기간에 산입하지 아니한다.

㉡ 해양수산부장관은 이의신청 내용의 타당성을 검토하여 그 결과(이하 "검토결과"라 한다)를 해양수산부령으로 정하는 바에 따라 20일 이내에 처분기관을 거쳐 이의신청을 한 자에게 통보하여야 한다. 다만, 천재지변 등 부득이한 사정이 있을 때에는 10일의 범위에서 통보기간을 연장할 수 있다.

㉢ 이의신청의 방법, 절차 등에 필요한 사항은 해양수산부령으로 정한다.

④ **안전진단대행업자의 결격사유**(법 제19조)

다음의 어느 하나에 해당하는 자는 안전진단대행업자로 등록할 수 없다.

㉠ 피성년후견인 · 피한정후견인 또는 미성년자

㉡ 이 법을 위반하거나 「형법」 제186조에 따른 등대 · 표지 손괴 또는 선박의 교통을 방해함으로써 금고 이상의 실형을 선고받고 그 집행이 끝나거나(집행이 끝난 것으로 보는 경우를 포함한다) 집행이 면제된 날부터 2년이 지나지 아니한 자

㉢ 이 법을 위반하거나 「형법」 제186조에 따른 등대 · 표지 손괴 또는 선박의 교통을 방해함으로써 금고 이상의 형의 집행유예를 선고받고 그 유예기간 중에 있는 자

㉣ 등록이 취소(이 조 ㉠에 해당하여 등록이 취소된 경우는 제외한다)된 날부터 2년이 지나지 아니한 자

㉤ 대표자가 ㉠부터 ㉣까지의 어느 하나에 해당하는 법인

⑤ **권리와 의무의 승계**(법 제20조)

㉠ 안전진단대행업자로 등록한 자가 그 영업을 양도하거나 법인이 합병한 경우에는 그 양수인 또는 합병 후에 존속하는 법인이나 합병으로 설립되는 법인은 그 등록에 따른 권리와 의무를 승계한다.

㉡ 권리와 의무를 승계한 자는 승계한 날부터 30일 이내에 해양수산부령으로 정하는 바에 따라 해양수산부장관에게 신고하여야 한다.

㉢ 해양수산부장관은 신고를 받은 날부터 3일 이내에 신고수리 여부를 신고인에게 통지하여야 한다.

㉣ 해양수산부장관이 ㉢에서 정한 기간 내에 신고수리 여부 또는 민원 처리 관련 법령에 따른 처리기간의 연장 여부를 신고인에게 통지하지 아니하면 그 기간(민원 처리 관련 법령에 따라 처리기간이 연장 또는 재연장된 경우에는 해당 처리기간을 말한다)이 끝난 날의 다음 날에 신고를 수리한 것으로 본다.

㉤ 안전진단대행업을 승계한 자에 관하여는 제19조를 준용한다.

(6) 항행장애물의 처리

① **항행장애물의 보고 등**(법 제24조)

㉠ 다음의 어느 하나에 해당하는 항행장애물을 발생시킨 선박의 선장, 선박소유자 또는 선박운항자(이하 "항행장애물제거책임자"라 한다)는 해양수산부령으로 정하는 바에 따라 해양수산부장관에게 지체 없이 그 항행장애물의 위치와 위험성 등을 보고하여야 한다.

ⓐ 떠다니거나 침몰하여 다른 선박의 안전운항 및 해상교통질서에 지장을 주는 항행장애물

ⓑ 「항만법」 제2조 제1호에 따른 항만의 수역, 「어촌 · 어항법」 제2조 제3호에 따른 어항의 수역, 「하천법」 제2조 제1호에 따른 하천의 수역(이하 "수역등"이라 한다)에 있는 시설 및 다른 선박 등과 접촉할 위험이 있는 항행장애물

㉡ 대한민국선박이 외국의 배타적경제수역에서 항행장애물을 발생시켰을 경우 항행장애물제거책임자는 그 해역을 관할하는 외국 정부에 지체 없이 보고하여야 한다.

㉢ 보고를 받은 해양수산부장관은 항행장애물 주변을 항행하는 선박과 인접 국가의 정부에 항행장애물의 위치와 내용 등을 알려야 한다.

② **비용징수 등**(법 제28조)

㉠ 해양수산부장관은 항행장애물의 표시 · 제거에 드는 비용의 징수에 대비하여 필요한 경우에는 선박소유자에게 비용 지급을 보증하는 서류의 제출을 요구할 수 있다.

㉡ 항행장애물의 표시 · 제거에 쓰인 비용은 항행장애물제거책임자의 부담으로 하되, 항행장애물제거책임자를 알 수 없는 경우에는 대통령령으로 정하는 바에 따라 그 항행장애물 또는 항행장애물을 발생시킨 선박을 처분하여 비용에 충당할 수 있다.

(7) 항해 안전관리

① 선박 출항통제(법 제36조)

㉠ 해양수산부장관은 해상에 대하여 기상특보가 발표되거나 제한된 시계 등으로 선박의 안전운항에 지장을 줄 우려가 있다고 판단할 경우에는 선박소유자나 선장에게 선박의 출항통제를 명할 수 있다.

㉡ 출항통제의 기준 · 방법 및 절차 등에 필요한 사항은 해양수산부령으로 정한다.

② 술에 취한 상태에서의 조타기 조작 등 금지(법 제39조)

㉠ 술에 취한 상태에 있는 사람은 운항을 하기 위하여 「선박직원법」 제2조 제1호에 따른 선박[총톤수 5톤 미만의 선박과 같은 호 나목 및 다목에 해당하는 외국선박 및 시운전선박(국내 조선소에서 건조 또는 개조하여 진수 후 인도 전까지 시운전하는 선박을 말한다)을 포함한다. 이하 이 조 및 제40조에서 같다]의 조타기(操舵機)를 조작하거나 조작할 것을 지시하는 행위 또는 「도선법」 제2조 제1호에 따른 도선(이하 "도선"이라 한다)을 하여서는 아니 된다.

㉡ 해양경찰청 소속 경찰공무원은 다음 각 호의 어느 하나에 해당하는 경우에는 운항을 하기 위하여 조타기를 조작하거나 조작할 것을 지시하는 사람(이하 "운항자"라 한다) 또는 도선을 하는 사람(이하 "도선사"라 한다)이 술에 취하였는지 측정할 수 있으며, 해당 운항자 또는 도선사는 해양경찰청 소속 경찰공무원의 측정 요구에 따라야 한다. 다만, ⓒ에 해당하는 경우에는 반드시 술에 취하였는지를 측정하여야 한다.

ⓐ 다른 선박의 안전운항을 해치거나 해칠 우려가 있는 등 해상교통의 안전과 위험방지를 위하여 필요하다고 인정되는 경우

ⓑ 제1항을 위반하여 술에 취한 상태에서 조타기를 조작하거나 조작할 것을 지시하였거나 도선을 하였다고 인정할 만한 충분한 이유가 있는 경우

ⓒ 해양사고가 발생한 경우

㉢ 술에 취하였는지를 측정한 결과에 불복하는 사람에 대하여는 해당 운항자 또는 도선사의 동의를 받아 혈액채취 등의 방법으로 다시 측정할 수 있다.

㉣ 술에 취한 상태의 기준은 혈중알코올농도 0.03퍼센트 이상으로 한다.

㉤ ㉠부터 ㉣까지에 따른 측정에 필요한 세부 절차 및 측정기록의 관리 등에 필요한 사항은 해양수산부령으로 정한다.

③ 항행보조시설의 설치와 관리(법 제44조)

㉠ 해양수산부장관은 선박의 항행안전에 필요한 항로표지 · 신호 · 조명 등 항행보조시설을 설치하고 관리 · 운영하여야 한다.

㉡ 해양경찰청장, 지방자치단체의 장 또는 운항자는 다음 각 호의 수역에 「항로표지법」 제2조 제1호에 따른 항로표지를 설치할 필요가 있다고 인정하면 해양수산부장관에게 그 설치를 요청할 수 있다.

ⓐ 선박교통량이 아주 많은 수역

ⓑ 항행상 위험한 수역

(8) 선박의 안전관리체제

① 선장의 권한 등(법 제45조)

㉠ 누구든지 선박의 안전을 위한 선장의 전문적인 판단을 방해하거나 간섭하여서는 아니 된다.

㉡ 선장은 선박의 안전관리를 위하여 선임된 안전관리책임자에게 선박과 그 시설의 정비 · 수리, 선박운항일정의 변경 등을 요구할 수 있고, 그 요구를 받은 안전관리책임자는 타당성 여부를 검토하여 그 결과를 10일 이내에 선박소유자에게 알려야 한다. 다만, 안전관리책임자가 선임되지 아니하거나 선박소유자가 안전관리책임자로 선임된 경우에는 선장이 선박소유자에게 직접 요구할 수 있다.

㉢ 요구를 통보받은 선박소유자는 해당 요구에 따른 필요한 조치를 하여야 한다.

㉣ 해양수산부장관은 선박소유자가 필요한 조치를 하지 아니할 경우 공중의 안전에 위해를 끼칠 수 있어 긴급한 조치가 필요하다고 판단하면 선박소유자에게 필요한 조치를 하도록 명할 수 있다.

② 선박의 안전관리체제 수립 등(법 제46조)

㉠ 해양수산부장관은 선박소유자가 그 선박과 사업장에 대하여 선박의 안전운항 등을 위한 관리체제(이하 "안전관리체제"라 한다)를 수립하고 시행하는 데 필요한 시책을 강구하여야 한다.

㉡ 다음의 어느 하나에 해당하는 선박(해저자원을 채취 · 탐사 또는 발굴하는 작업에 종사하는 이동식 해상구조물을 포함한다. 이하 이 조 및 제49조부터 제56조까지 같다)을 운항하는 선박소유자는 안전관리체제를 수립하고 시행하여야 한다. 다만, 「해운법」 제21조에 따른 운항관리규정을 작성하여 해양수산부장관으로부터 심사를 받고 시행하는 경우에는 안전관리체제를 수립하여 시행하는 것으로 본다.

ⓐ 「해운법」 제3조에 따른 해상여객운송사업에 종사하는 선박

ⓑ 「해운법」 제23조에 따른 해상화물운송사업에 종사하는 선박으로서 총톤수 500톤 이상의 선박[기선(機船)과 밀착된 상태로 결합된 부선(艀船)을 포함한다]

ⓒ 국제항해에 종사하는 총톤수 500톤 이상의 어획물운반선과 이동식 해상구조물

ⓓ 수면비행선박

ⓔ 그 밖에 대통령령으로 정하는 선박

㉢ 안전관리체제에는 다음의 사항이 포함되어야 한다. 다만, ㉡의 ⓔ에 선박의 안전관리체제에는 해양수산부령으로 정하는 바에 따라 그 일부를 포함시키지 아니할 수 있다.

ⓐ 해상에서의 안전과 환경 보호에 관한 기본방침

ⓑ 선박소유자의 책임과 권한에 관한 사항

ⓒ 안전관리책임자와 안전관리자의 임무에 관한 사항

ⓓ 선장의 책임과 권한에 관한 사항

ⓔ 인력의 배치와 운영에 관한 사항

ⓕ 선박의 안전관리체제 수립에 관한 사항

ⓖ 선박충돌사고 등 발생 시 비상대책의 수립에 관한 사항

ⓗ 사고, 위험 상황 및 안전관리체제의 결함에 관한 보고와 분석에 관한 사항

ⓘ 선박의 정비에 관한 사항

ⓙ 안전관리체제와 관련된 지침서 등 문서 및 자료 관리에 관한 사항

ⓚ 안전관리체제에 대한 선박소유자의 확인 · 검토 및 평가에 관한 사항

㉣ 안전관리체제를 수립 · 시행하여야 하는 선박소유자는 안전관리대행업을 등록한 자에게 이를 위탁할 수 있다. 이 경우 선박소유자는 그 사실을 10일 이내에 해양수산부장관에게 알려야 한다.

㉤ 안전관리체제에 포함되어야 할 ㉢ 각 호의 구체적 범위는 해양수산부령으로 정한다.

③ 선박소유자의 안전관리책임자 선임의무 등(법 제47조)

㉠ 안전관리체제를 수립 · 시행하여야 하는 선박소유자(안전관리체제의 수립 · 시행을 위탁한 경우에는 위탁받은 자를 말한다. 이하 ㉡ 및 ㉢에서 같다)는 선박 및 사업장의 안전관리 업무를 수행하게 하기 위하여 안전관리책임자와 안전관리자를 선임하여야 한다. 이 경우 안전관리책임자와 안전관리자는 선박안전관리사 자격을 가진 사람 중에서 선임하여야 한다.

㉡ 선박소유자는 안전관리책임자 및 안전관리자를 해임하거나 안전관리책임자 및 안전관리자가 퇴직하는 경우 그 즉시 안전관리책임자 및 안전관리자를 변경선임하여야 한다.

㉢ 선박소유자는 안전관리책임자 및 안전관리자를 선임 또는 변경선임한 때에는 그 사실이 발생한 날부터 10일 이내에 해양수산부장관에게 신고하여야 한다.

㉣ 선박소유자는 인증심사를 받은 안전관리체제를 유지하기 위하여 필요한 조치를 하여야 하며, 안전관리책임자 · 안전관리자 및 안전관리체제의 수립 · 시행을 위탁받은 자가 안전관리 업무를 성실하게 수행할 수 있도록 지원 및 지도 · 감독하여야 한다.

㉤ 해양수산부장관은 의무를 이행하지 아니한 선박소유자에게 그 의무를 이행하도록 명할 수 있다.

㉥ 안전관리책임자 및 안전관리자의 자격과 선임기준, 제3항에 따른 선임 · 변경선임에 대한 신고의 절차 및 방법 등 그 밖에 필요한 사항은 해양수산부령으로 정한다.

④ 인증심사(법 제49조)

㉠ 선박소유자는 안전관리체제를 수립 · 시행하여야 하는 선박이나 사업장에 대하여 다음 각 호의 구분에 따라 해양수산부장관으로부터 안전관리체제에 대한 인증심사(이하 "인증심사"라 한다)를 받아야 한다.

ⓐ 최초인증심사 : 안전관리체제의 수립 · 시행에 관한 사항을 확인하기 위하여 처음으로 하는 심사

ⓑ 갱신인증심사 : 선박안전관리증서 또는 안전관리적합증서의 유효기간이 만료되기 전에 해양수산부령으로 정하는 시기에 행하는 심사

ⓒ 중간인증심사 : 최초인증심사와 갱신인증심사 사이 또는 갱신인증심사와 갱신인증심사 사이에 해양수산부령으로 정하는 시기에 행하는 심사

ⓓ 임시인증심사 : 최초인증심사를 받기 전에 임시로 선박을 운항하기 위하여 다음 각 목의 어느 하나에 대하여 하는 심사

- 새로운 종류의 선박을 추가하거나 신설한 사업장
- 개조 등으로 선종(船種)이 변경되거나 신규로 도입한 선박

ⓔ 수시인증심사 : ⓐ부터 ⓓ까지의 인증심사 외에 선박의 해양사고 및 외국항에서의 항행정지 예방 등을 위하여 해양수산부령으로 정하는 경우에 선박 또는 사업장에 대하여 하는 심사

㉡ 선박소유자는 인증심사에 합격하지 아니한 선박을 항행에 사용하여서는 아니 된다. 다만, 천재지변 등으로 인하여 인증심사를 받을 수 없다고 인정되는 등 해양수산부령으로 정하는 경우에는 그러하지 아니하다.

㉢ 인증심사를 받으려는 자는 해양수산부령으로 정하는 바에 따라 수수료를 내야 한다.

㉣ 인증심사의 절차와 심사방법 등에 필요한 사항은 해양수산부령으로 정한다.

(9) 선박 점검 및 사업장 안전관리

① 항만국통제(법 제57조)

㉠ 해양수산부장관은 대한민국의 영해에 있는 외국선박 중 대한민국의 항만에 입항하였거나 입항할 예정인 선박에 대하여 선박의 안전관리체제, 선박의 구조 · 시설, 선원의 선박운항지식 등이 대통령령으로 정하는 해사안전에 관한 국제협약의 기준에 맞는지를 확인(이하 "항만국통제"라 한다)할 수 있다.

㉡ 해양수산부장관은 항만국통제 결과 외국선박의 안전관리체제, 선박의 구조 · 시설, 선원의 선박운항지식 등이 국제협약의 기준에 미치지 못하는 경우로서, 해당 선박의 크기 · 종류 · 상태 및 항행기간을 고려할 때 항행을 계속하는 것이 인명이나 재산에 위험을 불러일으키거나 해양환경 보전에 장해를 미칠 우려가 있다고 인정되는 경우에는 그 선박에 대하여 항행정지를 명하는 등 필요한 조치를 할 수 있다.

㉢ 해양수산부장관은 위험과 장해가 없어졌다고 인정할 때에는 지체 없이 해당 선박에 대한 조치를 해제하여야 한다.

㉣ 항만국통제 및 조치에 필요한 사항은 해양수산부령으로 정한다.

② 지도 · 감독(법 제60조)

㉠ 해양수산부장관은 해양사고가 발생할 우려가 있거나 해사안전관리의 적정한 시행 여부를 확인하기 위하여 필요한 경우 등 해양수산부령으로 정하는 경우에는 해사안전감독관으로 하여금 정기 또는 수시로 다음 각 호의 조치를 하게 할 수 있다. 다만, 「수상레저안전법」에 따른 수상레저기구와 선착장 등 수상레저시설, 「유선 및 도선 사업법」에 따른 유 · 도선, 유 · 도선장에 대해서는 그러하지 아니하다.

ⓐ 선장, 선박소유자, 안전진단대행업자, 안전관리대행업자, 그 밖의 관계인에게 출석 또는 진술을 하게 하는 것

ⓑ 선박이나 사업장에 출입하여 관계 서류를 검사하게 하거나 선박이나 사업장의 해사안전관리 상태를 확인 · 조사 또는 점검하게 하는 것

ⓒ 선장, 선박소유자, 안전진단대행업자, 안전관리대행업자, 그 밖의 관계인에게 관계 서류를 제출하게 하거나 그 밖에 해사안전관리에 관한 업무를 보고하게 하는 것

㉡ 지도 · 감독 업무를 수행하기 위하여 해양수산부에 해사안전감독관을 둔다. 다만, 해양수산부장관의 지도 · 감독 권한의 일부를 위임하는 경우에는 그 권한을 위임받은 기관의 장이 소속된 기관에 해사안전감독관을 둔다.

㉢ ㉠의 ⓐ 또는 ⓑ의 조치(이하 "지도 · 감독"이라 한다)를 실시하려는 해사안전감독관은 지도 · 감독 실시일 7일 전까지 지도 · 감독의 목적, 내용, 날짜 및 시간 등을 서면으로 해당 지도 · 감독의 대상이 되는 자에게 알려야 한다. 다만, 긴급한 경우 또는 사전에 지도 · 감독의 실시를 알리면 증거 인멸 등으로 해당 지도 · 감독의 목적을 달성할 수 없다고 인정되는 경우에는 그러하지 아니할 수 있다.

㉣ 지도 · 감독을 실시하는 해사안전감독관은 그 권한을 표시하는 증표를 지니고 이를 관계인에게 내보여야 한다.

㉤ 지도 · 감독을 실시한 해사안전감독관은 그 결과를 서면으로 해당 지도 · 감독의 대상이 되는 자에게 알려야 한다.

㉥ 해사안전감독관의 자격 · 임면 및 직무범위에 필요한 사항은 대통령령으로 정한다.

㉦ ㉠부터 ㉥㉥까지에서 규정한 사항 외에 지도 · 감독에 필요한 사항은 해양수산부령으로 정한다.

⑽ 선박안전관리사

① **선박안전관리사 자격제도의 관리 · 운영 등**(법 제64조)

㉠ 해양수산부장관은 해사안전 및 선박 · 사업장 안전관리를 효과적이고 전문적으로 하기 위하여 선박안전관리사 자격제도를 관리 · 운영한다.

㉡ 선박안전관리사는 다음 각 호의 업무를 수행한다.

ⓐ 안전관리체제의 수립 · 시행 및 개선 · 지도

ⓑ 선박에 대한 안전관리 점검 · 개선 및 지도 · 조언

ⓒ 선박과 사업장 종사자의 안전을 위한 교육 및 점검

ⓓ 선박과 사업장의 작업환경 점검 및 개선

ⓔ 해양사고 예방 및 재발방지에 관한 지도 · 조언

ⓕ 여객관리 및 화물관리에 관한 업무

ⓖ 선박안전 · 보안기술의 연구개발 및 해상교통안전진단에 관한 참여 · 조언

ⓗ 그 밖에 해사안전관리 및 보안관리에 필요한 업무

㉢ 선박안전관리사가 되려는 자는 대통령령으로 정하는 응시자격을 갖추고 해양수산부장관이 실시하는 자격시험에 합격하여야 한다. 다만, 「국가기술자격법」 또는 다른 법률에 따른 선박 안전관리와 관련된 자격의 보유자 등 대통령령으로 정하는 자에 대해서는 자격시험의 일부를 면제할 수 있다.

㉣ 선박안전관리사는 다른 사람에게 자격증을 대여하거나 그 명의를 사용하게 하여서는 아니 된다.

㉤ 이 법에 따른 선박안전관리사가 아니면 선박안전관리사 또는 이와 유사한 명칭을 사용하지 못한다.

㉥ 선박안전관리사의 등급, 자격시험의 과목, 합격기준 및 자격증의 발급 등 그 밖에 자격시험에 필요한 사항은 대통령령으로 정한다.

② 자격의 취소 · 정지(법 제67조)

㉠ 해양수산부장관은 선박안전관리사가 다음 각 호의 어느 하나에 해당하는 경우에는 그 자격을 취소하거나 3년 이내의 기간을 정하여 그 자격의 정지를 명할 수 있다. 다만, ⓐ부터 ⓒ까지의 어느 하나에 해당하면 그 자격을 취소하여야 한다.

ⓐ 거짓이나 그 밖의 부정한 방법으로 선박안전관리사 자격을 취득한 경우
ⓑ 다른 사람에게 자격증을 대여하거나 그 명의를 사용하게 한 경우
ⓒ 제66조의 결격사유에 해당하게 된 경우
ⓓ 자격정지 기간 중에 업무를 수행한 경우
ⓔ 자격정지 처분을 3회 이상 받았거나, 정지 기간 종료 후 2년 이내에 다시 자격정지 처분에 해당하는 행위를 한 경우

㉡ 선박안전관리사 자격의 취소 또는 정지 처분에 관한 세부 기준은 그 처분의 사유와 위반의 정도 등을 고려하여 해양수산부령으로 정한다.

⑾ 모든 시계상태에서의 항법

① 경계(법 제70조)

선박은 주위의 상황 및 다른 선박과 충돌할 수 있는 위험성을 충분히 파악할 수 있도록 시각 · 청각 및 당시의 상황에 맞게 이용할 수 있는 모든 수단을 이용하여 항상 적절한 경계를 하여야 한다.

② 안전한 속력(법 제71조)

㉠ 선박은 다른 선박과의 충돌을 피하기 위하여 적절하고 효과적인 동작을 취하거나 당시의 상황에 알맞은 거리에서 선박을 멈출 수 있도록 항상 안전한 속력으로 항행하여야 한다.

㉡ 안전한 속력을 결정할 때에는 다음 각 호(레이더를 사용하고 있지 아니한 선박의 경우에는 ⓐ부터 ⓕ까지)의 사항을 고려하여야 한다.

ⓐ 시계의 상태
ⓑ 해상교통량의 밀도
ⓒ 선박의 정지거리 · 선회성능, 그 밖의 조종성능
ⓓ 야간의 경우에는 항해에 지장을 주는 불빛의 유무
ⓔ 바람 · 해면 및 조류의 상태와 항해상 위험의 근접상태
ⓕ 선박의 흘수와 수심과의 관계
ⓖ 레이더의 특성 및 성능

ⓗ 해면상태 · 기상, 그 밖의 장애요인이 레이더 탐지에 미치는 영향
ⓘ 레이더로 탐지한 선박의 수 · 위치 및 동향

③ 충돌 위험(법 제72조)

㉠ 선박은 다른 선박과 충돌할 위험이 있는지를 판단하기 위하여 당시의 상황에 알맞은 모든 수단을 활용하여야 한다. 이 경우 의심스럽다면 충돌의 위험이 있다고 보아야 한다.

㉡ 레이더를 설치한 선박은 다른 선박과 충돌할 위험성 유무를 미리 파악하기 위하여 레이더를 이용하여 장거리 주사(走査), 탐지된 물체에 대한 작도(作圖), 그 밖의 체계적인 관측을 하여야 한다.

㉢ 선박은 불충분한 레이더 정보나 그 밖의 불충분한 정보에 의존하여 다른 선박과의 충돌 위험성 여부를 판단하여서는 아니 된다.

㉣ 선박은 접근하여 오는 다른 선박의 나침방위에 뚜렷한 변화가 일어나지 아니하면 충돌할 위험성이 있다고 보고 필요한 조치를 하여야 한다. 접근하여 오는 다른 선박의 나침방위에 뚜렷한 변화가 있더라도 거대선 또는 예인작업에 종사하고 있는 선박에 접근하거나, 가까이 있는 다른 선박에 접근하는 경우에는 충돌을 방지하기 위하여 필요한 조치를 하여야 한다.

④ 충돌을 피하기 위한 동작(법 제73조)

㉠ 선박은 항법에 따라 다른 선박과 충돌을 피하기 위한 동작을 취하되, 이 법에서 정하는 바가 없는 경우에는 될 수 있으면 충분한 시간적 여유를 두고 적극적으로 조치하여 선박을 적절하게 운용하는 관행에 따라야 한다.

㉡ 선박은 다른 선박과 충돌을 피하기 위하여 침로(針路)나 속력을 변경할 때에는 될 수 있으면 다른 선박이 그 변경을 쉽게 알아볼 수 있도록 충분히 크게 변경하여야 하며, 침로나 속력을 소폭으로 연속적으로 변경하여서는 아니 된다.

㉢ 선박은 넓은 수역에서 충돌을 피하기 위하여 침로를 변경하는 경우에는 적절한 시기에 큰 각도로 침로를 변경하여야 하며, 그에 따라 다른 선박에 접근하지 아니하도록 하여야 한다.

㉣ 선박은 다른 선박과의 충돌을 피하기 위하여 동작을 취할 때에는 다른 선박과의 사이에 안전한 거리를 두고 통과할 수 있도록 그 동작을 취하여야 한다. 이 경우 그 동작의 효과를 다른 선박이 완전히 통과할 때까지 주의 깊게 확인하여야 한다.

㉤ 선박은 다른 선박과의 충돌을 피하거나 상황을 판단하기 위한 시간적 여유를 얻기 위하여 필요하면 속력을 줄이거나 기관의 작동을 정지하거나 후진하여 선박의 진행을 완전히 멈추어야 한다.

㉥ 이 법에 따라 다른 선박의 통항이나 통항의 안전을 방해하여서는 아니 되는 선박은 다음 각 호의 사항을 준수하고 유의하여야 한다.

ⓐ 다른 선박이 안전하게 지나갈 수 있는 여유 수역이 충분히 확보될 수 있도록 조기에 동작을 취할 것

ⓑ 다른 선박에 접근하여 충돌할 위험이 생긴 경우에는 그 책임을 면할 수 없으며, 피항동작(避航動作)을 취할 때에는 이 장에서 요구하는 동작에 대하여 충분히 고려할 것

㉦ 이 법에 따라 통항할 때에 다른 선박의 방해를 받지 아니하도록 되어 있는 선박은 다른 선박과 서로 접근하여 충돌할 위험이 생긴 경우 이 장에 따라야 한다.

⑤ 좁은 수로 등(법 제74조)

㉠ 좁은 수로나 항로(이하 "좁은 수로등"이라 한다)를 따라 항행하는 선박은 항행의 안전을 고려하여 될 수 있으면 좁은 수로등의 오른편 끝 쪽에서 항행하여야 한다. 다만, 지정된 수역 또는 통항분리수역에서는 그 수역에서 정해진 항법이 있다면 이에 따라야 한다.

㉡ 길이 20미터 미만의 선박이나 범선은 좁은 수로등의 안쪽에서만 안전하게 항행할 수 있는 다른 선박의 통행을 방해하여서는 아니 된다.

㉢ 어로에 종사하고 있는 선박은 좁은 수로등의 안쪽에서 항행하고 있는 다른 선박의 통항을 방해하여서는 아니 된다.

㉣ 선박이 좁은 수로등의 안쪽에서만 안전하게 항행할 수 있는 다른 선박의 통항을 방해하게 되는 경우에는 좁은 수로등을 횡단하여서는 아니 된다. 이 경우 통항을 방해받게 되는 선박은 횡단하고 있는 선박의 의도에 대하여 의심이 있는 경우에는 음향신호를 울릴 수 있다.

㉤ 앞지르기 하는 배는 좁은 수로등에서 앞지르기당하는 선박이 앞지르기 하는 배를 안전하게 통과시키기 위한 동작을 취하지 아니하면 앞지르기 할 수 없는 경우에는 기적신호를 하여 앞지르기 하겠다는 의사를 나타내야 한다. 이 경우 앞지르기당하는 선박은 그 의도에 동의하면 기적신호를 하여 그 의사를 표현하고, 앞지르기 하는 배를 안전하게 통과시키기 위한 동작을 취하여야 한다.

㉥ 선박이 좁은 수로등의 굽은 부분이나 항로에 있는 장애물 때문에 다른 선박을 볼 수 없는 수역에 접근하는 경우에는 특히 주의하여 항행하여야 한다.

㉦ 선박은 좁은 수로등에서 정박(정박 중인 선박에 매어 있는 것을 포함한다)을 하여서는 아니 된다. 다만, 해양사고를 피하거나 인명이나 그 밖의 선박을 구조하기 위하여 부득이하다고 인정되는 경우에는 그러하지 아니하다.

⑥ **통합분리제도**(법 제75조)

㉠ 이 조는 다음 각 호의 수역(이하 "통항분리수역"이라 한다)에 대하여 적용한다.

ⓐ 국제해사기구가 채택하여 통항분리제도가 적용되는 수역

ⓑ 해상교통량이 아주 많아 충돌사고 발생의 위험성이 있어 통항분리제도를 적용할 필요성이 있는 수역으로서 해양수산부령으로 정하는 수역

㉡ 선박이 통항분리수역을 항행하는 경우에는 다음 각 호의 사항을 준수하여야 한다.

ⓐ 통항로 안에서는 정하여진 진행방향으로 항행할 것

ⓑ 분리선이나 분리대에서 될 수 있으면 떨어져서 항행할 것

ⓒ 통항로의 출입구를 통하여 출입하는 것을 원칙으로 하되, 통항로의 옆쪽으로 출입하는 경우에는 그 통항로에 대하여 정하여진 선박의 진행방향에 대하여 될 수 있으면 작은 각도로 출입할 것

㉢ 선박은 통항로를 횡단하여서는 아니 된다. 다만, 부득이한 사유로 그 통항로를 횡단하여야 하는 경우에는 그 통항로와 선수방향(船首方向)이 직각에 가까운 각도로 횡단하여야 한다.

㉣ 선박은 연안통항대에 인접한 통항분리수역의 통항로를 안전하게 통과할 수 있는 경우에는 연안통항대를 따라 항행하여서는 아니 된다. 다만, 다음 각 호의 선박의 경우에는 연안통항대를 따라 항행할 수 있다.

ⓐ 길이 20미터 미만의 선박

ⓑ 범선

ⓒ 어로에 종사하고 있는 선박

ⓓ 인접한 항구로 입항 · 출항하는 선박

ⓔ 연안통항대 안에 있는 해양시설 또는 도선사의 승하선(乘下船) 장소에 출입하는 선박

ⓕ 급박한 위험을 피하기 위한 선박

㉤ 통항로를 횡단하거나 통항로에 출입하는 선박 외의 선박은 급박한 위험을 피하기 위한 경우나 분리대 안에서 어로에 종사하고 있는 경우 외에는 분리대에 들어가거나 분리선을 횡단하여서는 아니 된다.

㉥ 통항분리수역에서 어로에 종사하고 있는 선박은 통항로를 따라 항행하는 다른 선박의 항행을 방해하여서는 아니 된다.

㉦ 모든 선박은 통항분리수역의 출입구 부근에서는 특히 주의하여 항행하여야 한다.

㉧ 선박은 통항분리수역과 그 출입구 부근에 정박(정박하고 있는 선박에 매어 있는 것을 포함한다)하여서는 아니 된다. 다만, 해양사고를 피하거나 인명이나 선박을 구조하기 위하여 부득이하다고 인정되는 사유가 있는 경우에는 그러하지 아니하다.

㉧ 통항분리수역을 이용하지 아니하는 선박은 될 수 있으면 통항분리수역에서 멀리 떨어져서 항행하여야 한다.

㉨ 길이 20미터 미만의 선박이나 범선은 통항로를 따라 항행하고 있는 다른 선박의 항행을 방해하여서는 아니 된다.

㉩ 통항분리수역 안에서 해저전선을 부설·보수 및 인양하는 작업을 하거나 항행안전을 유지하기 위한 작업을 하는 중이어서 조종능력이 제한되고 있는 선박은 그 작업을 하는 데에 필요한 범위에서 ㉠부터 ㉨까지를 적용하지 아니한다.

⑿ 선박이 서로 시계 안에 있는 때의 항법

① 적용(법 제76조) … 이 절은 선박에서 다른 선박을 눈으로 볼 수 있는 상태에 있는 선박에 적용한다.

② 범선(법 제77조)

㉠ 2척의 범선이 서로 접근하여 충돌할 위험이 있는 경우에는 다음 각 호에 따른 항행방법에 따라 항행하여야 한다.

ⓐ 각 범선이 다른 쪽 현(舷)에 바람을 받고 있는 경우에는 좌현(左舷)에 바람을 받고 있는 범선이 다른 범선의 진로를 피하여야 한다.

ⓑ 두 범선이 서로 같은 현에 바람을 받고 있는 경우에는 바람이 불어오는 쪽의 범선이 바람이 불어가는 쪽의 범선의 진로를 피하여야 한다.

ⓒ 좌현에 바람을 받고 있는 범선은 바람이 불어오는 쪽에 있는 다른 범선을 본 경우로서 그 범선이 바람을 좌우 어느 쪽에 받고 있는지 확인할 수 없는 때에는 그 범선의 진로를 피하여야 한다.

㉡ ㉠을 적용할 때에 바람이 불어오는 쪽이란 종범선(縱帆船)에서는 주범(主帆)을 펴고 있는 쪽의 반대쪽을 말하고, 횡범선(橫帆船)에서는 최대의 종범(縱帆)을 펴고 있는 쪽의 반대쪽을 말하며, 바람이 불어가는 쪽이란 바람이 불어오는 쪽의 반대쪽을 말한다.

③ 앞지르기(법 제78조)

㉠ 앞지르기 하는 배는 앞지르기당하고 있는 선박을 완전히 앞지르기하거나 그 선박에서 충분히 멀어질 때까지 그 선박의 진로를피하여야 한다.

㉡ 다른 선박의 양쪽 현의 정횡(正橫)으로부터 22.5도를 넘는 뒤쪽[밤에는 다른 선박의 선미등(船尾燈)만을 볼 수 있고 어느 쪽의 현등(舷燈)도 볼 수 없는 위치를 말한다]에서 그 선박을 앞지르는 선박은 앞지르기 하는 배로 보고 필요한 조치를 취하여야 한다.

㉢ 선박은 스스로 다른 선박을 앞지르기 하고 있는지 분명하지 아니한 경우에는 앞지르기 하는 배로 보고 필요한 조치를 취하여야 한다.

㉣ 앞지르기 하는 경우 2척의 선박 사이의 방위가 어떻게 변경되더라도 앞지르기 하는 선박은 앞지르기가 완전히 끝날 때까지 앞지르기당하는 선박의 진로를 피하여야 한다.

④ 마주치는 상태(법 제79조)

㉠ 2척의 동력선이 마주치거나 거의 마주치게 되어 충돌의 위험이 있을 때에는 각 동력선은 서로 다른 선박의 좌현 쪽을지나갈 수 있도록 침로를 우현(右舷) 쪽으로 변경하여야 한다.

㉡ 선박은 다른 선박을 선수(船首) 방향에서 볼 수 있는 경우로서 다음 각 호의 어느 하나에 해당하면 마주치는 상태에 있다고 보아야 한다.

ⓐ 밤에는 2개의 마스트등을 일직선으로 또는 거의 일직선으로 볼 수 있거나 양쪽의 현등을 볼 수 있는 경우

ⓑ 낮에는 2척의 선박의 마스트가 선수에서 선미(船尾)까지 일직선이 되거나 거의 일직선이 되는 경우

㉢ 선박은 마주치는 상태에 있는지가 분명하지 아니한 경우에는 마주치는 상태에 있다고 보고 필요한 조치를 취하여야 한다.

⑤ 유지선의 동작(법 제82조)

㉠ 2척의 선박 중 1척의 선박이 다른 선박의 진로를 피하여야 할 경우 다른 선박은 그 침로와 속력을 유지하여야 한다.

㉡ 침로와 속력을 유지하여야 하는 선박[이하 "유지선"(維持船)이라 한다]은 피항선이 이 법에 따른 적절한 조치를 취하고 있지 아니하다고 판단하면 제1항에도 불구하고 스스로의 조종만으로 피항선과 충돌하지 아니하도록 조치를 취할 수 있다. 이 경우 유지선은 부득이하다고 판단하는 경우 외에는 자기 선박의 좌현 쪽에 있는 선박을 향하여 침로를 왼쪽으로 변경하여서는 아니 된다.

㉢ 유지선은 피항선과 매우 가깝게 접근하여 해당 피항선의 동작만으로는 충돌을 피할 수 없다고 판단하는 경우에는 제1항에도 불구하고 충돌을 피하기 위하여 충분한 협력을 하여야 한다.

㉣ 제2항 및 제3항은 피항선에게 진로를 피하여야 할 의무를 면제하지 아니한다.

⑥ 선박 사이의 책무(법 제83조)

㉠ 항행 중인 선박은 제74조(좁은 수로 등), 제75조(통합분리제도) 및 제78조(앞지르기)에 따른 경우 외에는 이 조에서 정하는 항법에 따라야 한다.

㉡ 항행 중인 동력선은 다음 각 호에 따른 선박의 진로를 피하여야 한다.

ⓐ 조종불능선

ⓑ 조종제한선

ⓒ 어로에 종사하고 있는 선박

ⓓ 범선

ⓒ 항행 중인 범선은 다음 각 호에 따른 선박의 진로를 피하여야 한다.
　ⓐ 조종불능선
　ⓑ 조종제한선
　ⓒ 어로에 종사하고 있는 선박

ⓔ 어로에 종사하고 있는 선박 중 항행 중인 선박은 될 수 있으면 다음 각 호에 따른 선박의 진로를 피하여야 한다.
　ⓐ 조종불능선
　ⓑ 조종제한선

ⓜ 조종불능선이나 조종제한선이 아닌 선박은 부득이하다고 인정하는 경우 외에는 등화나 형상물을 표시하고 있는 흘수제약선의 통항을 방해하여서는 아니 된다.

ⓗ 흘수제약선은 선박의 특수한 조건을 충분히 고려하여 특히 신중하게 항해하여야 한다.

ⓢ 수상항공기는 될 수 있으면 모든 선박으로부터 충분히 떨어져서 선박의 통항을 방해하지 아니하도록 하되, 충돌할 위험이 있는 경우에는 이 법에서 정하는 바에 따라야 한다.

ⓞ 수면비행선박은 선박의 통항을 방해하지 아니하도록 모든선박으로부터 충분히 떨어져서 비행(이륙 및 착륙을 포함한다. 이하 같다)하여야 한다. 다만, 수면에서 항행하는 때에는 이 법에서 정하는 동력선의 항법을 따라야 한다.

⒀ 제한된 시계에서 선박의 항법(법 제84조)

① 이 조는 시계가 제한된 수역 또는 그 부근을 항행하고 있는 선박이 서로 시계 안에 있지 아니한 경우에 적용한다.

② 모든 선박은 시계가 제한된 그 당시의 사정과 조건에 적합한 안전한 속력으로 항행하여야 하며, 동력선은 제한된 시계 안에 있는 경우 기관을 즉시 조작할 수 있도록 준비하고 있어야 한다.

③ 선박은 제1절(모든 시계상태에서의 항법)에 따라 조치를 취할 때에는 시계가 제한되어 있는 당시의 상황에 충분히 유의하여 항행하여야 한다.

④ 레이더만으로 다른 선박이 있는 것을 탐지한 선박은 해당 선박과 얼마나 가까이 있는지 또는 충돌할 위험이 있는지를 판단하여야 한다. 이 경우 해당 선박과 매우 가까이 있거나 그 선박과 충돌할 위험이 있다고 판단한 경우에는 충분한 시간적 여유를 두고 피항동작을 취하여야 한다.

⑤ 피항동작이 침로의 변경을 수반하는 경우에는 될 수 있으면 다음 각 호의 동작은 피하여야 한다.

㉠ 다른 선박이 자기 선박의 양쪽 현의 정횡 앞쪽에 있는 경우 좌현 쪽으로 침로를 변경하는 행위(앞지르기당하고 있는 선박에 대한 경우는 제외한다)

㉡ 자기 선박의 양쪽 현의 정횡 또는 그곳으로부터 뒤쪽에 있는 선박의 방향으로 침로를 변경하는 행위

⑥ 충돌할 위험성이 없다고 판단한 경우 외에는 다음 각 호의 어느 하나에 해당하는 경우 모든 선박은 자기 배의 침로를 유지하는 데에 필요한 최소한으로 속력을 줄여야 한다. 이 경우 필요하다고 인정되면 자기 선박의 진행을 완전히 멈추어야 하며, 어떠한 경우에도 충돌할 위험성이 사라질 때까지 주의하여 항행하여야 한다.

㉠ 자기 선박의 양쪽 현의 정횡 앞쪽에 있는 다른 선박에서 무중신호(霧中信號)를 듣는 경우

㉡ 자기 선박의 양쪽 현의 정횡으로부터 앞쪽에 있는 다른 선박과 매우 근접한 것을 피할 수 없는 경우

⒁ 등화와 형상물

① **적용**(법 제85조)

㉠ 이 절은 모든 날씨에서 적용한다.

㉡ 선박은 해지는 시각부터 해뜨는 시각까지 이 법에서 정하는 등화(燈火)를 표시하여야 하며, 이 시간 동안에는 이 법에서 정하는 등화 외의 등화를 표시하여서는 아니 된다. 다만, 다음 각 호의 어느 하나에 해당하는 등화는 표시할 수 있다.

ⓐ 이 법에서 정하는 등화로 오인되지 아니하는 등화

ⓑ 이 법에서 정하는 등화의 가시도(可視度)나 그 특성의 식별을 방해하지 아니하는 등화

ⓒ 이 법에서 정하는 등화의 적절한 경계(警戒)를 방해하지 아니하는 등화

㉢ 이 법에서 정하는 등화를 설치하고 있는 선박은 해뜨는 시각부터 해지는 시각까지도 제한된 시계에서는 등화를 표시하여야 하며, 필요하다고 인정되는 그 밖의 경우에도 등화를 표시할 수 있다.

㉣ 선박은 낮 동안에는 이 법에서 정하는 형상물을 표시하여야 한다.

② **등화의 종류**(법 제86조)

선박의 등화는 다음 각 호와 같다.

㉠ 마스트등 : 선수와 선미의 중심선상에 설치되어 225도에 걸치는 수평의 호(弧)를 비추되, 그 불빛이 정선수 방향에서 양쪽 현의 정횡으로부터 뒤쪽 22.5도까지 비출 수 있는 흰색 등(燈)

기출문제

㉡ 현등 : 정선수 방향에서 양쪽 현으로 각각 112.5도에 걸치는 수평의 호를 비추는 등화로서 그 불빛이 정선수 방향에서 좌현 정횡으로부터 뒤쪽 22.5도까지 비출 수 있도록 좌현에 설치된 붉은색 등과 그 불빛이 정선수 방향에서 우현 정횡으로부터 뒤쪽 22.5도까지 비출 수 있도록 우현에 설치된 녹색 등

㉢ 선미등 : 135도에 걸치는 수평의 호를 비추는 흰색 등으로서 그 불빛이 정선미 방향으로부터 양쪽 현의 67.5도까지 비출 수 있도록 선미 부분 가까이에 설치된 등

㉣ 예선등(曳船燈) : 선미등과 같은 특성을 가진 황색 등

㉤ 전주등(全周燈) : 360도에 걸치는 수평의 호를 비추는 등화. 다만, 섬광등(閃光燈)은 제외한다.

㉥ 섬광등 : 360도에 걸치는 수평의 호를 비추는 등화로서 일정한 간격으로 1분에 120회 이상 섬광을 발하는 등

㉦ 양색등(兩色燈) : 선수와 선미의 중심선상에 설치된 붉은색과 녹색의 두 부분으로 된 등화로서 그 붉은색과 녹색 부분이 각각 현등의 붉은색 등 및 녹색 등과 같은 특성을 가진 등

㉧ 삼색등(三色燈) : 선수와 선미의 중심선상에 설치된 붉은색 · 녹색 · 흰색으로 구성된 등으로서 그 붉은색 · 녹색 · 흰색의 부분이 각각 현등의 붉은색 등과 녹색 등 및 선미등과 같은 특성을 가진 등

③ 항행 중인 동력선(법 제88조)

㉠ 항행 중인 동력선은 다음 각 호의 등화를 표시하여야 한다.

ⓐ 앞쪽에 마스트등 1개와 그 마스트등보다 뒤쪽의 높은 위치에 마스트등 1개. 다만, 길이 50미터 미만의 동력선은 뒤쪽의 마스트등을 표시하지 아니할 수 있다.

ⓑ 현등 1쌍(길이 20미터 미만의 선박은 이를 대신하여 양색등을 표시할 수 있다. 이하 이 절에서 같다)

ⓒ 선미등 1개

㉡ 수면에 떠있는 상태로 항행 중인 해양수산부령으로 정하는 선박은 등화에 덧붙여 사방을 비출 수 있는 황색의 섬광등 1개를 표시하여야 한다.

㉢ 수면비행선박이 비행하는 경우에는 등화에 덧붙여 사방을 비출 수 있는 고광도 홍색 섬광등 1개를 표시하여야 한다.

㉣ 길이 12미터 미만의 동력선은 등화를 대신하여 흰색 전주등 1개와 현등 1쌍을 표시할 수 있다.

㉤ 길이 7미터 미만이고 최대속력이 7노트 미만인 동력선은 등화를 대신하여 흰색 전주등 1개만을 표시할 수 있으며, 가능한 경우 현등 1쌍도 표시할 수 있다.

ⓗ 길이 12미터 미만인 동력선에서 마스트등이나 흰색 전주등을 선수와 선미의 중심선상에 표시하는 것이 불가능할 경우에는 그 중심선 위에서 벗어난 위치에 표시할 수 있다. 이 경우 현등 1쌍은 이를 1개의 등화로 결합하여 선수와 선미의 중심선상 또는 그에 가까운 위치에 표시하되, 그 표시를 할 수 없을 경우에는 될 수 있으면 마스트등이나 흰색 전주등이 표시된 선으로부터 가까운 위치에 표시하여야 한다.

④ 항행 중인 예인선(법 제89조)

㉠ 동력선이다른 선박이나 물체를 끌고 있는경우에는 다음 각 호의 등화나 형상물을 표시하여야 한다.

ⓐ 앞쪽에 표시하는 마스트등을 대신하여 같은 수직선 위에 마스트등 2개. 다만, 예인선의 선미로부터 끌려가고 있는 선박이나 물체의 뒤쪽 끝까지 측정한 예인선열의 길이가 200미터를 초과하면 같은 수직선 위에 마스트등 3개를 표시하여야 한다.

ⓑ 현등 1쌍

ⓒ 선미등 1개

ⓓ 선미등의 위쪽에 수직선 위로 예선등 1개

ⓔ 예인선열의 길이가 200미터를 초과하면 가장 잘 보이는 곳에 마름모꼴의 형상물 1개

㉡ 다른 선박을 밀거나 옆에 붙여서 끌고 있는 동력선은 다음 각 호의 등화를 표시하여야 한다.

ⓐ 앞쪽에 표시하는 마스트등을 대신하여 같은 수직선 위로 마스트등 2개

ⓑ 현등 1쌍

ⓒ 선미등 1개

㉢ 끌려가고 있는 선박이나 물체는 다음 각 호의 등화나 형상물을 표시하여야 한다.

ⓐ 현등 1쌍

ⓑ 선미등 1개

ⓒ 예인선열의 길이가 200미터를 초과하면 가장 잘 보이는 곳에 마름모꼴의 형상물 1개

㉣ 2척 이상의 선박이 한 무리가 되어 밀려가거나 옆에 붙어서 끌려갈 경우에는 이를 1척의 선박으로 보고 다음 각 호의 등화를 표시하여야 한다.

ⓐ 앞쪽으로 밀려가고 있는 선박의 앞쪽 끝에 현등 1쌍

ⓑ 옆에 붙어서 끌려가고 있는 선박은 선미등 1개와 그의 앞쪽 끝에 현등 1쌍

㉤ 일부가 물에 잠겨 잘 보이지 아니하는 상태에서 끌려가고 있는 선박이나 물체 또는 끌려가고 있는 선박이나 물체의 혼합체는 다음의 등화나 형상물을 표시하여야 한다.

ⓐ 폭 25미터 미만이면 앞쪽 끝과 뒤쪽 끝 또는 그 부근에 흰색 전주등 각 1개

ⓑ 폭 25미터 이상이면 제1호에 따른 등화에 덧붙여 그 폭의 양쪽 끝이나 그 부근에 흰색 전주등 각 1개

ⓒ 길이가 100미터를 초과하면 제1호와 제2호에 따른 등화 사이의 거리가 100미터를 넘지 아니하도록 하는 흰색 전주등을 함께 표시

ⓓ 끌려가고 있는 맨 뒤쪽의 선박이나 물체의 뒤쪽 끝 또는 그 부근에 마름모꼴의 형상물 1개. 이 경우 예인선열의 길이가 200미터를 초과할 때에는 가장 잘 볼 수 있는 앞쪽 끝 부분에 마름모꼴의 형상물 1개를 함께 표시한다.

ⓑ 끌려가고 있는 선박이나 물체에 등화나 형상물을 표시할 수 없는 경우에는 끌려가고 있는 선박이나 물체를 조명하거나 그 존재를 나타낼 수 있는 가능한 모든 조치를 취하여야 한다.

㉦ 통상적으로 예인작업에 종사하지 아니한 선박이 조난당한 선박이나 구조가 필요한 다른 선박을 끌고 있는 경우로서 등화를 표시할 수 없을 때에는 그 등화들을 표시하지 아니할 수 있다. 이 경우 끌고 있는 선박과 끌려가고 있는 선박 사이의 관계를 표시하기 위하여 끄는 데에 사용되는 줄을 탐조등으로 비추는 등 가능한 모든 조치를 취하여야 한다.

㉧ 밀고 있는 선박과 밀려가고 있는 선박이 단단하게 연결되어 하나의 복합체를 이룬 경우에는 이를 1척의 동력선으로 보고 제88조(항행 중인 동력선)를 적용한다.

⑤ **항행 중인 범선 등**(법 제90조)

㉠ 항행 중인 범선은 다음 각 호의 등화를 표시하여야 한다.

ⓐ 현등 1쌍

ⓑ 선미등 1개

㉡ 항행 중인 길이 20미터 미만의 범선은 제1항에 따른 등화를 대신하여 마스트의 꼭대기나 그 부근의 가장 잘 보이는 곳에 삼색등 1개를 표시할 수 있다.

㉢ 항행 중인 범선은 제1항에 따른 등화에 덧붙여 마스트의 꼭대기나 그 부근의 가장 잘 보이는 곳에 전주등 2개를 수직선의 위아래에 표시할 수 있다. 이 경우 위쪽의 등화는 붉은색, 아래쪽의 등화는 녹색이어야 하며, 이 등화들은 제2항에 따른 삼색등과 함께 표시하여서는 아니 된다.

㉣ 길이 7미터 미만의 범선은 될 수 있으면 등화를 표시하여야 한다. 다만, 이를 표시하지 아니할 경우에는 흰색 휴대용 전등이나 점화된 등을 즉시 사용할 수 있도록 준비하여 충돌을 방지할 수 있도록 충분한 기간 동안 이를 표시하여야 한다.

㉤ 노도선(櫓櫂船)은 이 조에 따른 범선의 등화를 표시할 수 있다. 다만, 이를 표시하지 아니하는 경우에는 ㉣의 단서에 따라야 한다.

ⓗ 범선이 기관을 동시에 사용하여 진행하고 있는 경우에는 앞쪽의 가장 잘 보이는 곳에 원뿔꼴로 된 형상물 1개를 그 꼭대기가 아래로 향하도록 표시하여야 한다.

⑥ 어선(법 제91조)

㉠ 항망(桁網)이나 그 밖의 어구를 수중에서 끄는 트롤망어로에 종사하는 선박은 항행에 관계없이 다음 각 호의 등화나 형상물을 표시하여야 한다.

ⓐ 수직선 위쪽에는 녹색, 그 아래쪽에는 흰색 전주등 각 1개 또는 수직선 위에 2개의 원뿔을 그 꼭대기에서 위아래로 결합한 형상물 1개

ⓑ ⓐ의 녹색 전주등보다 뒤쪽의 높은 위치에 마스트등 1개. 다만, 어로에 종사하는 길이 50미터 미만의 선박은 이를 표시하지 아니할 수 있다.

ⓒ 대수속력이 있는 경우에는 ⓐ와 ⓑ에 따른 등화에 덧붙여 현등 1쌍과 선미등 1개

㉡ ㉠에 따른 어로에 종사하는 선박 외에 어로에 종사하는 선박은 항행 여부에 관계없이 다음 각 호의 등화나 형상물을 표시하여야 한다.

ⓐ 수직선 위쪽에는 붉은색, 아래쪽에는 흰색 전주등 각 1개 또는 수직선 위에 두 개의 원뿔을 그 꼭대기에서 위아래로 결합한 형상물 1개

ⓑ 수평거리로 150미터가 넘는 어구를 선박 밖으로 내고 있는 경우에는 어구를 내고 있는 방향으로 흰색 전주등 1개 또는 꼭대기를 위로 한 원뿔꼴의 형상물 1개

ⓒ 대수속력이 있는 경우에는 제1호와 제2호에 따른 등화에 덧붙여 현등 1쌍과 선미등 1개

㉢ 트롤망어로와 선망어로(旋網漁撈)에 종사하고 있는 선박에는 제1항과 제2항에 따른 등화 외에 해양수산부령으로 정하는 추가신호를 표시하여야 한다.

㉣ 어로에 종사하고 있지 아니하는 선박은 이 조에 따른 등화나 형상물을 표시하여서는 아니 되며, 그 선박과 같은 길이의 선박이 표시하여야 할 등화나 형상물만을 표시하여야 한다.

⑦ 조종불능선과 조종제한선(법 제92조)

㉠ 조종불능선은 다음 각 호의 등화나 형상물을 표시하여야 한다.

ⓐ 가장 잘 보이는 곳에 수직으로 붉은색 전주등 2개

ⓑ 가장 잘 보이는 곳에 수직으로 둥근꼴이나 그와 비슷한 형상물 2개

ⓒ 대수속력이 있는 경우에는 ⓐ와 ⓑ에 따른 등화에 덧붙여 현등 1쌍과 선미등 1개

㉡ 조종제한선은 기뢰제거작업에 종사하고 있는 경우 외에는 다음 각 호의 등화나 형상물을 표시하여야 한다.

ⓐ 가장 잘 보이는 곳에 수직으로 위쪽과 아래쪽에는 붉은색 전주등, 가운데에는 흰색 전주등 각 1개

ⓑ 가장 잘 보이는 곳에 수직으로 위쪽과 아래쪽에는 둥근꼴, 가운데에는 마름모꼴의 형상물 각 1개

기출문제

ⓒ 대수속력이 있는 경우에는 제1호에 따른 등화에 덧붙여 마스트등 1개, 현등 1쌍 및 선미등 1개

ⓓ 정박 중에는 제1호와 제2호에 따른 등화나 형상물에 덧붙여 제95조에 따른 등화나 형상물

㉢ 동력선이 진로로부터 이탈능력을 매우 제한받는 예인작업에 종사하고 있는 경우에는 등화나 형상물에 덧붙여 등화나 형상물을 표시하여야 한다.

㉣ 준설이나 수중작업에 종사하고 있는 선박이 조종능력을 제한받고 있는 경우에는 ㉡에 따른 등화나 형상물을 표시하여야 하며, 장애물이 있는 경우에는 이에 덧붙여 다음 각 호의 등화나 형상물을 표시하여야 한다.

ⓐ 장애물이 있는 쪽을 가리키는 뱃전에 수직으로 붉은색 전주등 2개나 둥근꼴의 형상물 2개

ⓑ 다른 선박이 통과할 수 있는 쪽을 가리키는 뱃전에 수직으로 녹색 전주등 2개나 마름모꼴의 형상물 2개

ⓒ 정박 중인 때에는 제95조에 따른 등화나 형상물을 대신하여 ⓐ와 ⓑ에 따른 등화나 형상물

㉤ 잠수작업에 종사하고 있는 선박이 그 크기로 인하여 제4항에 따른 등화와 형상물을 표시할 수 없으면 다음 각 호의 표시를 하여야 한다.

ⓐ 가장 잘 보이는 곳에 수직으로 위쪽과 아래쪽에는 붉은색 전주등, 가운데에는 흰색 전주등 각 1개

ⓑ 국제해사기구가 정한 국제신호서(國際信號書) 에이(A) 기(旗)의 모사판(模寫版)을 1미터 이상의 높이로 하여 사방에서 볼 수 있도록 표시

㉥ 기뢰제거작업에 종사하고 있는 선박은 해당 선박에서 1천미터 이내로 접근하면 위험하다는 경고로서 동력선에 관한 등화, 정박하고 있는 선박의 등화나 형상물에 덧붙여 녹색의 전주등 3개 또는 둥근꼴의 형상물 3개를 표시하여야 한다. 이 경우 이들 등화나 형상물 중에서 하나는 앞쪽 마스트의 꼭대기 부근에 표시하고, 다른 2개는 앞쪽 마스트의 가름대의 양쪽 끝에 1개씩 표시하여야 한다.

㉦ 길이 12미터 미만의 선박은 잠수작업에 종사하고 있는 경우 외에는 이 조에 따른 등화와 형상물을 표시하지 아니할 수 있다.

⑧ 흘수제역선(법 제93조)

흘수제약선은 동력선의 등화에 덧붙여 가장 잘 보이는 곳에 붉은색 전주등 3개를 수직으로 표시하거나 원통형의 형상물 1개를 표시할 수 있다.

⑨ 도선선(법 제94조)

㉠ 도선업무에 종사하고 있는 선박은 다음 각 호의 등화나 형상물을 표시하여야 한다.

ⓐ 마스트의 꼭대기나 그 부근에 수직선 위쪽에는 흰색 전주등, 아래쪽에는 붉은색 전주등 각 1개

ⓑ 항행 중에는 제1호에 따른 등화에 덧붙여 현등 1쌍과 선미등 1개
ⓒ 정박 중에는 제1호에 따른 등화에 덧붙여 제95조에 따른 정박하고 있는 선박의 등화나 형상물

㉡ 도선선이 도선업무에 종사하지 아니할 때에는 그 선박과 같은 길이의 선박이 표시하여야 할 등화나 형상물을 표시하여야 한다.

⑩ 정박선과 얹혀 있는 선박(법 제95조)

㉠ 정박 중인 선박은 가장 잘 보이는 곳에 다음 각 호의 등화나 형상물을 표시하여야 한다.
ⓐ 앞쪽에 흰색의 전주등 1개 또는 둥근꼴의 형상물 1개
ⓑ 선미나 그 부근에 제1호에 따른 등화보다 낮은 위치에 흰색 전주등 1개

㉡ 길이 50미터 미만인 선박은 제1항에 따른 등화를 대신하여 가장 잘 보이는 곳에 흰색 전주등 1개를 표시할 수 있다.

㉢ 정박 중인 선박은 갑판을 조명하기 위하여 작업등 또는 이와 비슷한 등화를 사용하여야 한다. 다만, 길이 100미터 미만의 선박은 이 등화들을 사용하지 아니할 수 있다.

㉣ 얹혀 있는 선박은 제1항이나 제2항에 따른 등화를 표시하여야 하며, 이에 덧붙여 가장 잘 보이는 곳에 다음 각 호의 등화나 형상물을 표시하여야 한다.
ⓐ 수직으로 붉은색의 전주등 2개
ⓑ 수직으로 둥근꼴의 형상물 3개

㉤ 길이 7미터 미만의 선박이 좁은 수로등 정박지 안 또는 그 부근과 다른 선박이 통상적으로 항행하는 수역이 아닌 장소에 정박하거나 얹혀 있는 경우에는 제1항과 제2항에 따른 등화나 형상물을 표시하지 아니할 수 있다.

㉥ 길이 12미터 미만의 선박이 얹혀 있는 경우에는 제4항에 따른 등화나 형상물을 표시하지 아니할 수 있다.

⒂ 음향신호와 발광신호

① 기적의 종류(법 제97조)

"기적"(汽笛)이란 다음 각 호의 구분에 따라 단음(短音)과 장음(長音)을 발할 수 있는 음향신호장치를 말한다.

㉠ 단음 : 1초 정도 계속되는 고동소리
㉡ 장음 : 4초부터 6초까지의 시간 동안 계속되는 고동소리

② 조종신호와 경고신호(법 제99조)

㉠ 항행 중인 동력선이 서로 상대의 시계 안에 있는 경우에 이 법에 따라 그 침로를 변경하거나 그 기관을 후진하여 사용할 때에는 다음 각 호의구분에 따라 기적신호를 행하여야 한다.
ⓐ 침로를 오른쪽으로 변경하고 있는 경우: 단음 1회

ⓑ 침로를 왼쪽으로 변경하고 있는 경우: 단음 2회

ⓒ 기관을 후진하고 있는 경우: 단음 3회

㉡ 항행 중인 동력선은 다음 각 호의 구분에 따른 발광신호를 적절히 반복하여 기적신호를 보충할 수 있다.

ⓐ 침로를 오른쪽으로 변경하고 있는 경우 : 섬광 1회

ⓑ 침로를 왼쪽으로 변경하고 있는 경우 : 섬광 2회

ⓒ 기관을 후진하고 있는 경우: 섬광 3회

㉢ 섬광의 지속시간 및 섬광과 섬광 사이의 간격은 1초 정도로 하되, 반복되는 신호 사이의 간격은 10초 이상으로 하며, 이 발광신호에 사용되는 등화는 적어도 5해리의 거리에서 볼 수 있는 흰색 전주등이어야 한다.

㉣ 선박이 좁은 수로등에서 서로 상대의 시계 안에 있는 경우 기적신호를 할 때에는 다음 각 호에 따라 행하여야 한다.

ⓐ 다른 선박의 우현 쪽으로 앞지르기 하려는 경우에는 장음 2회와 단음 1회의 순서로 의사를 표시할 것

ⓑ 다른 선박의 좌현 쪽으로 앞지르기 하려는 경우에는 장음 2회와 단음 2회의 순서로 의사를 표시할 것

ⓒ 앞지르기당하는 선박이 다른 선박의 앞지르기에 동의할 경우에는 장음 1회, 단음 1회의 순서로 2회에 걸쳐 동의의사를 표시할 것

㉤ 서로 상대의 시계 안에 있는 선박이 접근하고 있을 경우에는 하나의 선박이 다른 선박의 의도 또는 동작을 이해할 수 없거나 다른 선박이 충돌을 피하기 위하여 충분한 동작을 취하고 있는지 분명하지 아니한 경우에는 그 사실을 안 선박이 즉시 기적으로 단음을 5회 이상 재빨리 울려 그 사실을 표시하여야 한다. 이 경우 의문신호(疑問信號)는 5회 이상의 짧고 빠르게 섬광을 발하는 발광신호로써 보충할 수 있다.

㉥ 좁은 수로등의 굽은 부분이나 장애물 때문에 다른 선박을 볼 수 없는 수역에 접근하는 선박은 장음으로 1회의 기적신호를 울려야 한다. 이 경우 그 선박에 접근하고 있는 다른 선박이 굽은 부분의 부근이나 장애물의 뒤쪽에서 그 기적신호를 들은 경우에는 장음 1회의 기적신호를 울려 이에 응답하여야 한다.

㉦ 100미터 이상 거리를 두고 둘 이상의 기적을 갖추어 두고 있는 선박이 조종신호 및 경고신호를 울릴 때에는 그 중 하나만을 사용하여야 한다.

③ 제한된 시계 안에서의 음향신호(제100조)

㉠ 시계가 제한된 수역이나 그 부근에 있는 모든 선박은 밤낮에 관계없이 다음 각 호에 따른 신호를 하여야 한다.

ⓐ 항행 중인 동력선은 대수속력이 있는 경우에는 2분을 넘지 아니하는 간격으로 장음을 1회 울려야 한다.

ⓑ 항행 중인 동력선은 정지하여 대수속력이 없는 경우에는 장음 사이의 간격을 2초 정도로 연속하여 장음을 2회 울리되, 2분을 넘지 아니하는 간격으로 울려야 한다.

ⓒ 조종불능선, 조종제한선, 흘수제약선, 범선, 어로 작업을 하고 있는 선박 또는 다른 선박을 끌고 있거나 밀고 있는 선박은 ⓐ와 ⓑ에 따른 신호를 대신하여 2분을 넘지 아니하는 간격으로 연속하여 3회의 기적(장음 1회에 이어 단음 2회를 말한다)을 울려야 한다.

ⓓ 끌려가고 있는 선박(2척 이상의 선박이 끌려가고 있는 경우에는 제일 뒤쪽의 선박)은 승무원이 있을 경우에는 2분을 넘지 아니하는 간격으로 연속하여 4회의 기적(장음 1회에 이어 단음 3회를 말한다)을 울려야 한다. 이 경우 신호는 될 수 있으면 끌고 있는 선박이 행하는 신호 직후에 울려야 한다.

ⓔ 정박 중인 선박은 1분을 넘지 아니하는 간격으로 5초 정도 재빨리 호종을 울려야 한다. 다만, 정박하여 어로 작업을 하고 있거나 작업 중인 조종제한선은 신호를 울려야 하고, 길이 100미터 이상의 선박은 호종을 선박의 앞쪽에서 울리되, 호종을 울린 직후에 뒤쪽에서 징을 5초 정도 재빨리 울려야 하며, 접근하여 오는 선박에 대하여 자기 선박의 위치와 충돌의 가능성을 경고할 필요가 있을 경우에는 이에 덧붙여 연속하여 3회(단음 1회, 장음 1회, 단음 1회) 기적을 울릴 수 있다.

ⓕ 얹혀 있는 선박 중 길이 100미터 미만의 선박은 1분을 넘지 아니하는 간격으로 재빨리 호종을 5초 정도 울림과 동시에 그 직전과 직후에 호종을 각각 3회 똑똑히 울려야 한다. 이 경우 그 선박은 이에 덧붙여 적절한 기적신호를 울릴 수 있다.

ⓖ 얹혀 있는 선박 중 길이 100미터 이상의 선박은 그 앞쪽에서 1분을 넘지 아니하는 간격으로 재빨리 호종을 5초 정도 울림과 동시에 그 직전과 직후에 호종을 각각 3회씩 똑똑히 울리고, 뒤쪽에서는 그 호종의 마지막 울림 직후에 재빨리 징을 5초 정도 울려야 한다. 이 경우 그 선박은 이에 덧붙여 알맞은 기적신호를 할 수 있다.

ⓗ 길이 12미터 미만의 선박은 ⓐ부터 ⓖ까지에 따른 신호를, 길이 12미터 이상 20미터 미만인 선박은 ⓔ부터 ⓖ까지에 따른 신호를 하지 아니할 수 있다. 다만, 그 신호를 하지 아니한 경우에는 2분을 넘지 아니하는 간격으로 다른 유효한 음향신호를 하여야 한다.

ⓘ 도선선이 도선업무를 하고 있는 경우에는 ⓐ, ⓑ 또는 ⓔ에 따른 신호에 덧붙여 단음 4회로 식별신호를 할 수 있다.

㉡ 밀고 있는 선박과 밀려가고 있는 선박이 단단하게 연결되어 하나의 복합체를 이룬 경우에는 이를 1척의 동력선으로 보고 ㉠을 적용한다.

기출문제

④ 주의환기신호(법 제101조)

㉠ 모든 선박은 다른 선박의 주의를 환기시키기 위하여 필요하면 이 법에서 정하는 다른 신호로 오인되지 아니하는 발광신호 또는 음향신호를 하거나 다른 선박에 지장을 주지 아니하는 방법으로 위험이 있는 방향에 탐조등을 비출 수 있다.

㉡ 발광신호나 탐조등은 항행보조시설로 오인되지 아니하는 것이어야 하며, 스트로보등(燈)이나 그 밖의 강력한 빛이 점멸하거나 회전하는 등화를 사용하여서는 아니 된다.

㉢ 해상경비, 인명구조 및 불법어업단속 등 긴급업무에 종사하는 선박은 해양수산부령으로 정하는 등화를 표시하거나 사이렌을 사용할 수 있다. 다만, 긴급업무를 수행하지 아니할 때에는 이 등화와 사이렌을 작동하여서는 아니 된다.

㉣ 등화와 사이렌은 긴급업무에 종사하는 선박 외에는 표시하거나 사용하여서는 아니 된다.

⑤ 조난신호(법 제102조)

㉠ 선박이 조난을 당하여 구원을 요청하는 경우 국제해사기구가 정하는 신호를 하여야 한다.

㉡ 선박은 목적 외에 같은 항에 따른 신호 또는 이와 오인될 위험이 있는 신호를 하여서는 아니 된다.

03 선박의 입항 및 출항 등에 관한 법률(약칭 : 선박입출항법)

(1) 총칙

① 목적(제1조) **2022 출제**

이 법은 무역항의 수상구역 등에서 선박의 입항·출항에 대한 지원과 선박운항의 안전 및 질서 유지에 필요한 사항을 규정함을 목적으로 한다.

② 정의(제2조)

이 법에서 사용하는 용어의 뜻은 다음과 같다.

㉠ "무역항"이란 「항만법」 제2조제2호에 따른 항만을 말한다.

㉡ "무역항의 수상구역등"이란 무역항의 수상구역과 「항만법」 제2조제5호가목(1)의 수역시설 중 수상구역 밖의 수역시설로서 관리청이 지정·고시한 것을 말한다.

㉢ "관리청"이란 무역항의 수상구역등에서 선박의 입항 및 출항 등에 관한 행정업무를 수행하는 다음 각 목의 구분에 따른 행정관청을 말한다.

ⓐ 「항만법」 제3조제2항제1호에 따른 국가관리무역항 : 해양수산부장관

ⓑ 「항만법」 제3조제2항제2호에 따른 지방관리무역항 : 특별시장·광역시장·도지사 또는 특별자치도지사(이하 "시·도지사"라 한다)

㉣ "선박"이란 「선박법」 제1조의2제1항에 따른 선박을 말한다.

㉤ "예선"(曳船)이란 「선박안전법」 제2조제13호에 따른 예인선(曳引船)(이하 "예인선"이라 한다) 중 무역항에 출입하거나 이동하는 선박을 끌어당기거나 밀어서 이안(離岸)·접안(接岸)·계류(繫留)를 보조하는 선박을 말한다.

㉥ "우선피항선"(優先避航船)이란 주로 무역항의 수상구역에서 운항하는 선박으로서 다른 선박의 진로를 피하여야 하는 다음 각 목의 선박을 말한다.
2020, 2021, 2022 출제

ⓐ 「선박법」 제1조의2제1항제3호에 따른 부선(艀船)[예인선이 부선을 끌거나 밀고 있는 경우의 예인선 및 부선을 포함하되, 예인선에 결합되어 운항하는 압항부선(押航艀船)은 제외한다]

ⓑ 주로 노와 삿대로 운전하는 선박

ⓒ 예선

ⓓ 「항만운송사업법」 제26조의3제1항에 따라 항만운송관련사업을 등록한 자가 소유한 선박

ⓔ 「해양환경관리법」 제70조제1항에 따라 해양환경관리업을 등록한 자가 소유한 선박 또는 「해양폐기물 및 해양오염퇴적물 관리법」 제 19조 제1항에 따라 해양폐기물관리업을 등록한 자가 소유한 선박(폐기물해양배출업으로 등록한 선박은 제외한다)

ⓕ ⓐ부터 ⓔ까지의 규정에 해당하지 아니하는 총톤수 20톤 미만의 선박

기출문제

2022년 제4회

☑ 무역항의 수상구역등에서 선박의 입항·출항에 대한 지원과 선박운항의 안전 및 질서 유지에 필요한 사항을 규정할 목적으로 만들어진 법은?

① 선박안전법
② 해사안전법
③ 선박교통관제에 관한 법률
④ 선박의 입항 및 출항 등에 관한 법률

2022년 제4회

☑ 다음 중 선박의 입항 및 출항 등에 관한 법률상 우선피항선이 아닌 선박은?

① 예선
② 총톤수 20톤 미만인 어선
③ 주로 노와 삿대로 운전하는 선박
④ 예인선에 결합되어 운항하는 압항부선

정답 ④, ④

ⓢ "정박"(碇泊)이란 선박이 해상에서 닻을 바다 밑바닥에 내려놓고 운항을 멈추는 것을 말한다.

ⓞ "정박지"(碇泊地)란 선박이 정박할 수 있는 장소를 말한다.

ⓙ "정류"(停留)란 선박이 해상에서 일시적으로 운항을 멈추는 것을 말한다. **2020, 2022 출제**

ⓒ "계류"란 선박을 다른 시설에 붙들어 매어 놓는 것을 말한다.

ⓚ "계선"(繫船)이란 선박이 운항을 중지하고 정박하거나 계류하는 것을 말한다.

ⓣ "항로"란 선박의 출입 통로로 이용하기 위하여 제10조에 따라 지정·고시한 수로를 말한다. **2020, 2022 출제**

ⓟ "위험물"이란 화재·폭발 등의 위험이 있거나 인체 또는 해양환경에 해를 끼치는 물질로서 해양수산부령으로 정하는 것을 말한다. 다만, 선박의 항행 또는 인명의 안전을 유지하기 위하여 해당 선박에서 사용하는 위험물은 제외한다.

ⓗ "위험물취급자"란 제37조제1항제1호에 따른 위험물운송선박의 선장 및 위험물을 취급하는 사람을 말한다.

(2) 입항·출항 및 정박

① **출입 신고**(법 제4조)

㉠ 무역항의 수상구역등에 출입하려는 선박의 선장(이하 이 조에서 "선장"이라 한다)은 대통령령으로 정하는 바에 따라 관리청에 신고하여야 한다. 다만, 다음 각 호의 선박은 출입 신고를 하지 아니할 수 있다. **2020, 2021, 2022 출제**

ⓐ 총톤수 5톤 미만의 선박

ⓑ 해양사고구조에 사용되는 선박

ⓒ 「수상레저안전법」 제2조제3호에 따른 수상레저기구 중 국내항 간을 운항하는 모터보트 및 동력요트

ⓓ 그 밖에 공공목적이나 항만 운영의 효율성을 위하여 해양수산부령으로 정하는 선박

ⓔ ⓓ에서 해양수산부령으로 정하는 선박이란 다음 각 호의 선박을 말한다.(동법 시행규칙 제4조) **2022 출제**

- 관공선, 군함, 해양경찰함정 등 공공의 목적으로 운영하는 선박
- 도선선(導船船), 예선(曳船) 등 선박의 출입을 지원하는 선박
- 「선박직원법 시행령」에 따른 연안수역을 항행하는 정기여객선(「해운법」에 따라 내항 정기 여객운송사업에 종사하는 선박을 말한다)으로서 경유항(經由港)에 출입하는 선박
- 피난을 위하여 긴급히 출항하여야 하는 선박
- 그 밖에 항만운영을 위하여 지방해양수산청장이나 시·도지사가 필요하다고 인정하여 출입 신고를 면제한 선박

기출문제

2022년 제3회

☑ 선박의 입항 및 출항 등에 관한 법률상 총톤수 5톤인 내항선이 무역항의 수상구역 등을 출입할 때 하는 출입신고에 대한 내용으로 옳은 것은?

① 내항선이므로 출입신고를 하지 않아도 된다.
② 무역항의 수상구역등의 안으로 입항하는 경우 통상적으로 입항하기 전에 입항신고를 하여야 한다.
③ 무역항의 수상구역등의 밖으로 출항하는 경우 통상적으로 출항 직후 즉시 출항신고를 하여야 한다.
④ 출항 일시가 이미 정하여진 경우에도 입항신고 와 출항신고는 동시에 할 수 없다.

2022년 제1회

☑ 선박의 입항 및 출항 등에 관한 법률상 무역항의 수상구역등에 출입하는 경우 출입신고를 서면으로 제출하여야 하는 선박은?

① 예선 등 선박의 출입을 지원하는 선박
② 피난을 위하여 긴급히 출항하여야 하는 선박
③ 연안수역을 항행하는 정기 여객선으로서 항구에 출입하는 선박
④ 관공선, 군함, 해양경찰함정 등 공공의 목적으로 운영하는 선박

정답 ②, ③

㉡ ㉠에 따른 출입 신고는 다음의 구분에 따른다.(동법 시행령 제2조) **2022 출제**

ⓐ 내항선(국내에서만 운항하는 선박을 말한다)이 무역항의 수상구역등의 안으로 입항하는 경우에는 입항 전에, 무역항의 수상구역등의 밖으로 출항하려는 경우에는 출항 전에 해양수산부령으로 정하는 바에 따라 내항선 출입 신고서를 관리청에 제출할 것

ⓑ 외항선(국내항과 외국항 사이를 운항하는 선박을 말한다)이 무역항의 수상구역등의 안으로 입항하는 경우에는 입항 전에, 무역항의 수상구역등의 밖으로 출항하려는 경우에는 출항 전에 해양수산부령으로 정하는 바에 따라 외항선 출입 신고서를 관리청에 제출할 것

ⓒ 무역항을 출항한 선박이 피난, 수리 또는 그 밖의 사유로 출항 후 12시간 이내에 출항한 무역항으로 귀항하는 경우에는 그 사실을 적어 서면 또는 전자적 방법으로 관리청에 제출할 것

ⓓ 선박이 해양사고를 피하기 위한 경우나 그 밖의 부득이한 사유로 무역항의 수상구역등의 안으로 입항하거나 무역항의 수상구역등의 밖으로 출항하는 경우에는 그 사실을 적어 서면 또는 전자적 방법으로 관리청에 제출할 것

㉢ 관리청은 신고를 받은 경우 그 내용을 검토하여 이 법에 적합하면 신고를 수리하여야 한다.

㉣ 전시·사변이나 그에 준하는 국가비상사태 또는 국가안전보장에 필요한 경우에는 선장은 대통령령으로 정하는 바에 따라 관리청의 허가를 받아야 한다.

② 정박지의 사용 등(법 제5조) **2021, 2022 출제**

㉠ 관리청은 무역항의 수상구역등에 정박하는 선박의 종류·톤수·흘수 또는 적재물의 종류에 따른 정박구역 또는 정박지를 지정·고시할 수 있다. **2021, 2022 출제**

㉡ 무역항의 수상구역 등에 정박하려는 선박(우선피항선은 제외)은 정박구역 또는 정박지에 정박하여야 한다. 다만, 해양사고를 피하기 위한 경우 등 해양수산부령으로 정하는 사유가 있는 경우에는 그러하지 아니하다.

㉢ 우선피항선은 다른 선박의 항행에 방해가 될 우려가 있는 장소에 정박하거나 정류하여서는 아니 된다.

㉣ 정박구역 또는 정박지가 아닌 곳에 정박한 선박의 선장은 즉시 그 사실을 관리청에 신고하여야 한다.

③ 정박의 제한 및 방법 등(법 제6조)

㉠ 선박은 무역항의 수상구역 등에서 다음 각 호의 장소에는 정박하거나 정류하지 못한다. **2022 출제**

ⓐ 부두·잔교·안벽·계선부표·돌핀 및 선거의 부근 수역

ⓑ 하천, 운하 및 그 밖의 좁은 수로와 계류장 입구의 부근 수역

기출문제

2022년 제4회

☑ ( )에 적합하지 않은 것은?

> "선박의 입항 및 출항 등에 관한 법률상 무역항의 수상구역등에 정박하는 ( )에 따른 정박구역 또는 정박지를 지정·고시할 수 있다."

① 선박의 톤수
② 선박의 종류
③ 선박의 국적
④ 적재물의 종류

2022년 제3회

☑ 선박의 입항 및 출항 등에 관한 법률상 무역항의 수상구역등에서 정박하거나 정류하지 못하도록 하는 장소가 아닌 것은?

① 하천
② 잔교 부근 수역
③ 좁은 수로
④ 수심이 깊은 곳

정답 ③, ④

기출문제

2021년 제2회

☑ 선박의 입항 및 출항 등에 관한 법률상 ( )에 순서대로 적합한 것은?

> "무역항의 수상구역 등에 정박하는 선박은 지체 없이 ( )을 내릴 수 있도록 ( )를 해제하고, ( )은 즉시 운항할 수 있도록 기관의 상태를 유지하는 등 안전에 필요한 조치를 하여야 한다."

① 예비용 닻, 닻 고정장치, 동력선
② 투묘용 닻, 닻 고정장치, 모든 선박
③ 예비용 닻, 윈드라스, 모든 선박
④ 투묘용 닻, 윈드라스, 동력선

2022년 제2회

☑ ( )에 적합하지 않은 것은?

> "선박의 입항 및 출항 등에 관한 법률상 관리청은 무역항의 수상구역등에서 선박교통의 안전을 위하여 필요하다고 인정하여 항로 또는 구역을 지정한 경우에는 ( )을/를 정하여 공고하여야 한다."

① 제한기간
② 관할 해양경찰서
③ 금지기간
④ 항로 또는 구역의 위치

정답 ①, ②

㉡ 다음 각 호의 경우에는 무역항의 수상구역 등의 장소에 정박하거나 정류할 수 있다. **2020 출제**
  ⓐ 「해양사고의 조사 및 심판에 관한 법률」 제2조제1호에 따른 해양사고를 피하기 위한 경우
  ⓑ 선박의 고장이나 그 밖의 사유로 선박을 조종할 수 없는 경우
  ⓒ 인명을 구조하거나 급박한 위험이 있는 선박을 구조하는 경우
  ⓓ 제41조에 따른 허가를 받은 공사 또는 작업에 사용하는 경우

㉢ 선박의 정박 또는 정류의 제한 외에 무역항별 무역항의 수상구역 등에서의 정박 또는 정류 제한에 관한 구체적인 내용은 관리청이 정하여 고시한다.

㉣ 무역항의 수상구역 등에 정박하는 선박은 지체 없이 예비용 닻을 내릴 수 있도록 닻 고정장치를 해제하고, 동력선은 즉시 운항할 수 있도록 기관의 상태를 유지하는 등 안전에 필요한 조치를 하여야 한다. **2021 출제**

㉤ 관리청은 정박하는 선박의 안전을 위하여 필요하다고 인정하는 경우에는 무역항의 수상구역 등에 정박하는 선박에 대하여 정박 장소 또는 방법을 변경할 것을 명할 수 있다.

④ **선박의 계선 신고 등**(법 제7조)

㉠ 총톤수 20톤 이상의 선박을 무역항의 수상구역 등에 계선하려는 자는 해양수산부령으로 정하는 바에 따라 관리청에 신고하여야 한다.

㉡ 관리청은 신고를 받은 경우 그 내용을 검토하여 이 법에 적합하면 신고를 수리하여야 한다.

㉢ 선박을 계선하려는 자는 관리청이 지정한 장소에 그 선박을 계선하여야 한다.

㉣ 관리청은 계선 중인 선박의 안전을 위하여 필요하다고 인정하는 경우에는 그 선박의 소유자나 임차인에게 안전 유지에 필요한 인원의 선원을 승선시킬 것을 명할 수 있다.

⑤ **선박의 이동명령**(법 제8조)

관리청은 다음 각 호의 경우에는 무역항의 수상구역 등에 있는 선박에 대하여 관리청이 정하는 장소로 이동할 것을 명할 수 있다.

㉠ 무역항을 효율적으로 운영하기 위하여 필요하다고 판단되는 경우

㉡ 전시 · 사변이나 그에 준하는 국가비상사태 또는 국가안전보장을 위하여 필요하다고 판단되는 경우

⑥ **선박교통의 제한**(법 제9조)

㉠ 관리청은 무역항의 수상구역등에서 선박교통의 안전을 위하여 필요하다고 인정하는 경우에는 항로 또는 구역을 지정하여 선박교통을 제한하거나 금지할 수 있다.

㉡ 관리청이 항로 또는 구역을 지정한 경우에는 항로 또는 구역의 위치, 제한 · 금지 기간을 정하여 공고하여야 한다. **2022 출제**

(3) 항로 및 항법

① 항로 지정 및 준수(법 제10조) **2020, 2021 출제**

㉠ 관리청은 무역항의 수상구역등에서 선박교통의 안전을 위하여 필요한 경우에는 무역항과 무역항의 수상구역 밖의 수로를 항로로 지정·고시할 수 있다.

㉡ 우선피항선 외의 선박은 무역항의 수상구역등에 출입하는 경우 또는 무역항의 수상구역등을 통과하는 경우에는 ㉠항에 따라 지정·고시된 항로를 따라 항행하여야 한다. 다만, 해양사고를 피하기 위한 경우 등 해양수산부령으로 정하는 사유가 있는 경우에는 그러하지 아니하다. **2020 출제**

② 항로에서의 정박 등 금지(법 제11조) **2021 출제**

㉠ 선장은 항로에 선박을 정박 또는 정류시키거나 예인되는 선박 또는 부유물을 내버려두어서는 아니 된다. 다만 다음의 어느 하나에 해당하는 경우는 그러하지 아니하다.

ⓐ 「해양사고의 조사 및 심판에 관한 법률」 제2조제1호에 따른 해양사고를 피하기 위한 경우

ⓑ 선박의 고장이나 그 밖의 사유로 선박을 조종할 수 없는 경우

ⓒ 인명을 구조하거나 급박한 위험이 있는 선박을 구조하는 경우

ⓓ 제41조에 따른 허가를 받은 공사 또는 작업에 사용하는 경우

㉡ 정박의 제한 예외규정의 사유로 선박을 항로에 정박시키거나 정류시키려는 자는 그 사실을 관리청에 신고하여야 한다. 이 경우 위 ⓑ호에 해당하는 선박의 선장은 「해상교통안전법」 제92조제1항에 따른 조종불능선 표시를 하여야 한다.

③ 항로에서의 항법(법 제12조) **2020 출제**

㉠ 모든 선박은 항로에서 다음 각 호의 항법에 따라 항행하여야 한다.

ⓐ 항로 밖에서 항로에 들어오거나 항로에서 항로 밖으로 나가는 선박은 항로를 항행하는 다른 선박의 진로를 피하여 항행할 것 **2022 출제**

ⓑ 항로에서 다른 선박과 나란히 항행하지 아니할 것

ⓒ 항로에서 다른 선박과 마주칠 우려가 있는 경우에는 오른쪽으로 항행할 것 **2021 출제**

ⓓ 항로에서 다른 선박을 추월하지 아니할 것. 다만, 추월하려는 선박을 눈으로 볼 수 있고 안전하게 추월할 수 있다고 판단되는 경우에는 「해상교통안전법」 제74조제5항 및 제78조에 따른 방법으로 추월할 것

ⓔ 항로를 항행하는 제37조제1항제1호에 따른 위험물운송선박(제2조제5호라목에 따른 선박 중 급유선은 제외한다) 또는 「해상교통안전법」 제2조제12호에 따른 흘수제약선(吃水制約船)의 진로를 방해하지 아니할 것 **2022 출제**

기출문제

2021년 제4회

☑ (　)에 적합한 것은?

> "선박의 입항 및 출항 등에 관한 법률상 (　)를 피하기 위한 경우 등 해양수산부령으로 정하는 사유로 선박을 항로에 정박시키거나 정류시키려는 자는 그 사실을 관리청에 신고하여야 한다."

① 선박나포
② 해양사고
③ 오염물질 배수
④ 위험물질 방치

2022년 제2회

☑ (　)에 순서대로 적합한 것은?

> "선박의 입항 및 출항 등에 관한 법률상 항로상의 모든 선박은 항로를 항행하는 (　) 또는 (　)의 진로를 방해하지 아니하여야 한다. 다만, 항만운송관련사업을 등록한 자가 소유한 급유선은 제외한다."

① 어선, 범선
② 흘수제약선, 범선
③ 위험물운송선박, 대형선
④ 위험물운송선박, 흘수제약선

정답 ②, ④

ⓕ 「선박법」제1조의2제1항제2호에 따른 범선은 항로에서 지그재그(zigzag)로 항행하지 아니할 것

㉡ 관리청은 선박교통의 안전을 위하여 특히 필요하다고 인정하는 경우에는 제1항에서 규정한 사항 외에 따로 항로에서의 항법 등에 관한 사항을 정하여 고시할 수 있다. 이 경우 선박은 이에 따라 항행하여야 한다.

④ **방파제 부근에서의 항법**(법 제13조) **2020, 2021, 2022 출제**

무역항의 수상구역 등에 입항하는 선박이 방파제 입구 등에서 출항하는 선박과 마주칠 우려가 있는 경우에는 방파제 밖에서 출항하는 선박의 진로를 피하여야 한다.

⑤ **부두 등 부근에서의 항법**(법 제14조) **2021, 2022 출제**

선박이 무역항의 수상구역 등에서 해안으로 길게 뻗어 나온 육지 부분, 부두, 방파제 등 인공시설물의 튀어나온 부분 또는 정박 중인 선박(이하 이 조에서 "부두등"이라 한다)을 오른쪽 뱃전에 두고 항행할 때에는 부두 등에 접근하여 항행하고, 부두 등을 왼쪽 뱃전에 두고 항행할 때에는 멀리 떨어져서 항행하여야 한다.

⑥ **예인선 등의 항법**(법 제15조)

㉠ 예인선이 무역항의 수상구역등에서 다른 선박을 끌고 항행할 때에는 해양수산부령으로 정하는 방법에 따라야 한다.

㉡ 범선이 무역항의 수상구역 등에서 항행할 때에는 돛을 줄이거나 예인선이 범선을 끌고 가게 하여야 한다.

■ 예인선의 항법 등(규칙 제9조)

㉠ 법 제15조제1항에 따라 예인선이 무역항의 수상구역 등에서 다른 선박을 끌고 항행하는 경우에는 다음 각 호에서 정하는 바에 따라야 한다. **2022 출제**
  ⓐ 예인선의 선수(船首)로부터 피(被)예인선의 선미(船尾)까지의 길이는 200미터를 초과하지 아니할 것. 다만, 다른 선박의 출입을 보조하는 경우에는 그러하지 아니하다.
  ⓑ 예인선은 한꺼번에 3척 이상의 피예인선을 끌지 아니할 것
㉡ ㉠항에도 불구하고 지방해양수산청장 또는 시·도지사는 해당 무역항의 특수성 등을 고려하여 특히 필요한 경우에는 ㉠항에 따른 항법을 조정할 수 있다. 이 경우 지방해양수산청장 또는 시·도지사는 그 사실을 고시하여야 한다.

⑦ **진로방해의 금지**(법 제16조)

㉠ 우선피항선은 무역항의 수상구역 등이나 무역항의 수상구역 부근에서 다른 선박의 진로를 방해하여서는 아니 된다.

㉡ 공사 등의 허가를 받은 선박과 선박경기 등의 행사를 허가받은 선박은 무역항의 수상구역 등에서 다른 선박의 진로를 방해하여서는 아니 된다.

기출문제

2022년 제3회

☑ **선박의 입항 및 출항 등에 관한 법률상 무역항의 수상구역등에서 입항하는 선박이 방파제 입구에서 출항하는 선박과 마주칠 우려가 있는 경우의 항법에 대한 설명으로 옳은 것은?**

① 출항선은 입항선이 방파제를 통과한 후 통과한다.
② 입항선은 방파제 밖에서 출항선의 진로를 피한다.
③ 입항선은 방파제 사이의 가운데 부분으로 먼저 통과한다.
④ 출항선은 방파제 입구를 왼쪽으로 접근하여 통과한다.

2022년 제1회

☑ **(　)에 적합하지 않은 것은?**

"선박의 입항 및 출항 등에 관한 법률상 선박이 무역항의 수상구역등에서 (　)[이하 부두등이라 한다]을 오른쪽 뱃전에 두고 항행할 때에는 부두등에 접근하여 항행하고, 부두등을 왼쪽 뱃전에 두고 항행할 때에는 멀리 떨어져서 항행하여야 한다."

① 정박 중인 선박
② 항행 중인 동력선
③ 해안으로 길게 뻗어 나온 육지 부분
④ 부두, 방파제 등 인공시설물의 튀어나온 부분

정답 ②, ②

⑧ 속력 등의 제한(법 제17조) **2020, 2021, 2022 출제**

㉠ 선박이 무역항의 수상구역 등이나 무역항의 수상구역 부근을 항행할 때에는 다른 선박에 위험을 주지 아니할 정도의 속력으로 항행하여야 한다. **2020 출제**

㉡ 해양경찰청장은 선박이 빠른 속도로 항행하여 다른 선박의 안전 운항에 지장을 초래할 우려가 있다고 인정하는 무역항의 수상구역 등에 대하여는 관리청에 무역항의 수상구역 등에서의 선박 항행 최고속력을 지정할 것을 요청할 수 있다.

㉢ 관리청은 요청을 받은 경우 특별한 사유가 없으면 무역항의 수상구역 등에서 선박 항행 최고속력을 지정 · 고시하여야 한다. 이 경우 선박은 고시된 항행 최고속력의 범위에서 항행하여야 한다.

⑨ 항행 선박 간의 거리(법 제18조) **2021 출제**

무역항의 수상구역 등에서 2척 이상의 선박이 항행할 때에는 서로 충돌을 예방할 수 있는 상당한 거리를 유지하여야 한다.

(4) 예선

① 예선의 사용의무(법 제23조)

㉠ 관리청은 항만시설을 보호하고 선박의 안전을 확보하기 위하여 관리청이 정하여 고시하는 일정 규모 이상의 선박에 대하여 예선을 사용하도록 하여야 한다.

㉡ 관리청은 예선을 사용하여야 하는 선박이 그 규모에 맞는 예선을 사용하게 하기 위하여 예선의 사용기준을 정하여 고시할 수 있다.

② 예선업의 등록 등(법 제24조)

㉠ 무역항에서 예선업무를 하는 사업(이하 "예선업"이라 한다)을 하려는 자는 관리청에 등록하여야 한다. 등록한 사항 중 해양수산부령으로 정하는 사항을 변경하려는 경우에도 또한 같다.

㉡ 예선업의 등록 또는 변경등록은 무역항별로 하되, 다음 각 호의 기준을 충족하여야 한다.

ⓐ 예선은 자기소유예선[자기 명의의 국적취득조건부 나용선(裸傭船) 또는 자기 소유로 약정된 리스예선을 포함한다]으로서 해양수산부령으로 정하는 무역항별 예선보유기준에 따른 마력[이하 "예항력"(曳航力)이라 한다]과 척수가 적합할 것

ⓑ 예선추진기형은 전(全)방향추진기형일 것

ⓒ 예선에 소화설비 등 해양수산부령으로 정하는 시설을 갖출 것

기출문제

2022년 제4회

☑ 선박의 입항 및 출항 등에 관한 법률상 무역항의 수상구역등에서 선박을 예인하고자 할 때 한꺼번에 몇 척 이상의 피예인선을 끌지 못하는가?

① 1척 ② 2척
③ 3척 ④ 4척

2022년 제3회

☑ ( )에 순서대로 적합한 것은?

> "선박의 입항 및 출항 등에 관한 법률상 ( )은 ( )으로부터 최고속력의 지정을 요청받은 경우 특별한 사유가 없으면 무역항의 수상구역 등에서 선박 항행 최고 속력을 지정 · 고시하여야 한다."

① 지정청, 해양경찰청장
② 지정청, 지방해양수산청장
③ 관리청, 해양경찰청장
④ 관리청, 지방해양수산청장

정답 ③, ③

ⓓ 예선의 선령(船齡)이 해양수산부령으로 정하는 기준에 적합하되, 등록 또는 변경등록 당시 해당 예선의 선령이 12년 이하일 것. 다만, 관리청이 예선 수요가 적어 사업의 수익성이 낮다고 인정하는 무역항에 등록 또는 변경등록하는 선박의 경우와 해양환경공단이 「해양환경관리법」 제67조에 따라 해양오염방제에 대비 · 대응하기 위하여 선박을 배치하고자 변경등록하는 경우에는 그러하지 아니하다.

㉢ 다음 각 호의 어느 하나에 해당하는 경우에는 해양수산부령으로 정하는 무역항별 예선보유기준에 따라 2개 이상의 무역항에 대하여 하나의 예선업으로 등록하게 할 수 있다.

ⓐ 1개의 무역항에 출입하는 선박의 수가 적은 경우

ⓑ 2개 이상의 무역항이 인접한 경우

㉣ 관리청은 예선업무를 안정적으로 수행하기 위하여 필요하다고 인정하는 경우 예선업이 등록된 무역항의 예선이 아닌 다른 무역항에 등록된 예선을 이용하게 할 수 있다.

㉤ 다른 무역항에 등록된 예선을 이용하기 위한 기준 및 절차 등에 필요한 사항은 해양수산부령으로 정한다.

③ **예선업의 등록 제한**(법 제25조)

㉠ 다음 각 호의 어느 하나에 해당하는 자는 예선업의 등록을 할 수 없다.

ⓐ 원유, 제철원료, 액화가스류 또는 발전용 석탄의 화주(貨主)

ⓑ 「해운법」에 따른 외항 정기 화물운송사업자와 외항 부정기 화물운송사업자

ⓒ 조선사업자

ⓓ ⓐ호부터 ⓒ호까지의 어느 하나에 해당하는 자가 사실상 소유하거나 지배하는 법인(이하"관계법인"이라 한다) 및 그와 특수한 관계에 있는 자(이하 "특수관계인"이라 한다)

ⓔ 등록의 취소 사유로 등록이 취소된 후 2년이 지나지 아니한 자

㉡ 관계법인과 특수관계인의 범위 등은 대통령령으로 정한다.

㉢ 예선업의 권리와 의무를 승계한 자의 경우에는 ㉠항을 준용한다.

㉣ 관리청은 안전사고의 방지 및 예선업의 효율적인 운영을 위하여 필요한 경우로서 항만 내 예선의 대기장소가 해양수산부령으로 정하는 기준보다 부족한 경우에는 예선업의 등록을 거부할 수 있다.

④ **등록의 취소 등**(법 제26조)

㉠ 관리청은 예선업자가 다음 각 호의 어느 하나에 해당하는 경우에는 그 등록을 취소하거나 6개월 이내의 기간을 정하여 사업정지를 명할 수 있다. 다만, ⓐ호부터 ⓒ호까지의 어느 하나에 해당하는 경우에는 그 등록을 취소하여야 한다.

ⓐ 거짓이나 그 밖의 부정한 방법으로 등록 또는 변경등록을 한 경우
ⓑ 제24조제2항에 따른 기준을 충족하지 못하게 된 경우
ⓒ 제25조제1항 각 호의 어느 하나에 해당하게 된 경우
ⓓ 제25조의2제3항에 따른 조건을 위반하는 경우
ⓔ 제29조제1항 또는 제2항을 위반하여 정당한 사유 없이 예선의 사용 요청을 거절하거나 예항력 검사를 받지 아니한 경우
ⓕ 제29조의2제1항의 단서를 위반하여 예선을 공동으로 배정하는 경우
ⓖ 제49조제2항에 따른 개선명령을 이행하지 아니한 경우

⑤ **과징금 처분**(법 제27조)
㉠ 관리청은 예선업자가 제26조제4호에 해당하여 사업을 정지시켜야 하는 경우로서 사업을 정지시키면 예선사용기준에 맞게 사용할 예선이 없는 경우에는 사업정지 처분을 대신하여 1천만원 이하의 과징금을 부과할 수 있다.
㉡ 과징금을 부과하는 위반행위의 종류 및 위반 정도에 따른 과징금의 금액과 그 밖에 필요한 사항은 대통령령으로 정한다.
㉢ 관리청은 예선업자가 과징금을 납부하지 아니하면 국세 체납처분의 예 또는 「지방행정제재 · 부과금의 징수 등에 관한 법률」에 따라 징수할 수 있다.

⑥ **권리와 의무의 승계**(법 제28조)
다음 각 호의 어느 하나에 해당하는 자는 예선업자의 권리와 의무를 승계한다.
㉠ 예선업자가 사망한 경우 그 상속인
㉡ 예선업자가 사업을 양도한 경우 그 양수인
㉢ 법인인 예선업자가 다른 법인과 합병한 경우 합병 후 존속하는 법인이나 합병으로 설립되는 법인

⑦ **예선업자의 준수사항**(법 제29조)
㉠ 예선업자는 다음 각 호의 경우를 제외하고는 예선의 사용 요청을 거절하여서는 아니 된다.
ⓐ 다른 법령에 따라 선박의 운항이 제한된 경우
ⓑ 천재지변이나 그 밖의 불가항력적인 사유로 예선업무를 수행하기가 매우 어려운 경우
ⓒ 예선운영협의회에서 정하는 정당한 사유가 있는 경우
㉡ 예선업자는 등록 또는 변경등록한 각 예선이 등록 또는 변경등록 당시의 예항력을 유지할 수 있도록 관리하고, 해양수산부령으로 정하는 바에 따라 예선이 적정한 예항력을 가지고 있는지 확인하기 위하여 해양수산부장관이 실시하는 검사를 받아야 한다.
㉢ 해양수산부장관은 ㉡항에 따른 검사방법을 정하여 고시할 수 있다.

기출문제

(5) 위험물의 관리 등

① **위험물의 반입**(법 제32조)

㉠ 위험물을 무역항의 수상구역 등으로 들여오려는 자는 해양수산부령으로 정하는 바에 따라 관리청에 신고하여야 한다.

㉡ 관리청은 신고를 받은 경우 그 내용을 검토하여 이 법에 적합하면 신고를 수리하여야 한다.

㉢ 관리청은 신고를 받았을 때에는 무역항 및 무역항의 수상구역 등의 안전, 오염방지 및 저장능력을 고려하여 해양수산부령으로 정하는 바에 따라 들여올 수 있는 위험물의 종류 및 수량을 제한하거나 안전에 필요한 조치를 할 것을 명할 수 있다.

㉣ 다음 각 호에 해당하는 자는 ㉠에 따라 신고를 하려는 자에게 해양수산부령으로 정하는 바에 따라 위험물을 통지하여야 한다.

ⓐ 해상화물운송사업을 등록한 자

ⓑ 국제물류주선업을 등록한 자

ⓒ 해운대리점업을 등록한 자

ⓓ 수출·수입 신고 대상 물품의 화주

② **위험물운송선박의 정박 등**(법 제33조)

위험물운송선박은 관리청이 지정한 장소가 아닌 곳에 정박하거나 정류하여서는 아니 된다.

③ **위험물의 하역**(법 제34조)

㉠ 무역항의 수상구역 등에서 위험물을 하역하려는 자는 대통령령으로 정하는 바에 따라 자체안전관리계획을 수립하여 관리청의 승인을 받아야 한다. 승인받은 사항 중 대통령령으로 정하는 사항을 변경하려는 경우에도 또한 같다.

㉡ 관리청은 무역항의 안전을 위하여 필요하다고 인정할 때에는 자체안전관리계획을 변경할 것을 명할 수 있다.

㉢ 관리청은 기상 악화 등 불가피한 사유로 무역항의 수상구역 등에서 위험물을 하역하는 것이 부적당하다고 인정하는 경우에는 승인을 받은 자에 대하여 해양수산부령으로 정하는 바에 따라 그 하역을 금지 또는 중지하게 하거나 무역항의 수상구역 등 외의 장소를 지정하여 하역하게 할 수 있다.

㉣ 무역항의 수상구역 등이 아닌 장소로서 해양수산부령으로 정하는 장소에서 위험물을 하역하려는 자는 무역항의 수상구역 등에 있는 자로 본다.

④ **위험물 취급 시의 안전조치 등**(법 제35조)

㉠ 무역항의 수상구역 등에서 위험물취급자는 다음 각 호에 따른 안전에 필요한 조치를 하여야 한다. **2021 출제**

ⓐ 위험물 취급에 관한 안전관리자의 확보 및 배치. 다만, 해양수산부령으로 정하는 바에 따라 위험물 안전관리자를 보유한 안전관리 전문업체로 하여금 안전관리 업무를 대행하게 한 경우에는 그러하지 아니하다.

ⓑ 해양수산부령으로 정하는 위험물 운송선박의 부두 이안 · 접안 시 위험물 안전관리자의 현장 배치

ⓒ 위험물의 특성에 맞는 소화장비의 비치

ⓓ 위험표지 및 출입통제시설의 설치

ⓔ 선박과 육상 간의 통신수단 확보

ⓕ 작업자에 대한 안전교육과 그 밖에 해양수산부령으로 정하는 안전에 필요한 조치

㉡ 위험물 안전관리자는 해양수산부령으로 정하는 바에 따라 안전관리에 관한 교육을 받아야 한다.

㉢ 위험물취급자는 위험물 안전관리자를 고용한 때에는 그 해당자에게 안전관리에 관한 교육을 받게 하여야 한다. 이 경우 위험물취급자는 교육에 드는 경비를 부담하여야 한다.

㉣ 위험물 안전관리자의 자격, 보유기준 및 교육의 실시에 필요한 사항은 해양수산부령으로 정한다.

㉤ 관리청은 ㉠항에 따른 안전조치를 하지 아니한 위험물취급자에게 시설 · 인원 · 장비 등의 보강 또는 개선을 명할 수 있다.

㉥ 해양수산부령으로 정하는 위험물을 운송하는 총톤수 5만톤 이상의 선박이 접안하는 돌핀 계류시설의 운영자는 해당 선박이 안전하게 접안하여 하역할 수 있도록 해양수산부령으로 정하는 안전장비를 갖추어야 한다.

⑤ **교육기관의 지정 및 취소 등**(법 제36조)

㉠ 해양수산부장관은 위험물 안전관리자의 교육을 위하여 교육기관을 지정 · 고시할 수 있다.

㉡ 교육기관의 지정기준 및 교육내용 등 교육기관 지정 · 운영에 필요한 사항은 해양수산부령으로 정한다.

㉢ 해양수산부장관은 교육기관의 교육계획 또는 실적 등을 확인 · 점검할 수 있으며, 확인 · 점검 결과 필요한 경우에는 시정을 명할 수 있다.

㉣ 해양수산부장관은 교육기관이 다음 각 호의 어느 하나에 해당하는 경우에는 그 지정을 취소하거나 6개월 이내의 기간을 정하여 업무의 정지를 명할 수 있다. 다만, ⓐ호의 경우에는 그 지정을 취소하여야 한다.

ⓐ 거짓이나 그 밖의 부정한 방법으로 교육기관 지정을 받은 경우

ⓑ 교육실적을 거짓으로 보고한 경우

ⓒ ㉢항에 따른 시정명령을 이행하지 아니한 경우

ⓓ 교육기관으로 지정받은 날부터 2년 이상 교육 실적이 없는 경우

기출문제

2021년 제2회

☑ 선박의 입항 및 출항 등에 관한 법률상 무역항의 수상구역등에서 위험물취급자가 취할 안전에 필요한 조치 에 대한 설명으로 옳은 것을 〈보기〉에서 모두 고른 것은?

〈보기〉

㉠ 위험물 취급에 관한 안전관리자를 배치한다.

㉡ 위험표지 및 출입통제 시설을 설치한다.

㉢ 선박과 육상 간의 통신수단을 확보한다.

㉣ 위험물의 종류에 상관없이 기본적인 소화장비를 비치한다.

① ㉠, ㉡, ㉢
② ㉡, ㉢, ㉣
③ ㉠, ㉡, ㉣
④ ㉠, ㉢, ㉣

정답 ①

기출문제

2022년 제2회

☑ 선박의 입항 및 출항 등에 관한 법률상 무역항의 수상구역등에서 위험물운송선박이 아닌 선박이 불꽃이나 열이 발생하는 용접 등의 방법으로 기관실에서 수리작업을 하는 경우 관리청의 허가를 받아야 하는 선박의 크기 기준은?

① 총톤수 20톤 이상
② 총톤수 25톤 이상
③ 총톤수 50톤 이상
④ 총톤수 100톤 아성

정답 ①

ⓔ 해양수산부장관이 교육기관으로서 업무를 수행하기가 어렵다고 인정하는 경우

⑥ 선박수리의 허가 등(법 제37조)

㉠ 선장은 무역항의 수상구역 등에서 다음 각 호의 선박을 불꽃이나 열이 발생하는 용접 등의 방법으로 수리하려는 경우 해양수산부령으로 정하는 바에 따라 관리청의 허가를 받아야 한다. 다만, ⓑ호의 선박은 기관실, 연료탱크, 그 밖에 해양수산부령으로 정하는 선박 내 위험구역에서 수리작업을 하는 경우에만 허가를 받아야 한다. **2020, 2021, 2022 출제**

ⓐ 위험물을 저장·운송하는 선박과 위험물을 하역한 후에도 인화성 물질 또는 폭발성 가스가 남아 있어 화재 또는 폭발의 위험이 있는 선박(이하 "위험물운송선박"이라 한다)

ⓑ 총톤수 20톤 이상의 선박(위험물운송선박은 제외한다)

㉡ 관리청은 허가 신청을 받았을 때에는 신청 내용이 다음 각 호의 어느 하나에 해당하는 경우를 제외하고는 허가하여야 한다.

ⓐ 화재·폭발 등을 일으킬 우려가 있는 방식으로 수리하려는 경우

ⓑ 용접공 등 수리작업을 할 사람의 자격이 부적절한 경우

ⓒ 화재·폭발 등의 사고 예방에 필요한 조치가 미흡한 것으로 판단되는 경우

ⓓ 선박수리로 인하여 인근의 선박 및 항만시설의 안전에 지장을 초래할 우려가 있다고 판단되는 경우

ⓔ 수리장소 및 수리시기 등이 항만운영에 지장을 줄 우려가 있다고 판단되는 경우

ⓕ 위험물운송선박의 경우 수리하려는 구역에 인화성 물질 또는 폭발성 가스가 없다는 것을 증명하지 못하는 경우

㉢ 총톤수 20톤 이상의 선박을 제1항 단서에 따른 위험구역 밖에서 불꽃이나 열이 발생하는 용접 등의 방법으로 수리하려는 경우에 그 선박의 선장은 해양수산부령으로 정하는 바에 따라 관리청에 신고하여야 한다.

㉣ 관리청은 신고를 받은 경우 그 내용을 검토하여 이 법에 적합하면 신고를 수리하여야 한다.

㉤ ㉠항부터 ㉢항까지에 따라 선박을 수리하려는 자는 그 선박을 관리청이 지정한 장소에 정박하거나 계류하여야 한다.

㉥ 관리청은 수리 중인 선박의 안전을 위하여 필요하다고 인정하는 경우에는 그 선박의 소유자나 임차인에게 해양수산부령으로 정하는 바에 따라 안전에 필요한 조치를 할 것을 명할 수 있다.

(6) 수로의 보전

① **폐기물의 투기 금지 등**(법 제38조) **2022 출제**

㉠ 누구든지 무역항의 수상구역 등이나 무역항의 수상구역 밖 10킬로미터 이내의 수면에 선박의 안전운항을 해칠 우려가 있는 흙 · 돌 · 나무 · 어구(漁具) 등 폐기물을 버려서는 아니 된다. **2021 출제**

㉡ 무역항의 수상구역 등이나 무역항의 수상구역 부근에서 석탄 · 돌 · 벽돌 등 흩어지기 쉬운 물건을 하역하는 자는 그 물건이 수면에 떨어지는 것을 방지하기 위하여 대통령령으로 정하는 바에 따라 필요한 조치를 하여야 한다.

㉢ 관리청은 ㉠항을 위반하여 폐기물을 버리거나 ㉡항을 위반하여 흩어지기 쉬운 물건을 수면에 떨어뜨린 자에게 그 폐기물 또는 물건을 제거할 것을 명할 수 있다.

② **해양사고 등이 발생한 경우의 조치**(법 제39조) **2022 출제**

㉠ 무역항의 수상구역 등이나 무역항의 수상구역 부근에서 해양사고 · 화재 등의 재난으로 인하여 다른 선박의 항행이나 무역항의 안전을 해칠 우려가 있는 조난선(遭難船)의 선장은 즉시 「항로표지법」 제2조제1호에 따른 항로표지를 설치하는 등 필요한 조치를 하여야 한다.

㉡ 조난선의 선장이 같은 항에 따른 조치를 할 수 없을 때에는 해양수산부령으로 정하는 바에 따라 해양수산부장관에게 필요한 조치를 요청할 수 있다.

㉢ 해양수산부장관이 조치를 하였을 때에는 그 선박의 소유자 또는 임차인은 그 조치에 들어간 비용을 해양수산부장관에게 납부하여야 한다.

㉣ 해양수산부장관은 선박의 소유자 또는 임차인이 조치 비용을 납부하지 아니할 경우 국세 체납처분의 예에 따라 이를 징수할 수 있다.

㉤ 비용의 산정방법 및 납부절차는 해양수산부령으로 정한다.

③ **장애물의 제거**(법 제40조)

㉠ 관리청은 무역항의 수상구역 등이나 무역항의 수상구역 부근에서 선박의 항행을 방해하거나 방해할 우려가 있는 물건(이하 '장애물'이라 한다)을 발견한 경우에는 그 장애물의 소유자 또는 점유자에게 제거를 명할 수 있다.

㉡ 관리청은 장애물의 소유자 또는 점유자가 명령을 이행하지 아니하는 경우에는 「행정대집행법」 제3조제1항 및 제2항에 따라 대집행(代執行)을 할 수 있다.

㉢ 관리청은 다음 각 호의 어느 하나에 해당하는 경우로서 제2항에 따른 절차에 따르면 그 목적을 달성하기 곤란한 경우에는 그 절차를 거치지 아니하고 장애물을 제거하는 등 필요한 조치를 할 수 있다.

기출문제

2021년 제2회

☑ ( )에 순서대로 적합한 것은?

> "선박의 입항 및 출항 등에 관한 법률상 누구든지 무역항의 수상구역 등이나 무역항의 수상구역 밖 ( ) 이내의 수면에 선박의 안전운항을 해칠 우려가 있는 ( )을 버려서는 아니 된다."

① 5킬로미터, 장애물
② 10킬로미터, 폐기물
③ 10킬로미터, 장애물
④ 5킬로미터, 폐기물

2022년 제2회

☑ 선박의 입항 및 출항 등에 관한 법률상 무역항의 수상구역등에서 수로를 보전하기 위한 내용으로 옳은 것은?

① 장애물을 제거하는 데 드는 비용은 국가에서 부담하여야 한다.
② 무역항의 수상구역 밖 5킬로미터 이상의 수면에는 폐기물을 버릴 수 있다.
③ 흩어지기 쉬운 석탄, 돌, 벽돌 등을 하역할 경우에 수면에 떨어지는 것을 방지하기 위한 필요한 조치를 하여야 한다.
④ 해양사고 등의 재난으로 인하여 다른 선박의 항행이나 무역항의 안전을 해칠 우려가 있는 경우 해양경찰서장은 항로표지를 설치하는 등 필요한 조치를 하여야 한다.

정답 ②, ③

ⓐ 장애물의 소유자 또는 점유자를 알 수 없는 경우
ⓑ 수역시설을 반복적, 상습적으로 불법 점용하는 경우
ⓒ 그 밖에 선박의 항행을 방해하거나 방해할 우려가 있어 신속하게 장애물을 제거하여야 할 필요가 있는 경우

㉣ 장애물을 제거하는 데 들어간 비용은 그 물건의 소유자 또는 점유자가 부담하되, 소유자 또는 점유자를 알 수 없는 경우에는 대통령령으로 정하는 바에 따라 그 물건을 처분하여 비용에 충당한다.

㉤ ㉢항에 따른 조치는 선박교통의 안전 및 질서유지를 위하여 필요한 최소한도에 그쳐야 한다.

㉥ 관리청은 제거된 장애물을 보관 및 처리하여야 한다. 이 경우 전문지식이 필요하거나 그 밖에 특수한 사정이 있어 직접 처리하기에 적당하지 아니하다고 인정할 때에는 대통령령으로 정하는 바에 따라 「한국자산관리공사 설립 등에 관한 법률」에 따라 설립된 한국자산관리공사에게 장애물의 처리를 대행하도록 할 수 있다.

㉦ 관리청은 한국자산관리공사가 장애물의 처리를 대행하는 경우에는 해양수산부령으로 정하는 바에 따라 수수료를 지급할 수 있다.

㉧ 한국자산관리공사가 장애물의 처리를 대행하는 경우에 한국자산관리공사의 임직원은 「형법」 제129조부터 제132조까지의 규정에 따른 벌칙을 적용할 때에는 공무원으로 본다.

㉨ 장애물의 보관 및 처리, 장애물 처리의 대행에 필요한 사항을 대통령령으로 정한다.

④ **부유물에 대한 허가**(법 제43조)

㉠ 무역항의 수상구역 등에서 목재 등 선박교통의 안전에 장애가 되는 부유물에 대하여 다음 각 호의 어느 하나에 해당하는 행위를 하려는 자는 해양수산부령으로 정하는 바에 따라 관리청의 허가를 받아야 한다.
ⓐ 부유물을 수상(水上)에 띄워 놓으려는 자
ⓑ 부유물을 선박 등 다른 시설에 붙들어 매거나 운반하려는 자

㉡ 관리청은 허가를 할 때에는 선박교통의 안전에 필요한 조치를 명할 수 있다.

⑤ **어로의 제한**(법 제44조)

누구든지 무역항의 수상구역 등에서 선박교통에 방해가 될 우려가 있는 장소 또는 항로에서는 어로(漁撈)(어구 등의 설치를 포함한다)를 하여서는 아니 된다.

(7) 불빛 및 신호

① 불빛의 제한(법 제45조)

㉠ 누구든지 무역항의 수상구역 등이나 무역항의 수상구역 부근에서 선박교통에 방해가 될 우려가 있는 강력한 불빛을 사용하여서는 아니 된다.

㉡ 관리청은 불빛을 사용하고 있는 자에게 그 빛을 줄이거나 가리개를 씌우도록 명할 수 있다.

② 기적 등의 제한(법 제46조) **2022 출제**

㉠ 선박은 무역항의 수상구역 등에서 특별한 사유 없이 기적(汽笛)이나 사이렌을 울려서는 아니 된다.

㉡ 무역항의 수상구역 등에서 기적이나 사이렌을 갖춘 선박에 화재가 발생한 경우 그 선박은 해양수산부령으로 정하는 바에 따라 화재를 알리는 경보를 울려야 한다.

③ 화재 시 경보방법(동법 시행규칙 제29조) **2022 출제**

㉠ 화재를 알리는 경보는 기적(汽笛)이나 사이렌을 장음(4초에서 6초까지의 시간 동안 계속되는 울림을 말한다)으로 5회 울려야 한다.

㉡ ㉠의 경보는 적당한 간격을 두고 반복하여야 한다.

04 해양환경관리법

(1) 총칙

① 목적(법 제1조)

이 법은 선박, 해양시설, 해양공간 등 해양오염물질을 발생시키는 발생원을 관리하고, 기름 및 유해액체물질 등 해양오염물질의 배출을 규제하는 등 해양오염을 예방, 개선, 대응, 복원하는 데 필요한 사항을 정함으로써 국민의 건강과 재산을 보호하는 데 이바지함을 목적으로 한다.

② 용어의 정의(법 제2조)

㉠ "배출"이라 함은 오염물질 등을 유출(流出)·투기(投棄)하거나 오염물질 등이 누출(漏出)·용출(溶出)되는 것을 말한다. 다만, 해양오염의 감경·방지 또는 제거를 위한 학술목적의 조사·연구의 실시로 인한 유출·투기 또는 누출·용출을 제외한다.

㉡ "폐기물"이라 함은 해양에 배출되는 경우 그 상태로는 쓸 수 없게 되는 물질로서 해양환경에 해로운 결과를 미치거나 미칠 우려가 있는 물질(㉢·㉤ 및 ㉥에 해당하는 물질을 제외한다)을 말한다. **2020, 2022 출제**

기출문제

2022년 제1회

☑ 선박의 입항 및 출항 등에 관한 법률상 무역항의 수상구역등에서 화재가 발생한 경우 기적이나 사이렌을 갖춘 선박이 울리는 경보는?

① 기적이나 사이렌으로 장음 5회를 적당한 간격으로 반복
② 기적이나 사이렌으로 장음 7회를 적당한 간격으로 반복
③ 기적이나 사이렌으로 단음 5회를 적당한 간격으로 반복
④ 기적이나 사이렌으로 단음 7회를 적당한 간격으로 반복

2022년 제1회

☑ 다음 중 해양환경관리법상 해양에서 배출할 수 있는 것은?

① 합성로프
② 어획한 물고기
③ 합성어망
④ 플라스틱 쓰레기봉투

2022년 제4회

☑ 해양환경관리법상 폐기물이 아닌 것은?

① 도자기
② 플라스틱류
③ 폐유압유
④ 음식 쓰레기

정답 ①, ②, ③

㉢ "기름"이라 함은 「석유 및 석유대체연료 사업법」에 따른 원유 및 석유제품(석유가스를 제외한다)과 이들을 함유하고 있는 액체상태의 유성혼합물(이하 "액상유성혼합물"이라 한다) 및 폐유를 말한다.

㉣ "선박평형수(船舶平衡水)"란 「선박평형수 관리법」 제2조제2호에 따른 선박평형수를 말한다.

㉤ "유해액체물질"이라 함은 해양환경에 해로운 결과를 미치거나 미칠 우려가 있는 액체물질(기름을 제외한다)과 그 물질이 함유된 혼합 액체물질로서 해양수산부령이 정하는 것을 말한다.

㉥ "포장유해물질"이라 함은 포장된 형태로 선박에 의하여 운송되는 유해물질 중 해양에 배출되는 경우 해양환경에 해로운 결과를 미치거나 미칠 우려가 있는 물질로서 해양수산부령이 정하는 것을 말한다.

㉦ "유해방오도료(有害防汚塗料)"라 함은 생물체의 부착을 제한·방지하기 위하여 선박 또는 해양시설 등에 사용하는 도료(이하 "방오도료"라 한다) 중 유기주석 성분 등 생물체의 파괴작용을 하는 성분이 포함된 것으로서 해양수산부령이 정하는 것을 말한다.

㉧ "잔류성오염물질(殘留性汚染物質)"이라 함은 해양에 유입되어 생물체에 농축되는 경우 장기간 지속적으로 급성·만성의 독성(毒性) 또는 발암성(發癌性)을 야기하는 화학물질로서 해양수산부령으로 정하는 것을 말한다.

㉨ "오염물질"이라 함은 해양에 유입 또는 해양으로 배출되어 해양환경에 해로운 결과를 미치거나 미칠 우려가 있는 폐기물·기름·유해액체물질 및 포장유해물질을 말한다.

㉩ "오존층파괴물질"이라 함은 「오존층 보호 등을 위한 특정물질의 관리에 관한 법률」 제2조제1호가목에 해당하는 물질을 말한다.

㉪ "대기오염물질"이란 오존층파괴물질, 휘발성유기화합물과 「대기환경보전법」 제2조제1호의 대기오염물질 및 같은 조 제3호의 온실가스 중 이산화탄소를 말한다.

㉫ "배출규제해역"이란 선박운항에 따른 대기오염 및 이로 인한 육상과 해상에 미치는 악영향을 방지하기 위하여 선박으로부터 해양수산부령으로 정하는 대기오염물질의 배출을 특별히 규제하는 조치가 필요한 해역으로서 해양수산부령이 정하는 해역을 말한다.

㉬ "휘발성유기화합물"이라 함은 탄화수소류 중 기름 및 유해액체물질로서 「대기환경보전법」 제2조제10호에 해당하는 물질을 말한다.

㉭ "선박"이라 함은 수상(水上) 또는 수중(水中)에서 항해용으로 사용하거나 사용될 수 있는 것(선외기를 장착한 것을 포함한다) 및 해양수산부령이 정하는 고정식·부유식 시추선 및 플랫폼을 말한다.

㉠-1 "해양시설"이라 함은 해역(「항만법」 제2조제1호의 규정에 따른 항만을 포함한다. 이하 같다)의 안 또는 해역과 육지 사이에 연속하여 설치·배치하거나 투입되는 시설 또는 구조물로서 해양수산부령이 정하는 것을 말한다.

㉡-1 "선저폐수(船底廢水)"라 함은 선박의 밑바닥에 고인 액상유성혼합물을 말한다. **2020 출제**

㉢-1 "항만관리청"이라 함은 「항만법」 제20조의 관리청, 「어촌 · 어항법」 제35조의 어항관리청 및 「항만공사법」에 따른 항만공사를 말한다.

㉣-1 "해역관리청"이란 「해양환경 보전 및 활용에 관한 법률」 제2조제8호에 따른 해역관리청을 말한다.

㉤-1 "선박에너지효율"이란 선박이 화물운송과 관련하여 사용한 에너지량을 이산화탄소 발생비율로 나타낸 것을 말한다.

㉥-1 "선박에너지효율설계지수"란 선박의 건조 또는 개조 단계에서 사전적으로 계산된 선박의 에너지효율을 나타내는 지표로, 선박이 1톤의 화물을 1해리 운송할 때 배출할 것으로 예상되는 이산화탄소량을 제41조의2제1항에서 해양수산부장관이 정하여 고시하는 방법에 따라 계산한 지표를 말한다.

㉦-1 "선박에너지효율지수"란 현존하는 선박의 운항단계에서 사전적으로 계산된 선박의 에너지효율을 나타내는 지표로, 선박이 1톤의 화물을 1해리 운송할 때 배출할 것으로 예상되는 이산화탄소량을 제41조의5제1항에서 해양수산부장관이 정하여 고시하는 방법에 따라 계산한 지표를 말한다.

㉧-1 "선박운항탄소집약도지수"란 사후적으로 계산된 선박의 연간 에너지효율을 나타내는 지표로, 선박이 1톤의 화물을 1해리 운송할 때 배출된 이산화탄소량을 제41조의6제1항에서 해양수산부장관이 정하여 고시하는 방법에 따라 매년 계산한 지표를 말한다.

(2) 환경관리해역의 지정 등

① 환경관리해역의 지정 · 관리(법 제15조)

㉠ 해양수산부장관은 해양환경의 보전 · 관리를 위하여 필요하다고 인정되는 경우에는 다음 각 호의 구분에 따라 환경보전해역 및 특별관리해역(이하 "환경관리해역"이라 한다)을 지정 · 관리할 수 있다. 이 경우 관계 중앙행정기관의 장 및 관할 시 · 도지사 등과 미리 협의하여야 한다.

ⓐ **환경보전해역** : 해양환경 및 생태계가 양호한 해역 중 「해양환경 보전 및 활용에 관한 법률」 제13조제1항에 따른 해양환경기준의 유지를 위하여 지속적인 관리가 필요한 해역으로서 해양수산부장관이 정하여 고시하는 해역(해양오염에 직접 영향을 미치는 육지를 포함한다)

ⓑ **특별관리해역** : 「해양환경 보전 및 활용에 관한 법률」 제13조제1항에 따른 해양환경기준의 유지가 곤란한 해역 또는 해양환경 및 생태계의 보전에 현저한 장애가 있거나 장애가 발생할 우려가 있는 해역으로서 해양수산부장관이 정하여 고시하는 해역(해양오염에 직접 영향을 미치는 육지를 포함한다)

기출문제

2020년 제3회

☑ 해양환경관리법상 선박의 밑바닥에 고인 액상유성혼합물은?

① 윤활유
② 선저유류
③ 선저세정수
④ 선저폐수

정답 ④

㉡ 해양수산부장관은 환경관리해역의 지정 목적이 달성되었거나 지정 목적이 상실된 경우 또는 당초 지정 목적의 달성을 위하여 지정범위를 확대하거나 축소하는 등의 조정이 필요한 경우 환경관리해역의 전부 또는 일부의 지정을 해제하거나 지정범위를 변경하여 고시할 수 있다. 이 경우 대상 구역을 관할하는 시 · 도지사와 미리 협의하여야 한다.

㉢ 해양수산부장관은 ㉠항 및 ㉡항에 따른 환경관리해역의 지정, 해제 또는 변경 시 다음 각 호의 사항을 고려하여야 한다.

ⓐ 해양환경측정망 조사 결과

ⓑ 잔류성오염물질 조사 결과

ⓒ 국가해양생태계종합조사 결과

ⓓ 국가 및 지방자치단체에서 3년 이상 지속적으로 시행한 해양환경 및 생태계 관련 조사 결과

㉣ ㉠항부터 ㉢항까지에 따른 환경관리해역의 지정 및 해제, 변경을 위하여 필요한 사항은 대통령령으로 정한다.

② 환경관리해역에서의 행위제한 등(법 제15조의2)

㉠ 해양수산부장관은 환경보전해역의 해양환경 상태 및 오염원을 측정 · 조사한 결과 「해양환경 보전 및 활용에 관한 법률」 제13조제1항에 따른 해양환경기준을 초과하게 되어 국민의 건강이나 생물의 생육에 심각한 피해를 가져올 우려가 있다고 인정되는 경우에는 그 환경보전해역 안에서 대통령령이 정하는 시설의 설치 또는 변경을 제한할 수 있다.

㉡ 해양수산부장관은 특별관리해역의 해양환경 상태 및 오염원을 측정 · 조사한 결과 「해양환경 보전 및 활용에 관한 법률」 제13조제1항에 따른 해양환경기준을 초과하게 되어 국민의 건강이나 생물의 생육에 심각한 피해를 가져올 우려가 있다고 인정되는 경우에는 다음 각 호에 해당하는 조치를 할 수 있다.

ⓐ 특별관리해역 안에서의 시설의 설치 또는 변경의 제한

ⓑ 특별관리해역 안에 소재하는 사업장에서 배출되는 오염물질의 총량규제

㉢ ㉡항 각 호의 규정에 따라 설치 또는 변경이 제한되는 시설 및 제한의 내용, 오염물질의 총량규제를 실시하는 해역범위 · 규제항목 및 규제방법에 관하여 필요한 사항은 대통령령으로 정한다.

③ 환경관리해역기본계획의 수립 등(법 제16조)

㉠ 해양수산부장관은 환경관리해역에 대하여 다음 각 호의 사항이 포함된 환경관리해역기본계획을 5년마다 수립하고, 환경관리해역기본계획을 구체화하여 특정 해역의 환경보전을 위한 해역별 관리계획을 수립 · 시행하여야 한다. 이 경우 관계 행정기관의 장과 미리 협의하여야 한다.

ⓐ 해양환경의 관측에 관한 사항

ⓑ 오염원의 조사 · 연구에 관한 사항

ⓒ 해양환경 보전 및 개선대책에 관한 사항
ⓓ 환경관리에 따른 주민지원에 관한 사항
ⓔ 그 밖에 환경관리해역의 관리에 관하여 필요한 것으로서 대통령령으로 정하는 사항

㉡ 환경관리해역기본계획은 「해양수산발전 기본법」 제7조에 따른 해양수산발전위원회의 심의를 거쳐 확정한다.

㉢ 해양수산부장관은 환경관리해역기본계획 및 해역별 관리계획이 수립된 때에는 이를 관계 행정기관의 장에게 통보하여야 하며, 관계 행정기관의 장은 그 시행을 위하여 필요한 조치를 하여야 한다.

㉣ 해양수산부장관은 해역별 관리계획을 수립·시행하기 위하여 필요한 경우에는 관계 중앙행정기관과 지방자치단체 소속 공무원 및 전문가 등으로 구성된 사업관리단을 별도로 운영할 수 있다. 이 경우 사업관리단의 구성 및 운영에 필요한 사항은 대통령령으로 정한다.

(3) 해양오염방지를 위한 규제

① 오염물질의 배출금지 등(법 제22조)

㉠ 누구든지 선박으로부터 오염물질을 해양에 배출하여서는 아니 된다. 다만, 다음 각 호의 경우에는 그러하지 아니하다.

ⓐ 선박의 항해 및 정박 중 발생하는 폐기물을 배출하고자 하는 경우에는 해양수산부령으로 정하는 해역에서 해양수산부령으로 정하는 처리기준 및 방법에 따라 배출할 것

ⓑ 다음 각 목의 구분에 따라 기름을 배출하는 경우

- 선박에서 기름을 배출하는 경우에는 해양수산부령이 정하는 해역에서 해양수산부령이 정하는 배출기준 및 방법에 따라 배출할 것
- 유조선에서 화물유가 섞인 선박평형수, 화물창의 세정수(洗淨水) 및 선저폐수를 배출하는 경우에는 해양수산부령이 정하는 해역에서 해양수산부령이 정하는 배출기준 및 방법에 따라 배출할 것
- 유조선에서 화물창의 선박평형수를 배출하는 경우에는 해양수산부령이 정하는 세정도(洗淨度)에 적합하게 배출할 것

ⓒ 다음 각 목의 구분에 따라 유해액체물질을 배출하는 경우

- 유해액체물질을 배출하는 경우에는 해양수산부령이 정하는 해역에서 해양수산부령이 정하는 사전처리 및 배출방법에 따라 배출할 것
- 해양수산부령이 정하는 유해액체물질의 산적운반(散積運搬)에 이용되는 화물창(선박평형수의 배출을 위한 설비를 포함한다)에서 세정된 선박평형수를 배출하는 경우에는 해양수산부령이 정하는 정화방법에 따라 배출할 것

㉡ 누구든지 해양시설 또는 해수욕장·하구역 등 대통령령이 정하는 장소(이하 "해양공간"이라 한다)에서 발생하는 오염물질을 해양에 배출하여서는 아니 된다. 다만, 다음 각 호의 경우에는 그러하지 아니하다

기출문제

2020년 제4회

☑ 해양환경관리법상 분뇨오염방지설비를 설치해야 하는 선박이 아닌 것은?

① 총톤수 400톤 이상의 화물선
② 선박검사증서상 최대승선인원이 14명인 부선
③ 선박검사증서상 최대승선여객이 20명인 여객선
④ 어선검사증서상 최대승선인원이 17명인 어선

정답 ②

기출문제

2022년 제1회

☑ 해양환경관리법상 오염물질의 배출이 허용되는 예외적인 경우가 아닌 것은?

① 선박이 항해 중일 때 배출하는 경우
② 인명구조를 위하여 불가피하게 배출하는 경우
③ 선박의 안전 확보를 위하여 부득이하게 배출하는 경우
④ 선박의 손상으로 인하여 가능한 한 조치를 취한 후에도 배출될 경우

2022년 제3회

☑ 해양환경관리법상 유조선에서 화물창 안의 화물잔류물 또는 화물창 세정수를 한 곳에 모으기 위한 탱크는?

① 화물탱크(Cargo tank)
② 혼합물탱크(Slop tank)
③ 평형수탱크(Ballast tank)
④ 분리평형수탱크 (Segregated ballast tank)

정답 ①, ②

ⓐ 해양시설 및 해양공간(이하 "해양시설등"이라 한다)에서 발생하는 폐기물을 해양수산부령이 정하는 해역에서 해양수산부령이 정하는 처리기준 및 방법에 따라 배출하는 경우

ⓑ 해양시설등에서 발생하는 기름 및 유해액체물질을 해양수산부령이 정하는 처리기준 및 방법에 따라 배출하는 경우

㉢ 다음 각 호의 어느 하나에 해당하는 경우에는 ㉠항 및 ㉡항의 규정에 불구하고 선박 또는 해양시설등에서 발생하는 오염물질(폐기물은 제외한다. 이하 이조에서 같다)을 해양에 배출할 수 있다. **2022 출제**

ⓐ 선박 또는 해양시설등의 안전확보나 인명구조를 위하여 부득이하게 오염물질을 배출하는 경우

ⓑ 선박 또는 해양시설등의 손상 등으로 인하여 부득이하게 오염물질이 배출되는 경우

ⓒ 선박 또는 해양시설등의 오염사고에 있어 해양수산부령이 정하는 방법에 따라 오염피해를 최소화하는 과정에서 부득이하게 오염물질이 배출되는 경우

■ 선박에서의 오염방지에 관한 규칙

정의(법 제2조)

1. "혼합물탱크(slop tank)"란 다음 각 목의 어느 하나에 해당하는 것을 한 곳에 모으기 위한 탱크를 말한다. **2022 출제**
   가. 유조선 또는 유해액체물질 산적운반선의 화물창 안의 화물잔류물 또는 화물창 세정수
   나. 화물펌프실 바닥에 고인 기름, 유해액체물질 또는 포장유해물질의 혼합물

분뇨오염방지설비의 대상선박 · 종류 및 설치기준(법 제14조) **2020 출제**

1. 다음 각 호의 어느 하나에 해당하는 선박의 소유자는 법 제25조제1항에 따라 그 선박 안에서 발생하는 분뇨를 저장 · 처리하기 위한 설비(이하 "분뇨오염방지설비"라 한다)를 설치하여야 한다. 다만, 「선박안전법 시행규칙」 제4조제11호 및 「어선법」 제3조제9호에 따른 위생설비 중 대변용 설비를 설치하지 아니한 선박의 소유자와 대변소를 설치하지 아니한 「수상레저기구의 등록 및 검사에 관한 법률」 제6조에 따라 등록한 수상레저기구(이하 "수상레저기구"라 한다)의 소유자는 그러하지 아니하다.
   가. 총톤수 400톤 이상의 선박(선박검사증서 상 최대승선인원이 16인 미만인 부선은 제외한다)
   나. 선박검사증서 또는 어선검사증서 상 최대승선인원이 16명 이상인 선박
   다. 수상레저기구 안전검사증에 따른 승선정원이 16명 이상인 선박
   라. 소속 부대의 장 또는 경찰관서 · 해양경찰관서의 장이 정한 승선인원이 16명 이상인 군함과 경찰용 선박

선박에서 발생하는 폐기물의 배출방법 등(법 제8조)

법 제22조 제1항 제1호 가목에 따라 선박의 항해 및 정박 중 발생하는 폐기물을 배출하는 경우에는 다음 각 호의 구분에 따른 요건에 적합하게 배출하여야 한다.

1. 분뇨의 경우 : 별표 2의 요건
2. 분뇨 외의 폐기물의 경우 : 별표 3의 요건

■ 선박에서의 오염방지에 관한 규칙 [별표 2]

선박 안의 일상생활에서 생기는 분뇨의 배출해역별 처리기준 및 방법(제8조제1호 관련)
1. 제14조에 따라 분뇨오염방지설비를 설치하여야 하는 선박은 다음 각 목의 어느 하나에 해당하는 경우 해양에서 분뇨를 배출할 수 있다.
   가. 영해기선으로부터 3해리를 넘는 거리에서 지방해양항만청장이 형식승인한 분뇨마쇄소독장치를 사용하여 마쇄하고 소독한 분뇨를 선박이 4노트 이상의 속력으로 항해하면서 서서히 배출하는 경우. 다만, 국내항해에 종사하는 총톤수 400톤 미만의 선박의 경우에는 영해기선으로부터 3해리 이내의 해역에 배출할 수 있다.
   나. 영해기선으로부터 12해리를 넘는 거리에서 마쇄하지 아니하거나 소독하지 아니한 분뇨를 선박이 4노트 이상의 속력으로 항해하면서 서서히 배출하는 경우.
   다. 지방해양수산청장이 형식승인한 분뇨처리장치를 설치 · 운전 중인 선박의 경우
2. 분뇨처리장치를 설치한 선박은 다음 각 목의 해역에서 분뇨를 배출하여서는 아니 된다.
   가. 「국토의 계획 및 이용에 관한 법률」 제40조에 따른 수산자원 보호구역
   나. 「수산자원관리법」제46조에 따른 보호수면 및 같은 법 제48조에 따른 수산자원관리수면
3. 분뇨마쇄소독장치 또는 분뇨저장탱크를 설치한 선박은 다음 각 목의 해역에서 분뇨를 배출하여서는 아니 된다.
   가. 「국토의 계획 및 이용에 관한 법률」 제40조에 따른 수산자원 보호구역
   나. 「수산자원관리법」제46조에 따른 보호수면 및 같은 법 제48조에 따른 수산자원관리수면
   다. 법 제15조에 따른 환경보전해역 및 특별관리해역
   라. 「항만법」 제2조제4호에 따른 항만구역
   마. 「어촌 · 어항법」 제2조제4호에 따른 어항구역
   바. 갑문 안의 수역
4. 제14조에 따른 분뇨오염방지설비 설치 대상선박 외의 선박은 다음 각 목의 경우에는 해양에 분뇨를 배출하여서는 아니 되며, 계류시설, 어장 등으로부터 가능한 한 멀리 떨어진 해역에서 배출하여야 한다.
   가. 부두에 접안 시
   나. 항만의 안벽(부두 벽) 등 계류시설에 계류 시(계선부표에 계류한 경우도 포함되고, 계류시설에 계류된 선박에 계류한 선박도 포함한다)
5. 국제특별해역에서 배출하려는 경우에는 국제협약에서 정하는 바에 따른다.
6. 시추선 및 플랫폼은 항해 중이 아닌 상태에서 분뇨를 배출할 수 있다.

선박에서의 오염방지에 관한 규칙 [별표 3] **2020, 2022 출제**
선박 안에서 발생하는 폐기물의 배출해역별 처리기준 및 방법(제8조제2호 관련)
1. 선박 안에서 발생하는 폐기물의 처리
   가. 다음의 폐기물을 제외하고 모든 폐기물은 해양에 배출할 수 없다.
      1) 음식찌꺼기
      2) 해양환경에 유해하지 않은 화물잔류물
      3) 선박 내 거주구역에서 목욕, 세탁, 설거지 등으로 발생하는 중수(中水)[화장실 오수(汚水) 및 화물구역 오수는 제외한다. 이하 같다]
      4) 「수산업법」에 따른 어업활동 중 혼획(混獲)된 수산동식물(폐사된 것을 포함한다. 이하 같다) 또는 어업활동으로 인하여 선박으로 유입된 자연기원물질(진흙, 퇴적물 등 해양에서 비롯된 자연상태 그대로의 물질을 말하며, 어장의 오염된 퇴적물은 제외한다. 이하 같다)

기출문제

2022년 제3회

☑ 해양환경관리법상 선박에서 발생하는 폐기물 배출에 대한 설명으로 옳지 않은 것은?

① 폐사된 어획물은 해양에 배출이 가능하다.
② 플라스틱 재질의 폐기물은 해양에 배출이 금지된다.
③ 해양환경에 유해하지 않은 화물잔류물은 해양에 배출이 금지된다.
④ 분쇄 또는 연마되지 않은 음식찌꺼기는 영해기선으로부터 12해리 이상에서 배출이 가능하다.

정답 ③

기출문제

2022년 제2회

☑ (   )에 순서대로 적합한 것은?

> "해양환경관리법령상 음식찌꺼기는 항해 중에 ( )으로부터 최소한 ( )의 해역에 버릴 수 있다. 다만, 분쇄기 또는 연마기를 통하여 25mm 이하의 개구를 가진 스크린을 통과할 수 있도록 분쇄되거나 연마된 음식찌꺼기의 경우 (   )으로부터 (   )의 해역에 버릴 수 있다."

① 항만, 10해리 이상, 항만, 5해리 이상
② 항만, 12해리 이상, 항만, 3해리 이상
③ 영해기선, 10해리 이상, 영해기선, 5해리 이상
④ 영해기선, 12해리 이상, 영해기선, 3해리 이상

2020년 제4회

☑ 해양환경관리법령상 규정을 준수하여 해상에 배출할 수 있는 폐기물이 아닌 것은?

① 선박 안에서 발생한 음식찌꺼기
② 선박 안에서 발생한 화장실 오수
③ 수산업법에 따른 어업활동 중 혼획된 수산동식물
④ 선박 안에서 발생한 해양환경에 유해하지 않은 화물잔류물

정답 ④, ②

나. 가목에서 배출 가능한 폐기물을 해양에 배출하려는 경우에는 영해기선으로부터 가능한 한 멀리 떨어진 곳에서 항해 중에 버리되, 다음의 해역에 버려야 한다.
  1) 음식찌꺼기는 영해기선으로부터 최소한 12해리 이상의 해역. 다만, 분쇄기 또는 연마기를 통하여 25㎜ 이하의 개구(開口)를 가진 스크린을 통과할 수 있도록 분쇄되거나 연마된 음식찌꺼기의 경우 영해기선으로부터 3해리 이상의 해역에 버릴 수 있다. **2022 출제**
  2) 화물잔류물
    가) 부유성 화물잔류물은 영해기선으로부터 최소한 25해리 이상의 해역
    나) 가라앉는 화물잔류물은 영해기선으로부터 최소한 12해리 이상의 해역
    다) 일반적인 하역방법으로 회수될 수 없는 화물잔류물은 영해기선으로부터 최소한 12해리 이상의 해역, 이 경우 국제협약 부속서 5의 부록 1에서 정하는 기준에 따라 분류된 물질을 포함해서는 안 된다.
    라) 화물창을 청소한 세정수는 영해기선으로부터 최소한 12해리 이상의 해역. 다만, 다음의 조건에 만족하는 것으로서 해양환경에 해롭지 아니한 일반 세제를 사용한 경우로 한정한다.
      (1) 국제협약 부속서 제3장의 적용을 받는 유해물질이 포함되어 있지 아니할 것
      (2) 발암성 또는 돌연변이를 발생시키는 것으로 알려진 물질이 포함되어 있지 아니할 것
  3) 해수침수, 부패, 부식 등으로 사용할 수 없게 된 화물은 국제협약이 정하는 바에 따른다.
  4) 선박 내 거주구역에서 발생하는 중수는 아래 해역을 제외한 모든 해역에서 배출할 수 있다.
    가) 「국토의 계획 및 이용에 관한 법률」 제40조에 따른 수산자원보호구역
    나) 「수산자원관리법」 제46조에 따른 보호수면 및 같은 법 제48조에 따른 수산자원관리수면
    다) 「농수산물 품질관리법」 제71조에 따른 지정해역 및 같은 법 제73조제1항에 따른 주변해역
  5) 「수산업법」에 따른 어업활동 중 혼획된 수산동식물 또는 어업활동으로 인하여 선박으로 유입된 자연기원물질은 같은 법에 따른 면허 또는 허가를 받아 어업활동을 하는 수면에 배출할 수 있다.
  6) 동물사체는 국제해사기구에서 정하는 지침을 고려하여 육지로부터 가능한 한 멀리 떨어진 해역에 배출할 수 있다.

다. 폐기물이 다른 처분요건이나 배출요건의 적용을 받는 다른 배출물과 혼합되어 있는 경우에는 보다 엄격한 폐기물의 처분요건이나 배출요건을 적용한다.

라. 가목 및 나목에도 불구하고, 선박소유자는 항만에 정박 중 가목 및 나목에 따른 폐기물을 법 제37조제1항 각 호의 어느 하나에 해당하는 자에게 인도하여 처리할 수 있다.

마. 「1974년 해상에서의 인명안전을 위한 국제협약」 제6장 1-1.2 규칙에서 정의된 고체산적화물 중 곡물을 제외한 화물은 국제협약 부속서 5의 부록 1에서 정하는 기준에 따라 분류되어야 하며, 화주는 해당 화물이 해양환경에 유해한지 여부를 공표해야 한다.

2. 폐기물의 처분에 관한 특별요건
   육지로부터 12해리 이상 떨어진 위치에 있는 고정되거나 부동하는 플랫폼과 이들 플랫폼에 접안되어 있거나 그로부터 500m 이내에 있는 다른 모든 선박에서 음식찌꺼기를 해양에 버릴 때에는 분쇄기 또는 연마기를 통하여 분쇄 또는 연마한 후 버려야 한다. 이 경우 음식찌꺼기는 25㎜ 이하의 개구를 가진 스크린을 통과할 수 있도록 분쇄되거나 연마되어야 한다.
3. 국제특별해역 및 제12조의2에 따른 극지해역 안에서의 폐기물 처분에 관하여는 국제협약 부속서 5에 따른다.
4. 길이 12m 이상의 모든 선박은 제1호 및 제3호에 따른 폐기물의 처리 요건을 승무원과 여객에게 한글과 영문(국제항해를 하는 선박으로 인정한다)으로 작성 · 고지하는 안내표시판을 잘 보이는 곳에 게시하여야 한다.
5. 총톤수 100톤 이상의 선박과 최대승선인원 15명 이상의 선박은 선원이 실행할 수 있는 폐기물관리계획서를 비치하고 계획을 수행할 수 있는 책임자를 임명하여야 한다. 이 경우 폐기물관리계획서에는 선상 장비의 사용방법을 포함하여 쓰레기의 수집, 저장, 처리 및 처분의 절차가 포함되어야 한다.

※ 비고
"화물잔류물"이란 목재, 석탄, 곡물 등의 화물을 양하(揚荷)하고 남은 최소한의 잔류물을 말한다.

② 폐기물의 배출허용기준(동법시행규칙 제11조)

㉠ 법 제22조제2항제1호에 따라 해양시설 또는 영 제34조에 따른 해양공간(이하 "해양시설등"이라 한다)에서 발생하는 폐기물은 「해양폐기물 및 해양오염퇴적물 관리법」 제7조제2항에서 정하는 방법에 따라 배출할 수 있다. 다만, 해양시설등의 일상생활에서 발생하는 폐기물의 해역별 배출기준은 별표 4와 같다.

■ 해양환경관리법 시행규칙 [별표 4]
해양시설 등의 일상생활에서 발생하는 폐기물의 해역별 배출기준(제11조제2항 관련)

해역별 방류 기준 / 폐기물	해역별	방류기준
분뇨 · 오수	법 제15조제1항에 따른 환경보전해역 및 특별관리해역	생물화학적 산소요구량 50mg/l 이내 배출
	그 밖의 해역	생물화학적 산소요구량 100mg/l 이내 배출

비고 : 해역과 육지 사이에 연속하여 설치 · 배치된 시설 및 구조물에는 이를 적용하지 아니한다.

㉡ 법 제22조제2항제2호에 따라 해양시설등에서 발생하는 기름 및 유해액체물질을 처리하는 기준과 방법은 별표 5와 같다.

기출문제

■ 해양환경관리법 시행규칙 [별표 5]
해양시설 등에서 발생하는 기름 및 유해액체물질의 처리기준 및 방법(제11조제3항 관련)

1. 해양시설 등에서 발생하는 기름을 처리하는 경우에는 법 제38조제1항에 따른 오염물질저장시설 설치 · 운영자 또는 법 제70조제1항제3호에 따른 유창청소업자에게 위탁하여 처리하거나 유분 성분이 100만분의 15 이하가 되도록 처리하여 배출하여야 한다.
2. 해양시설등에서 발생하는 유해액체물질의 경우에는 법 제38조제1항에 따른 오염물질저장시설 설치 · 운영자, 법 제70조제1항제3호에 따른 유창청소업자 또는 「물환경보전법」 제 62조에 따른 폐수처리업자에게 위탁하여 처리하거나 자가 처리시설에서 「물환경보전법 시행규칙」 별표 13 중 가지역에 적용하는 배출 허용기준 이하로 처리하여 배출하여야 한다.
3. 해양시설등에서 발생하는 기름이나 유해액체물질을 「물환경보전법」 제2조제10호에 따른 폐수배출시설, 같은 법 제48조에 따른 공공폐수처리시설 또는 「하수도법」 제2조제9호에 따른 공공하수처리시설에 유입하여 처리하는 경우에는 관계 법령이 정하는 바에 따른다.

㉢ 법 제22조제3항제3호에 따라 해양시설 등의 오염사고에 있어서는 오염사고에 대처할 목적으로 오염으로 인한 피해를 최소화하기 위해 사용되는 기름, 유해액체물질 또는 이들 물질을 함유한 혼합물 등을 해양에 배출할 수 있다.

(4) 선박에서의 해양오염방지

① 폐기물오염방지설비의 설치 등(법 제25조)

㉠ 해양수산부령이 정하는 선박의 소유자는 그 선박 안에서 발생하는 해양수산부령으로 정하는 폐기물을 저장 · 처리하기 위한 폐기물오염방지설비를 해양수산부령으로 정하는 기준에 따라 설치하여야 한다.

㉡ 폐기물오염방지설비는 해양수산부령이 정하는 기준에 적합하게 유지 · 작동되어야 한다.

② 기름오염방지설비의 설치 등(법 제26조)

㉠ 선박의 소유자는 선박 안에서 발생하는 기름의 배출을 방지하기 위한 기름오염방지설비를 해당 선박에 설치하거나 폐유저장을 위한 용기를 비치하여야 한다. 이 경우 그 대상선박과 설치기준 등은 해양수산부령으로 정한다.

㉡ 선박의 소유자는 선박의 충돌 · 좌초 또는 그 밖의 해양사고가 발생하는 경우 기름의 배출을 방지할 수 있는 선체구조 등을 갖추어야 한다. 이 경우 그 대상선박, 선체구조기준 그 밖에 필요한 사항은 해양수산부령으로 정한다.

㉢ 기름오염방지설비는 해양수산부령이 정하는 기준에 적합하게 유지 · 작동되어야 한다.

2020년 제3회

☑ 해양환경관리법상 소형선박에 비치해야 하는 기관구역용 폐유저장용기에 관한 규정으로 옳지 않은 것은?

① 총톤수 5톤 이상 10톤 미만의 선박은 30리터 저장용량의 용기 비치
② 총톤수 10톤 이상 30톤 미만의 선박은 60리터 저장용량의 용기 비치
③ 용기의 재질은 견고한 금속성 또는 플라스틱 재질일 것
④ 용기는 2개 이상으로 나누어 비치 가능

정답 ①

■ 선박에서의 오염방지에 관한 규칙 [별표7] 2020, 2022 출제

기름오염방지설비 설치 및 폐유저장용기 비치기준(제15조제1항 관련)
3. 폐유기저장용기의 비치기준
가. 기관구역용 폐유저장용기

대상선박	저장용량(단위 : ℓ)
1)총톤수 5톤 이상 10톤 미만의 선박	20
2)총톤수 10톤 이상 30톤 미만의 선박	60
3)총톤수 30톤 이상 50톤 미만의 선박	100
4)총톤수 50톤 이상 100톤 미만으로서 유조선이 아닌 선박	200

비고
가) 폐유저장용기는 2개 이상으로 나누어 비치할 수 있다.
나) 폐유저장용기는 견고한 금속성 재질 또는 플라스틱 재질로서 폐유가 새지 아니하도록 제작되어야 하고, 해당 용기의 표면에는 선명 및 선박번호를 기재하고 그 내용물이 폐유임을 표시하여야 한다.
다) 폐유저장용기 대신에 소형선박용 기름여과장치를 설치할 수 있다.

③ 유해액체물질오염방지설비의 설치 등(법 제27조)

㉠ 유해액체물질을 산적하여 운반하는 선박으로서 해양수산부령이 정하는 선박의 소유자는 유해액체물질을 그 선박 안에서 저장·처리할 수 있는 설비 또는 유해액체물질에 의한 해양오염을 방지하기 위한 유해액체물질오염방지설비를 해양수산부령이 정하는 기준에 따라 설치하여야 한다.

㉡ 유해액체물질을 산적하여 운반하는 선박으로서 해양수산부령이 정하는 선박의 소유자는 선박의 충돌·좌초 그 밖의 해양사고가 발생하는 경우 유해액체물질의 배출을 방지하기 위하여 그 선박의 화물창을 해양수산부령이 정하는 기준에 따라 설치·유지하여야 한다.

㉢ 선박의 소유자는 해양수산부령이 정하는 기준에 따라 유해액체물질의 배출방법 및 설비에 관한 지침서를 작성하여 해양수산부장관의 검인을 받아 그 선박의 선장에게 제공하여야 한다.

㉣ 유해액체물질오염방지설비는 해양수산부령이 정하는 기준에 적합하게 유지·작동되어야 한다.

④ 선박평형수 및 기름의 적재제한(법 제28조)

㉠ 해양수산부령이 정하는 유조선의 화물창 및 해양수산부령이 정하는 선박의 연료유탱크에는 선박평형수를 적재하여서는 아니 된다. 다만, 새로이 건조한 선박을 시운전하거나 선박의 안전을 확보하기 위하여 필요한 경우로서 해양수산부령이 정하는 경우에는 그러하지 아니하다.

㉡ 해양수산부령이 정하는 선박의 경우 그 선박의 선수(船首)탱크 및 충돌격벽(衝突隔壁)보다 앞쪽에 설치된 탱크에는 기름을 적재하여서는 아니 된다.

기출문제

2022년 제2회

☑ 해양환경관리법상 소형선박에 비치하여야 하는 기관구역용 폐유저장용기에 관한 규정으로 옳지 않은 것은?

① 용기는 2개 이상으로 나누어 비치 가능
② 용기의 재질은 견고한 금속성 또는 플라스틱 재질일 것
③ 총톤수 5톤 이상 10톤 미만의 선박은 30리터 저장용량의 용기 비치
④ 총톤수 10톤 이상 30톤 미만의 선박은 60리터 저장용량의 용기 비치

정답 ③

기출문제

2022년 제4회

☑ 해양환경관리법상 유해액체물질기록부는 최종 기재를 한 날부터 몇 년간 보존하여야 하는가?

① 1년
② 2년
③ 3년
④ 5년

2021년 제1회

☑ 해양환경관리법상 해양오염방지를 위한 선박검사의 종류가 아닌 것은?

① 임시검사
② 정기검사
③ 중간검사
④ 특별검사

정답 ③, ④

⑤ 선박오염물질기록부의 관리(법 제30조) **2022 출제**

㉠ 선박의 선장(피예인선의 경우에는 선박의 소유자를 말한다)은 그 선박에서 사용하거나 운반 · 처리하는 폐기물 · 기름 및 유해액체물질에 대한 다음 각 호의 구분에 따른 선박오염물질기록부를 그 선박(피예인선의 경우에는 선박의 소유자의 사무실을 말한다) 안에 비치하고 그 사용량 · 운반량 및 처리량 등을 기록하여야 한다.

ⓐ **폐기물기록부** : 해양수산부령이 정하는 일정 규모 이상의 선박에서 발생하는 폐기물의 총량 · 처리량 등을 기록하는 장부. 다만, 제72조제1항의 규정에 따라 해양환경관리업자가 처리대장을 작성 · 비치하는 경우에는 동 처리대장으로 갈음한다.

ⓑ **기름기록부** : 선박에서 사용하는 기름의 사용량 · 처리량을 기록하는 장부. 다만, 해양수산부령이 정하는 선박의 경우를 제외하며, 유조선의 경우에는 기름의 사용량 · 처리량 외에 운반량을 추가로 기록하여야 한다.

ⓒ **유해액체물질기록부** : 선박에서 산적하여 운반하는 유해액체물질의 운반량 · 처리량을 기록하는 장부

㉡ 선박오염물질기록부의 보존기간은 최종기재를 한 날부터 3년으로 하며, 그 기재사항 · 보존방법 등에 관하여 필요한 사항은 해양수산부령으로 정한다.

(5) 해양오염방지를 위한 선박의 검사 등 2021 출제

① **정기검사**(법 제49조)

㉠ 폐기물오염방지설비 · 기름오염방지설비 · 유해액체물질오염방지설비 및 대기오염방지설비(이하 "해양오염방지설비"라 한다)를 설치하거나 선체 및 화물창을 설치 · 유지하여야 하는 선박(이하 "검사대상선박"이라 한다)의 소유자가 해양오염방지설비, 선체 및 화물창(이하 "해양오염방지설비등"이라 한다)을 선박에 최초로 설치하여 항해에 사용하려는 때 또는 유효기간이 만료한 때에는 해양수산부령이 정하는 바에 따라 해양수산부장관의 검사(이하 "정기검사"라 한다)를 받아야 한다.

㉡ 해양수산부장관은 정기검사에 합격한 선박에 대하여 해양수산부령이 정하는 해양오염방지검사증서를 교부하여야 한다.

② **중간검사**(법 제50조)

㉠ 검사대상선박의 소유자는 정기검사와 정기검사의 사이에 해양수산부령이 정하는 바에 따라 해양수산부장관의 검사(이하 "중간검사"라 한다)를 받아야 한다.

㉡ 해양수산부장관은 중간검사에 합격한 선박에 대하여 해양오염방지검사증서에 그 검사결과를 표기하여야 한다.

㉢ 중간검사의 세부종류 및 그 검사사항은 해양수산부령으로 정한다.

③ **임시검사**(법 제51조)

㉠ 검사대상선박의 소유자가 해양오염방지설비등을 교체 · 개조 또는 수리하고자 하는 때에는 해양수산부령이 정하는 바에 따라 해양수산부장관의 검사(이하 "임시검사"라 한다)를 받아야 한다.

㉡ 해양수산부장관은 임시검사에 합격한 선박에 대하여 해양오염방지검사증서에 그 검사결과를 표기하여야 한다.

④ **임시항해검사**(법 제52조)

㉠ 검사대상선박의 소유자가 해양오염방지검사증서를 교부받기 전에 임시로 선박을 항해에 사용하고자 하는 때에는 해당 해양오염방지설비등에 대하여 해양수산부령이 정하는 바에 따라 해양수산부장관의 검사(이하 "임시항해검사"라 한다)를 받아야 한다.

㉡ 해양수산부장관은 임시항해검사에 합격한 선박에 대하여 해양수산부령이 정하는 임시해양오염방지검사증서를 교부하여야 한다.

⑤ **방오시스템검사**(법 제53조)

㉠ 해양수산부령이 정하는 선박의 소유자가 방오시스템을 선박에 설치하여 항해에 사용하려는 때에는 해양수산부령이 정하는 바에 따라 해양수산부장관의 검사(이하 "방오시스템검사"라 한다)를 받아야 한다.

㉡ 해양수산부장관은 방오시스템검사에 합격한 선박에 대하여 해양수산부령이 정하는 방오시스템검사증서를 교부하여야 한다.

㉢ 선박의 소유자가 방오시스템을 변경 · 교체하고자 하는 때에는 해양수산부령이 정하는 바에 따라 해양수산부장관의 검사(이하 "임시방오시스템검사"라 한다)를 받아야 한다.

㉣ 해양수산부장관은 임시방오시스템검사에 합격한 선박에 대하여 방오시스템검사증서에 그 검사결과를 표기하여야 한다.

⑥ **대기오염방지설비의 예비검사 등**(법 제54조)

㉠ 해양수산부령이 정하는 대기오염방지설비를 제조 · 개조 · 수리 · 정비 또는 수입하려는 자는 해양수산부령이 정하는 바에 따라 해양수산부장관의 검사(이하 "예비검사"라 한다)를 받을 수 있다.

㉡ 해양수산부장관은 예비검사에 합격한 대기오염방지설비에 대하여 해양수산부령이 정하는 예비검사증서를 교부하여야 한다.

㉢ 예비검사에 합격한 대기오염방지설비에 대하여는 해양수산부령이 정하는 바에 따라 정기검사 · 중간검사 · 임시검사 및 임시항해검사의 전부 또는 일부를 생략할 수 있다.

㉣ 예비검사의 검사사항 등에 관하여 필요한 사항은 해양수산부령으로 정한다.

정답

기출문제

2022년 제2회

☑ 해양환경관리법상 선박에서 배출기준을 초과하는 오염물질이 해양에 배출된 경우 방제조치에 대한 설명으로 옳지 않은 것은?

① 오염물질을 배출한 선박의 선장은 현장에서 가급적 빨리 대피한다.
② 오염물질을 배출한 선박의 선장은 오염물질의 배출방지 조치를 하여야 한다.
③ 오염물질을 배출한 선박의 선장은 배출된 오염물질을 수거 및 처리를 하여야 한다.
④ 오염물질을 배출한 선박의 선장은 배출된 오염물질의 확산방지를 위한 조치를 하여야 한다.

2022년 제4회

☑ 해양환경관리법상 오염물질이 배출된 경우 오염을 방지하기 위한 조치가 아닌 것은?

① 오염물질의 추가배출방지
② 배출된 오염물질의 확산방지 및 제거
③ 배출된 오염물질의 수거 및 처리
④ 기름오염방지설비의 가동

2022년 제3회

☑ 해양환경관리법상 방제의무자의 방제조치가 아닌 것은?

① 확산 방지 및 제거
② 오염물질의 배출 방지
③ 오염물질의 수거 및 처리
④ 오염물질을 배출한 원인 조사

정답 ①, ④, ④

⑦ **에너지효율검사**(법 제54조의2)

㉠ 선박의 소유자는 해양수산부령으로 정하는 바에 따라 해양수산부장관이 실시하는 선박에너지효율에 관한 검사(이하 "에너지효율검사"라 한다)를 받아야 한다.

㉡ 해양수산부장관은 에너지효율검사에 합격한 선박에 대하여 해양수산부령으로 정하는 에너지효율검사증서를 발급하여야 한다.

㉢ 에너지효율검사의 검사신청 시기, 검사사항 및 검사방법 등에 필요한 사항은 해양수산부령으로 정한다.

⑧ **해양오염방지검사증서 등의 유효기간**(법 제56조)

㉠ **해양오염방지검사증서** : 5년

㉡ **방오시스템검사증서** : 영구

㉢ **에너지효율검사증서** : 영구

㉣ **협약검사증서** : 5년

⑨ **오염물질이 배출된 경우의 방제조치**(법 제64조) **2020, 2021, 2022 출제**

㉠ 방제의무자는 배출된 오염물질에 대하여 대통령령이 정하는 바에 따라 다음 각 호에 해당하는 조치(방제조치)를 하여야 한다. **2022 출제**

ⓐ 오염물질의 배출방지

ⓑ 배출된 오염물질의 확산방지 및 제거

ⓒ 배출된 오염물질의 수거 및 처리

ⓓ 위의 방제조치는 다음 각 호의 조치로서 오염물질의 배출 방지와 배출된 오염물질의 확산방지 및 제거를 위한 응급조치를 한 후 현장에서 할 수 있는 최대한의 유효적절한 조치여야 한다.(동법 시행령 제48조)

- 오염물질의 확산방지울타리의 설치 및 그 밖에 확산방지를 위하여 필요한 조치
- 선박 또는 시설의 손상부위의 긴급수리, 선체의 예인 · 인양조치 등 오염물질의 배출 방지조치
- 해당 선박 또는 시설에 적재된 오염물질을 다른 선박 · 시설 또는 화물창으로 옮겨 싣는 조치
- 배출된 오염물질의 회수조치
- 해양오염방제를 위한 자재 및 약제의 사용에 따른 오염물질의 제거조치
- 수거된 오염물질로 인한 2차오염 방지조치
- 수거된 오염물질과 방제를 위하여 사용된 자재 및 약제 중 재사용이 불가능한 물질의 안전처리조치

ⓔ 해양경찰청장은 ⓓ항에 따른 방제조치를 위하여 필요한 경우 다음 각 호의 조치를 직접 하거나 관계 기관에 지원을 요청할 수 있다.

- 오염해역을 통행하는 선박의 통제

• 오염해역의 선박안전에 관한 조치
• 인력 및 장비 · 시설 등의 지원 등

ⓛ 오염물질이 항만의 안 또는 항만의 부근 해역에 있는 선박으로부터 배출되는 경우 다음 각 호의 어느 하나에 해당하는 자는 방제의무자가 방제조치를 취하는데 적극 협조하여야 한다.
ⓐ 해당 항만이 배출된 오염물질을 싣는 항만인 경우에는 해당 오염물질을 보내는 자
ⓑ 해당 항만이 배출된 오염물질을 내리는 항만인 경우에는 해당 오염물질을 받는 자
ⓒ 오염물질의 배출이 선박의 계류 중에 발생한 경우에는 해당 계류시설의 관리자
ⓓ 그 밖에 오염물질의 배출원인과 관련되는 행위를 한 자

ⓒ 해양경찰청장은 방제의무자가 자발적으로 방제조치를 행하지 아니하는 때에는 그 자에게 시한을 정하여 방제조치를 하도록 명령할 수 있다.

ⓔ 해양경찰청장은 방제의무자가 방제조치명령에 따르지 아니하는 경우에는 직접 방제조치를 할 수 있다. 이 경우 방제조치에 소요된 비용은 대통령령이 정하는 바에 따라 방제의무자가 부담한다.

ⓜ 직접 방제조치에 소요된 비용의 징수에 관하여는 「행정대집행법」 제5조 및 제6조의 규정을 준용한다.

ⓑ 오염물질의 방제조치에 사용되는 자재 및 약제는 제110조제4항 · 제6항 및 제7항에 따라 형식승인 · 검정 및 인정을 받거나 제110조의2제3항에 따른 검정을 받은 것이어야 한다. 다만, 오염물질의 방제조치에 사용되는 자재로서 긴급방제조치에 필요하고 해양환경에 영향을 미치지 아니한다고 해양경찰청장이 인정하는 경우에는 그러하지 아니한다.

⑩ 오염물질이 배출될 우려가 있는 경우의 조치 등(법 제65조)

ⓣ 선박의 소유자 또는 선장, 해양시설의 소유자는 선박 또는 해양시설의 좌초 · 충돌 · 침몰 · 화재 등의 사고로 인하여 선박 또는 해양시설로부터 오염물질이 배출될 우려가 있는 경우에는 해양수산부령이 정하는 바에 따라 오염물질의 배출방지를 위한 조치를 하여야 한다.

ⓛ 제64조제3항 및 제4항의 규정은 ⓣ항의 규정에 따른 오염물질의 배출방지를 위한 조치에 관하여 준용한다. 이 경우 "방제의무자"는 "선박의 소유자 또는 선장, 해양시설의 소유자"로 본다.

⑪ 자재 및 약제의 비치 등(법 제66조)

ⓣ 항만관리청 및 선박 · 해양시설의 소유자는 오염물질의 방제 · 방지에 사용되는 자재 및 약제를 보관시설 또는 해당 선박 및 해양시설에 비치 · 보관하여야 한다.

ⓛ 비치 · 보관하여야 하는 자재 및 약제는 형식승인 · 검정 및 인정을 받거나, 검정을 받은 것이어야 한다.

ⓒ 비치 · 보관하여야 하는 자재 및 약제의 종류 · 수량 · 비치방법과 보관시설의 기준 등에 필요한 사항은 해양수산부령으로 정한다.

⑫ **과태료**(법 제132조)

㉠ 다음 각 호의 어느 하나에 해당하는 자는 1천만원 이하의 과태료를 부과한다.

ⓐ 해양오염영향조사의 결과를 거짓으로 통보한 자

ⓑ 삭제

ⓛ 다음 각 호의 어느 하나에 해당하는 자는 500만원 이하의 과태료를 부과한다.

ⓐ 해양공간으로부터 대통령령이 정하는 오염물질을 배출한 자

ⓑ 해양시설의 신고 또는 변경신고를 하지 아니한 자

ⓒ 안전점검을 실시하지 아니한 자

ⓓ 보고를 하지 아니하거나 거짓으로 보고한 자

ⓔ 안전점검 결과를 보관하지 아니한 자

ⓕ 오존층파괴물질이 포함된 설비를 선박에 설치한 자

ⓖ 연료유공급서의 사본 및 연료유견본을 제공하지 아니하거나 거짓으로 연료유공급서 사본 및 연료유견본을 제공한 자

ⓗ 방제조치의 협조를 하지 아니한 자

ⓘ 변경등록을 하지 아니한 자

ⓙ 해양환경관리업자의 권리 · 의무 승계에 대한 신고를 하지 아니하거나 거짓으로 신고한 자

ⓒ 다음 각 호의 어느 하나에 해당하는 자는 200만원 이하의 과태료를 부과한다.

ⓐ 기준에 적합하지 아니하게 대기오염방지설비를 유지 · 작동한 자

ⓑ 오존층파괴물질이 포함된 설비를 해양수산부장관이 지정 · 고시하는 업체 또는 단체 외의 자에게 인도한 자

ⓒ 소각이 금지된 물질을 선박 안에서 소각한 자

ⓓ 소각설비를 설치하거나 이를 유지 · 작동한 자

ⓔ 소각이 금지된 해역에서 주기관 · 보조기관 또는 보일러를 사용하여 물질을 소각한 자

ⓡ 다음 각 호의 어느 하나에 해당하는 자는 100만원 이하의 과태료를 부과한다.

ⓐ 배출률의 승인을 받지 아니하거나 승인받은 배출률을 위반하여 폐기물을 배출한 자

ⓑ 폐기물을 배출한 장소, 배출량 등을 그 선박의 기관일지에 기재하지 아니한 자

ⓒ 폐유저장을 위한 용기를 비치하지 아니한 자
ⓓ 검인받은 유해액체물질의 배출방법 및 설비에 관한 지침서를 제공하지 아니한 자
ⓔ 오염물질기록부를 비치하지 아니하거나 기록·보존하지 아니한 자 또는 거짓으로 기재한 자
ⓕ 전자기록부 적합확인서를 비치하지 아니한 자
ⓖ 검인받은 선박해양오염비상계획서 및 해양시설오염비상계획서를 비치하지 아니하거나 선박해양오염비상계획서 및 해양시설오염비상계획서에 따른 조치 등을 이행하지 아니한 자
ⓗ 해양오염방지관리인을 임명하지 아니한 자
ⓘ 해양오염방지관리인의 임명증빙서류를 비치하지 아니한 자
ⓙ 해양오염방지관리인의 대리자를 지정하지 아니한 자
ⓚ 오염물질 등을 이송 또는 배출하는 작업을 지휘·감독하게 하지 아니한 자
ⓛ 검인받은 선박대선박 기름화물이송계획서를 비치하지 아니하거나 준수하지 아니한 자
ⓜ 선박대선박 기름화물이송작업에 관하여 기록하지 아니하거나 거짓으로 기록한 자 또는 기록을 보관하지 아니한 자
ⓝ 작업계획을 보고하지 아니하거나 거짓으로 보고한 자
ⓞ 해양오염방지관리인의 임명 신고를 하지 아니한 자
ⓟ 선박에너지효율관리계획서 또는 선박에너지효율적합확인서를 선박에 비치하지 아니한 자
ⓠ 선박연료유 사용량등을 보고하지 아니하거나 거짓으로 보고한 자
ⓡ 선박연료유 사용량등 검증확인서를 5년 이상 선박에 비치하지 아니한 자
ⓢ 오존층파괴물질을 포함하고 있는 설비의 목록을 작성하지 아니하거나 거짓으로 작성한 자 또는 관리하지 아니한 자
ⓣ 오존층파괴물질기록부를 작성하지 아니하거나 거짓으로 작성한 자 또는 비치하지 아니한 자
ⓤ 배출규제해역에서의 사항을 기관일지에 기재하지 아니한 자
ⓥ 연료유의 교환 등에 관한 사항을 기관일지에 기재하지 아니한 자
ⓦ 연료유의 교환 등에 관한 사항의 기관일지를 1년간 보관하지 아니한 자
ⓧ 연료유전환절차서를 비치하지 아니한 자
ⓨ 연료유공급서 또는 그 사본을 3년간 보관하지 아니한 자
ⓩ 연료유견본을 보관하지 아니한 자
ⓐ-1 유증기 배출제어장치의 작동에 관한 기록을 3년간 보관하지 아니한 자
ⓑ-1 검인 받은 휘발성유기화합물관리계획서를 비치하지 아니하거나 준수하지 아니한 자

ⓒ-1 해양오염방지검사증서등을 선박에 비치하지 아니한 자
ⓓ-1 처리실적서를 작성하여 제출하지 아니하거나 처리대장을 작성 · 비치하지 아니한 자
ⓔ-1 오염물질수거확인증을 작성하지 아니하거나 사실과 다르게 작성한 자
ⓕ-1 고의로 오염물질 방제업무를 지연하거나 방제의무자 등의 방제조치를 방해한 자
ⓖ-1 권리 · 의무의 승계신고를 하지 아니한 자
ⓗ-1 시정명령을 이행하지 아니한 자

03 출제예상문제

01 해상교통안전법상 레이더가 설치되지 아니한 선박에서 안전한 속력을 결정할 때 고려할 사항을 〈보기〉에서 모두 고른 것은?

〈보기〉

㉠ 선박의 흘수와 수심과의 관계
㉡ 레이더의 특성 및 성능
㉢ 시계의 상태
㉣ 해상교통량의 밀도
㉤ 레이더로 탐지한 선박의 수 · 위치 및 동향

① ㉠, ㉡, ㉢ ② ㉠, ㉢, ㉣
③ ㉡, ㉢, ㉤ ④ ㉡, ㉣, ㉤

NOTE 안전한 속력(해상교통안전법 제71조)

㉠ 선박은 다른 선박과의 충돌을 피하기 위하여 적절하고 효과적인 동작을 취하거나 당시의 상황에 알맞은 거리에서 선박을 멈출 수 있도록 항상 안전한 속력으로 항행하여야 한다.
㉡ ㉠항에 따른 안전한 속력을 결정할 때에는 다음 각 호(레이더를 사용하고 있지 아니한 선박의 경우에는 ⓐ부터 ⓕ까지)의 사항을 고려하여야 한다.
ⓐ 시계의 상태
ⓑ 해상교통량의 밀도
ⓒ 선박의 정지거리 · 선회성능, 그 밖의 조종성능
ⓓ 야간의 경우에는 항해에 지장을 주는 불빛의 유무
ⓔ 바람 · 해면 및 조류의 상태와 항행장애물의 근접상태
ⓕ 선박의 흘수와 수심과의 관계
ⓖ 레이더의 특성 및 성능
ⓗ 해면상태 · 기상, 그 밖의 장애요인이 레이더 탐지에 미치는 영향
ⓘ 레이더로 탐지한 선박의 수 · 위치 및 동향

answer 01.②

02 **해상교통안전법 '선박이 서로 시계 안에 있는 상태'에 대한 설명으로 옳은 것은?**

① 다른 선박을 레이더로 확인할 수 있는 상태
② 다른 선박을 눈으로 볼 수 있는 상태
③ 다른 선박과 마주치는 상태
④ 다른 선박과 교신 중인 상태

NOTE ② 선박이 서로 시계 안에 있는 때라는 것은 선박에서 다른 선박을 눈으로 볼 수 있는 상태에 있는 상태를 말한다(해상교통안전법 제76조).

03 **해상교통안전법에서 충돌회피 조치의 기본 요건이 아닌 것은?**

① 적극적인 동작
② 소폭의 침로 변경
③ 충분한 시간
④ 상당한 주의

NOTE ② 충돌을 피하기 위한 동작은 다른 선박과 충돌을 피하기 위한 동작을 취하되, 해상교통안전법에서 정하는 바가 없는 경우에는 될 수 있으면 충분한 시간적 여유를 두고 적극적으로 조치하여 선박을 적절하게 운용하는 관행에 따라야 한다(해상교통안전법 제73조 제1항).

04 **해상교통안전법상 규정된 등화에 사용되는 등색이 아닌 것은?**

① 붉은색
② 녹색
③ 흰색
④ 청색

NOTE ④ 청색은 사용되지 않는다.

answer 02.② 03.② 04.④

05 해상교통안전법상 서로 시계 안에서 범선과 동력선이 서로 마주치는 경우 항법으로 옳은 것은?

① 각각 침로를 좌현 쪽으로 변경한다.

② 동력선이 침로를 변경한다.

③ 각각 침로를 우현 쪽으로 변경한다.

④ 동력선은 침로를 우현 쪽으로, 범선은 침로를 바람이 불어가는 쪽으로 변경한다.

NOTE ② 항행 중인 동력선은 범선의 진로를 피하여야 한다.

06 항행 중인 길이 12미터 미만의 동력선이 마스트 등 대신에 표시하는 등화는 어느 것인가?

① 황색 전주 등 1개와 현등 1쌍

② 황색 전주 등 2개

③ 흰색 전주 등 1개와 현등 1쌍

④ 흰색 전주 등 2개

NOTE ③ 길이 12미터 미만의 동력선은 마스트 등을 대신하여 흰색 전주등 1개와 현등 1쌍을 표시할 수 있다(해상교통안전법 제88조 제4항).

※ 해상교통안전법 제88조(항행 중인 동력선)

① 항행 중인 동력선은 다음의 등화를 표시하여야 한다.

1. 앞쪽에 마스트 등 1개와 그 마스트등보다 뒤쪽의 높은 위치에 마스트 등 1개. 다만, 길이 50미터 미만의 동력선은 뒤쪽의 마스트 등을 표시하지 아니할 수 있다.
2. 현등 1쌍(길이 20미터 미만의 선박은 이를 대신하여 양색등을 표시할 수 있다)
3. 선미등 1개

② 수면에 떠있는 상태로 항행 중인 해양수산부령으로 정하는 선박은 제1항에 따른 등화에 덧붙여 사방을 비출 수 있는 황색의 섬광등 1개를 표시하여야 한다.

③ 수면비행선박이 비행하는 경우에는 제1항에 따른 등화에 덧붙여 사방을 비출 수 있는 고광도 홍색 섬광등 1개를 표시하여야 한다.

④ 길이 12미터 미만의 동력선은 제1항에 따른 등화를 대신하여 흰색 전주등 1개와 현등 1쌍을 표시할 수 있다.

answer 05.② 06.③

7 **선박에서 전주등이 비추는 수평방향의 각도는?**

① 90°　　② 135°
③ 225°　　④ 360°

NOTE ④ 전주등은 360도에 걸치는 수평의 호를 비추는 등화이다.
※ 해상교통안전법 제86조(등화의 종류)
1. 마스트등 : 선수와 선미의 중심선상에 설치되어 225도에 걸치는 수평의 호를 비추되, 그 불빛이 정선수 방향으로부터 양쪽 현의 정횡으로부터 뒤쪽 22.5도까지 비출 수 있는 흰색 등
2. 현등 : 정선수 방향에서 양쪽 현으로 각각 112.5도에 걸치는 수평의 호를 비추는 등화로서 그 불빛이 정선수 방향에서 좌현 정횡으로부터 뒤쪽 22.5도까지 비출 수 있도록 좌현에 설치된 붉은색 등과 그 불빛이 정선수 방향에서 우현 정횡으로부터 뒤쪽 22.5도까지 비출 수 있도록 우현에 설치된 녹색 등
3. 선미등 : 135도에 걸치는 수평의 호를 비추는 흰색 등으로서 그 불빛이 정선미 방향으로부터 양쪽 현의 67.5도까지 비출 수 있도록 선미 부분 가까이에 설치된 등
4. 예선등 : 선미등과 같은 특성을 가진 황색 등
5. 전주등 : 360도에 걸치는 수평의 호를 비추는 등화. 다만, 섬광등(閃光燈)은 제외한다.
6. 섬광등 : 360도에 걸치는 수평의 호를 비추는 등화로서 일정한 간격으로 1분에 120회 이상 섬광을 발하는 등
7. 양색등 : 선수와 선미의 중심선상에 설치된 붉은색과 녹색의 두 부분으로 된 등화로서 그 붉은색과 녹색 부분이 각각 현등의 붉은색 등 및 녹색 등과 같은 특성을 가진 등
8. 삼색등 : 선수와 선미의 중심선상에 설치된 붉은색 · 녹색 · 흰색으로 구성된 등으로서 그 붉은색 · 녹색 · 흰색의 부분이 각각 현등의 붉은색 등과 녹색 등 및 선미등과 같은 특성을 가진 등

8 **두 척의 선박이 충돌의 위험성이 있는 상태에서 서로 상대선의 양쪽 현등을 보면서 접근하고 있으면 어떤 상태인가?**

① 횡단하는 상태　　② 마주치는 상태
③ 추월하는 상태　　④ 통과하는 상태

NOTE ② 선박은 다른 선박을 선수 방향에서 볼 수 있는 경우로서 양쪽의 현등을 볼 수 있는 경우라면 마주치는 상태에 있다고 보아야 한다(해상교통안전법 제79조 제2항 제1호).
※ 해상교통안전법 제79조(마주치는 상태)
① 2척의 동력선이 마주치거나 거의 마주치게 되어 충돌의 위험이 있을 때에는 각 동력선은 서로 다른 선박의 좌현 쪽을 지나갈 수 있도록 침로를 우현 쪽으로 변경하여야 한다.
② 선박은 다른 선박을 선수 방향에서 볼 수 있는 경우로서 다음의 어느 하나에 해당하면 마주치는 상태에 있다고 보아야 한다.
1. 밤에는 2개의 마스트등을 일직선으로 또는 거의 일직선으로 볼 수 있거나 양쪽의 현등을 볼 수 있는 경우
2. 낮에는 2척의 선박의 마스트가 선수에서 선미까지 일직선이 되거나 거의 일직선이 되는 경우

answer 07.④ 08.②

9 해상교통안전법상 선미등과 관련이 깊은 것은?

① 135도 – 홍색

② 225도 – 홍색

③ 135도 – 흰색

④ 225도 – 흰색

NOTE ③ 선미등은 135도에 걸치는 수평의 호를 비추는 흰색 등으로서 그 불빛이 정선미 방향으로부터 양쪽 현의 67.5도까지 비출 수 있도록 선미 부분 가까이에 설치된 등을 말한다.

※ 해상교통안전법 제86조(등화의 종류) 선박의 등화는 다음 각 호와 같다.

1. 마스트등 : 선수와 선미의 중심선상에 설치되어 225도에 걸치는 수평의 호(弧)를 비추되, 그 불빛이 정선수 방향으로부터 양쪽 현의 정횡으로부터 뒤쪽 22.5도까지 비출 수 있는 흰색 등
2. 현등 : 정선수 방향에서 양쪽 현으로 각각 112.5도에 걸치는 수평의 호를 비추는 등화로서 그 불빛이 정선수 방향에서 좌현 정횡으로부터 뒤쪽 22.5도까지 비출 수 있도록 좌현에 설치된 붉은색 등과 그 불빛이 정선수 방향에서 우현 정횡으로부터 뒤쪽 22.5도까지 비출 수 있도록 우현에 설치된 녹색 등
3. 선미등 : 135도에 걸치는 수평의 호를 비추는 흰색 등으로서 그 불빛이 정선미 방향으로부터 양쪽 현의 67.5도까지 비출 수 있도록 선미 부분 가까이에 설치된 등
4. 예선등 : 선미등과 같은 특성을 가진 황색 등
5. 전주등 : 360도에 걸치는 수평의 호를 비추는 등화. 다만, 섬광등(閃光燈)은 제외한다.
6. 섬광등 : 360도에 걸치는 수평의 호를 비추는 등화로서 일정한 간격으로 1분에 120회 이상 섬광을 발하는 등
7. 양색등 : 선수와 선미의 중심선상에 설치된 붉은색과 녹색의 두 부분으로 된 등화로서 그 붉은색과 녹색 부분이 각각 현등의 붉은색 등 및 녹색 등과 같은 특성을 가진 등
8. 삼색등 : 선수와 선미의 중심선상에 설치된 붉은색 · 녹색 · 흰색으로 구성된 등으로서 그 붉은색 · 녹색 · 흰색의 부분이 각각 현등의 붉은색 등과 녹색 등 및 선미등과 같은 특성을 가진 등

10 해상교통안전법상 '거대선'의 정의로서 옳은 것은?

① 총톤수 10,000톤 이상인 선박

② 총톤수 20,000톤 이상인 선박

③ 길이 100미터 이상인 선박

④ 길이 200미터 이상인 선박

NOTE ④ 거대선이란 길이 200미터 이상의 선박을 말한다.

answer 09.③ 10.④

11 **선박입출항법상 항로안에서 다른 선박과 마주쳤을 때의 항법은?**

① 좌측으로 항행한다.
② 우측으로 항행한다.
③ 좌우 편리한 쪽으로 항행한다.
④ 중앙 항로를 택한다.

NOTE ② 항로에서 다른 선박과 마주칠 우려가 있는 경우에는 오른쪽으로 항행하여야 한다(법 제12조제1항제3호).
※ 선박입출항법 제12조(항로에서의 항법)
① 모든 선박은 항로에서 다음의 항법에 따라 항행하여야 한다.
1. 항로 밖에서 항로에 들어오거나 항로에서 항로 밖으로 나가는 선박은 항로를 항행하는 다른 선박의 진로를 피하여 항행할 것
2. 항로에서 다른 선박과 나란히 항행하지 아니할 것
3. 항로에서 다른 선박과 마주칠 우려가 있는 경우에는 오른쪽으로 항행할 것
4. 항로에서 다른 선박을 추월하지 아니할 것. 다만, 추월하려는 선박을 눈으로 볼 수 있고 안전하게 추월할 수 있다고 판단되는 경우에는 「해상교통안전법」 제74조제5항 및 제78조에 따른 방법으로 추월할 것
5. 항로를 항행하는 제37조제1항제1호에 따른 위험물운송선박(제2조제5호라목에 따른 선박 중 급유선은 제외한다) 또는 「해상교통안전법」 제2조제12호에 따른 흘수제약선(吃水制約船)의 진로를 방해하지 아니할 것
6. 「선박법」 제1조의2제1항제2호에 따른 범선은 항로에서 지그재그(zigzag)로 항행하지 아니할 것

12 **무역항의 수상구역등에 입항하는 선박이 방파제 입구 등에서 출항하는 선박과 마주칠 우려가 있는 경우 항법으로 옳은 것은?**

① 입항하는 선박이 방파제 밖에서 출항하는 선박의 진로를 피한다.
② 출항하는 선박이 방파제에서 입항하는 선박의 진로를 피한다.
③ 빠른 속력으로 피한다.
④ 중앙 항로를 택한다.

NOTE ① 무역항의 수상구역등에 입항하는 선박이 방파제 입구 등에서 출항하는 선박과 마주칠 우려가 있는 경우에는 방파제 밖에서 출항하는 선박의 진로를 피하여야 한다(선박입출항법 제13조).

answer 11.② 12.①

13 선박입출항법상 틀린 것은?

① 항로 밖에서 항로에 들어오거나 항로에서 항로 밖으로 나가는 선박은 항로를 항행하는 다른 선박의 진로를 피하여 항행한다.
② 관리청은 선박교통의 안전을 위하여 특히 필요하다고 인정하는 경우에는 항로에서의 항법 등에 관한 사항을 정하여 고시할 수 있다.
③ 선박이 무역항의 수상구역등이나 무역항의 수상구역 부근을 항행할 때에는 다른 선박에 위험을 주지 아니할 정도의 속력으로 항행하여야 한다.
④ 우선피항선은 무역항의 수상구역등이나 무역항의 수상구역 부근에서 다른 선박의 진로보다 우선한다.

NOTE ④ 우선피항선은 무역항의 수상구역등이나 무역항의 수상구역 부근에서 다른 선박의 진로를 방해하여서는 아니 된다(선박입출항법 제16조 제1항).

14 다음 ( ) 안에 들어갈 알맞은 것은?

> (　　　　)은 선박이 빠른 속도로 항행하여 다른 선박의 안전 운항에 지장을 초래할 우려가 있다고 인정하는 무역항의 수상구역등에 대하여는 관리청에 무역항의 수상구역등에서의 선박 항행 최고속력을 지정할 것을 요청할 수 있다.

① 국무총리
② 해양경찰청장
③ 해양항만청장
④ 행정자치부장관

NOTE ② 해양경찰청장은 선박이 빠른 속도로 항행하여 다른 선박의 안전 운항에 지장을 초래할 우려가 있다고 인정하는 무역항의 수상구역등에 대하여는 관리청에 무역항의 수상구역등에서의 선박 항행 최고속력을 지정할 것을 요청할 수 있다(선박입출항법 제17조 제2항).

answer 13.④ 14.②

15 선박입출항법상 우선피항선이 아닌 것은?

① 예선
② 주로 노와 삿대로 운전하는 선박
③ 「항만운송사업법」에 따라 항만운송관련사업을 등록한 자가 소유한 선박
④ 「선박법」에 따른 부선 중 예인선에 결합되어 운항하는 압항부선

NOTE ④ 「선박법」에 따른 부선 중 예인선이 부선을 끌거나 밀고 있는 경우의 예인선 및 부선을 포함하되, 예인선에 결합되어 운항하는 압항부선은 제외한다(법 제2조 제5호).

※ 선박입출항법 제2조 제5호(우선피항선)
우선피항선이란 주로 무역항의 수상구역에서 운항하는 선박으로서 다른 선박의 진로를 피하여야 하는 다음 각 목의 선박을 말한다.
가. 「선박법」에 따른 부선(예인선이 부선을 끌거나 밀고 있는 경우의 예인선 및 부선을 포함하되, 예인선에 결합되어 운항하는 압항부선은 제외)
나. 주로 노와 삿대로 운전하는 선박
다. 예선
라. 「항만운송사업법」에 따라 항만운송관련사업을 등록한 자가 소유한 선박
마. 「해양환경관리법」에 따라 해양환경관리업을 등록한 자가 소유한 선박 또는 해양폐기물관리업을 등록한 자가 소유한 선박(폐기물해양배출업으로 등록한 선박은 제외한다)
바. 가목부터 마목까지의 규정에 해당하지 아니하는 총톤수 20톤 미만의 선박

16 선박입출항법상 출입신고를 해야 하는 선박은?

① 총톤수 5톤 미만의 선박
② 해양사고구조에 사용되는 선박
③ 무역항의 수상구역 등에 출입하려는 선박
④ 「수상레저안전법」에 따른 수상레저기구 중 국내항 간을 운항하는 모터보트

NOTE ③ 무역항의 수상구역등에 출입하려는 선박의 선장은 대통령령으로 정하는 바에 따라 관리청에 신고하여야 한다(선박입출항법 제4조 제1항).

※ 선박입출항법 제4조(출입 신고)
① 무역항의 수상구역등에 출입하려는 선박의 선장은 대통령령으로 정하는 바에 따라 관리청에 신고하여야 한다. 다만, 다음의 선박은 출입 신고를 하지 아니할 수 있다.
1. 총톤수 5톤 미만의 선박
2. 해양사고구조에 사용되는 선박
3. 「수상레저안전법」 제2조 제3호에 따른 수상레저기구 중 국내항 간을 운항하는 모터보트 및 동력요트
4. 그 밖에 공공목적이나 항만 운영의 효율성을 위하여 해양수산부령으로 정하는 선박

answer 15.④ 16.③

17 해양환경관리법에서 오염물질이 배출된 경우의 방제조치에 해당되지 않는 것은?

① 오염물질의 배출방지

② 배출된 오염물질의 확산방지 및 제거

③ 배출된 오염물질의 수거 및 처리

④ 기름오염방지설비의 가동

NOTE ④ 기름오염방지설비는 선박 안에서 발생하는 기름의 배출을 방지하기 위한 설비로 오염물질이 배출된 경우의 방제조치 해당 설비는 아니다.

※ 해양환경관리법 제64조(오염물질이 배출된 경우의 방제조치)

① 방제의무자는 배출된 오염물질에 대하여 대통령령이 정하는 바에 따라 다음 각 호에 해당하는 방제조치를 하여야 한다.

1. 오염물질의 배출방지
2. 배출된 오염물질의 확산방지 및 제거
3. 배출된 오염물질의 수거 및 처리

18 해양오염방지증서의 유효기간은?

① 1년　　② 3년

③ 5년　　④ 7년

NOTE ③ 해양오염방지검사증서의 유효기간은 5년이다(해양환경관리법 제56조 제1항 제1호).

※ 해양환경관리법 제56조(해양오염방지검사증서 등의 유효기간)

① 해양오염방지검사증서, 방오시스템검사증서, 에너지효율검사증서 및 협약검사증서의 유효기간은 다음과 같다.

1. 해양오염방지검사증서 : 5년
2. 방오시스템검사증서 : 영구
3. 에너지효율검사증서 : 영구
4. 협약검사증서 : 5년

19 해양오염방지설비 등을 선박에 최초로 설치하여 항행에 사용하고자 할 때 받는 검사는?

① 정기검사　　② 임시검사

③ 특별검사　　④ 제조검사

NOTE ① 폐기물오염방지설비 · 기름오염방지설비 · 유해액체물질오염방지설비 및 대기오염방지설비를 설치하거나 선체 및 화물창을 설치 · 유지하여야 하는 검사대상선박의 소유자가 해양오염방지설비, 선체 및 화물창을 선박에 최초로 설치하여 항해에 사용하려는 때 또는 유효기간이 만료한 때에는 해양수산부령이 정하는 바에 따라 해양수산부장관의 정기검사를 받아야 한다(해양환경관리법 제49조 제1항).

answer 17.④ 18.③ 19.①

20 해상교통안전법상 '두 선박이 서로 시계 안에 있다'의 의미는?

① 레이더를 이용하여 선박을 확인할 수 있는 상태이다.
② 초단파무선전화(VHF)로 통화할 수 있는 상태이다.
③ 양쪽 선박에서 음파를 감지할 수 있는 상태이다.
④ 다른 선박을 눈으로 볼 수 있는 상태이다.

NOTE 적용 … 이 절은 선박에서 다른 선박을 눈으로 볼 수 있는 상태에 있는 선박에 적용한다(해상교통안전법 제76조).

21 선박의 입항 및 출항 등에 관한 법률상 항로에서의 항법에 대한 설명으로 옳은 것을 모두 고르면?

㉠ 항로에서 다른 선박과 나란히 항행할 수 있다.
㉡ 항로에서 다른 선박과 마주칠 경우에는 오른쪽으로 항행하여야 한다.
㉢ 항로에서는 언제든지 다른 선박을 추월할 수 있다.
㉣ 항로 밖에서 항로에 들어오는 선박은 항로를 항행하는 다른 선박의 진로를 피하여 항행하여야 한다.

① ㉠㉢
② ㉡㉣
③ ㉡㉢㉣
④ ㉠㉡㉣

NOTE 모든 선박은 항로에서 다음 각 호의 항법에 따라 항행하여야 한다(선박입출항법 제12조제1항).
㉠ 항로 밖에서 항로에 들어오거나 항로에서 항로 밖으로 나가는 선박은 항로를 항행하는 다른 선박의 진로를 피하여 항행할 것
㉡ 항로에서 다른 선박과 나란히 항행하지 아니할 것
㉢ 항로에서 다른 선박과 마주칠 우려가 있는 경우에는 오른쪽으로 항행할 것
㉣ 항로에서 다른 선박을 추월하지 아니할 것. 다만, 추월하려는 선박을 눈으로 볼 수 있고 안전하게 추월할 수 있다고 판단되는 경우에는 「해상교통안전법」 제74조 제5항 및 제78조에 따른 방법으로 추월할 것
㉤ 항로를 항행하는 제37조 제1항 제1호에 따른 위험물운송선박(제2조 제5호 라목에 따른 선박 중 급유선은 제외한다) 또는 「해상교통안전법」 제2조 제12호에 따른 흘수제약선(吃水制約船)의 진로를 방해하지 아니할 것
㉥ 「선박법」 제1조의2 제1항 제2호에 따른 범선은 항로에서 지그재그(zigzag)로 항행하지 아니할 것

answer 20.④ 21.②

22 선박의 입항 및 출항 등에 관한 법률상 방파제 부근에서 입·출항 선박이 마주칠 우려가 있는 경우 항법에 대한 설명으로 옳은 것은?

① 소형선이 대형선의 진로를 피한다.

② 방파제에 동시에 진입해도 상관없다.

③ 입항하는 선박이 방파제 밖에서 출항하는 선박의 진로를 피한다.

④ 선속이 빠른 선박이 선속이 느린 선반의 진로를 피한다.

NOTE 무역항의 수상구역 등에 입항하는 선박이 방파제 입구 등에서 출항하는 선박과 마주칠 우려가 있는 경우에는 방파제 밖에서 출항하는 선박의 진로를 피하여야 한다(선박입출항법 제13조).

23 선박의 입항 및 출항 등에 관한 법률상 정박의 제한 및 방법에 대한 규정으로 옳지 않은 것은?

① 안벽 부근 수역에 인명을 구조하는 경우 정박할 수 있다.

② 좁은 수로 입구의 부근 수역에서 허가받은 공사를 하는 경우 정박할 수 있다.

③ 정박하는 선박은 안전에 필요한 조치를 취한 후에는 예비용 닻을 고정할 수 있다.

④ 선박의 고장으로 선박을 조종할 수 없는 경우 부두 부근 수역에서 정박할 수 있다.

NOTE 정박의 제한 및 방법 등(선박입출항법 제6조)

㉠ 선박은 무역항의 수상구역등에서 다음 각 호의 장소에는 정박하거나 정류하지 못한다.
  ⓐ 부두·잔교(棧橋)·안벽(岸壁)·계선부표·돌핀 및 선거(船渠)의 부근 수역
  ⓑ 하천, 운하 및 그 밖의 좁은 수로와 계류장(繫留場) 입구의 부근 수역

㉡ 다음 각 호의 경우에는 ㉠의 각 호의 장소에 정박하거나 정류할 수 있다.
  ⓐ 「해양사고의 조사 및 심판에 관한 법률」 제2조제1호에 따른 해양사고를 피하기 위한 경우
  ⓑ 선박의 고장이나 그 밖의 사유로 선박을 조종할 수 없는 경우
  ⓒ 인명을 구조하거나 급박한 위험이 있는 선박을 구조하는 경우
  ⓓ 제41조에 따른 허가를 받은 공사 또는 작업에 사용하는 경우

㉢ ㉠에 따른 선박의 정박 또는 정류의 제한 외에 무역항별 무역항의 수상구역등에서의 정박 또는 정류 제한에 관한 구체적인 내용은 관리청이 정하여 고시한다.

㉣ 무역항의 수상구역등에 정박하는 선박은 지체 없이 예비용 닻을 내릴 수 있도록 닻 고정장치를 해제하고, 동력선은 즉시 운항할 수 있도록 기관의 상태를 유지하는 등 안전에 필요한 조치를 하여야 한다.

㉤ 관리청은 정박하는 선박의 안전을 위하여 필요하다고 인정하는 경우에는 무역항의 수상구역등에 정박하는 선박에 대하여 정박 장소 또는 방법을 변경할 것을 명할 수 있다.

answer 22.③ 23.③

24 **해상교통안전법상 '얹혀 있는 선박'의 주간 형상물은?**

① 가장 잘 보이는 곳에 수직으로 둥근꼴 형상물 2개
② 가장 잘 보이는 곳에 수직으로 둥근꼴 형상물 3개
③ 가장 잘 보이는 곳에 수직으로 원통형 형상물 2개
④ 가장 잘 보이는 곳에 수직으로 원통형 형상물 3개

NOTE 얹혀 있는 선박은 등화를 표시하여야 하며, 이에 덧붙여 가장 잘 보이는 곳에 다음의 등화나 형상물을 표시하여야 한다(해상교통안전법 제95조 제4항).
ⓐ 수직으로 붉은색의 전주등 2개
ⓑ 수직으로 둥근꼴의 형상물 3개

25 **선박의 입항 및 출항 등에 관한 법률상 선박이 해상에서 일시적으로 운항을 멈추는 것은?**

① 정박
② 정류
③ 계류
④ 계선

NOTE "정류"(停留)란 선박이 해상에서 일시적으로 운항을 멈추는 것을 말한다(선박입출항법 제2조 제8호).

26 **선박의 입항 및 출항 등에 관한 법률상 방파제 입구등에서 입·출항하는 두 척의 선박이 마주칠 우려가 있을 때의 항법은?**

① 입항하는 선박이 방파제 밖에서 출항하는 선박의 진로를 피하여야 한다.
② 출항하는 선박은 방파제 안에서 입항하는 선박의 진로를 피하여야 한다.
③ 입항하는 선박이 방파제 입구를 우현 쪽으로 접근하여 통과하여야 한다.
④ 출항하는 선박은 방파제 입구를 좌현 쪽으로 접근하여 통과하여야 한다.

NOTE ① 무역항의 수상구역등에 입항하는 선박이 방파제 입구 등에서 출항하는 선박과 마주칠 우려가 있는 경우에는 방파제 밖에서 출항하는 선박의 진로를 피하여야 한다(선박입출항법 제13조).

answer 24.② 25.② 26.①

27 **선박의 입항 및 출항 등에 관한 법률상 항로에서의 항법으로 옳은 것은?**

① 항로에서 다른 선박과 나란히 항행할 수 없다.

② 항로에서 다른 선박과 마주칠 때는 오른쪽으로 항행해야 한다.

③ 항로에서 선박의 속력에 따라 항상 다른 선박을 추월할 수 있다.

④ 항로에서 다른 선박을 추월할 때는 장음 7회를 울려야 된다.

NOTE 항로에서의 항법(선박입출항법 제12조 제1항) … 모든 선박은 항로에서 다음 각 호의 항법에 따라 항행하여야 한다.

㉠ 항로 밖에서 항로에 들어오거나 항로에서 항로 밖으로 나가는 선박은 항로를 항행하는 다른 선박의 진로를 피하여 항행할 것

㉡ 항로에서 다른 선박과 나란히 항행하지 아니할 것

㉢ 항로에서 다른 선박과 마주칠 우려가 있는 경우에는 오른쪽으로 항행할 것

㉣ 항로에서 다른 선박을 추월하지 아니할 것. 다만, 추월하려는 선박을 눈으로 볼 수 있고 안전하게 추월할 수 있다고 판단되는 경우에는 「해상교통안전법」 제74조 제5항 및 제78조에 따른 방법으로 추월할 것

㉤ 항로를 항행하는 제37조 제1항 제1호에 따른 위험물운송선박(제2조 제5호 라목에 따른 선박 중 급유선은 제외한다) 또는 「해상교통안전법」 제2조 제12호에 따른 흘수제약선(吃水制約船)의 진로를 방해하지 아니할 것

㉥ 「선박법」 제1조의2 제1항 제2호에 따른 범선은 항로에서 지그재그(zigzag)로 항행하지 아니할 것

28 **선박의 입항 및 출항 등에 관한 법률상 무역항의 수상구역 등에서 예인선이 다른 선박을 끌고 항행하는 경우, 예인선 선수로부터 피예인선 선미까지의 길이는 원칙적으로 몇미터를 초과하지 않아야 하는가?**

① 50미터

② 100미터

③ 150미터

④ 200미터

NOTE 예인선의 선수(船首)로부터 피(被)예인선의 선미(船尾)까지의 길이는 200미터를 초과하지 아니할 것. 다만, 다른 선박의 출입을 보조하는 경우에는 그러하지 아니하다. (선박입출항법 시행규칙 제9조 제1항 제1호)

answer 27.② 28.④

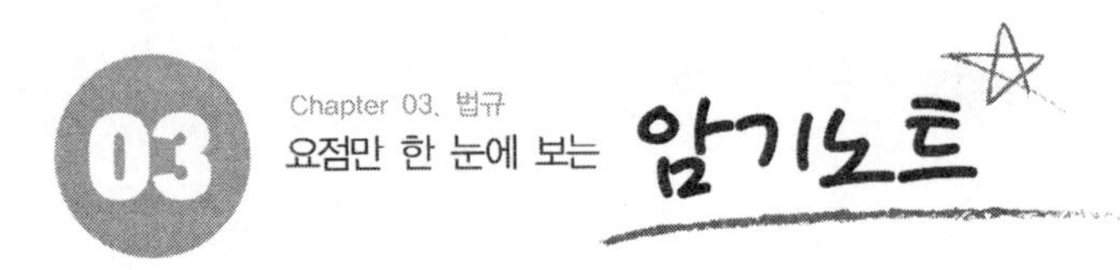

01 해사안전기본법

정의(법 제3조)

① “해사안전관리”란 선원 · 선박소유자 등 인적 요인, 선박 · 화물 등 물적 요인, 해상교통체계 · 교통시설 등 환경적 요인, 국제협약 · 안전제도 등 제도적 요인을 종합적 · 체계적으로 관리함으로써 선박의 운용과 관련된 모든 일에서 발생할 수 있는 사고로부터 사람의 생명 · 신체 및 재산의 안전을 확보하기 위한 모든 활동을 말한다.

② “선박”이란 물에서 항행수단으로 사용하거나 사용할 수 있는 모든 종류의 배로 수상항공기(물 위에서 이동할 수 있는 항공기를 말한다)와 수면비행선박(표면효과 작용을 이용하여 수면 가까이 비행하는 선박을 말한다)을 포함한다.

③ “해양시설”이란 자원의 탐사 · 개발, 해양과학조사, 선박의 계류(繫留) · 수리 · 하역, 해상주거 · 관광 · 레저 등의 목적으로 해저(海底)에 고착된 교량 · 터널 · 케이블 · 인공섬 · 시설물이거나 해상부유 구조물(선박은 제외한다)인 것을 말한다.

④ “해사안전산업”이란 「해양사고의 조사 및 심판에 관한 법률」 제2조에 따른 해양사고로부터 사람의 생명 · 신체 · 재산을 보호하기 위한 기술 · 장비 · 시설 · 제품 등을 개발 · 생산 · 유통하거나 관련 서비스를 제공하는 산업을 말한다.

⑤ “해상교통망”이란 선박의 운항상 안전을 확보하고 원활한 운항흐름을 위하여 해양수산부장관이 영해 및 내수에 설정하는 각종 항로, 각종 수역 등의 해양공간과 이에 설치되는 해양교통시설의 결합체를 말한다.

⑥ “해사 사이버안전”이란 사이버공격으로부터 선박운항시스템을 보호함으로써 선박운항시스템과 정보의 기밀성 · 무결성 · 가용성 등 안전성을 유지하는 상태를 말한다.

02 해상교통안전법

모든 시계상태에서의 항법

① 경계(법 제70조) : 선박은 주위의 상황 및 다른 선박과 충돌할 수 있는 위험성을 충분히 파악할 수 있도록 시각 · 청각 및 당시의 상황에 맞게 이용할 수 있는 모든 수단을 이용하여 항상 적절한 경계를 하여야 한다.

② 안전한 속력(법 제71조)

㉠ 선박은 다른 선박과의 충돌을 피하기 위하여 적절하고 효과적인 동작을 취하거나 당시의 상황에 알맞은 거리에서 선박을 멈출 수 있도록 항상 안전한 속력으로 항행하여야 한다.

㉡ 안전한 속력을 결정할 때에는 다음 각 호(레이더를 사용하고 있지 아니한 선박의 경우에는 ⓐ부터 ⓕ까지)의 사항을 고려하여야 한다.

ⓐ 시계의 상태
ⓑ 해상교통량의 밀도
ⓒ 선박의 정지거리 · 선회성능, 그 밖의 조종성능
ⓓ 야간의 경우에는 항해에 지장을 주는 불빛의 유무
ⓔ 바람 · 해면 및 조류의 상태와 항해상 위험의 근접상태
ⓕ 선박의 흘수와 수심과의 관계
ⓖ 레이더의 특성 및 성능
ⓗ 해면상태 · 기상, 그 밖의 장애요인이 레이더 탐지에 미치는 영향
ⓘ 레이더로 탐지한 선박의 수 · 위치 및 동향

범선(법 제70조)

① 2척의 범선이 서로 접근하여 충돌할 위험이 있는 경우에는 다음 각 호에 따른 항행방법에 따라 항행하여야 한다.

㉠ 각 범선이 다른 쪽 현(舷)에 바람을 받고 있는 경우에는 좌현(左舷)에 바람을 받고 있는 범선이 다른 범선의 진로를 피하여야 한다.

㉡ 두 범선이 서로 같은 현에 바람을 받고 있는 경우에는 바람이 불어오는 쪽의 범선이 바람이 불어가는 쪽의 범선의 진로를 피하여야 한다.

㉢ 좌현에 바람을 받고 있는 범선은 바람이 불어오는 쪽에 있는 다른 범선을 본 경우로서 그 범선이 바람을 좌우 어느 쪽에 받고 있는지 확인할 수 없는 때에는 그 범선의 진로를 피하여야 한다.

② ①항을 적용할 때에 바람이 불어오는 쪽이란 종범선(縱帆船)에서는 주범(主帆)을 펴고 있는 쪽의 반대쪽을 말하고, 횡범선(橫帆船)에서는 최대의 종범(縱帆)을 펴고 있는 쪽의 반대쪽을 말하며, 바람이 불어가는 쪽이란 바람이 불어오는 쪽의 반대쪽을 말한다.

03 선박의 입항 및 출항 등에 관한 법률

정박의 제한 및 방법 등(법 제6조)

① 선박은 무역항의 수상구역 등에서 다음 각 호의 장소에는 정박하거나 정류하지 못한다. **2022 출제**
  ㉠ 부두 · 잔교 · 안벽 · 계선부표 · 돌핀 및 선거의 부근 수역
  ㉡ 하천, 운하 및 그 밖의 좁은 수로와 계류장 입구의 부근 수역

② 다음 각 호의 경우에는 무역항의 수상구역 등의 장소에 정박하거나 정류할 수 있다. **2020 출제**
  ㉠ 「해양사고의 조사 및 심판에 관한 법률」 제2조제1호에 따른 해양사고를 피하기 위한 경우
  ㉡ 선박의 고장이나 그 밖의 사유로 선박을 조종할 수 없는 경우
  ㉢ 인명을 구조하거나 급박한 위험이 있는 선박을 구조하는 경우
  ㉣ 제41조에 따른 허가를 받은 공사 또는 작업에 사용하는 경우

③ 선박의 정박 또는 정류의 제한 외에 무역항별 무역항의 수상구역 등에서의 정박 또는 정류 제한에 관한 구체적인 내용은 관리청이 정하여 고시한다.

④ 무역항의 수상구역 등에 정박하는 선박은 지체 없이 예비용 닻을 내릴 수 있도록 닻 고정장치를 해제하고, 동력선은 즉시 운항할 수 있도록 기관의 상태를 유지하는 등 안전에 필요한 조치를 하여야 한다. **2021 출제**

⑤ 관리청은 정박하는 선박의 안전을 위하여 필요하다고 인정하는 경우에는 무역항의 수상구역 등에 정박하는 선박에 대하여 정박 장소 또는 방법을 변경할 것을 명할 수 있다.

항로에서의 항법(법 제12조) 2020 출제

① 모든 선박은 항로에서 다음 각 호의 항법에 따라 항행하여야 한다.
  ㉠ 항로 밖에서 항로에 들어오거나 항로에서 항로 밖으로 나가는 선박은 항로를 항행하는 다른 선박의 진로를 피하여 항행할 것 **2022 출제**
  ㉡ 항로에서 다른 선박과 나란히 항행하지 아니할 것
  ㉢ 항로에서 다른 선박과 마주칠 우려가 있는 경우에는 오른쪽으로 항행할 것 **2021 출제**
  ㉣ 항로에서 다른 선박을 추월하지 아니할 것. 다만, 추월하려는 선박을 눈으로 볼 수 있고 안전하게 추월할 수 있다고 판단되는 경우에는 「해상교통안전법」 제74조 제5항 및 제78조에 따른 방법으로 추월할 것
  ㉤ 항로를 항행하는 제37조 제1항 제1호에 따른 위험물운송선박(제2조 제5호 라목에 따른 선박 중 급유선은 제외한다) 또는 「해상교통안전법」 제2조 제12호에 따른 흘수제약선(吃水制約船)의 진로를 방해하지 아니할 것 **2022 출제**
  ㉥ 「선박법」 제1조의2 제1항 제2호에 따른 범선은 항로에서 지그재그(zigzag)로 항행하지 아니할 것

② 관리청은 선박교통의 안전을 위하여 특히 필요하다고 인정하는 경우에는 제①항에서 규정한 사항 외에 따로 항로에서의 항법 등에 관한 사항을 정하여 고시할 수 있다. 이 경우 선박은 이에 따라 항행하여야 한다.

폐기물의 투기 금지 등(법 제38조) 2022 출제

① 누구든지 무역항의 수상구역 등이나 무역항의 수상구역 밖 10킬로미터 이내의 수면에 선박의 안전운항을 해칠 우려가 있는 흙 · 돌 · 나무 · 어구(漁具) 등 폐기물을 버려서는 아니 된다. 2021 출제

② 무역항의 수상구역 등이나 무역항의 수상구역 부근에서 석탄 · 돌 · 벽돌 등 흩어지기 쉬운 물건을 하역하는 자는 그 물건이 수면에 떨어지는 것을 방지하기 위하여 대통령령으로 정하는 바에 따라 필요한 조치를 하여야 한다.

③ 해양수산부장관은 제1항을 위반하여 폐기물을 버리거나 제2항을 위반하여 흩어지기 쉬운 물건을 수면에 떨어뜨린 자에게 그 폐기물 또는 물건을 제거할 것을 명할 수 있다.

04 해양환경관리법

"폐기물"이라 함은 해양에 배출되는 경우 그 상태로는 쓸 수 없게 되는 물질로서 해양환경에 해로운 결과를 미치거나 미칠 우려가 있는 물질(제5호 · 제7호 및 제8호에 해당하는 물질을 제외한다)을 말한다. 2020, 2022 출제

선박에서의 오염방지에 관한 규칙 [별표 3] 2020, 2022 출제

선박 안에서 발생하는 폐기물의 배출해역별 처리기준 및 방법(제8조제2호 관련)

① 선박 안에서 발생하는 폐기물의 처리

㉠ 다음의 폐기물을 제외하고 모든 폐기물은 해양에 배출할 수 없다.

ⓐ 음식찌꺼기

ⓑ 해양환경에 유해하지 않은 화물잔류물

ⓒ 선박 내 거주구역에서 목욕, 세탁, 설거지 등으로 발생하는 중수(中水)[화장실 오수(汚水) 및 화물구역 오수는 제외한다. 이하 같다]

ⓓ 「수산업법」에 따른 어업활동 중 혼획(混獲)된 수산동식물(폐사된 것을 포함한다. 이하 같다) 또는 어업활동으로 인하여 선박으로 유입된 자연기원물질(진흙, 퇴적물 등 해양에서 비롯된 자연상태 그대로의 물질을 말하며, 어장의 오염된 퇴적물은 제외한다. 이하 같다)

㉡ 가목에서 배출 가능한 폐기물을 해양에 배출하려는 경우에는 영해기선으로부터 가능한 한 멀리 떨어진 곳에서 항해 중에 버리되, 다음의 해역에 버려야 한다.

ⓐ 음식찌꺼기는 영해기선으로부터 최소한 12해리 이상의 해역. 다만, 분쇄기 또는 연마기를 통하여 25㎜ 이하의 개구(開口)를 가진 스크린을 통과할 수 있도록 분쇄되거나 연마된 음식찌꺼기의 경우 영해기선으로부터 3해리 이상의 해역에 버릴 수 있다. 2022 출제

ⓑ 화물잔류물
- 부유성 화물잔류물은 영해기선으로부터 최소한 25해리 이상의 해역
- 가라앉는 화물잔류물은 영해기선으로부터 최소한 12해리 이상의 해역
- 일반적인 하역방법으로 회수될 수 없는 화물잔류물은 영해기선으로부터 최소한 12해리 이상의 해역, 이 경우 국제협약 부속서 5의 부록 1에서 정하는 기준에 따라 분류된 물질을 포함해서는 안 된다.
- 화물창을 청소한 세정수는 영해기선으로부터 최소한 12해리 이상의 해역. 다만, 다음의 조건에 만족하는 것으로서 해양환경에 해롭지 아니한 일반 세제를 사용한 경우로 한정한다.
  - 국제협약 부속서 제3장의 적용을 받는 유해물질이 포함되어 있지 아니할 것
  - 발암성 또는 돌연변이를 발생시키는 것으로 알려진 물질이 포함되어 있지 아니할 것

ⓒ 해수침수, 부패, 부식 등으로 사용할 수 없게 된 화물은 국제협약이 정하는 바에 따른다.

ⓓ 선박 내 거주구역에서 발생하는 중수는 아래 해역을 제외한 모든 해역에서 배출할 수 있다.
- 「국토의 계획 및 이용에 관한 법률」 제40조에 따른 수산자원보호구역
- 「수산자원관리법」 제46조에 따른 보호수면 및 같은 법 제48조에 따른 수산자원관리수면
- 「농수산물 품질관리법」 제71조에 따른 지정해역 및 같은 법 제73조제1항에 따른 주변해역

ⓔ 「수산업법」에 따른 어업활동 중 혼획된 수산동식물 또는 어업활동으로 인하여 선박으로 유입된 자연기원물질은 같은 법에 따른 면허 또는 허가를 받아 어업활동을 하는 수면에 배출할 수 있다.

ⓕ 동물사체는 국제해사기구에서 정하는 지침을 고려하여 육지로부터 가능한 한 멀리 떨어진 해역에 배출할 수 있다.

㉢ 폐기물이 다른 처분요건이나 배출요건의 적용을 받는 다른 배출물과 혼합되어 있는 경우에는 보다 엄격한 폐기물의 처분요건이나 배출요건을 적용한다.

㉣ 가목 및 나목에도 불구하고, 선박소유자는 항만에 정박 중 가목 및 나목에 따른 폐기물을 법 제37조제1항 각 호의 어느 하나에 해당하는 자에게 인도하여 처리할 수 있다.

㉤ 「1974년 해상에서의 인명안전을 위한 국제협약」 제6장 1-1.2 규칙에서 정의된 고체산적화물 중 곡물을 제외한 화물은 국제협약 부속서 5의 부록 1에서 정하는 기준에 따라 분류되어야 하며, 화주는 해당 화물이 해양환경에 유해한지 여부를 공표해야 한다.

② 폐기물의 처분에 관한 특별요건
육지로부터 12해리 이상 떨어진 위치에 있는 고정되거나 부동하는 플랫폼과 이들 플랫폼에 접안되어 있거나 그로부터 500m 이내에 있는 다른 모든 선박에서 음식찌꺼기를 해양에 버릴 때에는 분쇄기 또는 연마기를 통하여 분쇄 또는 연마한 후 버려야 한다. 이 경우 음식찌꺼기는 25mm 이하의 개구를 가진 스크린을 통과할 수 있도록 분쇄되거나 연마되어야 한다.

③ 국제특별해역 및 제12조의2에 따른 극지해역 안에서의 폐기물 처분에 관하여는 국제협약 부속서 5에 따른다.

④ 길이 12m 이상의 모든 선박은 제1호 및 제3호에 따른 폐기물의 처리 요건을 승무원과 여객에게 한글과 영문(국제항해를 하는 선박으로 인정한다)으로 작성 · 고지하는 안내표시판을 잘 보이는 곳에 게시하여야 한다.

⑤ 총톤수 100톤 이상의 선박과 최대승선인원 15명 이상의 선박은 선원이 실행할 수 있는 폐기물관리계획서를 비치하고 계획을 수행할 수 있는 책임자를 임명하여야 한다. 이 경우 폐기물관리계획서에는 선

상 장비의 사용방법을 포함하여 쓰레기의 수집, 저장, 처리 및 처분의 절차가 포함되어야 한다.

※ 비고

"화물잔류물'이란 목재, 석탄, 곡물 등의 화물을 양하(揚荷)하고 남은 최소한의 잔류물을 말한다.

해양오염방지검사증서 등의 유효기간(법 제56조)

① 해양오염방지검사증서 : 5년

② 방오시스템검사증서 : 영구

③ 에너지효율검사증서 : 영구

④ 협약검사증서 : 5년

오염물질이 배출된 경우의 방제조치(법 제64조) 2020, 2021, 2022 출제

① 방제의무자는 배출된 오염물질에 대하여 대통령령이 정하는 바에 따라 다음 각 호에 해당하는 조치(방제조치)를 하여야 한다. **2022 출제**

㉠ 오염물질의 배출방지

㉡ 배출된 오염물질의 확산방지 및 제거

㉢ 배출된 오염물질의 수거 및 처리

② 오염물질이 항만의 안 또는 항만의 부근 해역에 있는 선박으로부터 배출되는 경우 다음 각 호의 어느 하나에 해당하는 자는 방제의무자가 방제조치를 취하는데 적극 협조하여야 한다.

㉠ 해당 항만이 배출된 오염물질을 싣는 항만인 경우에는 해당 오염물질을 보내는 자

㉡ 해당 항만이 배출된 오염물질을 내리는 항만인 경우에는 해당 오염물질을 받는 자

㉢ 오염물질의 배출이 선박의 계류 중에 발생한 경우에는 해당 계류시설의 관리자

㉣ 그 밖에 오염물질의 배출원인과 관련되는 행위를 한 자

③ 해양경찰청장은 방제의무자가 자발적으로 방제조치를 행하지 아니하는 때에는 그 자에게 시한을 정하여 방제조치를 하도록 명령할 수 있다.

④ 해양경찰청장은 방제의무자가 방제조치명령에 따르지 아니하는 경우에는 직접 방제조치를 할 수 있다. 이 경우 방제조치에 소요된 비용은 대통령령이 정하는 바에 따라 방제의무자가 부담한다.

⑤ 직접 방제조치에 소요된 비용의 징수에 관하여는 「행정대집행법」 제5조 및 제6조의 규정을 준용한다.

⑥ 오염물질의 방제조치에 사용되는 자재 및 약제는 제110조 제4항 · 제6항 및 제7항에 따라 형식승인 · 검정 및 인정을 받거나 제110조의2 제3항에 따른 검정을 받은 것이어야 한다. 다만, 오염물질의 방제조치에 사용되는 자재로서 긴급방제조치에 필요하고 해양환경에 영향을 미치지 아니한다고 해양경찰청장이 인정하는 경우에는 그러하지 아니한다.

04 기관

기출문제

01 내연기관 및 추진장치

(1) 열기관

연소기관이라고도 하며, 연료를 연소시켜 발생하는 열에너지를 기계적인 일(운동에너지)로 바꾸는 장치를 말하며, 내연 기관과 외연 기관이 있다.

① **내연기관** … 연료와 공기 등의 산화제를 연소실 내부에서 연소시켜 에너지를 얻는 기관으로 가솔린기관과 디젤기관, 가스터빈 등이 대표적인 내연기관들이다.

② **외연기관** … 기관의 외부에서 연료를 연소시켜 물을 끓이고, 이를 통해 얻은 고온 · 고압의 증기로 동력을 얻는 기관으로 종류에는 증기기관과 증기터빈 기관 등이 있다.

③ 내연기관과 외연기관의 특징

내연기관	외연기관
• 선박기관과 자동차기관 및 산업용으로 많이 쓰인다. • 열손실이 적고 열효율이 높으며 소형으로 제작이 가능하다. • 시동과 정지 및 출력조정 등이 쉽고 시동준비 시간이 짧다. • 자력시동이 불가능하고 기관의 진동과 소음이 심하다.	• 운전이 쉽고 진동과 소음이 적다. • 대출력을 내는데 유리하며, 내연기관에 비해 마멸이나 파손 및 고장율이 적다. • 화력발전소의 발전용 원동기나 대형선박의 추진기관 등으로 사용된다. • 기관의 시동 준비기간이 길고 열효율이 낮으며, 중량과 부피가 크다.

④ 열역학 용어정리

㉠ **열역학 제0법칙** : 물체 A와 B가 열평형에 있고, B와 C가 열평형에 있으면 A와 C도 열평형에 있다라는 법칙을 열역학 제 0 법칙이라고 한다.

㉡ **열역학 제1법칙(에너지 보존의 법칙)** : 열과 일은 모두 일정한 형태로서 서로 교환하는 것이 가능하다.

㉢ **계** : 연구대상이 되는 일정량의 물질이나 공간의 어떤 구역을 말한다.

㉣ **비열(Specific heat)** : 어떤 물질 1kg을 1℃ 높이는 데 필요한 열량을 말한다.

㉤ **현열(Sensible heat)** : 물질의 상태변화가 없이 온도에만 필요한 열을 말한다.

㉥ **잠열(Latent heat)** : 물질의 온도변화가 없이 상태변화에만 필요한 열을 말한다.

ⓢ 압력 : 단위 단면에 수직인 방향으로 작용하는 압축력을 압력이라고 하며 SI 단위계에서는 단위로 파스칼 Pa = N/m^2 를 사용하고 공학 단위계에서는 kgf/cm^2 를, 실용상은 바(bar), 기압(atm), 수은주 mm(mmHg) 혹은 토르(Torr) 등도 사용된다.

ⓞ 전도 : 고체나 액체, 기체에서도 일어날 수 있는데 정지한 물체간의 온도차에 의한 열의 이동현상을 말한다. **2020 출제**

ⓩ 대류 : 유체의 순환에 의하여 열의 이동이 생기는 현상을 말한다.

ⓩ 복사 : 열에너지가 중간물질을 통하지 않고 적외선이나 가시광선을 포함한 전자파인 열선의 형태를 갖고 전달되는 전열형식을 말한다.

⑤ 내연기관 용어정리

㉠ 상사점(Top Dead Center, TDC) : 실린더에서 피스톤이 실린더 헤드와 가장 가까이 있을 때 피스톤이 있는 곳의 위치를 말하며 피스톤의 속도가 실린더 헤드와 가까운 점에서 “0”이라 하여 상사점이다.

㉡ 하사점(Bottom Dead Center, BDC) : 피스톤이 실린더 헤드와 가장 멀리 떨어져 있을 때, 즉 실린더 아랫부분에 있을 때 피스톤이 있는 곳의 위치를 말하며 피스톤의 속도가 실린더 아랫부분에서 “0”이라 하여 하사점이라 한다.

㉢ 사점(Dead Center) : 피스톤이 상사점과 하사점에 있을 때 피스톤의 속도가 “0”이라 하여 양자를 사점이라 한다.

㉣ 행정(Stroke, S) : 피스톤이 하사점에서 상사점까지의 이동 거리를 말하며 이를 1행정이라 하고 피스톤이 하사점에서 상사점을 거쳐 다시 하사점까지 이동하면 2행정을 하는 것이고, 이것을 1왕복이라 한다.

㉤ 간극체적(Clearance Volume, Vc) : 피스톤이 상사점에 있을 때 피스톤 헤드와 실린더 헤드 사이의 체적을 말한다.

㉥ 행정체적(Stroke Volume : Vs) : 실린더에서 상사점과 하사점 사이의 체적을 말한다.

㉦ 실린더 체적(Cylinder Volume) : 실린더에서 간극체적과 행정체적의 합을 말한다.

㉧ 압축비(Compression Ratio, ε) : 실린더 내로 흡입되는 공기량을 얼마나 축소시키는지의 비를 나타낸 것이다.(실린더 부피/압축부피 = (압축부피 + 행정부피)/압축부피 **2020, 2021, 2022 출제**

㉨ R.P.M(Revolution Per Minute) : 내연기관에서 크랭크축이 1분간의 회전수를 뜻한다.

기출문제

2020년 제4회

☑ 서로 접촉되어 있는 고체에서 온도가 높은 곳으로부터 낮은 곳으로 열이 이동하는 전열현상을 무엇이라 하는가?

① 전도
② 대류
③ 복사
④ 가열

2022년 제4회

☑ 실린더 부피가 1,200[cm^3]이고 압축부피가 100[cm^3]인 내연기관의 압축비는 얼마인가?

① 11
② 12
③ 13
④ 14

2020년 제2회

☑ 디젤기관의 압축비에 대한 설명으로 옳은 것을 모두 고른 것은?

㉠ 압축비는 10보다 크다.
㉡ 실린더부피를 압축부피로 나눈 값이다.
㉢ 압축비가 클수록 압축압력은 높아진다.

① ㉠, ㉡
② ㉠, ㉢
③ ㉡, ㉢
④ ㉠, ㉡, ㉢

정답 ①, ②, ④

(2) 기체의 상태변화에 따른 법칙

① **보일의 법칙**(Boyle's Law) … 온도가 일정할 때 어떤 기체의 압력을 변화시키면(T = Constant) 압력과 부피는 반비례한다.

② **샤의 법칙**(Charle's Law) … 어떤 기체의 압력이 일정(P = Constant)할 때 절대온도를 변화시키면 부피는 절대온도에 비례한다.

③ **보일-샤의 법칙** … 일정량의 기체의 온도와 압력 및 부피가 동시에 변화할 때 부피는 절대온도에 비례(샤의 법칙)하고, 압력에 반비례(보일의 법칙) 한다.

(3) 기체의 상태변화

① **단열변화** … 가스를 압축 또는 팽창시킬 때 외부로부터 열의 출입이 없는 상태에서 기체가 압축이나 팽창될 때에 일어나는 변화로 일량 및 온도의 상승이 가장 크다.

② **등온변화** … 온도를 일정하게 유지시킨 상태에서 가스를 압축 또는 팽창시킬 때의 변화를 말한다.

③ **폴리트로픽 변화** … 단열변화와 등온변화의 중간과정으로 가스를 압축 또는 팽창시킬 때 일부 열량은 외부로 방출되고 일부는 가스에 공급되는 실제적인 변화이다.

(4) 내연기관의 분류

① 연료의 연소과정에 의한 분류

㉠ **오토 사이클** : 일정한 체적 하에서 작동 유체를 단열 압축을 하고, 이어서 일정 체적으로 연소와 단열 팽창을 하기 때문에 정적 사이클(CONSTANT VOLUME CYCLE)이라고도 부르며, 연소에 의한 압력 상승이 급격하기 때문에 폭발사이클 이라고도 부른다.

㉡ **디젤 사이클**(정압 사이클) : 저속이나 중속 디젤 엔진에 응용되는 디젤 사이클은 1사이클을 단열압축 → 정압연소 → 단열팽창 → 정적방열을 하여 완성하며, 압력의 급상승을 동반하지 않는 연소이므로 연소 사이클 이라고도 부른다.

㉢ **사바데 사이클**(합성 사이클 또는 2중 연소 사이클) : 1사이클을 단열압축 → 정적연소 → 정압연소 → 단열팽창 → 정적방열을 하여 완성하며, 자동차용 고속 디젤 엔진에 응용되고 있다.

② 사용연료에 의한 분류

㉠ **가솔린기관** : 상온에서 기화하기 쉬운 가솔린이나 알코올 연료인 에탄올이나 메탄올 등을 연료로 사용하는 기관을 말한다.

㉡ **가스기관** : 액화천연가스인 LNG(Liquefied Natural Gas)나 액화석유가스인 LPG(Liquefied Petroleum Gas)를 연료로 사용하는 기관을 말한다.

㉢ **등유기관** : 등유를 연료로 사용하는 기관으로 상온에서 기화가 잘 안 되는 등유의 특성으로 인하여 별도의 가열장치를 부착하고 연료를 기화하여 연소하는 기관을 말한다.

㉣ **디젤 경유기관** : 착화온도가 낮은 경유를 연료로 사용하여 연소하는 기관을 말한다.

㉤ **디젤 중유기관** : 점성이 크고 착화성이 낮은 중유를 연료로 사용하는 기관으로 주로 500마력 이상의 대형 선박용 기관에 사용한다.

㉥ **다중연료기관** : 필요에 따라 가솔린, 등유, 경유, 중유 등의 여러 가지 연료 중 어떤 연료를 사용해도 기관의 운전이 가능하도록 개발된 기관을 말한다.

㉦ **특수연료기관** : 화약과 같은 고체연료를 사용하는 로켓기관과 액체수소와 같은 특수농축연료를 사용하는 우주 · 항공용 기관 등이 있다.

③ **작동 사이클에 의한 분류**

㉠ **4행정 사이클 기관** : 흡입행정, 압축행정, 팽창(동력)행정, 배기행정으로 1사이클을 완성하는 기관을 말하며 1사이클을 완성하는 동안 기관의 크랭크축은 720°로 2회전을 하는 기관이다.

㉡ **2행정 사이클 기관** : 소기, 압축행정과 팽창, 배기행정(동력행정)으로 1사이클을 완성하는 기관이며 1사이클을 완성하는 동안 크랭크축은 360°로 1회전을 하게 된다.

④ **기관의 속도에 의한 분류** … 피스톤이 실린더 내에서 직선 왕복운동을 하는 속도의 평균값인 피스톤 평균속도를 말하며 저속기관의 경우 피스톤의 평균속도가 6m/s 이내, 중속기관의 경우 6~9m/s, 고속기관의 경우 피스톤의 평균속도가 9m/s 이상인 기관을 말한다.

(5) 디젤기관의 작동원리

① 피스톤에 의해 실린더의 공간으로 흡입되는 공기를 고온 고압으로 압축하여 연료를 매우 미세하게 분사 하면 내부의 고온에 의해 별도의 점화장치가 없어도 폭발하게 되는데, 여기서 얻은 폭발압력으로 구동축에 동력을 얻게 된다.

② 내구성이 매우 강하고 열효율이 높아서 주로 중대형 자동차, 선박엔진, 발전용 엔진 등에 사용된다.

③ 가솔린기관의 작동원리는 불꽃점화 방식이지만 디젤기관은 공기의 열에 의한 자연발화 방식으로 작동된다.

④ 디젤기관은 자력으로 시동을 할 수 없기 때문에 연료가 착화되기 위해서는 크랭크축을 회전시켜 주어야 하는데 소형기관은 수동으로 시동하는 경우도 있지만 대부분 압축공기나 전동기를 이용하여 시동한다.

기출문제

2018년 제1회

☑ 디젤기관의 시동방법이 아닌 것은?

① 열 시동
② 수동 시동
③ 압축공기 시동
④ 전기 시동

정답 ①

기출문제

2020년 제4회

☑ 디젤기관의 시동이 잘 걸리기 위한 조건으로 가장 적합한 것은?

① 공기압축이 잘 되고 연료유가 잘 착화되어야 한다.
② 공기압축이 잘 되고 윤활유 펌프 압력이 높아야 한다.
③ 윤활유 펌프 압력이 높고 연료유가 잘 착화되어야 한다.
④ 윤활유 펌프 압력이 높고 냉각수 온도가 높아야 한다.

2018년 제4회

☑ 디젤기관에 대한 설명으로 옳은 것은?

① 공기와 연료를 혼합하여 점화 플러그에 의해 점화시킨다.
② 디젤기관은 모두 2행정 사이클 기관이다.
③ 고온 · 고압으로 압축된 공기에 연료를 분사하여 자연발화 연소시킨다.
④ 디젤기관은 모두 휘발유를 연료로 사용한다.

정답 ①, ③

(6) 디젤기관의 장점 및 단점

① 장점
- ㉠ 열효율이 높고 연료 소비율이 적다.
- ㉡ 연료의 인화점이 높아서 화재의 위험성이 적고 선내가 청결하다.
- ㉢ 2사이클이 비교적 유리하고 전기 점화장치가 없어 고장률이 적다.
- ㉣ 배기가스의 유독성이 적다.
- ㉤ 연료비가 저렴하며, 경부하 때의 효율이 크게 나쁘지 않다.
- ㉥ 급수를 저장할 필요가 없으므로 용적 및 중량을 줄일 수 있다.
- ㉦ 배의 속력을 신속하게 바꿀 수 있으며 회전력의 변화가 적고 저속회전이 가능하다.
- ㉧ 전기 점화장치가 없으므로 TV나 라디오의 수신이 편리하다.
- ㉨ 보일러의 운전이 필요 없으므로 인건비를 줄일 수 있다.

② 단점
- ㉠ 마력당의 무게가 크고 회전수를 크게 높일 수 없다.
- ㉡ 보수 및 정비비가 비싸고 폭발압력이 높기 때문에 소음이 크다.
- ㉢ 시동이 비교적 곤란하고 저속 운전에서는 진동이 크다.
- ㉣ 마멸이 빠르고 제작비와 기관의 유지비가 비싸다.
- ㉤ 연료 공급장치에 세밀한 조정이 필요하다.
- ㉥ 과부하 운전 시 불완전연소가 되기 쉽기 때문에 검은 연기를 내기 쉽다.

(7) 가솔린기관과 디젤기관의 비교

① 두기관의 차이점

구분	가솔린기관	디젤기관
연료	가솔린(휴발유)	• 소형기관, 고속회전기관 : 디젤(경유) • 중 · 저속기관 : 중유
기관	소형경량(진동이 적음)	대형 중량(진동이 크므로 구조가 견고함)
흡입 방법	혼합기(가솔린 + 공기)가 들어감	순수 공기만 들어간다.
착화 방법	전기적인 점화에 의해 불꽃으로 착화	고압으로 연료를 분사하여 고온에 의한 자연착화 시킨다.
압축비	낮다.	높다.
용도	비행기, 자동차, 오토바이, 모터보트, 각종 산업용 원동기 등	대형선박, 기관차, 건설기계, 대형트럭, 농업용 기계, 발전기 등
열효율	30% 내외	40~50% 정도

② 4행정 사이클 디젤 기관의 작동 2020, 2022 출제

㉠ 흡입 행정 : 피스톤이 상사점으로부터 하강하면서 연료와 공기의 혼합기를 기화기를 통하여 실린더 내로 공기만을 흡입한다(흡기밸브 열림, 배기밸브 닫힘).

㉡ 압축 행정 : 피스톤이 상승하면서 실린더 내의 혼합기를 압축시키면서 혼합기는 고온과 고압의 상태로 변한다. 연소를 위해 흡기밸브, 배기밸브가 모두 닫힌 상태로 되며 피스톤이 올라가면서 공기를 압축한다(흡기 · 배기밸브 모두 닫힘).

㉢ 작동 행정 : 압축행정이 끝나는 시기에 점화플러그의 불꽃에 의해 혼합기의 연소가 이루어지는 시기이다. 압축된 혼합기에 전기불꽃으로 점화 · 폭발시켜 압축된 가스의 압력으로 피스톤이 내려가면서 동력을 발생시킨다. 폭발로 인한 압력으로 피스톤이 하강을 하여 크랭크축이 회전력(Torque)을 얻기 때문에 동력 행정으로도 불린다(흡기 · 배기밸브 모두 닫힘). 2020 출제

㉣ 배기 행정 : 연소가스의 팽창이 끝나면 배기 밸브가 열리며 피스톤의 상승으로 연소가스가 배기 밸브를 통해 배출된다. 피스톤이 올라감으로써 연소된 가스를 내보내기 위해 흡기 밸브가 닫힌다(흡기밸브 닫힘, 배기밸브 열림).

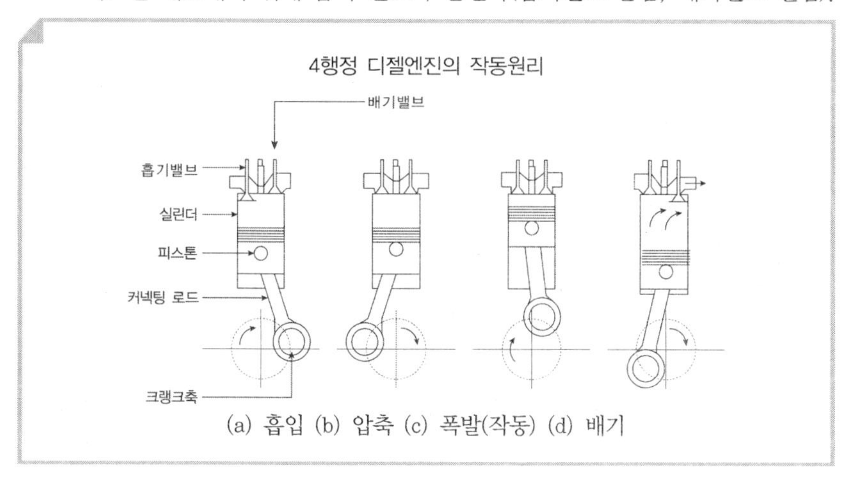

(a) 흡입 (b) 압축 (c) 폭발(작동) (d) 배기

③ 2행정 사이클 디젤 기관의 작동

㉠ 1회전마다 폭발하는 기관으로 2행정(크랭크케이스 압축식)은 피스톤이 올라갈 때 흡입구에서 크랭크케이스 안으로 흡입하고, 피스톤이 내려갈 때 이것을 압축하여 배기구가 열리는 동시에 실린더 속으로 보낸다.

㉡ 구조는 공랭식보다 보통 수랭식을 많이 쓰며, 본체는 동력을 발생시키는 부분으로써 실린더 · 피스톤 · 연결봉 · 크랭크축 · 캠축 · 흡배기 밸브 기구 · 플라이휠 등으로 구성되어 있다.

㉢ 2행정 기관은 가볍고 작으며 큰 출력을 낼 수 있고, 흡배기 밸브가 없으므로 구조가 간단하다.

기출문제

2022년 제1회

☑ 4행정 사이클 디젤기관에서 흡기밸브와 배기밸브가 거의 모든 기간에 닫혀 있는 행정은?

① 흡입행정과 압축행정
② 흡입행정과 배기행정
③ 압축행정과 작동행정
④ 작동행정과 배기행정

2022년 제3회

☑ 4행정 사이클 기관의 작동 순서로 옳은 것은?

① 흡입→압축→작동→배기
② 흡입→작동→압축→배기
③ 흡입→배기→압축→작동
④ 흡입→압축→배기→작동

정답 ③, ①

기출문제

2021년 제3회

☑ 디젤기관에서 실린더 라이너에 윤활유를 공급하는 주된 이유는?

① 불완전 연소를 방지하기 위해
② 연소가스의 누설을 방지하기 위해
③ 피스톤의 균열 발생을 방지하기 위해
④ 실린더 라이너의 마멸을 방지하기 위해

2021년 제3회

☑ 기관의 부속품 중 연소실의 일부를 형성하고 피스톤의 안내 역할을 하는 것은?

① 실린더 라이너
② 크랭크 저널
③ 실린더 헤드
④ 피스톤

2022년 제4회

☑ 소형 디젤기관에서 실린더 라이너의 심한 마멸에 의한 영향이 아닌 것은?

① 압축불량
② 불완전 연소
③ 연소가스가 크랭크실로 누설
④ 착화 시기가 빨라짐

정답 ④, ①, ④

㉣ 1회전마다 폭발하므로 회전이 빠른 장점도 있지만 흡입의 배기작용이 완전하지 못하기 때문에 배기 때 혼합가스의 일부가 배기가스와 함께 배출되므로, 연료소모가 많아서 대형기관에는 쓰이지 않는다.

㉤ 다른 기관에 비해서 중량과 용적당 출력이 비교적 크고, 운전과 관리가 쉽기 때문에 오토바이 · 자동차 · 비행기 · 모터보트, 경운기 · 소방펌프 · 발전기 등에 널리 사용되고 있다.

(8) 디젤기관의 구조

① **기관의 본체** … 본체는 실린더블럭(Cylinder Bloc), 실린더헤더(Cylinder Head), 실린더 헤드와 일체를 이루는 밸브(Valve)와 캠샤휴트(Cam Shaft), 피스톤(Piston), 피스톤과 크랭크샤휴트(Crank Shaft)를 연결하는 커넥팅로드(connecting Rod/Con.Rod), 엔진을 회전시키기 위한 플라이휠(Fly Wheel) 등이 있다.

② **엔진의 부대장치**(보조장치) … 연료공급장치, 흡배기장치, 윤활장치, 냉각장치, 전기장치의 5가지로 나누어진다.

③ **실린더**(Cylinder), **실린더 블록**(Cylinder Bloc)

㉠ 개요

ⓐ 실린더 블록은 엔진의 중심부로 엔진의 물체와 골격을 이루는 것이다.

ⓑ 실린더는 피스톤이 내부에서 상하왕복하면서 혼합기를 연소시키는 원통 또는 원기둥으로 강도와 내열성이 강해야 한다.

ⓒ **재질** : 주철이 대부분이지만 최근에는 경량의 알루미늄 합금이 늘어나고 있다.

ⓓ 실린더 내 압력을 표시하는 단위는 MPa이다. **2020 출제**

㉡ **실린더 라이너**(Cylinder Liner) : 실린더가 피스톤과의 마찰로 마모되는 것을 방지하기 위해 실린더 안쪽에 끼운 금속 통을 말한다.

ⓐ **종류** : 직접 냉각수에 접촉하지 않고 실린더 블록을 거쳐서 냉각하는 건식 라이너와, 라이너의 바깥 둘레가 물 재킷으로 되어 냉각수와 직접 접촉하는 습식 라이너, 라이너가 이중으로 되어 그 속에 냉각수가 통하도록 되어있는 워터재킷 라이너가 있다.

ⓑ **실린더 라이너의 마멸 원인 2020 출제**

- 윤활유 사용의 부적합 및 급유량의 부족
- 피스톤과 실린더 라이너의 재질 불량 및 냉각 불량
- 공기 중이나 연료유에 혼입된 단단한 이물질에 의한 마모
- 수분 등의 유입으로 유막형성의 불량
- 연소가스 중에 부식을 일으키는 성분의 물질 유입

ⓒ **재질** : 특수 주철이나 합금으로 제작한다.

ⓓ **실린더 라이너의 장점**

- 실린더 블록과 별개의 재료를 사용할 수 있으므로 내마모성이 우수하다.

• 실린더 라이너가 마모되었을 때 교환이 쉽다.
• 라이너 및 실린다가 받는 기계적, 열적 변형이 적다.
• 실린더 블록의 주조가 쉽고 정비성이 좋다.
• 부식을 예방할 수 있고 워터 재킷의 청소가 쉽다.

ⓔ **실린더 라이너 마모의 영향** **2020, 2021, 2022 출제**
• 출력과 압축압력의 저하 및 오일 희석
• 오일 연소실 침입에 의한 불완전 연소
• 오일 및 연료 소비량의 증가와 기관의 시동성 저하
• 정상운전이 불가하고 피스톤 슬랩 발생과 열효율의 감소
• 크랭크실로 가스의 누설

ⓕ **윤활유의 역할** : 마멸을 방지하는 역할을 한다. **2020, 2022 출제**

㉢ **실린더 헤드**(Cylinder Head)

ⓐ 실린더 블록의 상부에 위치하는 실린더 헤드는 실린더 라이너 및 피스톤 헤드와 함께 연소실을 형성하고 흡입배기 통로를 개폐하는 밸브기구가 있는 부품이다.

ⓑ 냉각수를 통하는 워터 자켓(Water-Jacket), 연소실에 불꽃을 튀기는 스파크 플러그(Spark Plug)도 부착되어 있다.

ⓒ 실린더 헤드의 재질은 내열과 내압성이 있어야 되기 때문에 최근에는 알루미늄 합금제가 많이 쓰이고 있다.

ⓓ 연철이나 구리를 재료로 하는 개스킷을 실린더 헤드와 실린더 라이너의 접합부에 끼워서 기밀을 유지한다.

ⓔ 실린더의 압축 불량이나 실린더 내의 고온 및 고압상태의 불량, 연료유 유입이 균일하지 않을 때 실린더의 출력이 불량하다.

④ **피스톤** **2020 출제**

㉠ 피스톤은 실린더 내를 왕복 운동하여 4행정에서 새로운 공기를 흡입하고 압축하는 역할을 하며, 연소가스를 배출시키는 역할을 한다.

㉡ 실린더에서 연소로 발생한 열에너지를 기계적 에너지로 전환하여 크랭크축에 전달하는 역할을 한다.

㉢ **피스톤의 구비요건** : 피스톤 역시 실린더와 마찬가지로 높은 압력과 열을 직접 받으므로 충분한 강도를 가져야 하고, 열을 실린더 내벽으로 잘 전달하는 열전도가 좋은 재료로 만들어져야 하며 마멸에도 잘 견디고 무게가 가벼워야 한다. **2020, 2021, 2022 출제**

㉣ **피스톤의 구조**

ⓐ 피스톤 헤드(Piston Head), 링 지대(Ring Belt), 스커트부(Skirt Section) 등으로 구성되어 있다.

ⓑ 피스톤 헤드는 가장 위쪽에 위치한 부위로 연소실의 일부를 형성한다.

기출문제

2022년 제3회

☑ 디젤기관에서 실린더 라이너에 윤활유를 공급하는 주된 이유는?

① 불완전 연소를 방지하기 위해
② 연소가스의 누설을 방지하기 위해
③ 피스톤의 균열 발생을 방지하기 위해
④ 실린더 라이너의 마멸을 방지하기 위해

2022년 제1회

☑ 소형기관의 피스톤 재질에 대한 설명으로 옳지 않은 것은?

① 무게가 무거운 것이 좋다.
② 강도가 큰 것이 좋다.
③ 열전도가 잘 되는 것이 좋다.
④ 마멸에 잘 견디는 것이 좋다.

정답 ④, ①

ⓒ 링 지대는 피스톤의 측면부로써 피스톤 링을 끼우기 위한 링 홈(Ring Groove)이 형성되어 있다.

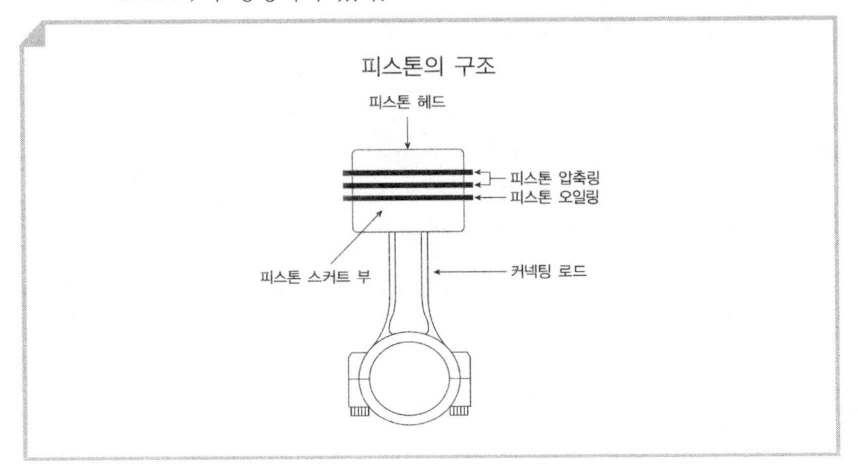

㉤ 피스톤 링

ⓐ 종류와 역할 : 피스톤에는 2개 내지 3개의 피스톤 링이 결합되어 있으며 이 가운데 3개 링이 있는 경우 위쪽 2개의 링이 '압축 링(Compression Ring)'이며, 아래에 위치한 링은 '오일 링(Oil Ring)'이다.

구분	내용
압축 링	• 실린더 벽과 밀착을 통해 연소실 내부의 공기 누설을 방지하는 기밀 작용 • 피스톤으로부터 전달받은 열을 실린더 벽으로 전달하는 열전도 작용
오일 링	실린더 내벽에서 기관오일을 밑으로 긁어내려 연소실로 오일이 유입되는 것을 방지하는 오일 제어 작용 **2022 출제**

ⓑ 피스톤 링의 3가지 작용 **2022 출제**

• 기밀(밀봉)작용 : 실린더 내를 상하왕복 운동하면서 실린더 벽과 밀착되어 실린더와 피스톤 사이에서 가스의 누설을 방지한다.
• 오일 제어작용 : 실린더 벽과 피스톤 사이의 기관오일을 긁어내려 연소실로 유입되는 것을 방지하는 역할을 한다.
• 냉각(열전도)작용 : 피스톤 헤드가 받은 열을 실린더 벽으로 전달하는 역할을 한다.

ⓒ 피스톤 링의 구비조건

• 고온과 고압에 대하여 장력의 변화가 적을 것
• 오래 사용하여도 링 자체나 실린더 마멸이 적을 것
• 열팽창률이 적고 고온에서도 탄성을 유지할 것
• 마찰이 적어 실린더 벽을 마모시키지 않을 것
• 실린더 벽에 대하여 균일한 압력을 가할 것
• 내열성과 내마모성이 좋을 것

기출문제

2022년 제1회

☑ 내연기관에서 피스톤링의 주된 역할이 아닌 것은?

① 피스톤과 실린더 라이너 사이의 기밀을 유지한다.
② 피스톤에서 받은 열을 실린더 라이너로 전달한다.
③ 실린더 내벽의 윤활유를 고르게 분포시킨다.
④ 실린더 라이너의 마멸을 방지한다.

2022년 제4회

☑ 디젤기관에서 오일링의 주된 역할은?

① 윤활유를 실린더 내벽에서 밑으로 긁어 내린다.
② 피스톤의 열을 실린더에 전달한다.
③ 피스톤의 회전운동을 원활하게 한다.
④ 연소가스의 누설을 방지한다.

2021년 제4회

☑ 디젤기관의 피스톤링 재료로 주철을 사용하는 주된 이유는?

① 연료유의 소모량을 줄여 주기 때문에
② 기관의 출력을 증가시켜 주기 때문에
③ 윤활유의 유막 형성을 좋게 하기 때문에
④ 고온에서 탄력을 증가시켜 주기 때문에

정답 ④, ①, ③

ⓓ **피스톤 링의 재질** : 조직이 치밀한 특수주철이며, 원심주조법으로 제작한다.

ⓔ **피스톤에 피스톤 링을 조립하는 방법**

- 각인된 부분이 실린더의 헤드 쪽으로 향하도록 하고 링의 이음부는 크랭크 축 방향과 120~180° 방향으로 엇갈리게 조립한다.
- 링의 끝 부분이 절개되어 있어서 기밀을 완벽하게 유지하기 어려우므로 절개부의 위치를 엇갈리게 배치한다.

ⓕ **피스톤 링의 점검사항**

- 링 홈 틈새(사이드 간격)의 점검
- 링 이음 부분의 틈새점검
- 링의 장력 점검

ⓖ **피스톤 링 이음간극(절개 부분)의 측정** : 피스톤 링의 이음 간극을 측정할 때에는 피스톤 헤드로 피스톤 링을 실린더 내에 수평으로 넣어서 필러(시크니스) 게이지로 측정하며, 실린더가 마모된 경우에는 마모된 부분이 가장 작은 부분에서 측정한다.

- 이음 간극이 큰 경우 : 오일이 연소실에 유입되고 블로바이 현상이 생긴다.
- 이음 간극이 작은 경우 : 피스톤 링이 파손되고 스틱현상이 생긴다.
- 정상적인 간극 : 0.2~0.4mm(한계1.0mm) 이면 정상이다.

ⓗ **피스톤과 피스톤링에 일어나는 이상현상**

- 스커프 현상 – 실린더벽과 피스톤링 사이에 유막이 끊어져 기관이 과열되었을 때 링과 실린더 벽에 세로방향으로 긁히는 현상을 말한다.
- 링의 고착(스틱현상) – 피스톤링에 카본이나 슬러지 등이 고착되어 피스톤링이 움직이지 않게 되는 현상으로 링 이음부의 간극이 큰 경우와 실린더유의 주유량 부족, 윤활유의 연소 불량으로 생기는 카본이 피스톤 링의 홈에 들어갈 때 발생한다.
- 플러터 현상 – 링이나 실린더의 벽이 마모되어 장력이 떨어지게 되면 피스톤이 핀과 직각으로 부딪쳐 손상이 일어나 링이 홈에서 진동하는 것을 말한다.
- 펌프작용 : 윤활유가 연소실로 올라가는 현상을 말한다.

ⓘ **피스톤 링의 장력 점검**

- 장력이 너무 작을 때 미치는 영향 : 출력이 저하되고 피스톤의 온도가 상승한다.
- 장력이 너무 클 때 미치는 영향 : 실린더의 벽과 마찰력이 커짐에 따라 마찰 손실이 발생하고 실린더 벽의 유막이 끊기게 되어 마멸이 증대된다.

ㅂ **피스톤 핀 2020, 2021 출제**

ⓐ 피스톤과 커넥팅로드를 연결하는 핀을 말하며, 큰 굽힘 응력에 충분히 견딜 수 있는 재료로 만든다.

기출문제

2018년 제4회

☑ 트렁크형 피스톤 디젤기관에서 피스톤링이 심하게 마멸되었을 경우의 영향으로 옳지 않은 것은?

① 열효율이 낮아진다.
② 시동이 쉬워진다.
③ 압축압력이 낮아진다.
④ 윤활유가 오손된다.

정답 ②

ⓑ 무게를 줄이기 위해 속이 비어 있으며, 내 마멸성을 높이기 위해 표면에 경화 처리를 한다.

ⓒ 피스톤이나 커넥팅 로드 모두에 고정하지 않는 전부동식으로 되어 있다.

ⓓ 피스톤에서 작동할 때 피스톤 핀이 빠지지 않도록 하기 위해 피스톤 핀 끝에 스냅 링(snap ring) 또는 스톱 링(stop ring)을 끼워 실린더 벽을 보호한다.

ⓔ **피스톤 핀의 구비조건**

- 무게가 가벼울 것
- 강도가 클 것
- 내 마멸성이 클 것

ⓕ **피스톤 핀의 재질** : 저탄소 침탄강이나 니켈 크롬강으로 내마멸성을 높이기 위하여 표면은 경화시키고 내부는 그대로 두어 인성을 유지 시키고 있다.

ⓢ **피스톤 슬랩**(Piston Slap) : 피스톤 간극이 너무 벌어진 경우 피스톤이 왕복 운동을 하면서 실린더 벽면을 때리는 현상

ⓞ **블로바이**(Blow-by)**현상** : 피스톤 간극이란 실린더 안지름과 피스톤 바깥지름의 차이를 말하는데 피스톤 간극이 너무 클 경우 실린더와 피스톤 사이로 압축 또는 폭발 가스가 새는 현상이 발생한다.

⑤ **커넥팅로드**(Connecting Road/콘로드 : Con.Rod)

㉠ **의의** : 피스톤의 직선운동을 크랭크기구에서 회전운동으로 바꾸기 위해, 피스톤과 크랭크 핀을 잇는 연결부를 말한다.

㉡ **구조** : 크랭크 핀에 결합된 부분을 대단부, 피스톤 핀에 연결된 부분을 소단부라고 말하고, 대단부와 소단부 사이를 특수한 단면의 로드로 연결하고 있다.

㉢ **커넥팅로드의 길이** : 행정길이의 1.5배에서 2.3배이다.

ⓐ **길이가 길어지는 경우** : 측압이 적어지고 마멸이 감소되는 장점이 있고, 강성이 적어지고 중량이 커지며 엔진의 높이도 높아지는 단점이 있다.

ⓑ **길이가 짧아지는 경우** : 엔진의 높이가 낮아지는 장점이 있고, 측압이 커지면서 마멸이 증대되는 단점이 있다.

㉣ **구비조건**

ⓐ 압축력과 인장력에 견딜 수 있어야 할 것.

ⓑ 휨과 비틀림에 견딜 수 있는 강도와 강성이 있어야 할 것

ⓒ 굽힘하중에 견딜 수 있어야 할 것

⑥ **크랭크 축**(Crank Shaft) **2020 출제**

㉠ 크랭크축은 피스톤의 왕복운동(직선운동)을 회전 운동으로 바꾸는 기능을 하는 부품이다. **2022 출제**

기출문제

2021년 제2회

☑ 소형기관에서 윤활유가 공급되는 곳은?

① 피스톤핀
② 연료분사밸브
③ 공기냉각기
④ 시동공기밸브

2021년 제1회

☑ 소형 디젤기관에서 피스톤과 연접봉을 연결시키는 부품은?

① 피스톤핀
② 크랭크핀
③ 크랭크핀 볼트
④ 크랭크암

2022년 제2회

☑ 내연기관에서 크랭크축의 역할은?

① 피스톤의 회전운동을 크랭크축의 회전운동으로 바꾼다.
② 피스톤의 왕복운동을 크랭크축의 회전운동으로 바꾼다.
③ 피스톤의 회전운동을 크랭크축의 왕복운동으로 바꾼다.
④ 피스톤의 왕복운동을 크랭크축의 왕복운동으로 바꾼다.

정답 ①, ①, ②

㉡ 피스톤과 커넥팅 로드는 직선(왕복)운동으로 연결된 크랭크축을 움직이게 하고, 크랭크축은 이 전달받은 에너지(Energy)를 회전운동으로 플라이휠(Flywheel)과 같은 다른 부품을 작동시키는 역할을 한다.

㉢ **크랭크축의 재료** : 내피로성과 내마멸성이 있어야 하므로 합금강 또는 질화강, 구상흑연주철 등이 주로 사용되며, 구상흑연주철은 진동흡수성이 우수하다.

㉣ **크랭크축의 구성 2020, 2021 출제**

ⓐ **크랭크 저널** : 크랭크축의 주축 베어링에 둘러싸여 지지되는 부분이다.

ⓑ **크랭크 핀** : 크랭크 저널의 중심으로부터 크랭크의 반지름 만큼 떨어진 곳에 저널과 평행하게 설치한다.

ⓒ **크랭크 암** : 크랭크 핀과 저널을 연결하는 부분을 말하며, 크랭크 핀 반대쪽에는 평형추를 설치한다.

㉤ **평형 추 2020, 2022 출제**

ⓐ 크랭크축에 설치되는 피스톤 및 커넥팅 로드 어셈블리의 중량과 균형을 잡기 위해 설치하는 추를 말한다.

ⓑ 기관의 진동을 방지하고 회전을 원활하게 한다.

ⓒ 메인 베어링의 마찰을 줄이고 외력과 균형을 잡기 위해 사용되는 추이다.

㉥ **크랭크 암의 개폐작용 2022 출제**

ⓐ 크랭크 암의 간격이 크랭크 위치에 따라 넓어졌다가(확대), 좁아졌다가(축소) 하는 작용을 말한다.

ⓑ 이 개폐작용은 크랭크에 굴곡응력이 반복하여 작용하고 이 작용이 커지면 크랭크축의 절손원인이 되므로 정기적으로 이상 유무를 확인하여한다.

ⓒ **크랭크 축 개폐작용의 발생원인**

- 과부하 운전 및 크랭크 축심의 부정
- 메인 베어링의 불균일한 마멸과 조정 불량
- 스러스트 베어링의 마모 및 조정불량
- 메인 베어링의 부동 마모 및 조정 불량
- 기관 베드의 변형
- 위험회전수에서 운전 및 노킹 되풀이
- 진동댐퍼의 고장과 재질 불량
- 메인베어링 또는 크랭크 핀 베어링의 틈이 클 때

⑦ **플라이휠(Fly Wheel)**

㉠ **설치 목적(역할) 2021, 2022 출제**

ⓐ 축척되어 있는 에너지를 관성을 이용하여 회전력을 균일하게 한다.

기출문제

2021년 제2회

☑ 디젤기관에서 크랭크축의 구성 요소가 아닌 것은?

① 크랭크핀
② 크랭크핀 보스
③ 크랭크암
④ 크랭크저널

2022년 제1회

☑ 디젤기관에 설치되어 있는 평형추에 대한 설명으로 옳지 않은 것은?

① 기관의 진동을 방지한다.
② 크랭크축의 회전력을 균일하게 해준다.
③ 메인 베어링의 마찰을 감소시킨다.
④ 프로펠러의 균열을 방지한다.

2022년 제2회

☑ 디젤기관에서 크랭크암 개폐에 대한 설명으로 옳지 않은 것은?

① 선박이 물 위에 떠 있을 때 계측한다.
② 다이얼식 마이크로미터로 계측한다.
③ 각 실린더마다 정해진 여러 곳을 계측한다.
④ 개폐가 심할수록 유연성이 좋으므로 기관의 효율이 높아진다.

2022년 제4회

☑ 디젤기관에서 플라이휠의 역할에 대한 설명으로 옳지 않은 것은?

① 회전력을 균일하게 한다.
② 회전력의 변동을 작게 한다.
③ 기관의 시동을 쉽게 한다.
④ 기관의 출력을 증가시킨다.

정답 ②, ④, ④, ④

기출문제

2021년 제4회

☑ 4행정 사이클 디젤기관에서 흡·배기 밸브의 밸브겹침에 대한 설명으로 옳은 것은?

① 상사점 부근에서 흡·배기 밸브가 동시에 열려 있는 기간이다.
② 상사점 부근에서 흡·배기 밸브가 동시에 닫혀있는 기간이다.
③ 하사점 부근에서 흡·배기 밸브가 동시에 열려 있는 기간이다.
④ 하사점 부근에서 흡·배기 밸브가 동시에 닫혀 있는 기간이다.

정답 ①

ⓑ 시동을 쉽게 하고 크랭크축의 전단부나 후단부에 설치한다.

ⓒ 저속운전을 가능하게 하고 밸브의 조정이나 기관의 정비작업을 쉽게 해준다.

ⓓ 회전의 변동을 조절하는 기능을 한다.

(9) 디젤기관의 부속장치

① 밸브

㉠ 기관이 효율적인 작동을 할 수 있도록 각 행정에 필요한 공기를 흡입, 연소된 가스를 배출하는데 사용하는 장치이다.

㉡ 밸브는 연소실에 위치한 흡기 및 배기 구멍을 개폐하여 혼합기를 흡입하고 밀봉하며, 압축행정에서는 흡·배기 구멍을 밀봉하여 기밀을 유지하며 또한 배기 행정 시에는 연소 가스를 외부로 배출하는 역할을 한다.

㉢ 4행정 사이클 기관에서는 흡·배기 밸브가 실린더 헤드에 모두 설치되며, 2행정 사이클 기관에서는 소기공이 설치된 경우에는 배기밸브만 설치되고 소·배기공 모두 설치된 경우에는 실린더 헤드에 밸브가 설치되지 않는다.

㉣ 밸브의 구조

ⓐ 중·대형 기관 : 세트로 독립되어 있다.

ⓑ 소형 기관 : 밸브 시트와 케이지가 실린더 헤드와 일체로 되어 있다.

㉤ 밸브를 여닫는 방법

ⓐ 유압식 : 작동유의 압력에 의해서 열리고 공기의 압력에 의해서 닫히는 방식이다.

ⓑ 기계식 : 캠의 돌출된 부분이 푸시로드를 밀어올려 로커암이 밸브를 눌러주는 방식이다.

ⓒ 밸브 틈새 : 기계식에서 필러게이지를 통해 밸브가 닫힌 상태에서 밸브스핀과 밸브스핀들을 눌러주고 있는 로커암 사이에 있는 틈새가 적정하게 유지되도록 하여야 한다.

㉥ 밸브의 겹침 현상 : 크랭크 각도가 40° 동안 상사점 부근에서 흡기와 배기밸브가 동시에 열려있는 기간을 말하며, 밸브 겹침을 두는 이유는 흡기작용과 배기작용을 돕고 밸브와 연손실을 냉각시키기 위해서이다. **2021 출제**

② 윤활장치(潤滑裝置 : Lubricating System)

㉠ 기관의 작동을 원활하게 하고, 그 작동이 기관의 수명을 다할 때까지 오래 유지하기 위해 운동 마찰부분에 엔진 오일을 공급하는 장치이다.

㉡ 기관에 있는 실린더와 피스톤, 크랭크샤프트 및 캠 샤프트와 같이 운동 마찰부분은 금속끼리 직접 접촉하면 마찰열이 발생하고 마찰면이 거칠어져 빨리 마모하거나 고장이 발생하는데 오일을 주입하면 마찰 저항이 적어져 마모가 적고 마찰열의 온도 상승을 방지한다.

㉢ 윤활 장치는 윤활유 펌프, 윤활유 여과기, 윤활유 냉각기, 유압조절장치 등으로 구성되어 있다.

③ 냉각장치(Cooling System)

㉠ 기관을 냉각하여 과열을 방지하고 또 적당한 온도를 유지하는 장치이다.

㉡ 기관의 온도를 알맞게 유지하는 것이 냉각장치의 기능이다.

㉢ 기관의 냉각 방식에는 외부 공기로 기관을 직접 냉각하는 공냉식과 냉각수를 기관 내부로 순환시켜 냉각하는 수냉식이 있다.

④ 연료장치

㉠ 기관이 필요로 하는 적당한 혼합기(混合氣)를 공급하는 장치이다.

㉡ 구성 : 연료를 저장하는 연료탱크(Fuel Tank), 연료 속의 불순물을 제거하는 연료여과기(Fuel Filter), 연료 분사장치에 연료를 보내는 연료펌프(Fuel Pump), 혼합기를 만들어 기관에 공급하는 연료분사장치와 이러한 장치를 연결하는 연료파이프 등으로 구성되어 있다.

㉢ 연료유 탱크

ⓐ 저장탱크 **2021 출제**

- 기관실에서 가장 위에 상용연료 탱크를 설치한다.
- 주입관, 측심관, 공기배출관, 오버플로관 등이 있다.
- 선박의 경우 선저를 이중으로 한 이중저 탱크를 주로 사용한다.

ⓑ 서비스 탱크

- 기관실 상부에 설치한다.
- 공급 및 순환펌프, 연료유 여과기, 연료유 가열기 등을 통해 기관의 연료 분사 펌프로 분사된다.

ⓒ 연료유 드레인 탱크 : 연료분사 계통에서 소량으로 누설되는 연료유를 집하시킨다.

ⓓ 침전탱크 : 저장탱크에서 이송된 연료유를 증기 등을 통해 가열하여 기름 보다 무거운 수분이나 고형물을 침전시켜서 분리된 연료유를 청정기를 통해 서비스 탱크로 보내게 된다.

㉣ 기름 여과장치 : 선저폐수를 물과 기름으로 분리하는 장치로 공기배출 밸브, 압력계, 유면검출기 등으로 구성된다. **2022 출제**

㉤ 연료 분사의 조건

ⓐ 무화가 좋을 것 : 분사되는 연료유가 미립화 되어야 착화와 연소가 빨라진다.

ⓑ 분산이 좋을 것 : 연료유가 원뿔형으로 분사되어 퍼지는 상태이어야 한다.

ⓒ 관통력이 좋을 것 : 연료유가 실린더 내의 압축공기를 관통하고 나아가야 한다.

ⓓ 분포가 좋을 것 : 실린더 내에 분사된 연료유가 공기와 적당하게 혼합되어야 한다.

기출문제

2021년 제1회

☑ 연료유 저장탱크에 연결되어 있는 관이 아닌 것은?

① 측심관
② 빌지관
③ 주입관
④ 공기배출관

2022년 제2회

☑ 선박에서 발생되는 선저폐수를 물과 기름으로 분리시키는 장치는?

① 청정장치
② 분뇨처리장치
③ 폐유소각장치
④ 기름여과장치

정답 ②, ④

기출문제

2022년 제4회

☑ 디젤기관에서 과급기를 설치하는 이유가 아닌 것은?

① 기관에 더 많은 공기를 공급하기 위해
② 기관의 출력을 더 높이기 위해
③ 기관의 급기온도를 더 높이기 위해
④ 기관이 더 많은 일을 하게 하기 위해

2020년 제4회

☑ 디젤기관에서 과급기를 작동시키는 것은?

① 흡입공기의 압력
② 연소가스의 압력
③ 연료유의 분사 압력
④ 윤활유 펌프의 출구 압력

정답 ③, ②

ⓗ 연료 분사펌프
ⓐ 연료를 압축하여 분사순서에 맞추어 노즐로 압송시키는 것으로 조속기(연료분사량 조정) 와 타이머(분사시기를 조절하는 장치)가 설치되어 있다.
ⓑ **스필 밸브식 펌프**: 플런저가 일정 위치까지 상승하여 도달하면 스필 밸브가 열려서 분사가 끝나는 시기나 분사시기를 변화시키면서 연료 분사의 일부를 배추하여 분사량을 조절한다.
ⓒ **보슈식 펌프**: 구조가 간단하고 분사량의 조절이 쉬워서 많이 이용하고 있으며 플런저의 홈으로 송유량을 조절하는 방식이다.

ⓢ **분사 노즐**(Injection Nozzle)
ⓐ 실린더 헤드 연소실에 상부에 장착되어 피스톤이 압축 시 연료를 분사하는 장치이다.
ⓑ 디젤기관의 분사 노즐은 연료 분사 펌프에서 보내는 고압의 연료를 연소실 내부에 분사하는 역할을 한다.
ⓒ 무화(안개화)가 잘되고, 분무의 입자가 작고 균일할 수 있는 능력을 필요로 하다.
ⓓ 분사 노즐은 구조에 따라 개방형과 폐지형으로 나뉘며, 이 중 폐지형은 홀형(구멍형), 핀틀형, 스로틀형으로 구분한다.

ⓞ **연료 분사 밸브**: 연료 분사펌프에서 송출되는 연료유를 실린더 내에 분사시키는 것으로 실린더 헤드에 설치한다.

⑤ **과급 및 소기장치** **2020 출제**

㉠ **과급의 목적**: 실린더 내에 인위적으로 더 많은 공기를 공급함으로써 내연기관의 출력을 증가시키기 위함이다. **2022 출제**

㉡ **출력을 증가시키기 위한 방법**
ⓐ 체적을 증가시키는 방법
ⓑ 회전수를 높이는 방법
ⓒ 유효압력을 높이는 방법

㉢ **과급기관**: 실린더의 평균유효압력을 높여서 출력을 증가하는 기관을 말한다.

㉣ **과급장치 엔진의 특징**
ⓐ 엔진의 출력성능을 향상시킨다.
ⓑ 유해 배출가스를 감소시킨다.
ⓒ 소음의 감소로 인해 편안한 운전을 할 수 있다.
ⓓ 엔진의 형체와 무게를 감소시킬 수 있다.
ⓔ 고지대에서의 성능이 향상된다.

㉤ **과급기의 특징**
ⓐ 평균 유효압력이 높아진다.
ⓑ 엔진의 회전력이 증대된다.

ⓒ 엔진의 출력이 35%~45% 정도 커진다.
ⓓ 기관의 중량이 10%~15% 정도 커진다.
ⓔ 연료소비율이 향상되고 착화 지연기간이 짧아진다.
ⓕ 세탄가가 낮은 연료의 사용이 가능하다.
ⓖ 고지대에서도 출력이 떨어지는 것이 적다.

㉥ **소기장치** : 실린더 내로 신선한 공기를 넣어서 연료를 연소시키는 것으로 과급기와 소기 리시버 사이에 공기냉각기를 설치하여 냉각시켜서 소기의 밀도를 높인다.

⑥ **시동장치**

㉠ 정지된 엔진을 시동하기 위하여 최초의 흡입과 압축 행정에 필요한 회전력을 외부로부터 공급하여 엔진을 회전시키는 장치를 말한다.

㉡ 디젤기관을 시동할 때 시동위치를 맞추지 않고 시동할 수 있는 실린더 수는 4행정6실린더 이상 2행정 4실린더 이상이다.

㉢ **디젤기관의 시동장치 종류** : 공기시동장치, 원격시동장치, 전기시동장치

㉣ 압축공기로 기관을 시동할 때 4사이클 기관은 6기통 이상 2사이클 기관은 4기통 이상인 기관에서는 크랭크 위치와 관계없이 바로 시동이 된다.

㉤ 압축기의 효율을 증가하기 위해서는 시동공기 압축기를 다단으로 하여야 한다.

㉥ **공기탱크가 파열하는 원인**
ⓐ 드레인에 의해 공기탱크가 부식되었을 경우
ⓑ 공기압력이 규정보다 높은 경우
ⓒ 충만된 공기탱크에 충격을 주었을 경우

㉦ **내연기관 시동용 공기탱크 취급상의 주의사항**
ⓐ 탱크의 밸브가 누설할 때에 밸브래핑은 반드시 공기를 빼고 할 것
ⓑ 공기가 충만해 있을 때에는 충격을 주지 말 것
ⓒ 보충기 압력은 절대로 규정압력을 초과하지 않도록 할 것

㉧ **시동용 공기탱크의 취급상 주의 할 점**
ⓐ 드레인 밸브를 열어 탱크내 수분을 배제할 것
ⓑ 규정 압력보다 높게 하지 말 것
ⓒ 반드시 드레인을 뺄 것

㉨ 디젤기관의 주기 시동용 공기탱크의 압력은 보통 25~30kgf/㎠이다. **2022출제**

⑦ **조속장치**

㉠ 원동기의 회전 속도를 일정하게 유지하기 위하여 부하의 변동에 따른 회전 속도의 변화를 검출해서 동력원인 증기 · 물 · 연료 등의 공급량을 가감하여 속도를 제어하는 장치이다.

기출문제

2022년 제2회

☑ 디젤기관에서 시동용 압축공기의 최고압력은 몇[kgf/㎠]인가?

① 약 10[kgf/㎠]
② 약 20[kgf/㎠]
③ 약 30[kgf/㎠]
④ 약 40[kgf/㎠]]

정답 ③

기출문제

2019년 제2회

☑ 디젤기관에서 연소실의 구성 부품이 아닌 것은?

① 커넥팅 로드
② 실린더 라이너
③ 피스톤
④ 실린더 헤드

정답 ①

ⓛ 조속기의 종류
ⓐ **정속도 조속기** : 부하변동에도 불구하고 언제나 일정한 회전속도를 유지하는 것으로 발전기 구동용 기관에 주로 사용된다.
ⓑ **가변속도 조속기(전속도 조속기)** : 항상 원하는 속도로 조정이 가능한 조속기로서 주기관에 주로 적용한다.
ⓒ **과속도 조속기(비상용 조속기)** : 최고 최저속도만 제어하는 것을 말한다.

ⓒ **내연기관의 조속방법** : 질적 조속법, 양적 조속법, 히트앤드 미스 조속법으로 분류되며, 기관의 출력이 증감되는 조속법은 질적 조속법으로 디젤기관에 주로 쓰이는 방법이다.

ⓔ 조속기의 조정
ⓐ 보정스프링이 약하면 헌팅이 자주 발생하게 되므로 새것으로 교환하는 것이 좋다.
ⓑ 보정니이들 밸브를 너무 많이 열게 되면 헌팅이 발생한다.
ⓒ 트르크의 제한이 잘 되어 있으면 배기의 색이 좋다.
ⓓ 조속기의 스피드 드롭이 같아야 기관을 병렬 운전하여 부하를 같게 할 수 있다.

⑧ 디젤기관의 연소실
ⓖ 실린더 헤드와 실린더 라이너, 피스톤 헤드가 만드는 공간이다.
ⓛ 연소실의 구분
ⓐ **단실식** : 직접분사실식
ⓑ **복실식** : 예연소실, 와류실식, 공기실식

ⓒ **직접분사실식(direct injection type)** : 주로 2사이클 디젤기관에서 사용되며, 연소실이 피스톤 헤드와 실린더 헤드에 설치된 요철에 의하여 만들어지고 연료를 연소실에 직접 분사한다.
ⓐ 장점
- 연소실의 체적에 대한 표면적 비가 작아서 냉각손실이 적고 기동이 쉽다.
- 실린더 헤드의 구조가 간단해서 열효율이 높고 연료의 소비량이 적다.

ⓑ 단점
- 사용연료 변화에 민감하고 디젤노크 발생이 크다.
- 분사 압력이 매우 높음에 따라 분사펌프 노즐의 수명이 짧다.

ⓔ **예연소실식(precombustion chamber type)** : 주연소실위에 예연소실을 두고 여기에 연료를 분사하여 착화한 후 주연소실로 분출되어 완전 연소하는 방식이다.
ⓐ 장점
- 분사 압력이 매우 낮음에 따라 연료 장치의 고장이 적고 수명이 길다.
- 디젤 노크가 적고 사용 연료의 선택 범위가 넓다.

ⓑ 단점

- 연소실의 표면적 대비 체적비가 커서 냉각 손실이 크다.
- 실린더 헤드의 구조가 복잡하고 기동시 예열 플러그가 필요하다.

ⓜ 와류실식(swirl chamber type) : 실린더 헤드에 와류실을 두고 압축 행정 중에 와류실에서 강한 와류가 발생하게 하여 여기에 연료를 분사해서 주 연소실로 분출되어 완전 연소 시키는 방식이다.

ⓐ 장점

- 분사압력이 낮아도 되며 평균유효 압력이 높다.
- 운전이 쉽고 연료 소비율이 낮다.

ⓑ 단점

- 저속에서 디젤 노크의 발생이 쉽고 실린더 헤드의 구조가 복잡하다.
- 기동시 예열 플러그가 있어야 한다.

ⓑ 공기실식(air chamber type) : 피스톤 헤드와 실린더 헤드에 주 연소실과 연결된 공기실을 만들어 연료의 분사는 직접 주 연소실에서 하여 착화 후 피스톤이 하강함에 따라 공기실 내의 공기가 주 연소실로 분출되어 연소를 돕는 방식이다.

ⓐ 장점

- 압력 상승이 낮으므로 작동이 쉽다.
- 연소 압력(45~50kg/㎠)이 낮고 기동이 쉽다.

ⓑ 단점

- 배기 온도가 높고 연료 소비율이 높다.
- 분사시기와 부하 및 회전 속도에 대한 적응성이 낮다.

⑽ 동력전달장치의 개요

① 엔진에서 발생한 동력을 추진기에 전달하기 위해 쓰이는 장치를 말한다.

② 동력전달장치는 축계, 감속장치, 클러치 등으로 구성되어 있다.

③ 선박 동력전달장치의 역할

㉠ 추진기와 선체를 연결해서 추진기를 지지해 주는 역할을 한다.

㉡ 선체의 진동이 발생하지 않도록 해야 하며 자체의 진동도 작아야 한다.

㉢ 주기관의 운전에 대한 반응이 신속해야 한다.

㉣ 주기관의 회전 동력을 적절하게 추진기에 전달해야 한다.

㉤ 물과 추진기의 상호작용에 따라 얻어진 동력을 선체에 전달한다.

㉥ 고속회전과 역회전에도 강해야 하며 신뢰도가 있어야 한다.

㉦ 내구성이 강해야 한다.

기출문제

2022년 제4회

☑ 선박의 축계장치에서 추력축의 설치 위치에 대한 설명으로 옳은 것은?

① 캠축의 선수 측에 설치한다.
② 크랭크축의 선수 측에 설치한다.
③ 프로펠러축의 선수 측에 설치한다.
④ 프로펠러축의 선미 측에 설치한다.

2022년 제4회

☑ 추진 축계장치에서 추력베어링의 주된 역할은?

① 축의 진동을 방지한다.
② 축의 마멸을 방지한다.
③ 프로펠러의 추력을 선체에 전달한다.
④ 선체의 추력을 프로펠러에 전달한다.

2021년 제2회

☑ 스크루 프로펠러의 추력을 받는 것은?

① 메인 베어링
② 스러스트 베어링
③ 중간축 베어링
④ 크랭크핀 베어링

정답 ③, ③, ②

(11) 축계 장치

① **축계**(shafting system) … 스크류식 프로펠러를 장착한 선박은 주 기관에서 발생한 동력을 프로펠러에 전달하고, 프로펠러의 회전으로 발생하는 물의 추력(thrust power)을 그 축을 거쳐 선체에 전달하는 축을 말한다.

② **축계의 조건**

㉠ 주기관이 운전하는데 따른 대처가 신속해야 한다.

㉡ 자체는 물론 선체의 진동을 유발하지 않아야 한다.

㉢ 선박이 고속으로 항해 시 갑작스러운 조타나 역회전에 강해야 한다.

③ **축계의 구성** … 추력축, 중간축, 프로펠러축, 선미축, 추력 베어링, 중간 베어링, 선미베어링 등으로 구성되어 있다.

㉠ **추력축** : 프로펠러에서 전해 온 추력을 추력 베어링으로 선체에 전달하고 프로펠러축 선수 측에 설치한다. **2022 출제**

㉡ **추력 베어링**(스러스트 베어링)

ⓐ **종류** : 상자형, 말굽형, 미첼형 추력 베어링이 있다.

ⓑ **역할** : 선체의 메인 베어링보다 선미쪽에 부착되어 있으며 추력칼라의 선후에 설치되어 프로펠러에서 전달되어 오는 추력을 추력 칼라에서 받아서 선체에 전달하여 선박을 추진할 수 있도록 한다. **2020, 2021, 2022 출제**

㉢ **중간축과 중간 베어링**

ⓐ 중간축은 플랜지 커플링에 의해 추력축과 프로펠러축을 연결하는 축이다.

ⓑ 터널축이라고 하며 각 축에 1~2개 정도의 중간베어링으로 중량을 지지하도록 하고 소형선의 경우에는 추진기의 축을 길게 해서 중간축을 없애기도 한다.

㉣ **추진기** : 주기관의 동력을 축계를 통하여 전달해서 선박을 추진시키는 장치를 말한다.

ⓐ 추진기를 회전시킴으로써 선박을 추진시키는 추진력을 발생하는 기관을 주기관이라고 한다.

ⓑ **추진력** : 추력이나 추진기에 의하여 발생되는 추진기 축방향의 힘으로 주기관에 의해 발생한다.

ⓒ 현재 대부분의 선박에서 사용하고 있는 프로펠러는 나선형 추진기이다.

ⓓ **고정피치 프로펠러** : 프로펠러의 날개가 보스(boss)에 고정되어 있어서 피치를 변화시킬 수 없는 형태의 프로펠러를 말한다.

ⓔ **가변피치 프로펠러** : 조종성능이 뛰어나서 군함이나 여객선 및 예인선 등에 많이 이용되며, 추진기의 회전방향을 한곳으로 정하고 날개의 각도를 변화시켜서 선박을 전·후진, 정지 등을 쉽게 할 수 있는 프로펠러를 말하며 특징은 다음과 같다. **2021 출제**

• 조선이 쉬우며 정지거리가 짧고 비틀림 진동에 대한 위험회전수를 피할 수 있다.
• 주기관의 토크와 회전수를 최대한 활용할 수 있다.
• 고출력 영역에서는 추진기의 효율이 떨어지는 편이며, 구조가 복잡하고 보스부가 크다.

ⓜ **프로펠러 축**(추진기축) : 추진기를 붙인 축을 말한다.

ⓐ 추진기축에서 가장 큰 응력이 걸리는 부분은 추진기 보스의 전단부이다.

ⓑ 추진축이 선체를 관통하여 나가는 부분에 선미관이 장착되어 있다.

ⓒ 추진기의 축은 단강재로 만든다.

ⓑ **침투탐상검사** : 시험대상물의 표면에 침투액을 불연속부에 침투시킨 후 현상제를 통해 불연속부에 침투해 있던 침투액을 표면 밖으로 나오게 하여 표면 불연속부의 위치와 크기 및 지시모양을 검출하는 비파괴검사 방법이다.

ⓐ **침투탐상검사의 원리**
• 모세관 현상 : 침투액체 속에 폭이 넓고 긴 관을 넣었을 때, 관 내부의 액체 표면이 관 외부의 액체표면보다 높거나 낮아지는 현상을 말한다.
• 모세관 현상을 결정하는 요인은 응집력, 점착력, 표면장력, 점성 등이다.

ⓑ **침투탐상검사의 장점**
• 시험방법이 쉽고 고도의 숙련기술이 없어도 할 수 있다.
• 국부적 시험이 가능하며 제품의 크기나 형상 등에 지장을 받지 않는다.
• 거의 모든 재료에 적용되며 미세한 균열의 탐상이 가능하다.
• 판독이 비교적 쉽고 비용이 저렴하다.

ⓒ **침투탐상검사의 단점**
• 주변 온도에 영향을 받으며 침투제가 오염되기 쉽다.
• 개구부에 기름이나 그리스 등을 제거해야 하므로 시험체의 표면이 열려 있어야 한다.
• 시험체의 표면에 기공이 많거나 너무 거친 경우 허위지시 모양을 나타낸다.
• 시험체의 표면이 침투제와 반응을 하면 검사를 할 수가 없고 뒤처리를 하는 경우가 있다.

ⓑ **침투탐상검사의 검사순서** : 표면처리 ⇨ 전처리 ⇨ 침투처리 ⇨ 세척처리 ⇨ 건조처리 ⇨ 현상처리 ⇨ 관찰 ⇨ 후처리

ⓐ **전처리** : 결함내부에 침투액을 침투시키기 위해 검사체의 표면과 내부에 부착되어 있는 유지류를 유기용제로 제거하여 검사체 표면 및 결함내부를 최종적으로 깨끗하게 하는 작업을 말한다.

ⓑ **침투처리** : 결함의 내부에 침투액을 충분하게 침투되도록 하는 탐상작업을 말한다.

ⓒ **세정(척)처리** : 잉여침투액을 제거하는 작업(수세성, 후유화성)을 말한다.

기출문제

2021년 제3회

☑ 가변피치 프로펠러에 대한 설명으로 가장 적절한 것은?

① 선박의 속도 변경은 프로펠러의 피치조정으로만 행한다.
② 선박의 속도 변경은 프로펠러의 피치와 기관의 회전수를 조정하여 행한다.
③ 기관의 회전수 변경은 프로펠러의 피치를 조정하여 행한다.
④ 선박을 후진해야 하는 경우 기관을 반대 방향으로 회전시켜야 한다.

2018년 제4회

☑ 프로펠러축의 균열을 조사하기 위해 행하는 컬러체크(침투탐상법)의 순서로 옳은 것은?

① 세척액 → 침투액 → 세척액 → 현상액
② 침투액 → 세척액 → 현상액 → 세척액
③ 세척액 → 현상액 → 침투액 → 세척액
④ 현상액 → 세척액 → 침투액 → 세척액

정답 ②, ①

기출문제

2018년 제3회

☑ 해수 윤활식 선미관의 베어링 재료로 많이 사용되는 것은?

① 황동
② 리그넘바이티
③ 백색합금
④ 청동

2021년 제4회

☑ 소형기관에서 크랭크축으로부터의 회전수를 낮추어 추진장치에 전달해주는 장치는?

① 조속장치
② 과급장치
③ 감속장치
④ 가속장치

정답 ②, ③

ⓓ **건조처리** : 세정처리를 한 검사체 표면에 묻어 있는 수분을 건조시키거나 습식현상제를 사용한 경우에 현상제를 건조시키는 작업을 말한다.

ⓔ **현상처리** : 제거 및 세정(척)처리를 마친 후 검사체에 미립자 분말의 도막을 만들어서 이를 통해 결함의 내부에 남아 있는 침투액을 흡출하여 지시모양을 만들어서 육안으로 관찰하기 위한 조건을 조정하는 탐상작업을 말한다.

ⓕ **관찰** : 현상처리 후 지시모양이 남아있는지의 여부와 확인된 지시모양의 형상과 크기를 조사하기 위한 작업을 말한다.

ⓖ **후처리** : 후처리는 표면의 침투액과 현상제의 처리에 중점을 두도록 한다.

ⓢ **선미관** : 추진축이 선체를 관통하여 선체 밖으로 나오는 곳에 장치하는 원통 모양의 관을 말한다.

ⓐ 해수가 홈을 통해 들어와 윤활작용과 냉각작용을 하여 축의 부식을 막고 선미관 내면과의 마찰을 줄이기 위해 리그넘바이티에는 많은 홈을 만들어 둔다.

ⓑ 스터핑박스는 피스톤, 플린저 등이 드나드는 곳에서 증기나 물이 새는 것을 막는 장치이다.

ⓒ 프로펠러축을 지지하는 베어링 역할을 한다.

ⓓ 베어링의 재질로는 리그넘바이트, 고무, 합성수지, 백색합금 등이 있다.

ⓔ 선미관의 선수 쪽은 그리스 패킹을 넣은 스터핑 박스를 만들어 누수를 막는다.

⑿ 감속 및 변속/역전장치

① **감속장치** **2021 출제**

㉠ 기관의 회전수보다 추진기의 회전수를 낮게 하여 효율을 높이는 장치를 말한다.

㉡ 프로펠러축의 회전속도를 가급적 낮게 하여야 선박용 추진장치의 효율을 높일 수 있다.

㉢ 변속기가 없는 동력전달장치에서는 감속장치를 사용해서 엔진은 높은 회전수로 하고 추진축은 낮은 회전수로 운전할 수 있도록 해야 한다.

㉣ 감속장치로는 전기, 기어, 유체감속기 등이 있다.

② **변속장치** … 주행상태에 따라 기관의 회전속도를 주행상태에 알맞게 바꾸어 주는 역할을 하며 클러치와 추진축 사이에 설치되어 있다.

③ **역전장치**

㉠ 선박을 후진하는 것은 추진기의 역회전이나 가변피치 프로펠러에 의해서 이루어지며, 직접 역전장치와 간접 역전장치가 있다.

㉡ **직접 역전장치** : 기관을 직접역회전 시키는 것을 말하며, 주로 중·대형기관에 많이 사용하며 캠축이동식과 로울러이동식이 있다.

㉢ **간접 역전장치** : 기관의 회전방향을 일정하게 하고, 기관과 프로펠러축 사이에 역전기를 두어 추진축의 회전방향만 바꾸어 주는 것을 말한다.

ⓐ 기어구에 의한 것(유니온 역전기, 미츠앤드바이드식)

ⓑ 유체클러치

ⓒ 전기식에 의한 것

ⓓ 가변피치 프로펠러

※ 미츠앤드바이드식 : 디젤기관 중 마찰력에 의하여 동력을 전달하는 장치로 유니온 역전기에 비해 구조가 간단하다.

⒀ 클러치

① 클러치는 엔진의 동력을 변속기에 전달하거나 끊는 역할을 한다.

② 엔진과 동력전달장치를 과부하로부터 보호하는 역할을 한다.

③ 플라이휠과 함께 엔진의 회전진동을 감소하는 역할을 한다.

④ 떨림이 없고 부드럽게 출발할 수 있는 역할을 한다.

⑤ 클러치의 구비조건

㉠ 동력을 차단하거나 연결할 때에는 확실하고 신속하여야 한다.

㉡ 회전관성이 작고 회전부분의 평형이 좋아야 한다.

㉢ 방열이 잘되고 구조가 간단하며 고장이 적어야 한다.

⑥ 클러치의 종류 **2020 출제**

㉠ **마찰 클러치** : 플라이휠과 클러치판의 마찰에 의해 엔진의 동력을 전달하는 방식이다.

㉡ **유체 클러치** : 오일의 힘으로 엔진의 동력을 전달하는 방식이다.

㉢ **전자 클러치** : 전자석이 철분을 흡착하는 성질을 이용하여 엔진의 동력을 전달하는 방식이다.

02 보조기기 및 전기장치

(1) 선박 보조기계

선박에서 사용되는 주기관 및 주보일러를 제외한 선내 모든 기계를 말하며 선박 보조기계는 크게 주기관과 보조기계로 분류할 수 있다. **2022 출제**

기출문제

2020년 제4회

☑ 소형 선박에서 사용하는 클러치의 종류가 아닌 것은?

① 마찰 클러치
② 공기 클러치
③ 유체 클러치
④ 전자 클러치

2022년 제4회

☑ 선박 보조기계에 대한 설명으로 옳은 것은?

① 갑판기계를 제외한 기관실의 모든 기계를 말한다.
② 주기관을 제외한 선내의 모든 기계를 말한다.
③ 직접 배를 움직이는 기계를 말한다.
④ 기관실 밖에 설치된 기계를 말한다.

정답 ②, ②

기출문제

2022년 제3회

☑ 낮은 곳에 있는 액체를 흡입하여 압력을 가한 후 높은 곳으로 이송하는 장치는?

① 발전기
② 보일러
③ 조수기
④ 펌프

2022년 제2회

☑ 기관실 바닥에 고인 물이나 해수펌프에서 누설한 물을 배출하는 전용 펌프는?

① 빌지펌프
② 잡용수펌프
③ 슬러지펌프
④ 위생수펌프

2022년 제3회

☑ 기관실의 연료유 펌프로 가장 적합한 것은?

① 왕복펌프
② 원심펌프
③ 축류펌프
④ 기어펌프

2022년 제3회

☑ 해수펌프의 구성품이 아닌 것은?

① 흡입관
② 압력계
③ 감속기
④ 축봉장치

정답 ④, ①, ④, ③

(2) 펌프

① 액체나 기체의 유체를 압력작용에 의하여 관을 통해서 수송하거나, 저압의 용기 속에 있는 유체를 관을 통하여 고압의 용기 속으로 압송하는 장치를 말한다. **2022 출제**

② **펌프의 기본 성능 표시**

㉠ **양정(揚程)** : 펌프가 액체를 밀어올릴 수 있는 높이를 나타내는 것을 말한다.

㉡ **유량(流量)** : 단위시간에 송출할 수 있는 액체의 부피를 나타내는 것을 말한다.

③ **펌프의 분류**

㉠ **구조상 분류** : 왕복펌프 · 로터리(회전)펌프 · 원심펌프 · 축류펌프 · 마찰펌프 및 그 밖의 펌프가 있다.

㉡ **용도상 분류** : 급수펌프, 깊은 우물펌프 등

㉢ **진공펌프** : 용기 속에 있는 공기나 그 밖의 가스를 흡출하여 진공을 만드는 기계

③ **선박에 설치되어 있는 펌프의 종류**

㉠ **급수펌프** : 보일러에 물을 공급하기 위한 펌프를 말하며 대용량 고압 보일러에서는 고온과 고압에 강한 펌프를 써야 한다.

㉡ **밸러스트 펌프** : 화물의 적재 여부에 따라 선박의 트림을 조절하기 위해 밸러스트 워터를 저장하기 위한 펌프를 말한다.

㉢ **빌지 펌프** : 바닷물을 빨아들여서 청소할 때 쓰거나, 오수를 버릴 때, 선박 화재 진압시 사용하게 되는 물을 배출하는 펌프로 선박의 바닥에 고여있는 물이나 해수펌프에서 누설된 물을 배출한다. 선박은 항상 이 펌프를 가동시키고 있어야 한다. **2022 출제**

㉣ **연료유 공급 펌프** : 청정연료유를 이송하는데 사용하는 펌프를 말하며 기어펌프를 사용한다. **2021, 2022 출제**

㉤ **소화 펌프** : 소화용 해수를 공급하는 펌프를 말한다.

㉥ **잡용 펌프** : 밸러스터용 펌프, 빌지용 펌프, 소화용 펌프, 갑판 세척용 펌프 등을 겸해서 사용할 수 있는 펌프를 말한다.

㉦ **해수 펌프** : 선박 엔진 기관으로 냉각용 해수 따위를 공급하는 펌프를 말하며 케이싱과 임펠러 및 축봉장치, 흡입관, 압력계가 있다. **2020, 2021, 2022 출제**

④ **왕복펌프** **2020 출제**

㉠ 실린더 안을 피스톤 또는 플랜저가 왕복운동을 하는 펌프이다.

㉡ 가정용 우물펌프와 같이 실린더 1개, 밸브 1조로 되어 있는 것을 단동펌프라고 한다.

㉢ 송출밸브와 흡입밸브가 교체로 개폐하여 액체를 흡입 · 송출하면서 양수를 한다.

㉣ 왕복펌프는 양정이 크고 유량이 작은 경우에 적합하며, 수압기용(水壓機用)·보일러용 등에 쓰인다.

㉤ 송출 유량의 맥동을 줄이기 위해서 펌프 송출측의 실린더에 공기실을 설치한다.

⑤ 회전펌프(로터리펌프)

㉠ 펌프의 피스톤 작용을 하는 부분이 회전운동을 하여 피스톤 작용을 로터에 행하도록 하는 것으로 송출밸브와 흡입밸브를 가지지 않는다.

㉡ 왕복펌프에 비하여 송출량의 변동이 적다.

㉢ 로터에는 미끄러져 움직이는 깃을 가진 베인펌프, 맞물리는 2개의 기어를 가진 기어펌프, 이 밖에 나사펌프 등이 있다.

㉣ 용도가 넓어 물·가솔린·윤활유·도료·아스팔트 등에도 사용되고, 자동제어용 유압펌프로서도 널리 사용되고 있다.

㉤ 펌프의 송출측에 릴리프 밸브를 설치해서 압력의 상승으로 인한 손상을 방지하도록 한다.

⑥ 원심펌프

㉠ 공업 분야에 가장 많이 사용되는 것으로 회전하는 임펠러(impeller: 날개차)의 바깥쪽에 스파이럴형의 통로가 있는 펌프를 말한다.

㉡ 고양정에 적합한 임펠러를 나온 물이 안내깃 사이를 지나 케이싱으로 나가는 터빈펌프와 안내깃을 가지지 않는 벌류트펌프의 2종류가 있다.

㉢ 양정이 클 때에는 제1단의 안내깃을 나온 물을 2단째의 입구로 이끄는 다단식을 사용한다.

㉣ 중심부에 들어간 물이 회전하는 임펠러를 지나 압력이 높아져서 바깥둘레로 유출하고 스파이럴형의 통로를 지나 펌프 출구에 도달한다.

㉤ 배수용·상하수도용·광산용·화학공업용 등 산업체에서 사용하고 있는 펌프 중 가장 많이 사용되고 있다.

㉥ 원심펌프의 깃을 개량하여 마모나 부식에 대하여 특히 강하게 한 것은 이수(泥水)·오수(汚水)·펄프혼액·자갈·석탄 등에 적합하며 물고기 등을 물과 함께 운반할 때도 사용된다.

㉦ 밸러스터용 펌프, 잡용 펌프, 소화 펌프, 청수 펌프, 위생 펌프, 해수펌프 등에 많이 사용된다.

㉧ 원심펌프의 장점

ⓐ 토출량의 양이나 양정의 높낮이에 관계없이 광범위에서 사용할 수 있다.

ⓑ 운영비용이 저렴하며 장치 전체가 차지하는 공간이 작다.

ⓒ 구조가 간단하며 고장이 적고 전기모터 등의 원동기와 직접 연결해 사용한다.

기출문제

2022년 제4회

☑ 원심펌프에서 송출되는 액체가 흡입측으로 역류하는 것을 방지하기 위해 설치하는 부품은?

① 회전차
② 베어링
③ 마우스링
④ 글랜드패킹

정답 ③

ⓙ 원심펌프의 단점

ⓐ 펌프 내부를 만수 상태로 채워서 가동해야 원심력이 발생하기 때문에 마중물(priming) 장치가 필요하다.

ⓑ 공기를 흡입하면 양정효율이 떨어지고 토출량이 매우 작거나 양정이 매우 높은 경우에는 효율이 떨어진다.

ⓚ 원심펌프의 분류

ⓐ **안내깃의 유무에 의한 분류** : 볼류트 펌프, 터빈 펌프

ⓑ **흡입구에 의한 분류** : 편흡입 펌프(Single Suction Pump), 양흡입 펌프(Double Suction Pump)

ⓒ **단수에 의한 분류** : 단단펌프(Single Stage Pump), 다단펌프(Multi Stage Pump)

ⓓ **축의 방향에 의한 분류** : 축펌프(Horizontal Pump), 입축펌프(Vertical Pump), 횡축펌프(Horizontal Pump),

ⓛ 원심펌프를 구성하는 주요 부분

ⓐ **회전차**(임펠러) : 원심력에 의하여 압력을 발생시켜서 액체를 회전차의 중심부에서 바깥쪽으로 밀어내며 여러 개의 날개로 되어 있다.

ⓑ **케이싱** : 안내 날개로부터 나가는 물이 와류실을 지나 배출관으로 보내진다.

ⓒ **안내 날개** : 임펠러의 바깥 주위에 고정되어 있어 임펠러에서 빠른 속도로 배출되는 물을 출관으로 보낸다.

ⓓ **흡입관** : 하단의 흡입구에는 여과기가 있어 이물질의 유입을 방지하며 흡입면으로부터 물을 펌프까지 흡입해 올리는 관이다.

ⓔ **배출관** : 와류실에서 배출된 물을 필요한 장소까지 보내는 관으로서 입구에는 제수밸브가 있어 이것이 양수량을 조절한다.

ⓕ **풋밸브** : 양수기의 작동 중 물을 흡입할 때에는 열리고, 운전이 정지될 때 역류하는 것을 방지한다.

ⓖ **프라이밍**(priming) : 보통 원심펌프에서는 양수하기에 앞서 물을 펌프 내에 가득 채우는 작업을 말한다.

ⓗ **마우스 링**(mouth ring)(웨어링 링) : 케이싱과 회전차 입구 사이에 설치하며, 회전차에서 송출되는 액체가 입구쪽으로 역류하는 것을 방지한다. **2021, 2022 출제**

ⓘ **글랜드 패킹**(gland packing) : 패킹박스와 축 사이에서 사용되는 것으로 축의 운동부분으로부터 유체가 새는 것을 방지한다.

ⓙ **체크밸브** : 정전 등으로 인해 펌프가 급정지하여 발생하게 되는 유체의 과도현상으로 인하여 펌프의 손상이나 물의 역류현상을 방지하는 역할을 한다.

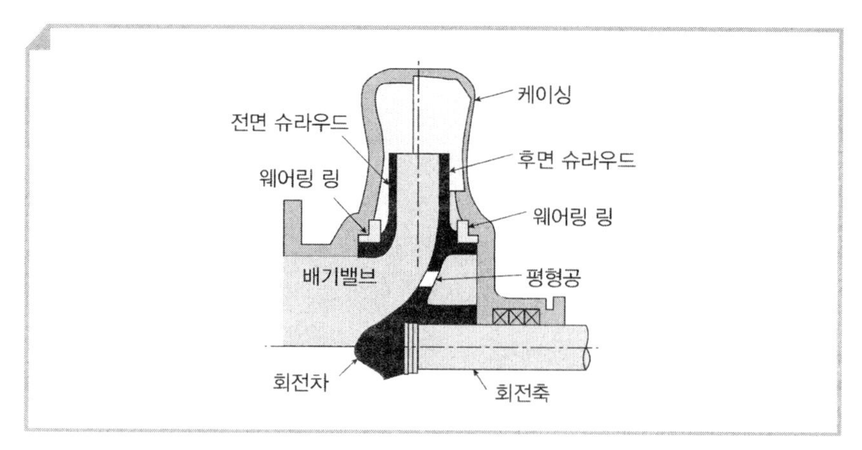

ⓔ 원심펌프의 기동 전 점검사항
ⓐ 흡입밸브의 개폐 상태를 확인한다.
ⓑ 송출밸브의 개폐 상태를 확인한다.
ⓒ 펌프의 축을 손으로 돌려서 회전하는지를 확인한다.
ⓓ 베어링의 주유상태를 확인한다.
ⓔ 원동기와 펌프 사이의 축심이 일직선인지 확인한다.
ⓕ 공기 빼기와 프라이밍을 실시한다.

ⓕ 원심펌프의 운전 중에 점검할 사항
ⓐ 진동이 심한지를 점검한다.
ⓑ 소음발생 및 누수여부를 확인한다.
ⓒ 베어링의 온도가 정상적인 운전상태에서 20~30℃를 유지하는지 점검한다.
ⓓ 압력계와 온도 및 원동기의 전압과 전류의 지시치를 점검한다.

⑦ 축류펌프(프로펠러 펌프)
㉠ 양수량이 많고 양정이 낮을 경우에 사용된다.
㉡ 프로펠러형의 임펠러가 회전함으로써 물을 축방향으로 보내는 펌프이다.
㉢ 양수량이 변화하여도 효율이 떨어지지 않도록 운전 중 임펠러의 설치각도를 변화시킬 수 있게 할 수도 있다.
㉣ 축류펌프의 케이싱의 주요구조는 회전차와 안내깃으로 구성되어 있다.

⑧ 마찰펌프
㉠ 소형의 가정용 우물펌프로서 얕은 우물 등에 많이 쓰인다.
㉡ 유체가 점성(粘性)에 의하여 고체에 밀착해서 움직이는 성질을 이용한 것이다.

기출문제

2022년 제1회

☑ 다음과 같은 원심펌프 단면에서 ㉢과 ㉣의 명칭은?

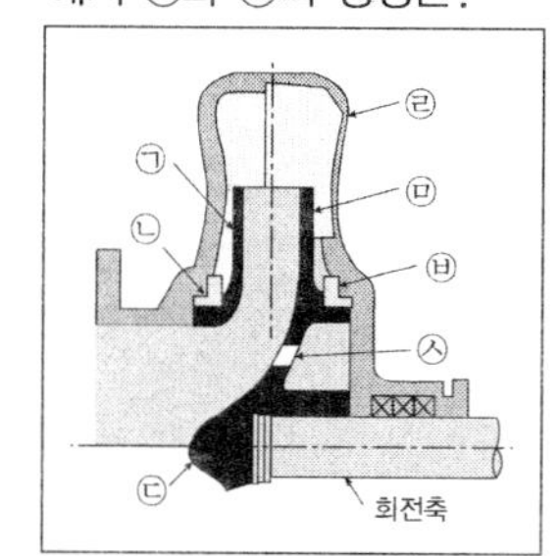

① ㉢은 회전차이고 ㉣는 케이싱이다.
② ㉢은 회전차이고 ㉣는 슈라우드이다.
③ ㉢은 케이싱이고 ㉣는 회전차이다.
④ ㉢은 케이싱이고 ㉣는 슈라우드이다.

정답 ①

기출문제

2022년 제1회

☑ 전기용어와 그 단위가 잘못 짝지어진 것은?

① 전류 – 암페어
② 저항 – 옴
③ 전력 – 헤르츠
④ 전압 – 볼트

2022년 제4회

☑ 2[V] 단전지 6개를 연결하여 12[V]가 되게 하려면 어떻게 연결해야 하는가?

① 2[V] 단전지 6개를 병렬 연결한다.
② 2[V] 단전지 6개를 직렬 연결한다.
③ 2[V] 단전지 3개를 병렬 연결하여 나머지 3개와 직렬 연결한다.
④ 2[V] 단전지 2개를 병렬 연결하여 나머지 4개와 직렬 연결한다.

정답 ③, ②

(3) 선박의 전기장치

① 전기의 본질과 기초

㉠ 전기란 물질 안에 있는 전자의 이동으로 인하여 생기는 에너지의 한 형태로서 (–)'전하를 띠고 있는 입자를 전자라 하고'(+)'전하를 띠고 있는 입자를 양자라고 한다.

㉡ 전기장 내에서 단위 전하가 갖는 위치 에너지를 전위라 하며 전하는 전위가 높은 곳에서 낮은 곳으로 이동하고 이때 전위의 차이를 전압이라 한다.

㉢ 전압이 클수록(전위차가 클수록) 더 많은 전기에너지를 갖고 있으며 전압의 차이가 없는 상태인 전압이 0이라면 전류가 흐르지 않는다.

㉣ 전기가 잘 통하는 물질을 도체라 하고 전기가 잘 통하지 않는 물질을 절연체(부도체), 도체와 절연체(부도체)의 중간물질을 반도체라 한다.

㉤ 전압의 크기를 나타내는 단위는 V(볼트)이다. 1V는 1C(쿨롱)의 전하가 두 점 사이에서 이동하였을 때에 하는 일이 1J(줄)일 때의 전위차이다.

㉥ 전하의 단위는 C(쿨롱)이며, 어떤 물질이 가지고 있는 전기의 양을 말한다.

㉦ 전력의 단위는 W(와트)이며 단위 시간당 사용되는 전기에너지 양을 말한다.

㉧ **전류** : 자유전자가 도체 속을 연속해서 이동하는 현상을 말한다.

ⓐ **전류의 세기** : 전선의 한 점을 1초 동안 통과하는 전하의 양을 말하고, I로 표시하며 단위는 암페어[A]를 사용한다.

ⓑ **종류**

- 직류(DC) : 방향이 바뀌지 않는 전하의 흐름으로 직류는 연료전지, 축전지, 정류기, 정류자가 달린 발전기를 이용해 만들어 낸다.
- 교류(AC) : 일정한 시간마다 전류가 흐르는 방향이 바뀌는 전기로 우리나라에서 쓰이는 교류의 주파수는 1초 동안에 전류의 방향이 120번 바뀌는 60 헤르츠(Hz)이다.

㉨ **전기 저항** : 전기회로에서 전류의 흐름을 방해하는 정도를 말하며 기호는 R이고 단위는 옴[Ω]을 사용한다.

㉩ **전기회로** : 전지나 전선 및 전구, 스위치 등의 여러 가지 전기 부품을 연결한 것을 말한다.

② 저항의 접속 **2022 출제**

㉠ **직렬접속** : 각각의 저항을 일렬로 접속하는 것을 말하며, 직렬회로의 합성저항R[Ω]은 모든 저항을 더해서 구한다.

㉡ **병렬접속** : 2개 이상의 저항의 양 끝을 각각 한 곳에서 접속하는 접속법이다.

㉢ **직병렬 접속** : 직렬접속과 병렬접속을 조합한 것을 말한다.

③ 전기 · 전자 측정

㉠ **저항 측정 방법** : 테스터기를 저항의 양단에 단자를 연결하여 측정한다.

㉡ **전압 측정** : 전압계를 부하(저항)와 병렬로 연결하여 측정한다.

㉢ **전류 측정 방법** : 전압계를 부하(저항)와 직렬로 연결하여 측정한다.

㉣ 메거 테스터(절연 저항 측정기) : 메거 오옴 측정기의 준말이며, 누전작업 내지 평상시에 절연 저항 측정기록을 목적으로 사용하는 기기이다.

㉤ 멀티 테스터(회로시험기) : 여러 가지 측정기능을 결합한 전자계측기로서 (직류 · 교류)전압, 전류 및 저항 등의 값을 측정하며 일명 테스터기라고 한다. **2020, 2021 출제**

④ 발전기(generator)

㉠ 직류 발전기

ⓐ 흐르는 방향이 항상 일정한 전류인 직류를 일으키는 발전기를 말하며 도체가 자력선을 끊으면 그 도체에 기전력이 발생하는 전자 유도 현상을 응용한 것이다.

ⓑ 자기장 안에서 코일을 회전시키게 되어 있고, 끝에는 정류자가 붙어 있다.

ⓒ 정류자는 반원형의 금속판을 마주 붙여 놓은 것으로, 브러시라고 하는 두 금속판 사이에 끼어 있으며, 회전 코일의 끝에 연결되어 있다.

ⓓ 고리 모양의 도선 끝에 정류자를 달아 한쪽으로만 전류가 흐르도록 한 것으로 회전자에 따라 전기자가 회전하는 회전 전기자형과 계자가 회전하는 회전 계자형으로 나눈다.

ⓔ 시험과 운전 : 쇠붙이의 절연부에 대하여 절연저항, 내전압, 누설전류, 파괴 전압 등을 조사하는 시험인 절연시험을 500V 메가로 1MΩ 이상 실시한다.

㉡ 동기 발전기

ⓐ 회전자와 고정자(固定子)의 상대 속도가 회전 자기장과 동기해서 회전하는 발전기로 대부분의 교류 발전기가 여기에 해당한다.

ⓑ 기전력의 주파수와 발전기의 극수에 의하여 정해지는 일정한 회전수를 동기속도라 하며 동기속도로 회전하는 교류 발전기를 말하고 배에서 사용하는 교류 발전기는 모두 동기발전기이다.

ⓒ 현재 많이 사용되고 있는 동기발전기의 고정자는 전기자를, 회전자는 계자를 이용하는 회전 계자형 발전기이다.

⑤ 변압기 **2021 출제**

㉠ 교류 전류를 송전하는 과정에서 전압을 높이거나 낮추는 기계장치이다.

㉡ 선박 내에서는 발전기에서 생성한 전압과 서로 다른 전압의 장비용으로 주로 사용한다.

㉢ 선박용 발전기에서 발전 전압은 고전압을 발전하지 않을 때에는 대체적으로 3상 440V, 60Hz를 사용한다.

㉣ 선내 조명이나 저전력용 부하에는 단상 220V를 공급하기 위해 변압기를 사용하고 3상 440V는 동력용 부하에 주로 사용된다.

기출문제

2020년 제3회

☑ 전기회로에서 멀티테스터로 직접 측정할 수 없는 것은?

① 저항
② 직류전압
③ 교류전압
④ 전력

2021년 제4회

☑ 전동기 기동반에서 빼낸 퓨즈의 정상여부를 멀티테스터로 확인하는 방법으로 옳은 것은?

① 멀티테스터의 선택스위치를 저항 레인지에 놓고 저항을 측정해서 확인한다.
② 멀티테스터의 선택스위치를 전압 레인지에 놓고 전압을 측정해서 확인한다.
③ 멀티테스터의 선택스위치를 전류 레인지에 놓고 전류를 측정해서 확인한다.
④ 멀티테스터의 선택스위치를 전력 레인지에 놓고 전력을 측정해서 확인한다.

2021년 제1회

☑ 변압기의 역할은?

① 전압의 변환
② 전력의 변환
③ 압력의 변환
④ 저항의 변환

정답 ④, ①, ①

기출문제

2020년 제4회

☑ 3상 유도전동기의 구성요소로만 짝지어진 것은?

① 회전자와 정류자
② 전기자와 브러시
③ 고정자와 회전자
④ 전기자와 정류자

2021년 제2회

☑ 전동기의 운전 중 주의사항으로 옳지 않은 것은?

① 발열되는 곳이 있는지를 점검한다.
② 이상한 소리, 냄새 등이 발생하는 지를 점검한다.
③ 전류계의 지시치에 주의한다.
④ 절연저항을 자주 측정한다.

정답 ③, ④

ⓜ 1차측 권선에 교류전원을 연결하고 2차측 권선에 부하를 연결하는 방식으로 철심에 2개의 권선을 감은 것으로 각각의 권선이 권수에 비례하여 전압이 유도되는 원리이다.

⑥ 전동기

㉠ 전동기는 고정자와 회전자라고 불리는 2개의 부분으로 구성된다.

㉡ 회전자는 도체 · 자성체로 구성되어 있고, 대부분의 경우 슬립 링 또는 정류자라고 불리는 접촉용 소자를 가지고 있으며 회전자를 외부 회로와 연결해준다.

㉢ 회전자에는 그밖에도 베어링, 지지축, 냉각용 팬 등이 갖추어져 있다.

㉣ 플레밍의 왼손법칙

ⓐ 왼손의 집게손가락을 자기장의 방향, 가운데 손가락을 전류의 방향으로 향했을 때 그것들에 수직으로 세운 엄지손가락의 방향이 힘의 방향과 일치한다는 것이 플레밍의 왼손법칙이며, 전류와 자기장의 방향이 평행일 때에는 이와 같은 힘은 작용하지 않는다.

ⓑ 전류가 흐르고 있는 도선에 대해 자기장이 미치는 힘의 작용 방향을 정하는 법칙이다.

㉤ 유도 전동기(Induction motor) **2020 출제**

ⓐ 외부의 전원에 접속되고, 고정자와 회전자 사이의 좁은 공간 속에 회전 자기장을 만들어 이를 이용해 회전자를 회전시키는 전기기기이다.

ⓑ 전류계, 운전표시등, 시(기)동스위치, 배선 등으로 구성되어 있다.

ⓒ 전동기의 기동 직후에 부하 전류계에서 지침을 가장 높게 가리킨다.

ⓓ 3상 유도전동기와 단상유도 전동기로 구분된다.

ⓔ 3상 유도전동기는 단락 도체를 회전 자기장 속에 넣으면 회전하는 원리이다.

㉥ **동기 전동기** : 영구자석을 자유 회전이 가능한 자침 둘레에 설치하여 인력과 척력에 의해 자석을 회전시킨다.

㉦ **직류 전동기** : 플레밍의 왼손법칙에 의해 전자력이 발생되어 회전하게 되어 전기에너지를 기계에너지로 바꾸어주는 기기이다.

㉧ 전동기 운전시의 주의사항 **2021 출제**

ⓐ 전원과 전동기의 결선을 확인한다.

ⓑ 이상한 소리와 진동, 냄새가 나는지 확인한다.

ⓒ 각부의 발열 여부를 확인한다.

ⓓ 조임 볼트와 전류계의 지시치를 확인한다.

⑦ 선박용 전지

㉠ 수소와 산소의 전기화학반응에 의해 전기를 생산하고 부산물로 물과 열을 얻는 장치이다.

㉡ 선박에서는 주 전원의 상실 시에 기관 시동이나 경보 및 통신장치의 비상용 전원 및 선내의 비상 조명과 같은 안전을 위한 필수전력으로 사용된다.

ⓐ 1차 전지 : 회전전등이나 트랜지스터 라디오의 축전지와 같이 한번 사용하면 다시 사용할 수 없는 전지를 말한다.

ⓑ 2차 전지 : 니켈-카드뮴 전지와 같이 방전 시 충전하여 재사용할 수 있는 전지를 말한다. **2022 출제**

㉢ 알칼리 축전지

ⓐ 충전이 가능한 이차 전지의 하나로 전해액으로 강한 알칼리 용액을 사용하는 축전지이며, 평균 방전 전압은 1.2V이고 기전력은 보통 1.3V 정도이다.

ⓑ 양극으로 수산화 니켈, 음극으로 철 또는 카드뮴을 사용하여 만든 것으로 가볍고 수명이 길다.

ⓒ 알칼리 축전지의 장점

- 충전 · 방전 특성이 양호하고 사용 온도 범위가 넓다.
- 방전 중 전압 변동이 적다.
- 충격과 진동에 강하고 수명이 길다(연축전지의 3~4배)

ⓓ 알칼리 축전지의 단점

- 연축전지에 비해 방전전압이 낮다.
- 가격이 비싸다.

㉣ 납축전지(鉛蓄電池, lead-acid battery) **2020 출제**

ⓐ 납축전지(鉛蓄電池, lead-acid battery)는 금속 납을 음극, 산화납을 양극, 진한 황산을 전해질로 구성한 대표적인 2차 전지이다.

ⓑ 납축전지는 진한 황산의 비중(약 38%)이 약 1.280인 상태에서 기전력(전압)이 약 2.1V이고 비상용 납축전지의 전압은 24V이다.

ⓒ 완전 충전 상태일 때 전해액의 비중은 20℃에서 1.28이다.

ⓓ 납축전지의 구조 **2021 출제**

- 극판 : 양극, 음극 모두 납과 안티몬, 납과 칼슘계의 격자(grid)에 납가루 또는 산화납을 묽은 황산에 개어 격자에 발라 놓은 것을 말한다.
- 격리판 : 양극판과 음극판 사이에 넣는 부도체로서 전기적 단락을 방지하는 역할을 한다.
- 유리 섬유판 : 양극판의 작용물질이 떨어지지 않도록 극판의 양면에 압착하여 눌러 붙여 사용하는 판을 말한다.
- 극판군 : 셀 스트랩에 여러 장의 극판을 끼워 한 쌍으로 만든 것을 말한다.
- 케이스 : 합성수지 등으로 만들고, 12V 축전지는 6개의 칸으로 되어 있다.
- 전해액 : 순도가 높은 무색, 무취의 묽은 황산으로 황산과 증류수의 비중은 1.2 내외이다.

ⓔ 납축전지 용량 : 방전 전류 〔A〕 × 방전 시간 〔h〕 → 〔Ah : 암페어시〕 **2022 출제**

기출문제

2018년 제2회

☑ 선박용 납축전지의 용도가 아닌 것은?

① 비상 통신용
② 조명용
③ 유도전동기 기동용
④ 기관 시동용

2022년 제2회

☑ 방전이 되면 다시 충전해서 계속 사용할 수 있는 전지는?

① 1차 전지
② 2차 전지
③ 3차 전지
④ 4차 전지

2018년 제4회

☑ 우리나라에서 납축전지가 완전 충전 상태일 때 20[℃]에서 전해액의 표준 비중값은?

① 1.24
② 1.26
③ 1.28
④ 1.30

2022년 제4회

☑ 납축전지의 용량을 나타내는 단위는?

① [Ah]
② [A]
③ [V]
④ [kW]

정답 ③, ②, ③, ①

기출문제

2020년 제2회

☑ 납축전지의 관리방법으로 옳지 않은 것은?

① 충전할 때는 완전히 충전시킨다.

② 방전시킬 때는 완전히 방전시킨다.

③ 전해액을 보충할 때에는 비중을 맞춘다.

④ 전해액 보충시에는 증류수로 보충한다.

정답 ②

ⓕ 납축전지의 장점

- 대용량이 가능하며 다양한 크기로 제작 가능하다.(최소 1AH에서 수천 AH용량의 전지)
- 저온, 고온 및 고율 방전 특성이 우수하다.(Ni-Cd가 더 우수)
- 사용되는 원재료 구입이 쉬우므로 제조 원가가 낮고 가격 경쟁력이 우수하다.
- 충전 효율이 우수하다 : 방전/충전 = 70%이상
- 높은 cell 전압 : 개회로 전압 : 2.0V이상
- 충전 상태를 쉽게 확인할 수 있고, 밀폐형인 경우에는 어렵다.
- 과 충전 저항력이 강하고 무보수 축전지 가능하다.

ⓖ 납축전지의 단점

- 상대적으로 수명이 짧고 (Ni-Cd대비) 에너지 밀도가 낮다. : 30-40Wh/kg
- 자기방전으로 충전상태의 지속성이 낮다.
- 방전후 장기 보존이 어려워 수명에 치명적이고 납으로 인한 중금속 오염이 될 수 있다.
- 매우 작은 사이즈로 제작이 어렵고 국부 열화(thermal runaway)현상이 발생할 위험이 있다.

ⓗ 주된 고장요인

- 양극 활물질의 탈락과 양극 격자(GRID)의 부식
- 음극 활물질의 파손과 격리판의 파손
- 기타 복합적인 요인

(4) 기타 장치

① 조수기(fresh water generator)

㉠ 진공이 형성된 용기에 해수를 공급해서 주기 냉각수에 열을 가열하면 해수가 증발되고 증기를 다시 응축하여 증류수를 만드는 형태의 기기이다.

㉡ 승조원이 사용하는 식수는 물론 각 장비의 냉각수와 보일러 급수 등에 필요한 물을 공급하기 위해 해수로부터 증류수를 생산하는 장치이다.

㉢ 대개 주기의 냉각수는 80℃ 정도 된다.

㉣ 조수기는 크게 플래쉬식과 침관식으로 구분된다.

② 보일러

㉠ 보일러는 연료를 연소시켜 그 연소열을 밀폐용기 내의 물에 전하여 일정의 온도와 압력의 증기를 발생시키는 장치이다.

㉡ 선박용 보일러의 조건

ⓐ 보일러실의 온도가 높지 않아야 한다.

ⓑ 점화 및 소화가 쉽고 부하의 변동에 쉽게 작용해야 한다.

ⓒ 취급이 쉽고 적은 인원으로 조작할 수 있으며 검사와 수리 및 청소가 편리해야 한다.

ⓓ 무게가 가볍고 급수처리가 간단해야 한다.

ⓔ 고온 · 고압의 증기를 신속하고 경제적으로 많이 발생시킬 수 있어야 한다.

ⓕ 진동, 좌초, 충격 등에 대해서 안전해야 한다.

ⓖ 보일러의 소요 설치 면적이 가급적 좁아야 한다.

③ **공기압축기**(air compressure)

㉠ 동력을 외부로부터 받아 공기를 압축하는 장치로써 디젤기관에서는 시동 및 조종용 등으로 압축공기를 필요한 관계로 공기압축기를 설치한다.

㉡ 압축 공기를 만들 때 대기 중에서 흡입한 공기를 한 번 만에 압축하지 않고 보통 2, 3단계로 나누어 압축한다.

㉢ 각 단계별로 배출된 공기를 냉각할 수 있도록 냉각기가 설치되어 있다.

㉢ **공기압축기를 다단식으로 하는 이유**

ⓐ 압축시간을 줄임으로 효율이 좋고 압축공기의 온도를 낮출 수 있다.

ⓑ 탄화에 의한 피스톤과 피스톤링의 고착 및 폭발의 위험을 줄일 수 있다.

ⓑ 고열로 인한 윤활유의 변질을 막을 수 있다.

④ **기름 청정기**(oil purifier)

㉠ 내연기관이나 보일러에 사용하는 연료유나 윤활유에 함유된 수분이나 고형분과 같은 불순물의 비중 차를 고속 원심력으로 확대시켜 청정해내는 장치이다.

㉡ 기관의 운전을 방해하고 마모와 부식현상을 방지할 수 있다.

⑤ **냉동 및 냉장**

㉠ 자연 냉동법으로는 승화열 이용법, 융해열 이용법, 증발열 이용법 등이 있다.

㉢ 대형 냉동장치에는 암모니아 냉매를 주로 사용한다.

ⓐ **1차 냉매** : 암모니아, 프로판, 메탄, 프레온, 에탄, 부탄 등이 이다.

ⓑ **혼합 냉매** : 단일 냉매로 원하는 효과를 얻을 수 없는 경우에 주로 이용하는 것으로 2개 이상의 순수 냉매를 혼합한 냉매를 말한다.

⑥ **유수 분리기**(oily bilge separator) … 유수분리기는 기관실 하부에 고이게 되는 빌지(bilge)를 바다에 버릴 때 유분이 해양을 오염시키므로 유분을 분리하는 기기이다.

(5) 갑판 보조기계

① 하역장치

㉠ 화물을 내리거나 올릴 때 사용된다.

㉡ **데릭식 하역 설비** : 널리 쓰이는 선박의 하역 설비로 데릭 포스트(derrick post), 데릭 붐(derrick boom), 윈치(winch) 및 로프들로 구성되어 있다.

㉢ **크레인식 하역 장치** : 크레인식은 하역 준비 및 격납이 쉽고 하역 작업이 간편하고 빠르기 때문에 널리 쓰이고 있으며, 종류로는 위치가 고정되어 있는 집 크레인(jib crane)과 선수미 방향으로 이동하며 하역하는 갠트리 크레인(gantry crane)이 있다.

② 양묘기(windlass) **2022출제**

㉠ 앵커를 감아올리거나 투묘 작업 및 선박을 부두에 접안시킬 때, 계선줄을 감는 데 사용한다.

㉡ 체인 드럼, 클러치, 마찰 브레이크, 워핑 드럼 등으로 구성한다.

기출문제

2022년 제4회

☑ 양묘기의 구성 요소가 아닌 것은?

① 구동 전동기
② 회전드럼
③ 제동장치
④ 데릭 포스트

03 기관고장 시의 대책

(1) 디젤기관의 운전

① 기관분해 시 주의해야 할 사항

㉠ 분해 할 때에는 그 부분의 구조를 충분히 숙지하도록 한다.

㉡ 분해할 때 볼트 등의 분실이 없도록 주의하고 순서를 잘 기억하도록 한다.

㉢ 크랭크핀 메탈, 메인베어링 등을 분해할 때는 그 매수와 두께를 기록한다.

㉣ 피스톤을 빼거나 베어링캡을 떼어놓았을 때에는 그 부품에 먼지가 들어가지 않도록 커버를 씌어야 한다.

㉤ 디젤기관 분해작업 시 행하는 작업순서

ⓐ 작업에 필요한 공구들을 준비한다.
ⓑ 냉각수의 드레인을 배출시킨다.
ⓒ 실린더 헤드를 들어 올린다.
ⓓ 커넥팅로드의 대단부 베어링을 분해해서 피스톤 발출
ⓔ 실린더라이너를 발출

② 기관을 분해 후 조립할 때 주의 사항

㉠ 각부의 패킹은 규정된 것을 사용하도록 한다.

㉡ 조립을 완료한 후 시동 전에 반드시 누설개소가 없는지 확인한다.

㉢ 볼트 및 너트를 조립할 때에는 대각방향으로 완전하게 조여야 한다.

㉣ 캠축을 조립할 때에는 기어의 짝 마크에 특별히 주의해서 맞추도록 한다.

2019년 제3회

☑ 소형 디젤기관 분해작업 시 피스톤을 들어올리기 전에 행하는 작업이 아닌 것은?

① 피스톤과 커넥팅 로드를 분리시킨다.
② 냉각수의 드레인을 배출시킨다.
③ 작업에 필요한 공구들을 준비한다.
④ 실린더 헤드를 들어 올린다.

정답 ④, ①

③ 디젤기관의 시동 준비 및 시동

㉠ 시동하기 전의 준비사항

ⓐ 한냉시에는 냉각수를 적당히 가열한다.

ⓑ 윤활유 프라이밍 펌프를 작동시키는 동안에 크랭크축을 완전히 3회전 시키고 인디케이터 콕으로부터 누수가 없는지 확인한다.

ⓒ 전기 부품을 점검하여 경보 기능과 안전장치 기구를 점검한다.

ⓓ 실린더 재킷 냉각수의 온도가 20℃ 이상이 되도록 냉각수 계통을 점검하고 예열한다.

ⓔ 탱크 내에 응축되어 있는 수분을 배출시키고 시동장치를 점검하여 압축 공기의 압력이 30kgf/㎠에 있는지를 확인한다.

ⓕ 연료를 중질 연료유를 사용하는 경우에는 경질유/중질유 변환 스위치를 경질유 위치에 둔다.

ⓖ 서비스 탱크 내의 연료량과 팽창 탱크 내의 고온 냉각수를 확인한다.

ⓗ 기관 윤활유와 조속기 및 과급기의 윤활유 레벨을 확인하고 필요한 경우 보충하여 정상 레벨을 유지시킨다.

ⓘ 윤활유, 연료유, 냉각수, 시동 공기 등의 밸브와 콕(Cock)을 작동 위치로 둔다.

ⓙ 각 활동부에 윤활유를 주입하고 수회전 터닝하여 운동부의 이상여부를 확인한다.

㉡ 시동 중의 점검사항

ⓐ 윤활유, 순환유, 캠축, 냉각수, 연료유, 소기 등의 온도와 압력이 정상인지 확인한다.

ⓑ 파이프를 만져서 파이프가 뜨거우면 시동밸브가 누설되고 있는 것이다.

ⓒ 모든 실린더에서 연소가 잘 이루어지고 있는지를 확인하고 실린더 주유기의 작동 상태를 확인한다.

ⓓ 순환유의 압력을 점검하고 토출이 제대로 되는지를 확인한다.

ⓔ 모든 배기 밸브가 순서에 맞게 작동하는지 확인한다.

ⓕ 텔레그라프 명령과 프로펠러의 회전 방향이 일치하는지를 확인한다.

ⓖ 모든 과급기가 운전되고 있는지 확인한다.

④ 디젤기관의 운전 중 점검 내용 **2020, 2021, 2022 출제**

㉠ 연료 계통

ⓐ 사용하는 연료유의 종류에 따라 온도와 압력이 정상적으로 작동되고 있는지 점검한다.

ⓑ 여과기의 상태에 따라 연료유의 공급 압력이 변할 수 있으므로 연료유 공급 펌프의 입구와 출구 압력을 관찰하여야 한다.

기출문제

2021년 제4회

☑ 소형기관의 시동직후 운전상태를 파악하기 위해 점검해야 할 사항이 아닌 것은?

① 진동의 발생여부
② 계기류의 지침
③ 배기색
④ 윤활유의 점도

2022년 제1회

☑ 디젤기관의 운전 중 점검사항이 아닌 것은?

① 배기가스 온도
② 윤활유 압력
③ 피스톤링 마멸량
④ 기관의 회전수

정답 ④, ③

ⓛ 배기 계통

ⓐ 정상적으로 연소되고 있는지 주기적으로 배기색을 확인하여 점검하여야 한다.

ⓑ 실린더가 범위를 벗어난 것이 있으면 지압기를 찍어 밸브 누설, 연소 상태 등을 점검하고 원인을 파악해야 한다.

ⓒ 각 실린더별 편차는 취급 설명서에 제시된 범위 내에 있어야 하며 작을수록 좋다.

ⓓ 각 실린더의 배기가스 온도가 정상적인 값을 나타내는지 확인한다.

ⓒ 소기 계통

ⓐ 과급기의 터빈측에 냉각수가 공급되는 경우라면 냉각수의 압력과 입구 및 출구의 온도로 확인하여야 한다.

ⓑ 과급기에 공급되는 윤활유의 압력과 온도 및 기관에 공급되는 소기 공급의 압력과 온도가 정상 값을 나타내는지 점검한다.

ⓔ 운동부의 윤활유 계통

ⓐ 메인 베어링과 크랭크축 베어링에 공급되는 윤활유의 압력과 입구 및 출구의 온도가 정상적인 값을 나타내는지 점검한다.

ⓑ 윤활유 펌프의 입구 및 출구의 압력이 정상인데 베어링에 공급되는 윤활유의 압력과 온도가 약간이라도 정상적인 값에서 벗어나면 베어링부의 발열을 먼저 점검하여야 한다.

ⓜ 냉각수 계통

ⓐ 실린더 헤드나 실린더 라이너, 피스톤 크라운에 균열이 발생되게 되면 연소가스가 냉각수와 접촉하기 때문에 냉각수의 출구 온도 상승과 함께 냉각수에 카본 성분이 검출될 수 있다.

ⓑ 실린더와 실린더 헤드에 공급되는 냉각수의 압력과 입구 및 출구의 온도가 정상적인 값을 나타내는지 점검한다.

⑤ **디젤기관의 정지 시 조치 2022 출제**

ⓖ 발전기관은 무부하로 수분간 운전하다가 연료 핸들을 천천히 정지 위치로 옮겨서 정지한다.

ⓛ 기관의 회전수를 서서히 감소시켜 정지한다.

ⓒ 시동 공기를 공급해서 수회 기관을 회전시키면서 실린더 내의 잔류가스를 배출시킨다.

ⓔ 연료 공급 밸브는 잠구어 연료를 차단하고 인디케이터 밸브와 시동 공기밸브를 연다.

ⓜ 인디케이터 콕이 열려있으면 정박 중 터닝기어로 기관을 터닝하려 할 때 터닝이 잘 되지 않으므로 가장 우선적으로 확인해야 한다.

ⓑ 터닝기어의 운전이 끝나면 윤활유 펌프와 실린더, 밸브, 피스톤 등에 냉각유체를 공급하는 펌프를 정지시킨다.

기출문제

2022년 제1회

☑ 디젤기관을 완전히 정지한 후의 조치사항으로 옳지 않은 것은?

① 시동공기 계통의 밸브를 잠근다.
② 인디케이터 콕을 열고 기관을 터닝시킨다.
③ 윤활유펌프를 약 20분 이상 운전시킨 후 정지한다.
④ 냉각 청수의 입·출구 밸브를 열어 냉각수를 모두 배출시킨다.

정답 ④

ⓢ 선박의 종류에 따라 정박 기간이 짧은 경우에는 기관의 난기 상태를 유지하기 위하여 실린더 냉각수 펌프를 계속 운전하는 경우도 있다.

ⓞ 이상 유무를 확인하기 위해 인디케이터 밸브를 통하여 배출되는 잔류 가스의 상태를 관찰한다.

⑥ 기관의 정비와 검사

㉠ 기관을 최적의 상태로 유지하기 위해서는 정기적인 검사와 정비가 실시되어야 한다.

㉡ 디젤기관의 정비에는 정기적으로 실시하는 계획 정비와 그 외의 일반적인 정비로 구분할 수 있다.

㉢ 디젤기관 주요 구조부의 정비 내용

ⓐ 피스톤과 실린더 라이너의 분해 정비

ⓑ 실린더 헤드의 개방 점검 및 정비

ⓒ 크랭크축의 디플렉션 측정

ⓓ 메인 베어링의 점검 및 정비

㉣ 디젤기관을 장기간 휴지할 때의 주의사항

ⓐ 기관의 터닝은 적어도 1주일에 한번 터닝해서 각부의 접촉부위를 교환하고 녹이 슬지 않도록 해야 한다.

ⓑ 냉각수를 전부 빼고 각 운동부에 그리스를 바른다.

ⓒ 각 부분을 주의 깊게 소제하고 밸브 및 콕을 모두 잠근다.

ⓓ 정기적으로 터닝을 시켜준다.

(2) 고장의 원인과 대책

① 일반적인 고장 현상의 원인과 대책

㉠ 기관을 정지시켜야 하는 경우의 원인

ⓐ 배기 온도가 급격히 상승하거나 회전수가 원인을 모르게 급격하게 떨어지는 경우

ⓑ 안전밸브가 동작하여 가스가 분출되거나 어느 실린더의 음향이 특히 높은 경우

ⓒ 연료분사 펌프나 조속기 및 연료분사 밸브의 고장으로 회전수가 급격히 변동하는 경우

ⓓ 윤활유나 냉각수의 공급 압력이 급격히 떨어졌으나 곧바로 복구하지 못한 경우

ⓔ 운동부에서 진동이 발생하거나 이상한 소리가 나는 경우

ⓕ 실린더의 냉각수나 베어링 윤활유 및 피스톤 냉각수(유)의 출구 온도가 이상 상승하는 경우

기출문제

2022년 제1회

☑ 운전중인 디젤기관이 갑자기 정지되었을 경우 그 원인이 아닌 것은?

① 과속도 장치의 작동
② 연료유 여과기의 막힘
③ 시동밸브의 누설
④ 조속기의 고장

2022년 제2회

☑ 운전 중인 디젤기관이 갑자기 정지되는 경우가 아닌 것은?

① 윤활유의 압력이 너무 낮아졌을 경우
② 기관의 회전수가 과속도 설정값에 도달된 경우
③ 연료유가 공급되지 않는 경우
④ 냉각수 온도가 너무 낮은 경우

정답 ③, ④

㉡ 기관이 갑자기 정지하는 경우의 원인 **2021, 2022 출제**

ⓐ 연료유 계통에 문제가 있는 경우(조속기의 고장, 연료유 공급 차단, 연료유 수분 과다 혼입, 연료유 여과기의 막힘 등)
ⓑ 피스톤이나 메인 베어링, 크랭크 핀 베어링 등과 같은 주 운동 부분이 고착되어 있는 경우
ⓒ 흡입밸브가 너무 조여져 있는 경우
ⓓ 소기압이 낮거나 기관의 회전수가 규정치보다 너무 높아진 경우

㉢ 시동이 안 되는 경우의 원인

ⓐ 연료 공급이 잘 안되거나 실린더 내의 온도가 낮은 경우
ⓑ 압축 압력이 낮거나 연료유에 물이나 공기가 차 있는 경우
ⓒ 연료의 분사 시기가 일정하지 않은 경우

⇨ 대책 :
ⓐ 연료 공급 계통을 확인하여 조치한다.
ⓑ 테스트콕을 열고 실린더 내의 가스를 배출한다.
ⓒ 시동공기 압력을 확인한다.

㉣ 운전 중 백색의 배기가스가 배출되는 경우의 원인

ⓐ 소음기 내면에 기름재가 부착되어 있는 경우
ⓑ 소기 압력이 너무 높거나 압축 압력이 너무 낮은 경우
ⓒ 폭발하지 않은 실린더가 있거나 기관이 과냉한 경우
ⓓ 연료에 수분이 혼입되었거나 실린더 안에서 냉각수가 누설된 경우

㉤ 운전 중 흑색의 배기가스가 배출되는 경우의 원인

ⓐ 실린더의 과열이나 불완전연소인 경우
ⓑ 실린더 라이너나 피스톤 링이 마모된 경우
ⓒ 베어링 등의 운동부에 발열을 일으켰거나 피스톤이 소손된 경우
ⓓ 기관에 과부하가 걸렸거나 배기관이 막힌 경우 또는 소기 공기의 압력이 낮은 경우
ⓔ 흡 · 배기 밸브의 개폐시기가 올바르지 못하거나 상태가 불량한 경우
ⓕ 연료 분사 밸브나 연료 분사 펌프의 상태가 불량한 경우

㉥ 기관에 노킹(knocking)이 발생하는 경우의 원인

ⓐ 압축 압력이 불충분하거나 연료 분사 밸브의 분무 상태가 불량한 경우
ⓑ 분사 압력이 부적당하거나 기관이 과냉할 때, 연료 분사가 불균일한 경우
ⓒ 연료의 분사 시기가 빠르거나 착화성이 좋지 않은 연료를 사용하는 경우

㉦ 기관의 진동이 심한 경우의 원인 **2021, 2022 출제**

ⓐ 메인 베어링이나 크랭크 핀 베어링 및 스러스트 베어링 등의 틈새가 너무 큰 경우

ⓑ 기관대 설치 볼트가 이완 또는 절손되었거나 위험 회전수로 운전하고 있는 경우

ⓒ 각 실린더의 최고 압력이 고르지 않거나 기관이 노킹을 일으키는 경우

ⓞ 윤활유의 온도가 높아지는 경우의 원인

ⓐ 과부하가 되었거나 냉기관이 오손된 경우

ⓑ 온도가 상승하거나 냉각수가 부족한 경우

ⓩ 윤활유 소비량이 많은 경우의 원인

ⓐ 기관의 입구에서 볼 때 윤활유의 온도가 높은 경우

ⓑ 피스톤이나 실린더의 마멸이 심한 경우

ⓒ 베어링의 틈새가 너무 크거나 윤활유가 새고 있는 경우

② 시동 전 고장의 원인과 대책

㉠ 인디케이터 쪽으로 부터의 누수가 있는 경우

원인	대책
배기관에 빗물이 유입된 경우	과급기의 배기구 바닥에 물이 고여 있는지를 점검한다.
공기 냉각수의 누수현상	배관과 공기 냉각수를 점검하고 누수 부분의 기밀을 유지한다.
공기 냉각기 내에 물이 응축된 경우	흡기 매니폴드 내에 수분이 있는지를 확인한다.
과급기의 공기 냉각기로부터의 누수현상이 있는 경우	과급기 내에 찌꺼기가 쌓여 있는지를 확인한다.
팽창 탱크에서의 고온도 냉각수의 감소에 따른 라이너와 실린더 헤드의 균열이 있는 경우	실린더를 점검하여 이상 유무를 확인하고 점검 도어를 통해 크랭크실 내부를 점검하며 실린더 헤드의 수압시험을 실시한다.

㉡ 윤활유에 수분이 흡입된 경우

원인	대책
윤활유 냉각기 내에 누수현상이 있는 경우	윤활유 냉각기를 확인한다.
실린더 헤드의 플러그를 통해 물이 유입된 경우	플러그 교환, 실린더 헤드 점검, 실린더헤드의 수압시험을 실시한다.
실린더를 통해 물이 유입된 경우	실린더의 균열을 확인한다.
응축에 의한 윤활유 내로 소량의 물이 유입된 경우	온도 조절 밸브가 정상적으로 작동하는지를 확인한다.

기출문제

2022년 제3회

☑ 운전중인 디젤기관에서 진동이 심한 경우의 원인으로 옳은 것은?

① 디젤 노킹이 발생할 때

② 정격부하로 운전 중일 때

③ 배기밸브의 틈새가 작아졌을 때

④ 윤활유의 압력이 규정치보다 높아졌을 때

정답 ①

기출문제

㉢ 기관을 회전시켜도 크랭크축이 회전하지 않는 경우

원인	대책
이물질로 인한 크랭크 회전이 불량인 경우	크랭크에 공구, 먼지, 기어, 실린더 내부, 커플링 플랜지 또는 나뭇조각 등의 이물질이 끼어 있는지를 확인한다.

③ 시동 시 고장의 원인과 대책

㉠ 크랭크축은 회전하지만 폭발이 없는 경우

원인	대책
노즐의 구멍이 막힌 경우	노즐의 막힌 구멍을 뚫는다.
연료펌프로부터 연료밸브까지의 배관에 공기가 유입된 경우	연료 입구관의 공기배출 밸브를 열어서 공기를 빼낸다.
연료펌프의 레크가 너무 낮은 경우	레크의 위치를 확인한다.
연료가 연료펌프에 공급되지 않는 경우	연료계통을 확인한다.

㉡ 연소가 불규칙적인 경우

원인	대책
연료밸브가 막힌 경우	연료밸브의 작동 압력을 확인한다.
연료 공급계의 공기 배출이 이루어지지 않는 경우	연료 공급계통의 공기를 배출시킨다.
연료펌프의 플런저가 작동하지 않는 경우	연료펌프를 확인한다.
연료에 물이 유입된 경우	연료탱크로부터 유입된 물을 제거한다.

㉢ 정상 시동 후 기관이 정지한 경우

원인	대책
기관의 이상 검출 정지장치에 의해 시동이 안되는 경우	기관 작동 패널을 점검한다.
안전장치의 조정이 안되는 경우	안전장치의 정상 작동을 점검한다.

㉣ 시동을 시켜도 크랭크축이 회전하지 않을 경우

원인	대책
시동 밸브가 손상된 경우	시동 공기 분배기를 확인한다.
윤활유의 점도가 너무 높은 경우	윤활유의 점도를 조절한다.
시동 공기탱크의 공기압이 너무 낮은 경우	시동 공기 압력을 올린다.

공기탱크의 공기정비 밸브나 기관에 부착된 공기 정지 밸브가 열리지 않은 경우	시동 공기 정비 밸브를 연다.
실린더의 시동 밸브가 시동 위치에서 작동되지 않은 경우	시동 밸브를 확인한다.

ⓜ 디젤기관의 시동 직후 점검사항

ⓐ 윤활유 압력계의 지시치와 기관의 이상음 발생 여부

ⓑ 각 운동부와 냉각수 순환계통 및 연소상태의 이상 유무

ⓗ 기관을 시동 후에도 윤활유의 압력 상승이 안 되는 경우

ⓐ **원인**: 윤활유 압력 조절 밸브나 윤활유 펌프의 이상이다.

ⓑ **대책**: 즉시 기관을 멈추고 윤활유 계통을 점검하며 프라이밍 펌프를 통해 윤활유의 압력을 증가시킨다.

④ 운전 중 고장의 원인과 대책

㉠ 기관이 급정지한 경우

원인	대책
과속도 정지장치가 작동한 경우	과속도 정지장치를 재조정한다.
연료가 부족한 경우	연료계 및 연료탱크 내 연료의 양을 확인한다.
조속기가 이상한 경우	조속기를 확인한다.
연료에 물이 혼입된 경우	연료탱크에서 물을 제거한다.

㉡ 검은색 배기가스가 발생한 경우 **2021 출제**

원인	대책
연료 분사 상태가 불량하거나 연료밸브의 개방 압력이 부적당한 경우	연료밸브를 확인한다.
과부하 운전의 경우	기관의 부하를 줄인다.
공기 압력이 불충분한 경우	과급기를 청소한다.

㉢ 폭발시 비정상적인 소음이 발생하는 경우

원인	대책
연료밸브와 실린더 헤드의 기밀상태가 불량인 경우	연료밸브를 들어내어 실린더 헤드와의 기밀상태를 점검한다.
연료밸브가 막혔거나 니들 밸브가 오염된 경우	연료밸브를 교환한다.
실린더 헤드의 배기 플랜지에서 가스가 누출된 경우	개스킷을 교환한다.
실린더 헤드 접합부에서의 가스가 누출된 경우	실린더 헤드의 풀림을 점검하고 필요하면 개스킷을 교환한다.

기출문제

2021년 제1회

☑ 디젤기관의 운전 중 배기색이 검은색으로 되는 원인이 아닌 것은?

① 공기량이 충분하지 않을 때
② 기관이 과부하로 운전될 때
③ 연료에 수분이 혼입되었을 때
④ 연료분사상태가 불량할 때

2021년 제2회

☑ 디젤기관의 운전 중 검은색 배기가 발생되는 경우는?

① 연료분사밸브에 이상이 있을 경우
② 냉각수 온도가 규정치 보다 조금 높을 경우
③ 윤활유 압력이 규정치 보다 조금 높을 경우
④ 윤활유 온도가 규정치 보다 조금 낮을 경우

정답 ③, ①

기출문제

㉣ 연료 분사를 멈추어도 소음이 멈추지 않는 경우

원인	대책
로커 암 지지 핀이 소착된 경우	기관을 즉시 정지해서 파손된 부품을 교환한다.
흡·배기 밸브의 파손이나 밸브 스프링이 파손된 경우	

㉤ 운전 상태 변동의 경우

원인	대책
과급기나 공기 냉각기가 오염된 경우	공기 냉각기나 과급기 및 베어링 상태를 확인한다.
회전속도가 저하되는 경우	연료와 여과기를 확인한다.
피스톤의 소착으로 인한 경우	피스톤이 상사점에 있을 때 각 운동부의 상태를 확인한다.
흡·배기 밸브의 소착으로 인한 경우	흡·배기 밸브를 확인한다.

㉥ 오일 미스트 관으로부터 대량의 오일 미스트가 배출되는 경우

원인	대책
피스톤 링이 마멸된 경우	냉각수계와 윤활유계의 유량을 점검한다.
피스톤 등의 운동 부분이 소착된 경우	기관을 즉시 정지하고 확인한다.

㉦ 기관에 들어가는 윤활유의 압력이 감소하는 경우

원인	대책
윤활유 여과기가 막힌 경우	여과기의 압력차를 측정한다.
윤활유 압력 조절 밸브가 이상한 경우	압력 조절 밸브를 확인한다.
압력계에서 윤활유가 누설되는 경우	압력계 및 연결부를 확인한다.

㉧ 배기가스의 온도가 저하하는 경우

원인	대책
연료 밸브의 소착으로 인한 경우	연료 밸브를 교체한다.
연료 계통이 이상한 경우	고장이 연료 밸브에까지 확대되지 않았는지 확인한다.
온도 검출 장비가 불량인 경우	파미로메타의 취부 상태를 점검한다.

ⓙ 기관에 들어가는 윤활유의 압력이 상승하는 경우

원인	대책
윤활유의 온도가 저하되는 경우	윤활유의 온도를 확인한다.
윤활유 압력 조절 밸브가 이상이 있는 경우	압력 조절 밸브를 확인한다.

ⓚ 배기가스의 온도가 상승하는 경우 **2020 출제**

원인	대책
배기구로부터 배압이 있는 경우	배기구의 보호용 커버가 제거되었는지 확인한다.
흡입 공기의 냉각이 불량인 경우	냉각수의 유량을 증가시킨다.
과급기의 작동이 불량인 경우	과급기의 상태를 확인한다.
부하가 적합하지 않은 경우	연료펌프 래크의 위치를 보고 부하의 상태를 확인한다.
흡입 공기의 저항이 큰 경우	공기여과기를 점검한다.

ⓛ 기관에 심한 진동이 일어나는 경우 **2020, 2022 출제**

원인	대책
기관대 설치 볼트가 이완 또는 절손된 경우	확인 후 이완부는 재결합하고 절손된 것은 교체한다.
위험 회전수로 운전하고 있는 경우	위험 회전수를 피해서 운전한다.
각 베어링에 큰 틈새가 있는 경우	베어링의 틈새를 알맞게 조절한다.
각 실린더의 최고 압력이 고르지 않은 경우	각 실린더의 연료 분사 시기를 점검한다.
기관의 노킹 현상이 있는 경우	노킹의 원인을 제거한다.

ⓜ 메인 베어링이 발열을 일으키는 경우

원인	대책
윤활유의 부족 및 불량인 경우	윤활유를 공급하면서 기관을 냉각시키고 베어링의 틈새를 알맞게 조절한다.
베어링의 틈새가 불량인 경우	
과부하 운전상태인 경우	
크랭크축의 중심선이 불일치하는 경우	

기출문제

2020년 제3회

☑ 운전중인 디젤기관에서 모든 실린더의 배기 온도가 상승한 경우의 원인이 아닌 것은?

① 과부하 운전
② 조속기 고장
③ 과급기 고장
④ 저부하 운전

2022년 제1회

☑ 운전중인 디젤기관의 진동 원인이 아닌 것은?

① 위험회전수로 운전하고 있을 때
② 윤활유가 실린더 내에서 연소하고 있을 때
③ 메인 베어링의 틈새가 너무 클 때
④ 크랭크핀 베어링의 틈새가 너무 클 때

정답 ④, ②

기출문제

ⓟ 윤활유의 온도가 상승하는 경우

원인	대책
냉각수의 유량이 부족한 경우	냉각수계를 확인한다.
기관이 이상 발열을 하는 경우	운동부를 점검하여 발열 원인을 조사하고 수리한다.
윤활유 온도 조절 밸브가 불량인 경우	온도 감지 부분의 고장을 확인한다.

ⓗ 특정 실린더의 배기 온도가 상승하는 경우

원인	대책
배기 밸브의 누설이 있는 경우	밸브를 교체하거나 분해하여 확인한다.
연료 분사 밸브나 노즐의 결함이 있는 경우	밸브나 노즐을 교체한다.

㉠-1 냉각수 계통이 비정상적인 경우

원인	대책
냉각수 펌프의 이상이 있는 경우	냉각수 펌프를 확인한다.
냉각수 펌프에 물이 공급되지 않고 있는 경우	고온도 냉각계의 공기를 점검하고 팽창 탱크 내의 수위를 확인한다.
냉각수 온도 조절 밸브가 불량인 경우	온도 감지 부분의 고장을 점검하고 필요하면 교체한다.
저온 냉각수 펌프의 압력이 저하되는 경우	저온 냉각수 계통, 특히 냉각수 펌프를 확인한다.
저온도 냉각수의 유량이 부족한 경우	저온도 냉각계를 확인한다.

㉡-1 한랭지방을 항해할 때의 디젤기관 취급상의 주의 사항

ⓐ 기관정지 시에는 동파를 방지하기 위해서 냉각계통의 해수를 완전히 빼준다.

ⓑ 냉각수 온도가 낮아짐에 따라 발생되는 장애가 없도록 대비한다.

ⓒ 시동을 양호하게 하기 위해서 기관의 실린더를 따뜻하게 해준다.

ⓓ 기관실은 가급적이면 냉기가 들어오지 않도록 한다.

정답 ②

04 연료유 수급

(1) 연료유

석탄 제품 중 주로 연료용으로 제공되는 것으로 가솔린, 등유, 경유 및 중유를 통칭해서 연료유라고 한다.

① 연료유의 종류

㉠ 가솔린(휘발유)

ⓐ 원유를 분별 증류하였을 때, 30~200℃ 범위에서 끓는 액체를 말하며, 비중은 0.69~0.77이고 가솔린은 흔히 휘발유라고 부르기도 하는데, 상온에서 증발하기 쉽고 인화성이 좋아 공기와 혼합되면 폭발성을 지닌다.

ⓑ 가솔린의 증기는 공기보다 약 3배 정도 무겁고 독성이 있으므로 주의해야 한다.

㉡ 등유 : 가솔린 다음으로 증류되며 원유로부터 분별증류하여 얻는 끓는점의 범위가 180~250℃인 석유로서 비중이 0.78~0.84로 난방용, 석유기관, 항공기의 가스터빈 연료로 사용된다.

㉢ 경유 : 경유는 분별증류하여 얻는 끓는점이 250~350℃ 사이에 있는 탄화수소들의 혼합물로서 비중이 0.84~0.89로 원유의 증류과정에서 등유 다음으로 얻어진다. 고속 디젤기관에 주로 사용되므로 디젤유라고도 한다.

㉣ 중유

ⓐ 원유에서 가솔린 · 석유 · 경유 등을 증류하고 나서 얻어지는 기름으로 주로 디젤기관이나 보일러 가열용, 화력발전용으로 사용되는 석유이다.

ⓑ 등유나 경유에 비해 증발하기 어려워 쉽게 연소되지 않는 단점이 있다.

ⓒ 비중은 0.91~0.99, 발열량은 9,720~10,000kcal/kg으로 흑갈색의 고점성 연료로 발열량이 석탄에 비해 약 2배나 되고, 열효율도 뛰어나다.

㉤ 비중, 유동점, 점도, 발열량의 크기는 가솔린, 등유, 경유, 중유 순이다.

㉥ 연료유의 유종을 구분하는데 가장 도움이 되는 것은 비중계와 점도계이다.

② 연료유의 성질

㉠ 점도(viscosity) **2020, 2021, 2022 출제**

ⓐ 액체가 유동할 때 분자 간에 마찰에 의하여 유동에 대한 저항이 일어나는 성질을 점성이라 하며 이에 대한 대소의 표시를 점도라고 하며 끈적함의 정도를 나타낸다.

ⓑ 점도는 연료 분사 밸브의 분사 상태와 파이프 내의 연료유의 유동성에 큰 영향을 준다.

기출문제

2018년 제2회

☑ 연료유의 유종을 확인하려는 경우 가장 도움이 되는 것은?

① 습도계와 점도계
② 비중계와 압력계
③ 비중계와 점도계
④ 온도계와 압력계

2021년 제4회

☑ 선박용 연료유에 대한 일반적인 설명으로 옳지 않은 것은?

① 경유가 중유보다 비중이 낮다.
② 경유가 중유보다 점도가 낮다.
③ 경유가 중유보다 유동점이 낮다.
④ 경유가 중유보다 발열량이 높다.

2022년 제3회

☑ 연료유의 끈적끈적한 성질의 정도를 나타내는 용어는?

① 점도
② 비중
③ 밀도
④ 융점

2021년 제1회

☑ 연료유의 점도에 대한 설명으로 옳은 것은?

① 온도가 낮아질수록 점도는 높아진다.
② 온도가 높아질수록 점도는 높아진다.
③ 대기 중 습도가 낮아질수록 점도는 높아진다.
④ 대기 중 습도가 높아질수록 점도는 높아진다.

정답 ③, ④, ①, ①

기출문제

2022년 제3회

☑ 연료유의 비중이란?

① 부피가 같은 연료유와 물의 무게 비이다.
② 압력이 같은 연료유와 물의 무게 비이다.
③ 점도가 같은 연료유와 물의 무게 비이다.
④ 인화점이 같은 연료유와 물의 무게 비이다.

2018년 제1회

☑ 내연기관의 연료유가 갖추어야 할 조건으로 옳지 않은 것은?

① 점도가 높을 것
② 물이 함유되어 있지 않을 것
③ 유황분이 적을 것
④ 발열량이 클 것

정답 ①, ①

ⓒ 일반적으로 연료유의 점도는 온도가 상승하면 낮아지고 온도가 낮아지면 높아진다.

㉡ 비중(specific gravity) **2022 출제**

ⓐ 부피가 같은 물과 연료유의 무게 비이다.

ⓑ 연료유의 비중은 상온에 있어서 액체 상태 또는 고체 상태의 원유 및 석유 제품에서 석유 제품 증기압 시험 방법에 의한 증기압 1.8kg/㎠ 이하인 것의 비중은 석유 제품 비중 시험 방법의 규정에 따라 실시한다.

ⓒ 비중은 온도에 따라 변화가 크므로 보통 15℃(또는 60°F)일 경우를 표준온도로 한다.

ⓓ 비중의 표시 방법으로는 15/4℃ 비중, 60/60°F 비중과 API(American Petroleum Institute, 미국 석유협회) 비중이 사용되고 있다.

ⓔ 15/4℃ 비중이란 15℃에서의 시료의 질량(진공 중의 중량)과 4℃에서의 같은 부피의 순수 질량(진공 중의 중량)과의 비로 표시하고, 15/4℃의 기호를 부기한다.

- 혼합무게 = (A액체 비중×A액체 부피) + (B액체 비중×B액체 부피)
- 혼합비중 = 혼합무게/혼합부피
- 혼합부피 = A액체 부피 + B액체 부피

㉢ 발화점(ignition point)

ⓐ 연료의 온도를 인화점보다 높게 하면 불이 없어도 자연 발화하게 되는데 이와 같이 자연 발화하는데 필요한 연료의 최저 온도를 말한다.

ⓑ 디젤기관의 연소에 가장 관계가 깊으며 인화점의 온도보다 발화점의 온도가 더 높다.

㉣ 인화점(flash point)

ⓐ 불이 붙을 수 있는 기름의 최저 온도이며 인화점이 낮은 기름은 화재의 위험이 높다.

ⓑ 인화점은 중유가 가장 높으며 기름의 취급 및 저장상 중요한 것이다.

㉤ 응고점 : 기름의 온도를 점차 낮게 하면 유동하기 어렵게 되는데 기름이 전혀 유동하지 않는 최고 온도이다.

㉥ 유동점 : 응고된 기름에 열을 가하여 움직이기 시작할 때의 최저온도이다.

③ 연료유 중의 불순물

㉠ 수분 : 수분 함유량이 연료유 중에 1% 이상일 때에는 불규칙적으로 연소가 일어나며 시동에 지장을 주거나 출력이 감소될 수 있다.

㉡ 잔류 탄소 : 연료의 불완전 연소로 인해 엔진이나 피스톤 따위에 침착된 탄소 퇴적물로 노즐이나 밸브 등에 쌓이면 기관 운전에 방해적 영향을 미친다.

㉢ 슬러지(sludge) : 연료를 저장하고 있는 과정 중에 기름에 용해되지 않는 성분들이 모여서 생기는 흑색 침전물로 연료유의 유동을 방해한다.

㉣ 황 : 연소를 통해 황산을 생성시키며 피스톤 링, 실린더 라이너, 밸브 시트 등에 저온 부식시킨다.

④ 디젤 연료의 구비조건 **2020 출제**

㉠ 자기착화 방식이므로 착화성이 좋고 인화점은 높으며 발화점은 낮아야 한다.

㉡ 분사 펌프내의 녹, 마도 등의 방지를 위해 수분이나 이물질 등의 불순물이 적을 것

㉢ 연소실에서 자연 발화하기 때문에 미립화가 좋고 증류성상을 가질 것

㉣ 착화성 확보를 위해 알로마 성분 함량과 연소 후 카본 생성이 적어야 한다.

㉤ 발열량과 내폭성이 크고 분사 펌프의 마모방지를 위해 적당한 점도를 유지할 것

㉥ 디젤연료유로서 유황성분이 2% 이상 함유되면 불량유이다.

㉦ 엔진의 부품 부식 마모 방지 및 배출가스 중의 유산화합물 저감을 위해 유황성분의 함량이 적을 것

※ 선박이 일정시간 항해 시 필요한 연료소비량은 속도의 세제곱에 비례한다. **2020 출제**

※ 연료유의 질이 나쁘면 배기온도가 올라가고 배기색이 검어진다.

⑤ 연료유 수급시 주의사항 **2020, 2021 출제**

㉠ 주기적으로 측심하여 수급량을 계산한다.

㉡ 주기적으로 누유되는 곳이 있는지 점검한다.

㉢ 연료유 수급 중 선박의 흘수변화에 주의한다.

㉣ 에어벤드로부터 공기가 정상적으로 빠져나오는지 확인한다.

㉤ 선체의 종경사 및 횡경사에 주의한다.

㉥ 수급밸브가 닫혀 있는 탱크로 연료유가 공급되는지 확인한다.

(2) 윤활유

① 윤활(lubrication)이란 마찰이 큰 두 물체 사이에 스며들어 두 면이 직접 접촉하는 것을 방지하여, 양자가 상대 운동을 할 때에 일어나는 마찰을 감소시키는 작용으로 마모를 방지하고 마찰저항을 감소시키는 원리이다.

② 윤활유의 작용

㉠ 응력 분산작용(완충 작용) : 폭발 행정에서 크랭크축과 베어링에 반복적으로 충격이 발생함에 따라 윤활부에 국부적으로 순간적인 큰 압력이 걸리면 큰 압력을 받는 좁은 부분과 접촉되는 전달 면적을 크게 하여 단위 면적에 가해지는 힘을 줄여 충격 완화시킨다.

㉡ 청정작용(세척작용) : 오일펌프에 의해 오일이 기관 내부를 순환하여 각 윤활부의 금속 분말, 먼지, 카본, 불순물 등을 흡수하여 오일 팬으로 운반하게 되어 윤활부를 깨끗하게 만든다.

기출문제

2020년 제3회

☑ 디젤기관에 사용되는 연료유에 대한 설명으로 옳은 것은?

① 착화성이 클수록 좋다.
② 비중이 클수록 좋다.
③ 점도가 클수록 좋다.
④ 침전물이 많을수록 좋다.

2020년 제4회

☑ (　)에 적합한 것은?

> "선박에서 일정시간 항해 시 연료소비량은 선박 속력의 (　)에 비례한다."

① 제곱
② 세제곱
③ 네제곱
④ 다섯제곱

2021년 제2회

☑ 연료유 수급 중 주의사항으로 옳지 않은 것은?

① 수급 탱크의 수급량을 자주 계측한다.
② 수급 호스 연결부에서의 누유 여부를 점검한다.
③ 적절한 압력으로 공급되는지의 여부를 확인한다.
④ 휴대식 소화기와 오염방제자재를 비치한다.

정답 ①, ②, ④

기출문제

2018년 제3회

☑ 선박용 윤활유의 종류에 해당하지 않는 것은?

① 터빈유
② 기어유
③ 경유
④ 시스템유

2018년 제4회

☑ 디젤기관의 윤활유 계통에 포함되지 않는 장치는?

① 윤활유 냉각기
② 윤활유 가열기
③ 윤활유 펌프
④ 윤활유 여과기

정답 ③, ②

㉢ **냉각작용**(열전도 작용) : 각 운동 부분에서 발생되는 열을 흡수하여 냉각시키거나 다른 곳으로 열을 방출시키며 냉각장치에 의해 냉각시킬 수 없는 부품들을 엔진 내부의 마찰열 중 약 10~15%정도 냉각시켜서 기관에서 발생한 열로부터 보호한다.

㉣ **윤활작용**(마찰 감소 및 마멸방지작용) : 각 운동 부분에 유막을 형성하여 마찰력이 큰 고체 마찰을 마찰력이 작은 액체 마찰로 바꾸어 주는 작용을 하여 금속 부품이나 베어링 등의 마멸을 방지한다.

㉤ **방청작용**(부식 방지 작용) : 금속 표면에 유막을 형성하여 금속과 공기, 수분, 부식성 가스와의 접촉을 억제하는데, 접촉시에 발생하는 오염이나 산화를 방지함으로써 부식을 억제한다.

㉥ **밀봉작용**(실린더 내의 기밀 유지 작용) : 실린더와 피스톤 링 사이에 유막을 형성시켜 기밀의 완성도를 높여 압축 행정과 폭발 행정시 고압가스의 누출을 방지하고 블로바이 가스 발생을 감소시킨다.

③ 마찰의 개념

㉠ 한 물체가 다른 물체의 표면에 닿아서 운동할 때 그 물체의 운동을 방해하는 저항력을 마찰력이라 한다.

㉡ 마찰의 종류

ⓐ **경계마찰** : 기관이 운전을 막 시작했을 때 생기는 마찰로 매우 얇은 유막을 씌운 물체 간의 마찰이다.

ⓑ **고체마찰**(건조마찰) : 운동체의 접촉면이 건조한 상태에 있는 두 물체 사이에서 상대운동을 시작하려고 하거나 상대운동을 하고 있을 때 접촉면에 상대운동을 저지하려는 마찰력으로 기관이 정지시에 생긴다.

ⓒ **유체마찰** : 기계가 정상적으로 운전 중일 경우에 윤활작용이 가장 양호한 완전마찰로 두 금속면끼리의 접촉을 방해하고 있는 유체의 내부저항을 뜻하며 고체마찰에 비하여 마모현상이 감소한다.

④ **윤활유의 종류** : 베어링용 윤활유, 내연기관용 윤활유, 압축기유, 유압 작동유, 터빈유, 기계유, 기어유, 냉동기유, 그리스 등이 있다.

※ **윤활유의 계통장치** : 윤활유 냉각기, 윤활유 펌프, 윤활유 여과기, 유압조절장치 등

⑤ 윤활유의 성질

㉠ **점도**(viscosity)

ⓐ 윤활유의 물리화학적 성질 중 가장 기본이 되는 성질로서, 액체가 유동할 때 나타나는 내부저항(마찰저항)을 말하며, 단위로는 CENTI STOKE (cSt)를 사용한다.

ⓑ 너무 높은 점도의 윤활유를 사용하게 되면 완전 윤활이 되기 쉽고 유막은 두꺼워지지만 유체 유동에 대한 내부 저항이 커지게 되어 전력 소모 증대, 과부하 및 온도의 상승 등을 초래하게 되고 윤활계통의 순환이 불량해지며 시동이 곤란해질 수도 있고 기관 출력이 떨어진다.

ⓒ 너무 낮은 윤활유를 사용하면 기름의 내부 마찰은 감소하지만 유막이 파손되어 마멸이 심하게 되고 베어링 등 마찰부가 소손될 우려가 있으며 연소가스의 기밀효과가 떨어져 가스의 누설이 증대된다.

㉡ 점도 지수(viscosity index)

ⓐ 점도지수란 윤활유의 점도와 온도간의 상관관계를 나타낸 것으로 0에서 100까지로 표시한다.

ⓑ 디젤기관은 점도지수가 높은 제품일수록 열에 대한 오일의 안정성이 높음으로 점도지수가 높은 윤활유를 사용해야 한다.

ⓒ 점도지수는 수치가 높을수록 온도 변동에 따른 점도 변동이 작다는 것을 의미한다.

㉢ 산화 안정도

ⓐ 윤활유는 고온에 접촉하였을 때 산화하게 되는데 이에 저항하는 윤활유의 능력을 말한다.

ⓑ 기관의 수명 및 보관 기간을 판단하는데 중요한 요소이므로 산화 안정도가 좋은 것을 사용해야 한다.

㉣ 유동점(Pour Point) : 윤활유의 온도를 낮추면 유동성을 잃어 응고되는데 윤활유가 유동성을 잃기 직전의 온도를 유동점이라고 하며 윤활유의 급유에 중요하다.

㉤ 항유화성(Demulsibility)

ⓐ 수분이 혼합되었을 때 윤활유와 수분이 분리되는 성질을 말한다.

ⓑ 항유화 현상은 오일과 수분을 분리함으로서 녹을 방지할 수 있다.

ⓒ 기름과 물이 혼합되면 유화현상이 생기면서 윤활유의 산화가 촉진되고 성능이 급격히 저하되며 슬러지의 형성으로 각종 장애를 일으킬 수 있다.

㉥ 유성(oiliness)

ⓐ 유성이란 윤활유가 금속면에 유막을 완전히 형성하여 점착하려는 성질을 말한다.

ⓑ 유성이 좋으면 금속면과 직접 접촉하지 않으므로 경계마찰을 감소시키는 효과가 크다.

㉦ 탄화(carbon)

ⓐ 윤활유가 고온에 접하면 연소실벽, 배기밸브, 피스톤헤드, 피스톤링 등에 카본과 슬러지가 퇴적되어 실린더의 마멸과 밸브나 피스톤 링 등의 고착 원인이 된다.

ⓑ 윤활유로부터 탄소가 석출되면 슬러지가 축적되고 산화되기 쉬운 기름이 탄화되기도 하여 윤활유 통로를 막아버리게 된다.

기출문제

2022년 제4회

☑ 소형기관에서 윤활유를 오래 사용했을 경우에 나타나는 현상으로 옳지 않은 것은?

① 색상이 검게 변한다.
② 점도가 증가한다.
③ 침전물이 증가한다.
④ 혼입수분이 감소한다.

2018년 제1회

☑ 내연기관에서 윤활유의 열화 원인이 아닌 것은?

① 연소생성물이 혼입
② 물의 혼입
③ 공기 중의 산소에 의한 산화
④ 새로운 윤활유의 혼입

2018년 제4회

☑ 디젤기관에서 윤활유가 열화 변질되는 경우의 원인으로 옳지 않은 것은?

① 윤활유 온도가 너무 높은 경우
② 연소가스가 혼입된 경우
③ 윤활유 냉각기로부터 해수가 혼입된 경우
④ 냉각기의 냉각수 온도가 너무 낮은 경우

정답 ④, ④, ④

⑥ 윤활유의 장기간 사용으로 인한 현상 **2021, 2022 출제**

㉠ 검은 색으로 변색한다.
㉡ 점도와 침전물이 증가한다.
㉢ 수분, 먼지, 마모분, 이종유, 열화유 등과 같은 이물질이 혼입된다.

⑦ 윤활유의 구비조건

㉠ 저장 중에 변질이 되지 않아야 한다.
㉡ 온도 변화에도 점도의 변화가 적어야 한다.
㉢ 고온·고압에서도 유막 형성을 해야 한다.
㉣ 유성이 양호하고 수분 산류(酸類)등 불순물이 적어야 한다.
㉤ 인화점 및 발화점이 높아야 한다.
㉥ 응고점이 낮고 비중이 적당해야 한다.
㉦ 카본과 기포 발생에 대한 저항력이 커야 한다.
㉧ 열과 산에 대한 저항력이 있고 금속을 부식시키지 않아야 한다.
㉨ 열전도율이 크고 중성이어야 한다.

⑧ 윤활유의 열화

㉠ **블로바이(Blow-by)가스의 혼입**: 배기가스의 대부분은 배출되게 되지만 그 중 일부는 피스톤링과 실린더 사이를 통하여 크랭케이스(오일팬)내에 들어오는 경우를 말한다.
㉡ **수분의 혼입**: 수분은 블로바이 가스 중의 수분이나 냉각계통에서의 누수 및 외부로부터 혼입될 수 있는데 수분의 혼입은 저온슬럿지를 형성시키며 녹과 부식의 원인이 되기도 하고, 많은 양의 경우 유막파괴에 의한 엔진소부를 일으키기도 한다.
㉢ **금속마모분 및 먼지의 혼입**: 대기먼지 중 금속마모분 및 먼지의 혼입은 윤활유의 열화 변질과 실린더라이너 및 피스톤링의 마모에 악영향을 미친다.
㉣ **윤활유 자신의 열화**: 엔진 윤활유의 산화는 고온에서 다량의 산성가스가 혼입되고 촉매로 금속 등이 존재하는 조건에서 촉진된다.
㉤ **첨가제의 소모**: 품질을 유지하고 엔진부식 등을 방지하도록 배합된 첨가제는 사용기간이 경과함에 따라 소모되어, 기준치 이하로 저하될 때 윤활유의 성능 저하가 진행된다.

※ 윤활유의 온도는 기관의 입구온도를 기준으로 한다.

(3) 냉각수와 부동액

① 냉각수

㉠ 냉각수는 뜨거워진 기관을 냉각하여 과열을 방지함으로서 기관의 작동에 필요한 적당한 온도를 유지시켜서 기관의 성능을 유지시켜 주는 역할을 한다.

㉡ 냉각수에 사용되는 물은 순도가 높은 수돗물, 빗물, 증류수 등이 있다.

② 부동액

㉠ 메탄올과 에틸렌글리콜을 주로 사용하며 날씨가 추울 때 냉각수의 동결을 방지할 목적으로 냉각수와 혼합하여 사용하는 액체이다.

㉡ 부동액의 구비조건

ⓐ 휘발성과 침전물이 없어야 한다.

ⓑ 응고점이 물보다 낮고 비등점이 물보다 높아야 한다.

ⓒ 냉각장치에서 순환성이 좋아야 한다.

ⓓ 물 재킷, 라디에이터 등 냉각 계통을 부식시키지 않아야 한다.

ⓔ 온도 변화에 따른 부식을 일으키지 않아야 한다.

ⓕ 냉각수와 혼합이 잘 되어야 한다.

③ 물 펌프

㉠ 크랭크축에 의해 구동되며 펌프 풀리에 냉각팬이 설치되어 함께 회전한다.

㉡ 회전축이나 충동축의 누설을 적게 하는 밀봉법에 사용하기 위해 원심펌프의 케이싱을 관통하는 곳에 글랜드 패킹을 설치한다.

㉢ 강제로 냉각수를 순환시키는 역할을 한다.

㉣ 주로 원심펌프를 사용하며 펌프 몸체, 펌프축, 임펠러, 베어링 등으로 구성된다.

④ 냉각 팬벨트

㉠ 팬벨트는 적당한 장력이 유지되어야 기관의 과열을 방지할 수 있으며, 이음새가 없는 V벨트를 사용한다.

㉡ 팬벨트의 장력이 큰 경우

ⓐ 물 펌프 및 발전기의 베어링이 마멸되기 쉽다.

ⓑ 물 펌프의 고속 회전으로 과냉의 우려가 있으며 팬벨트가 과열되어 파손되기 쉽다.

㉢ 팬벨트의 장력이 작은 경우

ⓐ 발전기의 출력이 저하되고 운전 중 미끄러져 동력 전달이 불량하다.

ⓑ 소음이 발생하고 벨트가 파손되기 쉬우며 물 펌프의 작동이 원활하지 않아 과열의 원인이 된다.

기출문제

04 출제예상문제

01 실린더 안에서 직접 연료를 연소하여 그 연소가스의 팽창으로 동력을 발생시키는 기관은?

① 내연기관
② 외연기관
③ 증기기관
④ 터빈기관

NOTE ① 내연 기관은 휘발유, 경유 등의 연료를 기관 내부에서 연소할 때 발생하는 고온·고압의 연소 가스를 이용하여 동력을 얻는 기관으로 가솔린기관, 디젤기관 등이 있다.

02 다음 중 윤활유 온도의 상승 원인이 아닌 것은?

① 윤활유 압력이 낮고 윤활유량이 부족한 경우
② 냉각수의 온도가 낮을 경우
③ 윤활유의 불량 또는 열화가 된 경우
④ 주유 부분이 과열 또는 고착을 일으킨 경우

NOTE ② 마찰부분에 많은 하중으로 인하여 열화가 발생하였거나 윤활유 유량이 부족한 경우에 윤활유의 온도가 높아질 수 있다.

03 다음 중 연료유의 저장량을 측정하기 위한 곳은?

① 측심관
② 주입관
③ 오버플로관
④ 드레인관

NOTE ① 측심관은 기름과 물의 용량을 계측하기 위해서 설치하는 관이다.

answer 01.① 02.② 03.①

04 **기관실내의 물이나 선외에서 침입한 더러워진 물을 배출하는 펌프는?**

① 빌지펌프 ② 냉각수펌프
③ 이송펌프 ④ 기름펌프

NOTE ① 빌지 펌프는 주로 선박 안에 괸 오염된 물을 밖으로 배출하는 펌프를 말한다.

05 **디젤기관의 냉각수 펌프로 가장 적당한 펌프는?**

① 기어펌프 ② 원심펌프
③ 이모펌프 ④ 베인펌프

NOTE ② 원심 펌프는 임펠러의 회전에 의한 원심력으로 물에 압력 에너지를 부여하여 유체를 이동시키는 펌프로 선박의 이동 및 공간의 특성에 맞추어 간편한 구조와 경량화, A/S의 용이성 등을 특징을 가지고 있다.

06 **전동기의 운전 중 주의사항이 아닌 것은?**

① 전동기의 각부에 손을 대 보고서 발열의 유무를 조사한다.
② 이상한 소리, 진동, 냄새 등에 주의한다.
③ 전류계의 지시에 주의한다.
④ 절연저항을 측정한다.

NOTE ④ 전기를 통하지 않게 하기 위해 사용된 전선의 피복같은 물질의 저항을 절연저항이라 하며, 이는 운전하고 있지 않은 상태에서 측정하여야 한다.

07 **소형 기관의 운전 중 기관 자체에서 이상한 소리가 났을 때 가장 먼저 해야 할 일은?**

① 엔진오일을 보충한다. ② 엔진의 회전수를 내린다.
③ 오일필터를 교환한다. ④ 냉각수 밸브를 잠근다.

NOTE ② 기관에서 이상한 음향이나 진동이 발생할 때에 기관을 정지시켜야 한다.

answer 04.① 05.② 06.④ 07.②

08 **다음 중 선박용 기관의 동력전달계통이 아닌 것은?**

① 감속기 ② 축
③ 추진기 ④ 과급기

NOTE ④ 과급기는 배기가스를 이용하여 터빈을 돌리고 터빈과 같은 축에 설치된 송풍기가 회전하면서 공기를 흡입 · 압축하여 실린더로 공급하는 장치이다.

09 **플라이 휠의 설치 목적으로서 가장 적합한 것은?**

① 고속회전을 가능케 함 ② 과속도 방지
③ 회전을 고르게 하는 데 이용 ④ 소음방지

NOTE ③ 플라이휠은 폭발 행정에서 발생하는 큰 회전력을 운동 에너지로 축적하였다가 연소 가스의 압력이 없는 나머지 행정에 관성력으로 제공하여 균일한 회전이 되도록 한다.

10 **다음 중 기관의 윤활유 시스템에 포함되지 않는 것은?**

① 윤활유 펌프 ② 윤활유 냉각기
③ 윤활유 스트레이너 ④ 윤활유 가열기

NOTE ④ 윤활유 펌프는 윤활 공급장치이며, 윤활유 냉각기는 냉각장치, 윤활유 스트레이너(여과기)는 오일 여과장치이다.

11 **기관이 가장 양호한 상태로 운전될 때 배기가스의 색깔은?**

① 회색 ② 백색
③ 흑색 ④ 무색

NOTE ④ 배기가스의 색이 무색일 경우 정상이다.
① 회색은 불완전 연소시 나타나는 현상이다.
② 백색은 실린더에서 연소시 실린더 내부로 엔진오일에 침투하고 있다는 것을 의미한다.
③ 흑색인 경우 혼합비가 불균일할 경우 발생한다.
※ 백색의 배기가스가 배출될 때의 원인
㉠ 실린더 안에서 냉각수가 누설되거나 연료에 수분이 혼입되어 있을 경우
㉡ 기관이 과랭한 경우이거나 어느 실린더에서 전혀 연소하지 않을 경우
㉢ 압축 압력이 너무 낮거나 소기압력이 너무 높을 경우

answer 08.④ 09.③ 10.④ 11.④

12 디젤기관의 피스톤링의 역할이 아닌 것은?

① 기밀 유지
② 열 전달
③ 윤활유 조정
④ 출력 향상

NOTE ④ 피스톤에는 2개 내지 3개의 피스톤 링이 결합된다. 이 중 3개 링이 있는 경우 위쪽 2개의 링이 '압축 링(Compression Ring)'이며, 아래에 위치한 링은 '오일 링(Oil Ring)'이다. 압축 링은 실린더헤드 쪽에 위치해 있다.

※ 피스톤 링의 구성

구분	내용
압축 링	실린더 벽과 밀착을 통해 연소실 내부의 공기 누설을 방지하는 '기밀 작용'을 한다. 또한 피스톤으로부터 전달받은 열을 실린더 벽으로 전달하는 '열전도 작용'을 한다.
오일 링	연소실로 오일이 유입되는 것을 방지하는 '오일 제어 작용'을 한다.

13 해수 윤활식 선미관 베어링의 재질은?

① 청동
② 황동
③ 리그넘바이티
④ 고무

NOTE ③ 소형 어선의 선미관은 보통 내부 리그넘 바이티(Lignum vitae)를 베어링으로 사용하는 해수윤활식 선미관이며, 선미관의 전 · 후단에 리그 넘바이티 베어링이 설치되어 있는데, 추진축이 회전하면서 온도가 상승하면 리그넘 바이티에 함유하고 있던 유지분이 스며 나오면서 윤활을 하고 리그넘바이티 홈을 통하여 들어온 해수에 의해 냉각을 하는 형태이며, 선미관 전단의 리그넘바이티 베어링 전방에는 누수를 방지하기 위하여 패킹을 끼우고 패킹 글랜드로 지지하고 있어서 선미관 내부는 선미관 후단의 리그남바이티 베어링 틈으로 흘러 들어온 해수가 항상 가득차 있게 된다.

14 열에 의하여 증기를 발생시키는 장치를 무엇이라 하는가?

① 보일러
② 기화기
③ 압축기
④ 냉동기

NOTE ① 보일러는 연료를 연소시킬 때 발생하는 열을 이용하여 용기 내의 물을 가열시켜 일정한 온도와 압력을 가진 증기로 만드는 장치이다. 선박에서 보일러는 연료분사, 온수 등 다양한 곳에서 사용이 된다.

answer 12.④ 13.③ 14.①

15 다음 중 배기가스 불량의 원인이 아닌 것은?

① 연료분사밸브의 불량
② 기관의 과부하
③ 흡·배기밸브의 불량
④ 윤활유 압력의 저하

NOTE ④ 배출되는 배기가스의 색깔에 따라 기관의 상태를 체크해 볼 수 있다. 연료가 연소할 때 공기의 공급 부족, 연소 온도가 낮을 때 완전 연소 되지 못한 경우 또는 연료와 공기의 혼합을 좋지 않은 경우 등에서 매연이 발생한다. 윤활유 압력이 저하되는 것은 직접적으로 배기가스 불량과는 관련이 없다.

※ **배기가스** … 배기가스 색을 통해 기관의 상태를 체크해 볼 수 있다.

구분	대상
흑색	불완전 연소
무색	완전 연소
백색	오일의 연소
엷은 적색	희박한 혼합비

16 다음 중 연소실의 구성요소가 아닌 것은?

① 실린더 헤드
② 실린더 라이너
③ 피스톤
④ 크랭크축

NOTE ④ 크랭크축은 피스톤의 왕복 운동을 회전 운동으로 바꾸는 기능을 하는 부품이다. 나머지 실린더 헤드와 실린더 라이너, 피스톤은 연소실을 구성하는 요소이다.

17 선박용 기관의 구비조건이 아닌 것은?

① 무게나 부피가 작을 것
② 고장이 적고 안전할 것
③ 역전이 가능할 것
④ 연료 소비량이 클 것

NOTE ④ 연료 소비량은 적어야 한다.

answer 15.④ 16.④ 17.④

18 선박용 소형기관의 시동장치로 가장 많이 사용하는 것은?

① 전기 시동장치 ② 압축공기 시동장치
③ 유체 시동장치 ④ 수동 시동장치

NOTE ① 기관을 시동시키기 위해서 전기 시동장치가 많이 사용된다.

19 선박에서 부족한 청수를 해결하기 위하여 해수를 청수로 만드는 장치는 무엇인가?

① 열교환기 ② 냉각기
③ 조수기 ④ 청정기

NOTE ③ 선박에 사용되는 청수(fresh water)는 조수기에서 만들어지는 양질의 증류수를 사용한다.

20 일정량의 연료를 가열했을 때 그 값이 변하지 않는 것은?

① 점도 ② 부피
③ 질량 ④ 온도

NOTE ③ 질량은 물체가 가지고 있는 물체 고유의 양으로 연소 등의 반응 전후에도 반응물질의 전질량과 생성물질의 전질량은 같다.

21 기관을 정지시켜야 할 경우가 아닌 것은?

① 전속전진에서 반속전진으로 바꿀 때
② 운동부에서 이상한 소리가 날 때
③ 윤활유 압력이 급히 떨어지고 즉시 복구하지 못할 때
④ 냉각수 공급이 중단되고 즉시 복구하지 못할 때

NOTE ① 기관의 시동 시나 시동 직후에 소음이 발생하거나 각종 압력과 온도 등에 이상이 있을 때는, 즉시 기관을 정지시키고 취급 설명서의 점검 및 보수 요령을 참조하여 원인을 찾고 대책을 수립하여야 한다.

answer 18.① 19.③ 20.③ 21.①

22 납축전지 전해액의 비중은?

① 0.5 ② 1.2
③ 2.0 ④ 3.0

NOTE ② 납축전지의 구성은 양극에 이산화납, 음극에 다공성 구조의 납, 전해질 용액으로 비중 1.2~1.3의 황산을 사용한다.

23 대형 선박의 주기관에서 주로 사용되는 연료유의 종류는?

① 휘발유 ② 경유
③ 석유 ④ 중질유

NOTE ④ 대형 선박의 연료는 MFO(Marine Fuel Oil), B/C 등의 중질유를 사용하게 되며, 주기관, 발전기, 보일러에 사용을 한다.

24 디젤기관에서 피스톤과 연접봉을 연결하는 부속장치는?

① 피스톤 핀 ② 크랭크 핀
③ 크랭크핀 볼트 ④ 크랭크 암

NOTE ① 피스톤 핀은 트렁크형 피스톤 기관에서 피스톤과 커넥팅 로드(연결봉)를 연결하는 핀으로서, 피스톤에 작용하는 힘을 커넥팅 로드에 전하는 역할을 한다.

25 4행정 사이클 디젤기관에서 실린더 내 압력이 가장 높은 행정은?

① 흡입 ② 압축
③ 팽창 ④ 배기

NOTE ③ 폭발(팽창) 행정은 실린더 속에서 연료의 폭발력으로 피스톤이 내려가면서 동력이 발생하기 때문에 '동력 행정'이라고도 불린다.

answer 22.② 23.④ 24.① 25.③

26 엔진 오일에 혼입될 염려가 가장 작은 것은?

① 오일쿨러에서 누설된 수분
② 연소불량으로 발생한 카본
③ 연료에 혼입된 수분
④ 기계운동부분에서 마모된 금속가루

NOTE ③ 오일쿨러(오일 냉각기)에 누설된 수분과 카본(찌꺼기)이나 기계운동부분에서 마모된 금속가루는 윤활장치에서 걸러지므로 엔진 오일에 혼입이 된다.

27 디젤기관에서 플라이휠(Fly wheel)의 역할이 아닌 것은?

① 회전력을 균일하게 한다.
② 회전변동을 작게 한다.
③ 기관의 시동을 쉽게 한다.
④ 기관의 출력을 증가시킨다.

NOTE ④ 플라이휠(flywheel)은 크랭크축의 회전력을 균일하게 해 준다. 즉, 폭발 행정에서 발생하는 큰 회전력을 플라이휠 내에 축적하여, 회전력이 필요한 그 밖의 행정 때는 플라이휠의 관성으로 회전하게 한다.

28 조속기에 대한 설명으로 옳은 것은?

① 일정한 속도를 유지하기 위해 연료의 공급량을 가감하는 것
② 온도를 자동으로 조절하는 것
③ 배기가스 온도가 고온이 되는 것을 방지하는 것
④ 기관의 흡입 공기량을 조절하는 것

NOTE ① 조속기(Governor)란 기관의 회전속도를 일정한 값으로 유지하기 위해 사용되는 제어장치를 말한다. 조속 장치는 여러 가지 원인에 의해 기관에 부가되는 부하(부담)가 변동하더라도 여기에 대응하는 연료 공급량을 일정하게 조절하여 기관의 회전 속도를 언제나 원하는 속도로 유지하도록 고안된 장치이다.

answer 26.③ 27.④ 28.①

29 실린더 헤드는 다른 말로 (　)(이)라고도 한다. (　)에 알맞은 말은?

① 피스톤　② 연접봉
③ 실린더 커버　④ 실린더 박스

NOTE ③ 실린더 커버이다. 실린더 커버(cylinder cover)는 실린더 라이너와 피스톤과 더불어 연소실을 형성하고, 각종 밸브를 설치한다. 실린더 헤드는 일반적으로 각 실린더마다 따로 제작한다.

30 4행정 사이클 기관에서 실제로 동력을 발생시키는 행정은 무엇인가?

① 흡입　② 압축
③ 팽창　④ 배기

NOTE ③ 4행정 사이클 기관은 피스톤의 흡입→압축→폭발→배기행정 순으로 작용하여 1사이클을 마친다.

※ 4행정 사이클의 작동

구분	내용
흡입 행정	피스톤이 내려가면서 실린더 내부에 혼합기를 흡입하고 배기밸브는 닫히고 흡기 밸브가 열린다.
압축 행정	연소를 위해 흡기밸브, 배기밸브가 모두 닫힌 상태로 되며, 피스톤이 상승하면서 실린더 내의 혼합기를 압축시키면서 혼합기는 고온과 고압의 상태로 변한다.
폭발 행정 (팽창 행정)	압축행정이 끝나는 시기에 점화플러그의 불꽃에 의해 혼합기의 연소가 이루어지는 시기이다. 폭발로 인한 압력으로 피스톤이 하강을 하여 크랭크축이 회전력(Torque)을 얻기 때문에 동력 행정으로도 불린다.
배기 행정	연소된 가스를 내보내기 위해 흡기 밸브가 닫히고, 배기 밸브가 열리며 피스톤의 상승으로 연소가스가 배기 밸브를 통해 배출된다.

31 디젤기관에서 연소실을 형성하는 부품이 아닌 것은?

① 커넥팅 로드　② 실린더 커버
③ 실린더 라이너　④ 피스톤

NOTE ① 커넥팅 로드는 피스톤이 받는 폭발력을 크랭크축에 전달하는 부품이다. 즉, 피스톤의 왕복운동은 크랭크축에 연결된 커넥팅 로드에 의해 크랭크축에서 회전 운동으로 전환된다.

answer 29.③ 30.③ 31.①

32 윤활유 펌프는 주로 (　)를 사용한다. (　)에 알맞은 말은?

① 플런저펌프　② 기어펌프
③ 원심펌프　④ 분사펌프

NOTE ② 기어펌프란 펌프 본체 안에서 같은 크기의 이가 서로 맞물려 회전하는 펌프를 말하며, 외접기어 펌프, 내접 기어 펌프 등이 있다. 구조가 간단하고 경제적인 장점이 있다. 기어펌프는 윤활뿐만 아니라 발열량이 많은 윤활개소에 오일과 같은 윤활제를 지속적으로 공급하고자 할 경우 사용되며, 강제순환급유장치 펌프로 많이 사용된다.

33 다음 중 피스톤 오일링의 주된 역할로 옳은 것은?

① 윤활유를 실린더 내벽에서 밑으로 긁어 내린다.
② 피스톤의 고열을 실린더에 전달한다.
③ 피스톤의 회전운동을 원활하게 한다.
④ 폭발가스의 누설을 방지한다.

NOTE ① 피스톤에는 2개 내지 3개의 피스톤 링이 결합된다. 이 중 3개 링이 있는 경우 위쪽 2개의 링이 '압축 링(Compression Ring)'이며, 아래에 위치한 링은 '오일 링(Oil Ring)'이다. 압축 링은 실린더헤드 쪽에 위치해 있다. 압축 링은 실린더와 밀착을 통해 연소실 내부의 공기 누설을 방지하는 기밀 작용을 한다. 오일 링은 실린더 벽에 오일을 바르고 긁어내리는 오일 제어 작용을 한다.

34 실린더가 마멸되면 나타나는 가장 직접적인 현상은?

① 압축공기가 누설된다.
② 피스톤에 작동하는 압력이 증가한다.
③ 윤활유 소비량이 증가한다.
④ 간접 역전장치의 사용이 곤란하게 된다.

NOTE ① 실린더 블록은 엔진의 뼈대가 되는 몸체로 피스톤과 크랭크축 등이 설치되는 부분이다. 연소 가스의 누설을 방지하고 피스톤과 마찰을 최소화하는 역할을 하는 것은 실린더 벽(Wall)이며, 실린더 벽을 통해 피스톤과 마찰을 줄여 손상을 방지하게 된다. 실린더가 마멸되면 피스톤과 실린더 사이로 가스가 새는 현상인 블로바이가 나타난다.

answer 32.② 33.① 34.①

35 내연기관 연료로서 필요한 조건이 아닌 것은?

① 발열량이 클 것　② 찌꺼기가 생기지 않을 것
③ 물이 함유되지 않을 것　④ 점도가 높을 것

NOTE ④ 디젤 연료는 온도에 따른 점성의 변화가 적고 적정한 점도를 유지하여야 하며 자연 착화를 위해 미립화(atomization)가 뛰어난 것이 좋은 연료라 할 수 있다.

36 4행정 사이클 기관의 작동 순서는?

① 흡입→압축→폭발→배기　② 흡입→배기→폭발→압축
③ 압축→흡입→폭발→배기　④ 흡입→압축→배기→폭발

NOTE ① 4행정 사이클 기관은 피스톤의 흡입→압축→폭발→배기행정 순으로 작용하여 1사이클을 마친다.
※ 4행정 사이클의 작동…4행정기관은 피스톤의 흡입, 압축, 동력, 배기의 4행정, 즉 크랭크축의 2회전으로 1사이클이 완료된다.

4행정 디젤엔진의 작동원리

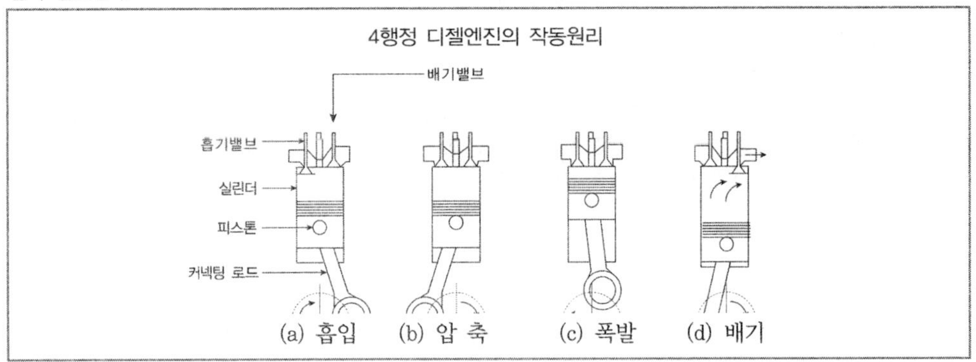

구분	내용
흡입 행정	피스톤이 내려가면서 실린더 내부에 혼합기를 흡입하고 배기밸브는 닫히고 흡기 밸브가 열린다.
압축 행정	연소를 위해 흡기밸브, 배기밸브가 모두 닫힌 상태로 되며, 피스톤이 상승하면서 실린더 내의 혼합기를 압축시키면서 혼합기는 고온과 고압의 상태로 변한다.
폭발 행정 (작동행정)	압축행정이 끝나는 시기에 점화플러그의 불꽃에 의해 혼합기의 연소가 이루어지는 시기이다. 폭발로 인한 압력으로 피스톤이 하강을 하여 크랭크축이 회전력(Torque)을 얻기 때문에 동력 행정으로도 불린다.
배기 행정	연소된 가스를 내보내기 위해 흡기 밸브가 닫히고, 배기 밸브가 열리며 피스톤의 상승으로 연소가스가 배기 밸브를 통해 배출된다.

answer 35.④ 36.①

37 피스톤이 최상부에 왔을 때의 크랭크 위치를 무엇이라 하는가?

① 상사점 ② 하사점
③ 행정 ④ 사이클

NOTE ① 피스톤이 실린더 내부 가장 최상부에 위치한 때는 상사점(TDC ; Top Dead Center)이다.

38 "( )(이)란 연료를 연소시켜 생긴 열로 밀폐된 용기 안에 넣은 물을 가열하여 증기를 발생하는 장치이다." ( )에 알맞은 말은?

① 외연기관 ② 절탄기
③ 보일러 ④ 증기터빈

NOTE ③ 보일러란 연료를 연소시키면서 발생하는 열을 용기 속의 물과 같은 열매체를 가열해 증기를 만드는 폐쇄된 용기를 말한다. 보일러는 보일러 본체, 연소장치, 통풍장치, 급수장치, 자동제어 장치, 안전밸브, 압력계, 수면계 등의 부속품으로 구성되어 있으며, 보통 그 내부 압력은 대기압 이상이다.

39 디젤기관의 실린더 내 연소와 관련 있는 온도는?

① 인화점 ② 응고점
③ 유동점 ④ 발화점

NOTE ④ 발화점이란 착화점이라고도 하며 공기 중에서 물질을 가열할 때, 점화되지 않아도 발화해서 연소를 계속하는 최저의 온도를 말한다. 디젤기관은 압축착화로 기관으로 연소실 내부에 혼합 기체를 넣고 발화점 이상으로 단열 압축시키면 온도가 올라가서 혼합 기체가 점화가 시작된다.
① 시너(thinner)와 같은 인화성 물질이 일정한 조건 하에서 가열되어 화염으로 연소할 수 있을 만큼의 가스를 발생하게 되는 온도점을 인화점이라 한다.

40 실린더를 왕복하면서 폭발 행정에서 얻은 동력을 커넥팅 로드를 거쳐 크랭크축에 전달하는 엔진 본체 부속은?

① 헤드 개스킷 ② 인젝터
③ 피스톤 ④ 타이밍 벨트

NOTE ③ 피스톤(Piston)은 실린더를 왕복운동을 하면서 폭발행정에서 얻은 동력을 커넥팅 로드를 거쳐 크랭크축에 전달하고, 혼합기를 흡입하고 압축하여 연소가스를 배출하는 역할을 한다.

answer 37.① 38.③ 39.④ 40.③

41 다음 중 피스톤의 구성 요소가 아닌 것은?

① 피스톤 헤드　　② 압축 링

③ 오일 링　　④ 조속기

NOTE ④ 조속기는 기관이 회전하는 속도나 변화에 따라 연료 분사량을 자동으로 조절하는 연료장치 중 하나이다.

① 피스톤 헤드는 피스톤의 가장 윗부분으로 연소실의 일부를 형성하는 곳이다.

②③ 압축 링은 오일 링과 함께 피스톤의 일부를 구성하는 피스톤 링의 한 종류이다. 피스톤링(piston ring)은 피스톤의 상부에 둘러져 있는 금속제 링을 말하는데 피스톤과 함께 왕복운동을 한다. 4행정기관에는 3개의 링이 결합되어 있는데 이 가운데 위의 2개를 압축 링이라 부르며, 나머지 1개를 오일 링이라 칭한다. 압축 링은 실린더 내부의 혼합기와 폭발가스 및 배기가스를 누설되지 않게 밀봉하는 역할을 하며, 오일 링은 실린더 벽면에 남아있는 윤활오일을 긁어내리는 역할을 한다.

※ 피스톤의 구조

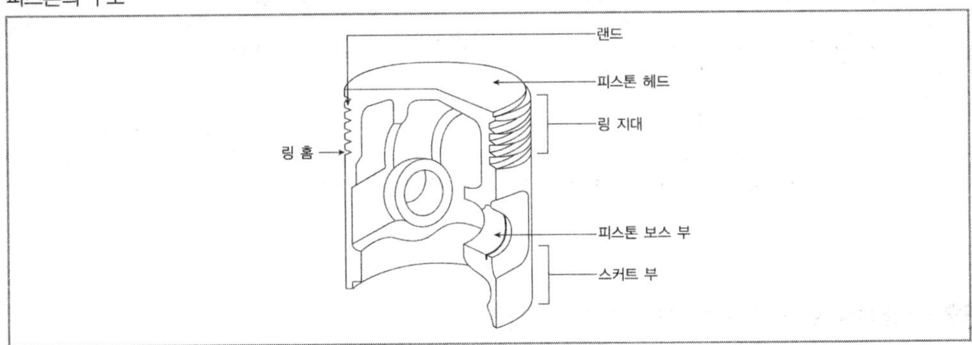

42 피스톤 중 압축링의 역할은?

① 공기누설 방지 작용　　② 오일의 연소실 유입 제어 작용

③ 연소 가스 배출　　④ 밸브 개폐작용

NOTE ① 압축링은 실린더 내부의 혼합기와 폭발가스 및 배기가스를 누설되지 않게 밀봉하는 역할을 하며, 오일링은 실린더 벽면에 급유되어 압축링의 마찰을 방지하기 위한 윤활유가 연소실 내부로 들어가지 못하게 하는 역할을 한다. 압축링이 2개인 이유는 각각의 링의 틈새로 압축가스가 새는 것을 방지하기 위함이다.

answer 41.④ 42.①

43 피스톤과 피스톤 핀의 연결방법에 따른 피스톤 핀의 종류가 아닌 것은?

① 고정식　　② 반고정식
③ 부동식　　④ 압축식

NOTE ④ 피스톤 핀은 피스톤과 커넥팅 로드를 연결하는 핀을 말한다. 피스톤 핀은 피스톤이 받는 큰 힘을 커넥팅 로드를 통해 크랭크 샤프트에 전달하는 역할을 하며, 결합 방식에 따라 고정식, 반고정식, 부동식으로 구분한다.

※ 피스톤 핀의 고정 방법

구분	형태
고정식	피스톤 핀을 피스톤의 보스부에 볼트로 고정
반고정식	커넥팅 로드 소단부에 피스톤 핀을 클램프 볼트로 고정
부동식	피스톤 핀이 피스톤과 커넥팅 로드 어느 곳에도 고정되지 않고, 피스톤 보스에 홈을 파고 스냅 링이나 엔드 와셔를 두어 핀이 밖으로 이탈되는 것을 방지하는 방식

피스톤 핀의 고정 방법

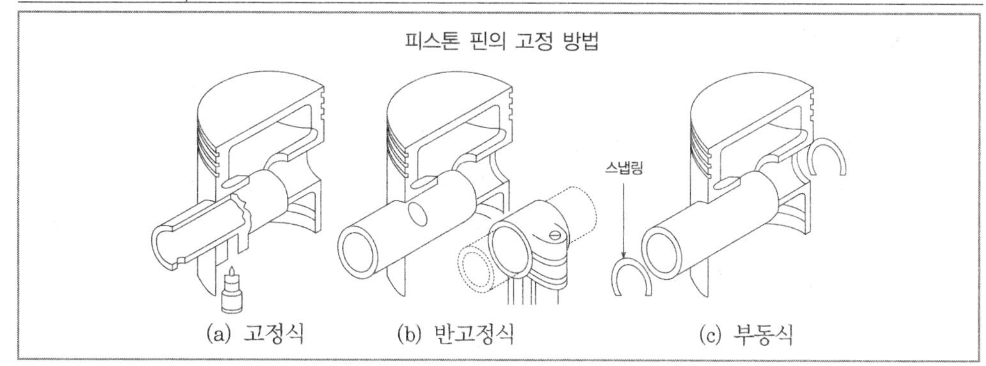

(a) 고정식　(b) 반고정식　(c) 부동식

44 피스톤 링의 3대 작용이 아닌 것은?

① 오일 제어 작용　　② 기밀 작용
③ 열전도 작용　　④ 촉매 작용

NOTE ④ 피스톤 링은 피스톤과 실린더 사이에서 기밀을 유지하는 부품으로 압축가스의 누출을 방지하는 기밀 작용과 연소실의 오일이 유입되는 것을 방지하는 오일 제어 작용과 열전도(냉각) 작용을 한다. 이 가운데 압축 링이 가스의 기밀 유지와 열전도 작용을 하며, 오일 링이 오일 제어 작용을 한다.

answer 43.④ 44.④

45 피스톤링 표면에 크롬 도금을 하는 가장 큰 이유는?

① 윤활 작용을 보조한다.
② 가스의 누설을 방지한다.
③ 마멸되는 것을 최소화한다.
④ 윤활유를 잘 긁어내린다.

NOTE ③ 연소하는 부분과 맞닿아 있는 최상부의 링은 높은 온도와 높은 가스 압력을 받기 때문에 다른 링보다 마멸되기 쉽다. 따라서 이를 막기 위해서 링 표면에 아주 얇은 크롬 도금을 입힌다.

46 블로바이 현상(Blow-by)이란?

① 실린더와 피스톤 간격이 너무 좁아 마찰이 일어나는 현상을 말한다.
② 앞바퀴를 위에서 보았을 때 앞쪽이 뒤쪽보다 좁게 되어 있는 상태를 말한다.
③ 피스톤과 실린더 사이의 간극 사이로 압축 가스나 폭발 가스가 새는 현상을 말한다.
④ 디젤기관의 압축행정에서 연료가 분사되고 점화시기까지 시간이 길어지는 경우 증가된 연료가 한꺼번에 점화되는 현상을 말한다.

NOTE ③ 내연기관 엔진은 압축행정시 실린더벽과 피스톤 사이의 틈새로 미량의 혼합기(가스)가 새어나오게 되는데 이 현상을 가리켜 블로바이 현상이라 한다. 블로바이는 압축 압력 저하, 오일 소비 증대, 출력 저하와 같은 현상이 나타난다. 이러한 실린더벽과 피스톤 사이의 틈새를 밀봉하고자 피스톤링과 엔진오일이 밀봉 역할을 하는 것이다.
④ 노킹 현상에 대한 내용이다. 노킹은 적절하지 않은 연료로 인해서 엔진 점화가 적절하지 않은 시점에서 일어난다.

47 피스톤의 간극이 너무 클 때 피스톤이 왕복운동을 하면서 실린더 벽면을 때리는 현상은?

① 피스톤 슬랩
② 크랭킹히트 세퍼레이션
③ 스탠딩 웨이브 현상
④ 맥동 현상

NOTE ① 피스톤 슬랩은 피스톤의 간극이 너무 클 때 피스톤이 왕복운동을 하면서 실린더 벽면을 때리는 현상을 말한다. 계속적인 피스톤 슬랩이 발생하게 되면 실린더 벽면과 피스톤의 접촉으로 인하여 피스톤과 실린더 벽면에 마모가 발생하게 되며, 이러한 상태로 계속적인 운전이 되면 하중을 골고루 분산하지 못하게 되어 메인베어링, 커넥팅로드, 베어링에도 손상을 일으킬 수 있다.

answer 45.③ 46.③ 47.①

48 크랭크축이 1분당 회전하는 수를 뜻하는 것은?

① RPM ② PPM

③ DRM ④ CDM

NOTE ① RPM(revolution per minute)이란 모터나 엔진 등의 회전수를 나타내는 단위로 1분당 크랭크 축이 회전하는 수를 의미한다.

49 실린더 라이너 상부와 실린더 헤드사이의 기밀 유지를 위해 사용하는 개스킷의 재료는?

① 고무 ② 구리

③ 종이 ④ 나무

NOTE ② 실린더 블록과 실린더 헤드를 조립하는 부분에 위치한 헤드 개스킷은 고압과 고온을 견디면서도 뛰어난 밀봉성을 유지하기 위해 구리나 석면 또는 강판을 주로 사용한다.
※ 실린더 라이너 … 선박의 추진력을 생산하는 주기관용 실린더 라이너로서 실린더 라이너는 선박의 엔진이 흡입-압축-폭발-배기의 행정과정을 거칠 때 피스톤(Piston)의 왕복운동 통로로 사용되며, 실린더 헤드(Cylinder Head)와 더불어 분사된 연료의 압축 및 폭발공간을 제공하는 연소실 역할을 하기 때문에 고정밀도와 내마모성을 요한다.

50 실린더 라이너에서 가장 많이 마멸되는 곳은?

① 상부 ② 중간

③ 하부 ④ 중간과 하부사이

NOTE ① 실린더 라이너는 위쪽에는 실린더 헤드에 연결되어 있고 실린더 헤드에는 각종 밸브가 설치되어 있다. 실린더 라이너의 아래에는 여러 개의 소기공이 있으며 위쪽은 고온 고압의 연소가스가 접촉하고 피스톤이 왕복운동을 하게 되므로 마멸되기가 쉽다.

51 다음 중 실린더 라이너의 마멸 원인이라 보기 어려운 것은?

① 윤활유 사용량의 부족 ② 윤활유 성질의 부적합

③ 연료유나 공기 중에 혼입된 입자 ④ 유압 밸브 개방

NOTE ④ 실린더 라이너가 마멸되는 주요 원인은 유막의 형성이 불량해 금속 접촉의 마찰로 인한 경우, 연료유나 공기 중에 혼입된 입자와의 마찰과 윤활유 사용량이 부족하거나 윤활유 성질의 부적합할 경우에 발생된다.

answer 48.① 49.② 50.① 51.④

52 4행정 사이클 디젤기관에서 실린더 라이너가 많이 마멸되었을 때 일어나는 현상이 아닌 것은?

① 조속기(거버너)의 작동 불량
② 불완전 연소
③ 출력의 감소
④ 크랭크실 내의 윤활유 오손

NOTE ① 실린더는 기관이 작동될 때 약 1500~1800℃ 정도의 연소열에 노출되어 마멸(갈려서 닳아 없어지는 현상)이 일어나기 쉽다. 조속기는 기관의 회전속도를 일정한 값으로 유지하기 위해 사용되는 연료장치로 실린더 라이너와 직접적인 관련성이 없다.

53 피스톤 링이 실린더 내벽에 미치는 단위면적당의 힘을 무엇이라고 하는가?

① 장력
② 면압
③ 관통력
④ 동력

NOTE ② 두 물체의 접촉면에 압력이 가해질 때 생기는 응력인 면압(surface pressure)에 대한 내용이다. 피스톤 링의 면압은 링을 실린더 내에 넣었을 때 실린더 내벽에 미치는 단위 면적당 압력이라 할 수 있다.

54 피스톤 링의 옆 틈이 너무 커서 윤활유가 연소실로 들어가게 되는 현상을 무엇이라 하는가?

① 링의 상승 작용
② 링의 완충 작용
③ 링의 펌프 작용
④ 링의 하강 작용

NOTE ③ 피스톤 링의 옆 틈이 너무 커서 윤활유가 연소실로 들어가게 되는 현상은 링의 펌프작용이다. 피스톤 링과 홈 사이 옆 틈이 과도하게 커진 상태에서 기관 운동이 고속이 될 경우 링의 관성력이 가스의 압력보다 커져 링이 홈의 중간에 뜨게 되며, 피스톤이 하강할 때 윤활유는 링 뒤를 돌아서 연소실로 들어가 여러 가지 장애를 일으키고 윤활유 소비를 증가시키는데 이것을 링의 펌프작용이라 부른다.

55 피스톤의 왕복운동을 크랭크축에 전달하는 역할을 하는 것은?

① 플라이휠
② 흡기 밸브
③ 크랭크 암
④ 커넥팅 로드

NOTE ④ 커넥팅 로드(Connecting Rod)는 피스톤의 상하 왕복운동을 크랭크축의 회전운동으로 변환시키는 부품이다.

answer 52.① 53.② 54.③ 55.④

56 다음 중 크랭크축이 변형되거나 휘게 되어, 회전할 때 암 사이의 거리가 넓어지거나 좁아지는 현상을 무엇이라 하는가?

① 크랭크 암의 개폐작용
② 크랭크 암의 유압작용
③ 크랭크 암의 완충작용
④ 크랭크 암의 소멸작용

NOTE ① 크랭크축이 변형되거나 휘게 되어, 회전할 때 암 사이의 거리가 넓어지거나 좁아지는 것을 크랭크 '암의 개폐작용'이라 한다. 크랭크 암의 개폐작용 원인으로는 기관 베드의 변형 또는 메인 베어링 및 크랭크핀 베어링의 틈새가 크게 벌어진 경우나 크랭크축 중심의 부정 및 과부하 운전 등이 있다.

※ 크랭크 암(crank arm)의 개폐 작용

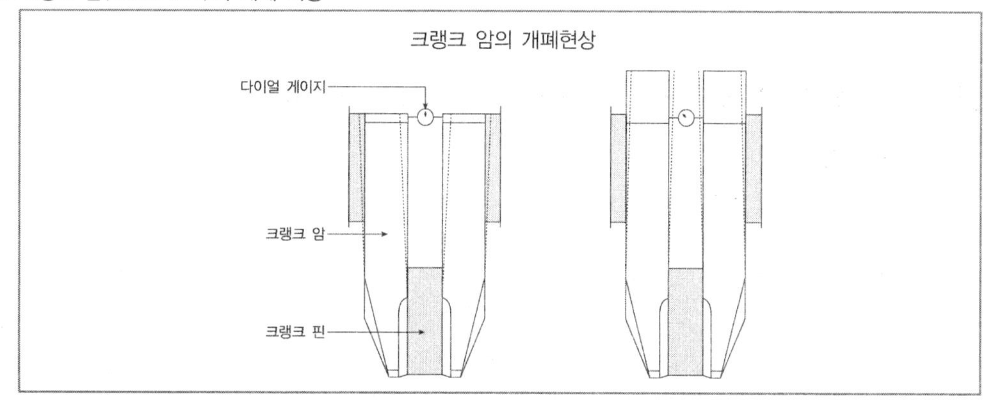

57 크랭크축의 절손을 방지하기 위한 직접적인 대책으로 옳지 않은 것은?

① 과부하 운전을 피한다.
② 위험 회전수를 피한다.
③ 양질의 윤활유를 사용한다.
④ 정속 운전을 한다.

NOTE ③ 크랭크축(crank shaft)은 동력 행정에서 얻은 직선운동을 회전력으로 변환하여 외부로 전달하는 장치이다. 흡입 행정 및 압축 행정이나 배기 행정을 이루도록 피스톤에 운동을 전달하는 역할을 하기도 한다. 크랭크축은 큰 하중과 고속 회전을 하고 있기 때문에 정속 운전과 과부하 운전 등을 삼가는 운전 습관을 길러야 한다.

answer 56.① 57.③

58 다음 중 연소열로 인해 냉각해야 할 부분과 관계가 없는 것은?

① 실린더 라이너　　② 실린더 헤드
③ 피스톤　　④ 크랭크 축

NOTE ④ 실린더 라이너, 실린더 헤드, 피스톤은 기관의 연소실을 구성하기 때문에 고온과 고압에 항상 노출되어 있다. 크랭크축(crankshaft)은 피스톤의 왕복 운동을 커넥팅 로드에 의해 전달받아 회전 운동으로 변화시키는 부분으로 연소에 의한 열을 직접적이으로 받는 연소실 구성 요소가 아니다.

59 기관의 밸런스 웨이트(balance weight)의 설치장소는 어느 곳인가?

① 피스톤 하단 부분　　② 크랭크 핀 부분
③ 크랭크 핀의 반대쪽 암 부분　　④ 크랭크 저널 부분

NOTE ③ 기관의 밸런스 웨이트(평형추)는 크랭크 핀 반대편에 장착되어 피스톤이나 크랭크축 운동으로 인해 발생하는 관성력을 줄이고 커넥팅로드 등의 중량물과의 회전시 밸런스를 유지하는 역할을 한다.

※ 기관과 밸런스 웨이트(balance weight) … 기관은 끊임없는 연소와 왕복 운동으로 인하여 진동이 발생한다. 진동은 기관의 성능을 저하시켜 고장의 원인이 되고, 마멸을 빨리하게 하므로 진동을 줄여야 하는데, 이 역할을 하는 것이 바로 밸런스 웨이트(평형추)이다. 크랭크축이 회전하면서 생기는 회전체의 불균형 운동을 보정하면서 기관의 진동을 적게 하여 원활한 회전을 할 수 있도록 도와준다.

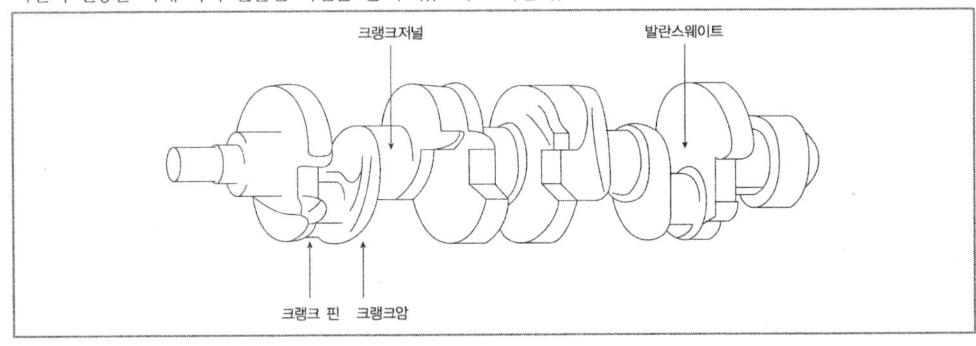

answer 58.④ 59.③

60 기관의 회전력을 균일하게 해주는 것은?

① 스러스트 베어링　② 플라이휠
③ 중간축 베어링　④ 크로스헤드

NOTE ② 플라이휠(flywheel)은 회전하는 물체의 회전 속도를 고르게 하기 위하여 회전축에 달아 놓은 바퀴 즉 관성바퀴라고도 불린다. 회전 중 관성은 크고 무게는 가능한 가볍도록 중심부 두께는 얇고 바깥 둘레는 두껍게 만들어져 있다.

61 내연기관에서 연료소비율이 가장 적고 시동이 비교적 쉬운 연소실은?

① 직접 분사식　② 예비 연소실식
③ 와류실식　④ 공기실식

NOTE ① 직접분사식은 가장 간단한 구조로 실린더헤드와 피스톤헤드 사이에 마련된 연소실 내부에 연료를 분사하여 연소하게 되어 있다. 다른 연료 분사 방식에 비해 구조가 간단하고 열손실이 작아 많이 이용을 한다.

※ 디젤 엔진의 연소실에 따른 분류

구분	내용
직접분사식	가장 간단한 구조로 실린더헤드와 피스톤헤드 사이에 마련된 연소실 내부에 연료를 분사하여 연소하게 되어 있다. 따라서 연료를 완전 연소시키기 위해 구멍형 노즐을 사용하여 고압으로 분사한다.
공기실식	주연소실 외에 공기실이 따로 며련되어 있는 특징이 있다. 공기실식은 연료를 주연소실 내부에 분사하면 그 일부가 공기실로 들어가 연소되고 이 연소로 인해 공기의 분출에너지를 극대화시켜 연소를 향상시키는 방식과 공기실 안에는 연료를 분사하지 않고 피스톤의 하강에 따라 공기실에서 공기를 분출하여 산소를 공급하고 소용돌이를 일으켜 연소시키는 방식이 있다.
예연소실식	주연소실 윗부분에 예연소실이 위치하고 있는 예연소실식은 그 속에 연료를 분사해 연료의 일부가 연소하게 되면 발생한 압력에 의해 남은 연료를 주연소실 내부로 분출시켜, 소용돌이를 따라 공기와 잘 혼합해 연소시키는 방식이다.
와류실식	실린더 헤드에 공기에 소용돌이를 일으키는 와류실을 만드는 와류실식은 압축행정 때 와류실안의 공기에 소용돌이를 일으켜 여기에 연료를 분사하여 연소를 하게 된다. 압축시 발생하는 와류를 이용하므로 공기와의 혼합이 잘되고 평균 유효 압력을 높게 할 수 있다.

answer 60.② 61.①

62 장행정기관(under square engine)이란?

① 실린더가 일렬 수직으로 설치된 기관
② 실린더 안지름보다 피스톤의 행정이 큰 기관
③ 실린더 안지름이 피스톤 행정보다 큰 형식의 기관
④ 실린더 안지름과 피스톤의 행정 크기가 똑같은 기관

NOTE ② 장행정기관이란 실린더 안지름보다 피스톤의 행정이 큰 기관을 말한다. 장행정기관은 행정이 길기 때문에 큰 힘을 낼 수 있지만 빠른 속도의 회전은 어렵다. 단행정은 행정이 짧지만 빠른 속도로 회전할 수가 있는 특징이 있다.
※ 행정의 비율과 실린더의 안지름 관계에 의한 분류

구분	내용
정방향기관	실린더 안지름과 피스톤의 행정 크기가 똑같은 기관
단행정기관	실린더 안지름이 피스톤 행정보다 큰 형식의 기관
장행정기관	실린더 안지름보다 피스톤의 행정이 큰 기관

63 윤활유의 작용으로 보기 어려운 것은?

① 냉각 작용
② 밀봉 작용
③ 부식 방지 작용
④ 배기 작용

NOTE ④ 윤활유는 상대적으로 움직이고 있는 두 물체 사이에 기체, 액체, 고체 또는 반고체상의 물질을 넣어 마찰과 마모를 감소시키는 것을 말한다. 윤활유는 기계의 마찰부분에 유막을 형성시켜 마찰을 적게 하며 부품이 타버리거나 마모되는 것을 방지 하고 동력의 소비를 줄여 기계의 효율을 증대시키는 역할을 한다.
※ 윤활유의 작용

구분	내용
방청작용	공기 중의 산소나 물 또는 부식성 가스 등에 의해 녹스는 것을 방지한다.
냉각작용	윤활유는 마찰에 의해 생긴 열 등을 흡수하여 바깥으로 보내는 작용을 한다.
밀봉작용	기계의 활동 부분을 밀봉하는 것으로 실린더 내의 연소 가스가 누설되지 않게 한다든가 또는 물이나 먼지 등의 침입을 방지하는 것을 가리킨다.
세정작용	연소에 의한 탄화물, 마모된 금속조각 같이 윤활부분이 불순물 등을 깨끗이 하는 역할을 한다.
감마작용	마찰을 적게 하여 윤활부의 마멸을 감소시키는 역할을 한다.
응력분산작용	윤활부분에 가해진 압력을 받아 분산시켜 균일하게 하는 작용을 한다.

answer 62.② 63.④

64 연료에 수분이 혼입 되었을 때 기관의 배기색은?

① 백색　② 황색
③ 갈색　④ 흑색

NOTE ① 연료에 수분이 다량 혼입되면 배기가스 색은 백색을 띠게 된다.
※ 배기가스 색으로 알아보는 기관의 현상

구분	색
연료에 수분이 다량 혼입	백색
윤활유가 연소되는 경우	청색
과부하 운전을 하는 경우	검은색

65 내연기관을 냉각방식에 따라 구분할 경우 잠열을 이용하여 냉각하는 방식은?

① 공랭식　② 수냉식
③ 특수 액체 냉각식　④ 증발 냉각식

NOTE ④ 잠열이란 물질의 상태가 기체와 액체, 또는 액체와 고체 사이에서 변화할 때 흡수 또는 방출하는 열을 말하는데, 증발 냉각식은 증발시 잠열을 이용해 냉각을 하는 방식이다.
① 공랭식은 실린더 주위 높은 온도를 주행 중 공기로 기관을 냉각하는 방식이다.
② 수냉식은 냉각수를 순환시켜 기관의 온도를 냉각하는 방식이다.
③ 특수 액체 냉각식은 부동액으로 사용되는 에틸렌글리콜과 물의 혼합액과 글리세린 등의 화합물을 냉각수로 사용하는 방식이다.

66 윤활유가 갖추어야 할 성질로 보기 어려운 것은?

① 점도(Viscosity)가 높을 것　② 금속에 대한 부식성이 없을 것
③ 화학적으로 안정할 것　④ 고온과 고압에 잘 견딜 것

NOTE ① 움직이는 두 물체가 상호 상대운동을 할 경우 접촉면에는 마찰이 발생하는데, 이러한 마찰부에 마찰저항을 줄여 기계적인 마모를 최소화하려는 것을 윤활이라 한다. 윤활유는 충분한 점도(Viscosity)를 가져야 한다.
※ 윤활유에 요구되는 성질
㉠ 고온과 고압에 잘 견딜 것
㉡ 화학적으로 안정할 것
㉢ 충분한 점도(Viscosity)를 가질 것
㉣ 온도 변화에 따른 점도 변화와 윤활유 소비량이 적을 것
㉤ 열에 의한 산화가 적을 것
㉥ 고온과 고압에 잘 견딜 것

answer 64.① 65.④ 66.①

67 냉각 장치의 구성 요소가 아닌 것은?

① 과급기　　② 수온조절기
③ 물펌프　　④ 라디에이터

NOTE ① 냉각장치는 엔진이 과열(Overheat)되는 것을 방지하여 엔진이 적당한 온도로 유지할 수 있도록 역할을 한다. 냉각장치는 냉각수를 순환하는 물 펌프, 냉각팬, 수온조절기 등으로 구성되어 있다. 과급기는 기관의 출력을 향상시키는 장치이다.

※ 냉각장치

구분	내용
물 펌프	냉각수를 순환시키는 장치를 말한다. 보통 원심 펌프 방식이 많이 사용되는데 이 방식은 임펠러가 고속으로 회전하면서 얻어진 원심력을 이용해 냉각수를 강제적으로 순환하도록 되어 있다.
냉각 팬	라디에이터에 부착되어 냉각 효율을 높여주는 장치이다. 외부바람을 이용해 냉각수를 냉각시키며 엔진의 과열을 막는 역할을 한다.
수온조절기	냉각수의 온도에 따라 밸브가 자동적으로 개폐되어 라디에이터로 흐르는 물의 양을 조절함으로써 냉각수의 적정 온도를 유지하는 역할을 하는 장치이다.
라디에이터	뜨거워진 냉각수를 차갑게 냉각시켜주는 장치로 큰 방열면적을 가지고 있고 대량의 물을 받아들이는 일종의 물탱크라 할 수 있다.

68 내연 기관의 작동 유체는 무엇인가?

① 탄산가스　　② 질소가스
③ 할로겐가스　　④ 연소가스

NOTE ④ 내연 기관은 휘발유, 경유, 중유 등의 연료를 기관 내부에서 연소시킬 때 발생하는 고온·고압의 연소 가스를 이용하여 동력을 얻는 기관이다. 내연 기관에는 실린더 내에서 발생한 연소 가스를 피스톤에 작용시켜 동력을 얻는 가솔린 기관, 디젤 기관 등의 왕복형 기관과 연소실에서 발생한 연소 가스를 회전체의 날개에 작용시켜 동력을 얻는 가스 터빈과 같은 회전형 기관이 있다. 내연 기관은 선박 기관, 자동차 기관, 산업용 기계 등 많은 분야에 사용된다.

69 다음 중 디젤기관과 관계가 없는 것은?

① 윤활장치　　② 냉각장치
③ 점화장치　　④ 연료공급장치

NOTE ③ 디젤기관은 외부에서 흡입한 공기를 압축시켜 실린더 내부를 고온으로 만들어 자연착화를 하는 방식이기 때문에 따로 기화기와 같은 점화장치가 필요하지 않다.

answer 67.① 68.④ 69.③

70 디젤엔진의 연료로 사용이 되는 것은?

① 경유 ② 휘발유
③ 등유 ④ LPG

NOTE ① 경유는 자동차용 또는 선박용 디젤 엔진 연료로 사용되는 연료이다.
② 휘발유는 공업용, 항공기, 자동차 등 광범위한 곳에 사용이 되며 공업용도로는 유지추출용과 고무 공업용, 세척 등에 사용되며, 프로펠러 경비행기에 연료로도 사용이 된다.
③ 등유는 보통 실내 가정에서 난방 연료로 사용되거나 농업용 보일러의 연료로 사용된다.
④ LPG는 난방용, 공업용 연료, 자동차 연료, 용제, 석유 화학 원료 등 광범위한 분야에 사용이 된다.

71 다음 ㉠과 ㉡ 안에 들어갈 알맞은 용어는?

- 디젤 사이클은 실린더 내부에서 연소가 일정한 압력하에서 발생하는 일정한 압력인 (㉠) 사이클이다.
- 오토 사이클은 실린더 내부에서 연소가 일정한 체적하에서 발생하는 (㉡) 사이클이다.

	㉠	㉡		㉠	㉡
①	정적	혼합	②	정압	혼합
③	정압	정적	④	정적	정압

NOTE ③ 내연기관을 열역학적인 싸이클에 따라 분류하면 디젤기관은 실린더 내부에서 연소가 일정한 압력하에서 발생하는 일정한 압력인 정압 사이클이며, 오토기관은 실린더 내부에서 연소가 일정한 체적하에서 발생하는 정적 사이클이다.
참고로 사이클(Cycle)이란 최초 상태의 시스템이 여러 다른 과정을 지나 최종적으로 최초의 상태로 되돌아갈 때 과정을 의미한다.
※ 내연기관의 열역학적 분류

구분	내용
오토 사이클	• 일정한 체적에서 연소가 이루어진다. • 가솔린 기관에 적용된다.
디젤 사이클	• 일정한 압력에서 연소가 이루어진다. • 디젤 기관에 적용된다.
사바데 사이클	오토사이클과 디젤 사이클의 장점을 합친 것으로 일정한 압력과 체적에서 연소가 이루어지는 시스템이다.

answer 70.① 71.③

72 디젤기관에서 착화지연의 원인이 아닌 것은?

① 흡기 온도가 낮을 때
② 압축비가 낮을 때
③ 냉각수 온도가 높을 때
④ 흡기 압력이 낮을 때

NOTE ③ 디젤 기관은 압축착화기관으로 폭발적인 연소로 압력이 급격히 상승하여 실린더나 피스톤 등이 충격을 받아 강한 금속음이 나는 노킹 현상이 발생하는데 그 원인은 착화 시간이 길어지는 것이라 볼 수 있다. 즉, 착화가 늦어지는 것은 착화를 할 만큼 압력이 높아지지 않아서 온도가 낮아진 상태라 진단할 수 있다.

73 디젤기관의 연료분사 조건으로 짝지어진 것은?

㉠ 무화	㉡ 관통
㉢ 냉각	㉣ 분산

① ㉠, ㉣
② ㉢, ㉣
③ ㉠, ㉡, ㉣
④ ㉠, ㉡, ㉢, ㉣

NOTE ③ 디젤기관의 연료 분사는 무화(atomization), 관통(penetration), 분산(dispersion)이 뛰어나야 한다.

※ 디젤 연료분사장치의 분사 조건 … 디젤기관에서 연료가 분사되어 연소가 끝날 때까지 걸리는 시간이 매우 짧기 때문에 연료와 공기가 고르게 혼합되어 연소성을 높이려면 무화, 분산, 관통이라는 조건이 만족되어야 한다.

구분	내용
무화(atomization)	연료 입자가 안개처럼 미세화되는 것으로 입자가 작을수록 압축 공기와 접촉하는 면적이 커지기 때문에 연소가 빨라지게 된다. 무화를 높이려면 분사 압력과 실린더 내의 공기 압력을 높게 하고, 노즐의 지름을 작게 하면 된다.
분산(dispersion)	연료가 분사되는 노즐로부터 연료가 분사되어 퍼지는 상태를 말하며 분산이 뛰어날수록 공기와 연료의 입자가 잘 혼합된다.
관통(penetration)	연료가 분사되어 압축된 공기를 뚫고 나가는 것을 가리켜 관통이라 부른다. 관통이 잘 되려면 연료의 입자가 커야 하기 때문에 관통과 무화는 조건이 서로 반대가 된다.

answer 72.③ 73.③

74 다음 중 열효율이 가장 좋은 기관은?

① 가솔린기관　　② 디젤기관
③ 증기기관　　④ 가스기관

NOTE ② 가솔린 엔진이 일반적으로 흡기시 공기에 연료를 섞어 실린더에서 점화 플러그의 불꽃으로 연소를 시키는 방식인 데에 반해, 디젤 엔진은 실린더에 공기만을 흡입시켜 압축하여 고온으로 만든 뒤 연료를 뿜어 자연발화 시키는 방식으로 작동한다. 즉, 디젤기관은 디젤엔진은 400~500도의 온도에서 고압에 연료를 안개처럼 뿌려서 자체 폭발을 하기 때문에 골고루 동시에 폭발을 하게 된다. 따라서 연료의 연소율이 높아지고 결과적으로는 연비가 좋아지는 효과를 나타내는 것이다.

75 디젤 노킹의 발생 원인이라 보기 어려운 것은?

① 낮은 세탄가 연료 사용
② 연소실의 낮은 압축비
③ 연소실의 낮은 온도
④ 연료 분사량 과소

NOTE ④ 연료의 분사량이 과다할 경우 잔여 연료 때문에 다음 착화시의 연료량에 더해져 압력상승을 유발시켜 노킹 현상이 발생하게 된다.

※ 디젤 노킹 원인

원인	내용
낮은 세탄가 연료 사용	세탄가란 디젤의 착화성 정도를 나타내는 것으로 세탄가가 낮으면 착화성이 낮아져 착화지연기간이 길어지게 된다.
연소실의 낮은 온도	디젤기관은 압축착화기관이다. 즉, 분사노즐에서 실린더 안에 고압으로 분사된 안개 모양의 연료 입자는 고온·고압의 공기에 의해 가열되어 온도가 올라가서 착화연소가 되어야 하는데 연소실의 온도가 낮으면 착화가 지연되어 노킹 현상이 발생할 수 있다.
연소실의 낮은 압축비	연소실의 압축비가 낮으면 착화지연기간이 길어지며 연료량 증가를 유발시켜 디젤 노킹이 발생하게 된다.
과다한 연료 분사량	연료분사량이 과다할 경우 잔여 연료가 발생하며, 다음 착화시의 연료량에 더해져 압력상승을 유발시켜 디젤 노킹이 발생하게 된다.

answer 74.② 75.④

76 디젤 엔진의 착화성을 정량적으로 표시한 것은?

① 옥탄가
② 세탄가
③ 디토네이션
④ 프리 이그니션

NOTE ② 세탄가(cetane number)는 디젤엔진용 연료의 착화성(Ignition Quality)을 평가하기 위해 측정되는 지표이다. 디젤기관은 실린더 내부의 연료를 높은 압력으로 압축시켜 연료를 자연발화 온도이상으로 높여 착화를 하는데, 연료착화성의 척도는 세탄가 또는 세탄지수로 나타낼 수 있다. 세탄가 값이 클수록 착화성이 좋고 디젤 노크 현상이 발생될 확률이 적어진다. 휘발유의 옥탄가가 연료의 품질을 나타낸다면, 경유는 세탄가가 품질을 결정한다.

77 디젤 연료가 가져야할 성질이 아닌 것은?

① 온도에 따른 점도의 변화가 커야 한다.
② 낮은 온도에서도 성질이 변하지 않아야 한다.
③ 인화점은 높고 발화점은 낮아야 한다.
④ 착화성이 좋아야 한다.

NOTE ① 디젤 연료는 온도에 따른 점성의 변화가 적고 적정한 점도를 유지하여야 한다. 자연 착화를 위해 미립화(atomization)가 뛰어난 것이 좋은 연료라 할 수 있다.

78 디젤기관에서 기관 베드에 설치되는 베어링은?

① 크랭크 핀 베어링
② 피스톤 핀 베어링
③ 메인 베어링
④ 크로스헤드 베어링

NOTE ③ 메인 베어링(main bearing)은 기관 베드 위쪽에 위치하면서 크랭크 저널에 설치되어 크랭크축을 지지하고, 회전 중심을 잡아주는 역할을 한다.

answer 76.② 77.① 78.③

79 다음 중 기관 베드(engine bed)에 대한 설명으로 틀린 것은?

① 기관의 전 중량을 받치므로 충분한 강도를 가져야 한다.
② 충분한 강도를 갖지 않으면 메인 베어링의 손상과 크랭크축의 파손을 초래할 수도 있다.
③ 기관 베드 내부에는 메인 베어링이 있어서 크랭크축의 직선왕복운동을 지지하는 역할을 한다.
④ 기관 베드는 기관 각 부분에서 떨어지는 윤활유를 받아 모으는 역할을 한다.

NOTE ③ 기관 베드 내부에는 메인 베어링이 있어서 크랭크축의 회전 운동 부분을 지지하는 역할을 한다.
※ **기관 베드의 배치** … 기관 베드는 기관 베드는 기관을 받쳐 주는 침대라는 뜻으로 이름이 붙여졌다. 기관의 전 중량을 받치므로 충분한 강도가 필요하고 내부에는 메인 베어링이 있어서 크랭크축의 회전 운동 부분을 지지를 한다.

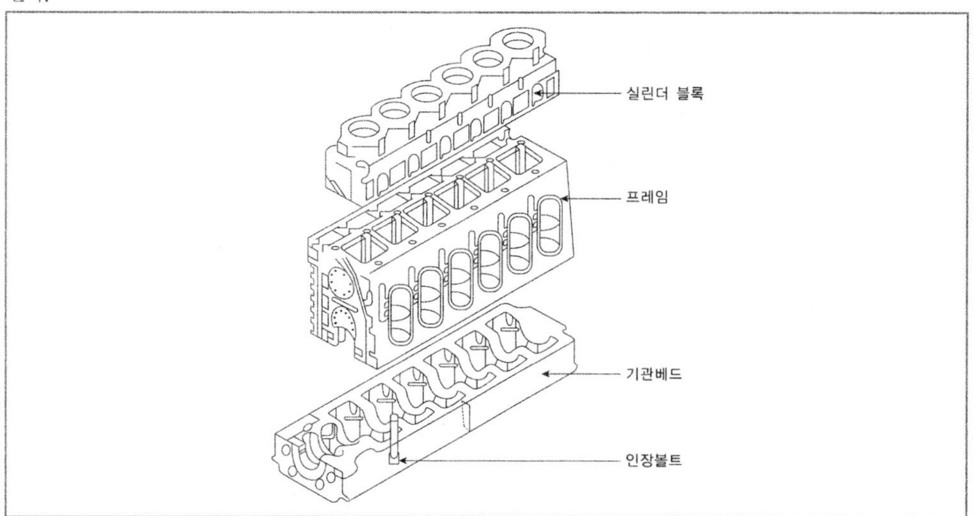

80 기관 베드를 지지하는데 사용되는 부품은?

① 인장 볼트
② 유성기어
③ 스테이터
④ 차동기어

NOTE ① 인장볼트(tension bolt)에 대한 질문이다. 인장 볼트는 실린더 지름 300mm 이상의 대형 기관에서 실린더 상부로부터 기관 베드까지를 연결하여 지탱하는 용도로 사용되며 인장이나 굽힘에 강한 단강 또는 니켈과 크롬강으로 제작된다.

answer 79.③ 80.①

81 **다음은 선박기관에 사용되는 피스톤에 대한 내용이다. 틀린 것은?**

① 실린더는 실린더 내를 왕복 운동하여 새로운 공기를 흡입하고 압축하는 역할을 한다.
② 피스톤은 열을 실린더 내벽으로 잘 전달하는 열전도가 낮은 재료를 사용해야 한다.
③ 피스톤은 보통 주철이나 주강으로 제작하나 중·소형 고속 기관에서는 알루미늄 합금이 주로 사용된다.
④ 대형 기관에서는 주강제의 피스톤에 연소실을 형성하는 부분에만 크롬 도금을 하여 내열성을 증가시키기도 한다.

NOTE ② 피스톤은 열을 실린더 내벽으로 잘 전달하는 열전도가 좋은 재료를 사용해야 한다.

82 **다음 중 부위별 냉각 방식이 잘못 연결된 것은?**

① 청수 – 공기냉각기
② 해수 – 청수 냉각기
③ 연료유 – 연료 분사 밸브
④ 윤활유 – 피스톤

NOTE ① 공기 냉각기의 냉각은 해수를 사용한다.
※ 각 부문별 냉각방식

구분	부위
윤활유	피스톤, 각종 마찰 부분
연료유	연료 분사 밸브
해수(海水)	윤활유 냉각기, 청수 냉각기, 공기 냉각기
청수(淸水)	실린더 재킷, 실린더 헤드, 배기 밸브, 피스톤, 연료 분사 밸브

83 **다음 중 압축공기로 시동되는 디젤 선박기관이 시동을 걸기 위해 사용되는 것이 아닌 것은?**

① 시동 밸브
② 시동 공기 탱크
③ 공기 압축기
④ 조속기

NOTE ④ 조속기는 기관의 회전속도를 일정한 값으로 유지하기 위해 사용되는 제어를 말한다.
①②③ 압축공기로 시동되는 내연기관으로서 사용되는 시동장치에는 공기탱크 및 공기압축기, 시동밸브가 있다. 실린더 헤드에 설치된 시동밸브(starting valve)는 선박 디젤 기관의 시동을 위한 압축 공기를 공급하는 밸브이며, 시동 공기를 저장하는 압력 용기이며, 공기압축기는 공기를 높은 압력으로 저장하였다가 필요한 때에 해당 공구에 공급해 주는 기계이다.

answer 81.② 82.① 83.④

84 다음 중 조속기를 필요로 하지 않는 엔진은?

① 터보 엔진
② 감속 엔진
③ 포위 엔진
④ 캠리스 엔진

NOTE ④ 전자 제어식 연료 분사 장치를 탑재하고 있는 캠리스 엔진(camless engine)은 조속기를 필요로 하지 않는다. 일반적인 캠 구동 방식의 내연기관은 캠이 체인과 연결돼 구동되고 회전하면서 흡배기 밸브를 열고 닫지만 캠리스 엔진은 캠 샤프트를 없애고 밸브의 개폐를 전자석 액츄에이터가 컨트롤을 하기 때문에 기관에 전달되는 부하에 따라 연료 공급량을 조절해 기관의 회전 속도를 언제나 원하는 속도로 유지하는 조속기를 대신할 수 있다.

85 해수를 이용해 실린더를 냉각수 통로를 청소할 때 전식작용을 방지하기 위하여 부착하는 것은?

① 구리봉
② 알루미늄봉
③ 보호 아연봉
④ 탄소봉

NOTE ③ 해수로 직접 실린더 냉각을 할 때는 냉각수 통로 청소 플러그에 보호 아연봉을 설치하여 전식 작용에 의한 부식을 방지한다. 아연도금은 아연(Zn)과 철(Fe)이 조합되어 아연은 부식되고 철은 방식되는 성질을 이용하여 철강의 부식을 방지하는 희생도금의 원리를 이용한 것이다.

86 기관이 급회전을 일으키게 되면 즉시 연료의 공급을 차단하여 기관의 안전을 도모하고자 선박에 사용되는 조속기는?

① 가변 속도 조속기
② 과속도 조속기
③ 정속도조속기
④ 종속도 조속기

NOTE ② 과속도 조속기(Over speed Governor)는 선박이 항해를 하면서 발생할 수 있는 급회전과 같은 상황시 연료의 공급을 차단하여 기관의 안전을 확보하기 위해 설치하는 일명 비상용 조속기이다. 보통 선박 주기관 및 발전기 기관에 이용된다.

87 프로펠러의 피치를 바꿈으로써 배의 속력과 추진 방향을 변화시키는 역전 장치는?

① 감속 역전기
② 가변 피치 프로펠러
③ 캠축 이동식 역전 장치
④ 유니언식 역전 장치

NOTE ② 가변 피치 프로펠러(variable pitch propeller)는 프로펠러의 각도(pitch)를 자유롭게 조절하여 배의 속력과 추진 방향을 변화시킬 수 있는 장치를 말한다.

answer 84.④ 85.③ 86.② 87.②

88 다음 중 열전달의 종류가 아닌 것은?

① 전도 ② 대류
③ 기화 ④ 복사

NOTE ③ 열전달이란 열에너지의 이동현상을 말하며 양쪽의 온도가 같아지는 열평형 상태에 이를 때까지 열에너지가 이동하게 된다. 열전달에는 열이 물체를 통해서 한 끝에서 다른 끝으로 직접 전달되는 전도, 유체 속에 온도차가 생기면 밀도의 차가 생겨 순환운동으로 온도가 바뀌는 대류와 물체가 방출하는 전자기파인 복사가 있다.

89 다음이 말하는 저항은?

- 선박이 받는 저항 가운데 배가 파도를 일으키며 달림으로써 생기는 저항
- 유체 속을 운동하는 물체가 파도를 만듦으로써 받는 저항

① 조파저항 ② 마찰저항
③ 와류저항 ④ 공기저항

NOTE ① 보기는 조파저항(wave resistance)에 대한 질문이다. 조파저항은 배가 그 주위에 파도를 일으키면서 전진할 때, 그 배가 연속적으로 수면에 공급해야 하는 에너지에 기인하는 저항이다. 조파저항은 속도가 낮을 때에는 미미하지만 고속 시에는 증가하는 특징이 있다.

※ 선박의 저항

구분	내용
조파저항	조파저항은 배가 그 주위에 파도를 일으키면서 전진할 때, 그 배가 연속적으로 수면에 공급해야 하는 에너지에 기인하는 저항을 말한다.
마찰저항	선박이 물 속에서 전진할 때 선체의 표면에 접촉하는 물의 점성에 의한 마찰로 기인하는 저항을 말한다.
와류저항	와류저항이란 물 속 배표면의 급격한 형상 변화로 인해 소용돌이가 생기면서 기인하는 저항이다.
공기저항	수면 위 공기의 마찰과 와류에 의하여 생기는 저항이다.

answer 88.③ 89.①

90 **다음 중 내용이 잘못된 것은?**

① 실제로 프로펠러에 전달되는 동력을 전달마력이라 한다.
② 선체를 특정한 속도로 전진시키는 데 필요한 동력을 유효마력이라 부른다.
③ 선박에 설치된 프로펠러가 주위의 물에 전달한 동력은 추진마력이다.
④ 유효 마력과 추진 마력과의 비를 추진기 효율이라 한다.

NOTE ④ 유효 마력과 추진 마력과의 비를 선체 효율(hull efficiency)이라 칭한다.
※ 마력의 종류

구분	내용
유효마력	선박이 물과 공기의 저항을 극복하고 어떤 속력으로 전진하는 데 필요한 마력을 가리킨다.
전달마력	전달마력은 프로펠러에 실제로 공급되는 마력으로 프로펠러 마력이라고도 불린다.
추진마력	선박에 설치된 프로펠러가 주위의 물에 전달한 동력을 가리킨다.

91 **다음 중 선박에 설치된 장비들의 기능을 잘못 말하고 있는 것은?**

① 주기관 – 연료를 기관 내에서 직접 연소시켜 발생된 열에너지를 활용해 동력을 얻어 선박추진을 위한 동력을 발생하는 장치이다.
② 유청정기 – 연료유나 윤활유에 섞여있는 불순물을 원심분리법을 통해 걸러내는 장치를 말한다.
③ 조수기 – 선내에 필요한 담수를 위해 해수를 끌어들여 담수를 만들어 내는 장치이다.
④ 보일러 – 선내에 전원을 공급하는 장치를 가리킨다.

NOTE ④ 보일러(Boiler)는 기관실 기기의 예열과 난방을 담당하며, 점성이 높은 연료유인 벙커-c유나 윤활유 등의 가열을 위해 스팀을 생성시키는 장치이다.

92 **스크루식 프로펠러를 장착한 선박은 주기관에서 발생한 동력을 회전 운동으로서 일련의 축을 거쳐 선미쪽의 선외에 있는 프로펠러에 전달하는 역할을 하는 것은?**

① 축계 ② 변속기
③ 역전장치 ④ 감속장치

NOTE ① 스크류식 프로펠러를 장착한 선박은 주 기관에서 발생한 동력을 회전 운동으로서 일련의 축을 거쳐 선미 쪽의 선외에 있는 프로펠러(propeller)에 전달하고, 또 프로펠러의 회전으로 발생하는 물의 추력(thrust power)을 그 축을 거쳐 선체에 전달하는데 이러한 역할을 하는 것이 바로 축계이다.

answer 90.④ 91.④ 92.①

93 선미관 장치의 역할을 옳게 설명한 것은?

① 프로펠러의 부식을 방지한다.
② 선내에 해수가 침입하는 것을 방지한다.
③ 축계의 스러스트를 지지한다.
④ 프로펠러의 추력을 선체에 전달한다.

NOTE ② 선미관(stern tube)이란 축이 선체를 관통하여 선체 밖으로 나오는 곳에 장치하는 원통 모양의 관을 말한다. 선미관은 프로펠러축이 선체를 관통하는 곳에 위치하며, 선내에 해수가 침입하는 것을 방지하면서 프로펠러축에 대하여 베어링 역할을 한다.

※ **축계장치**(shafting apparatus) … 기관에서 발생하는 동력은 축(shaft)를 거쳐서 프로펠러에 회전력을 전달하며, 프로펠러의 회전에 의하여 생기는 추력은 그 축을 거쳐서 다시 선체에 전달되어지는데 이 과정에서 축을 축계(shafting)라 칭한다. 축계는 그 수에 따라 1축선, 2축선, 3축선, 4축선 등으로 구분되며 축계의 구성은 드러스트축과 드러스트 베어링, 중간축과 중간축 베어링, 프로펠러축과 선미관, 프로펠러로 구성되어 있다.

94 다음 중 추력 베어링이 부착된 곳은?

① 중간축
② 프로펠러축
③ 동력축
④ 선체

NOTE ④ 추력 베어링(thrust bearing)은 선체에 부착되어 있다. 추력 베어링은 추력 칼라의 앞과 뒤에 위치하여 프로펠러로부터 전달되어 오는 추력을 추력 칼라에서 받아 선체에 전달하여 선박을 추진시키는 역할을 한다.

95 다음 중 추력축과 추진기축을 연결하는 역할을 하는 것은?

① 선미축
② 프로펠러축
③ 중간축
④ 동력축

NOTE ③ 중간축(intermediate shaft)은 추력축과 추진기축을 연결하는 역할을 하며 그 종류로는 일체식과 끼워맞춤식, 테이퍼식 등이 있다.

answer 93.② 94.④ 95.③

96 축계에서 프로펠러와 주 기관 사이의 거리가 길어 추력 축, 중간 축, 프로펠러 축 등으로 구분하는 경우 축과 축 사이를 연결하여 동력을 전달하는 데 사용되는 부품은?

① 유성 기어 ② 베어링
③ 플랜지 커플링 ④ 타이밍 벨트

NOTE ③ 커플링은 두 축을 직접 연결하여 회전이나 동력을 전달하는 기계 부품으로 결합부에 플랜지를 만들고 볼트로 연결되어 있다.

97 다음 중 축계를 일반적으로 구분하는 것이 아닌 것은?

① 추력축 ② 동력축
③ 중간축 ④ 프로펠러 축

NOTE ② 축계는 프로펠러와 주기관 사이의 거리가 멀어 이 공간을 하나의 축으로 연결한다는 것은 축계의 설치, 분해, 점검을 하는 동안에 무리를 줄 수 있어서 추력(전진력) 축, 중간 축, 프로펠러 축 등으로 분할해 구분하고 있다.

98 다음 중 선미관에서 해수가 선내로 침입하여 들어오지 못하도록 하는 역할을 하는 것은?

① 크랭크 암 ② 유니버설 조인트
③ 스러스트 베어링 ④ 선미관 밀봉 장치

NOTE ④ 선미관에는 해수가 선내로 침입하여 들어오지 못하도록 선미관 밀봉 장치(stern tube seal)가 장착되어 있다.

99 선미관 내부에 프로펠러 축을 회전할 수 있게 하는 선미관 베어링 중 리그넘바이티(lignumvitae)를 사용하는 방식은?

① 해수 윤활식 ② 기름 윤활식
③ 공랭식 ④ 유압식

NOTE ① 해수 윤활식은 선미관 베어링의 윤활제로 해수를 사용하는 방식이다. 이 방식은 보통 베어링 지면재로 리그넘바이티(lignumvitae)와 합성 고무를 사용하며, 베어링 지면재는 프로펠러 축의 표면과 접촉하면서 축이 회전할 때 흔들리지 않고 회전할 수 있도록 지탱하는 역할을 한다.
② 기름 윤활식은 베어링 지면재로 소모가 빠른 리그넘바이티 또는 합성 고무 베어링의 단점을 보완해 사용하는 방식이다.

answer 96.③ 97.② 98.④ 99.①

100 소형 선미관에 끼운 지면재의 일종인 리그넘바이티(lignumvitae)의 역할로 옳은 것은?

① 베어링 역할
② 패킹 역할
③ 선체 강도 보강 역할
④ 전기 절연 역할

NOTE ① 소형 어선의 선미관(Stern Tube)은 보통 내부 리그넘바이티(Lignumvitae)를 베어링으로 사용하는 해수윤활식(海水潤滑式) 선미관을 사용한다. 선미관의 전·후단에 리그넘바이티 베어링이 설치되어 있는데, 추진축이 회전하면서 온도가 상승하면 리그넘바이티에 함유하고 있던 유지분이 나오면서 윤활을 하고 리그넘바이티 홈을 통하여 들어온 해수에 의해 냉각을 하는 형태를 취한다. 선미관 전단의 리그넘바이티 베어링 전방에는 누수를 방지하기 위하여 패킹을 끼우고 패킹 글랜드로 지지하고 있어서 선미관 내부는 선미관 후단의 리그남바이티 베어링 틈으로 흘러 들어온 해수가 항상 가득차 있다.

101 선미측 프로펠러 부근에 아연판을 붙이는 이유는?

① 선체의 강도를 증가시킨다.
② 프로펠러 및 선체의 부식을 방지한다.
③ 프로펠러의 진동을 방지한다.
④ 배의 속력을 증가시킨다.

NOTE ② 전식(electro-chemical corrosion)이란 금속이 전기 화학적 작용으로 토양 또는 바닷물 가운데 존재하는 누설전류의 전기 분해 작용에 의해 금속이 부식되는 현상을 말한다. 선미측 프로펠러 부근에 아연판을 붙이는 것은 바로 전식을 방지하기 위해서이다. 아연은 선박에 바닷물에 닿는 금속의 부식을 막는 역할을 한다.

102 프로펠러의 재료로서 갖추어야 할 필요조건이 아닌 것은?

① 인장, 파괴강도가 클 것
② 피로강도가 클 것
③ 내식성이 우수할 것
④ 중량이 클 것

NOTE ④ 프로펠러는 엔진의 회전력을 추진력으로 변환하는 장치로서 물을 뒤로 밀어내면서 그 반작용으로 보트를 앞으로 추진하는 역할을 하기 때문에 인장강도, 피로강도, 강성이 커야 하며 부식이 일어나기 어려운 성질인 내식성이 우수해야 한다.

answer 100.① 101.② 102.④

103 스러스트 베어링의 역할은?

① 축의 진동을 방지한다.
② 축의 중심선을 유지한다.
③ 클러치의 진동을 방지한다.
④ 프로펠러의 추력을 받는다.

NOTE ④ 추력(thrust)이란 프로펠러의 회전 또는 가스분사의 반동에 의하여 생기는 추진력을 말한다. 스러스트 베어링(Thrust Bearing)은 프로펠러축과 중간축을 통해 프로펠러의 축 방향 추력(thrust)을 선체에 전달하기 위하여 기관 베드의 후단부에 설치한 것을 말한다.

104 프로펠러가 1회전 하였을 때 날개의 어떤 한 점이 축방향으로 이동한 거리를 무엇이라 하는가?

① 지름
② 피치
③ 경사
④ 전개면적

NOTE ② 프로펠러는 기관으로부터 회전동력을 전달받아 추력(프로펠러가 회전하는 동안 깃의 윗면 쪽으로 공기의 힘이 생겨 깃을 앞으로 전진하게 하는 힘)으로 변화시켜 움직이게 하는 장치이다. 프로펠러 피치란 프로펠러를 1회전 시켰을 때 전진한 거리를 말한다.
※ 프로펠러 피치

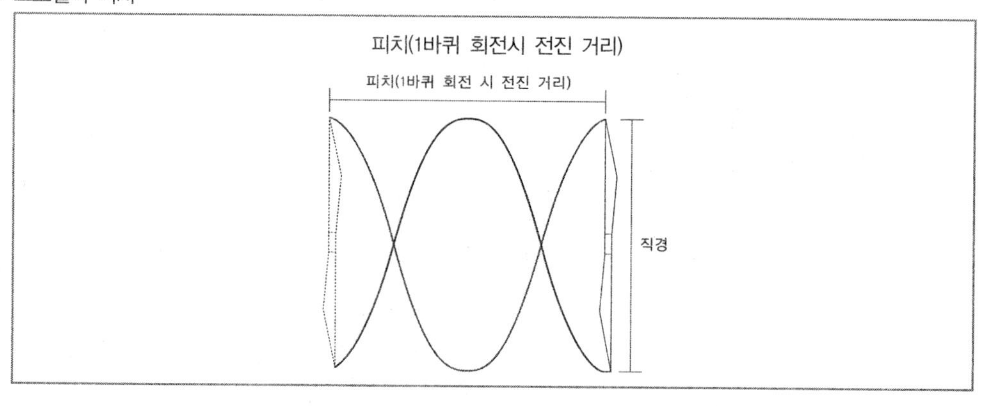

answer 103.④ 104.②

105 물 속에서 빠른 속도로 프로펠러가 운동할 때 액체의 압력이 증기압 이하로 낮아지면 액체 내에 증기 기포가 발생하는데 이때 공기 기포가 프로펠러 날개에 닿으면서 부식이나 소음 등이 발생하는 현상을 무엇이라 하는가?

① 열전도 현상
② 캐비테이션 부식
③ 감압현상
④ 과급현상

NOTE ② 공동현상은 유체의 속도가 빨라지면 관내의 압력이 낮아지고 유체의 압력이 포화 수증기압 이하로 낮아져 액체가 기체로 바뀌기 때문에 발생한다. 그런데 유체의 속도가 빨라짐으로 인해 발생한 기포가 다시 유체의 압력이 포화수증기압보다 높아질 경우 급격히 액체로 변하게 되는데, 그로 인해 높아진 압력에 의해 배의 프로펠러나 펌프의 임펠러 등에 충격을 주며 소음과 진동 및 마모 현상을 야기하는데 이러한 현상을 캐비테이션 부식(Cavitation Corrosion)이라 한다.

106 프로펠러에 의한 선체 진동의 원인이 아닌 것은?

① 프로펠러의 날개 수가 많다.
② 프로펠러의 균형이 불량하다.
③ 프로펠러 날개의 피치가 각각 다르다.
④ 선미베어링과 추진축과의 간격이 너무 크다.

NOTE ① 프로펠러가 불량하여 각 날개의 피치 길이가 다르면 각 날개의 추력이 달라져 진동을 발생시키며 선미베어링과 추진축과의 간격이 너무 클 경우도 선체에 진동을 일으킨다.

※ 프로펠러로 인한 축계진동 원인

㉠ **프로펠러 결합**: 프로펠러가 불량하여 각 날개의 피치 길이가 다르면 각 날개의 추력이 달라져 진동을 발생하게 된다.

㉡ **반류의 상황에서 프로펠러가 회전하는 경우**: 반류(어떤 물의 흐름과 비교하여 반대 방향으로 흐르는 현상) 속에서 프로펠러가 작동하면 추력이 갑작스럽게 변동되면서 진동을 발생시킨다.

㉢ **프로펠러의 심도 부족에 의한 것**: 프로펠러의 심도가 낮은 경우 회전 중의 각 날개의 추력이 달라져 진동을 일으킨다.

㉣ 프로펠러의 회전이 빨라짐에 따라 날개 배면에 저압부가 생겨 진공상태에 가까워지면 그 부분의 물이 증발하여 수증기가 되고, 수중에 녹아있던 공기도 더해져서 날개면의 일부에 공동(Cavitation)이 발생을 하는데 공동이 발생하면 캐비테이션의 경계면이 불안정하게 되어 날개에 진동을 일으키는 원인으로 된다.

㉤ 프로펠러 중심선이 선체 및 축계의 중심선과 불일치할 경우에도 진동을 일으키게 된다.

answer 105.② 106.①

107 선미관을 물로 윤활하는 경우, 프로펠러축에 씌운 슬리브가 하는 주된 역할은?

① 윤활작용　　② 회전원활
③ 냉각작용　　④ 부식방지

NOTE ④ 선미관을 물로서 윤활을 할 때에는 청동제 슬리브(sleeve)를 입혀 해수에 의한 축의 부식을 막는 동시에 마멸을 줄인다. 다만, 기름으로 윤활을 할 때에는 슬리브를 사용하지 않는다.

108 소형 고속 디젤기관의 연료유로 가장 많이 사용되는 것은?

① 휘발유　　② 경유
③ 나프타　　④ 중유

NOTE ② 석유계 연료인 경유는 디젤유라고도 하며 소형 고속 디젤엔진의 연료로 사용된다.

109 선박에서 사용하는 중유의 유효성분만으로 짝지어진 것은?

① 탄소와 수소　　② 탄소와 질소
③ 산소와 탄소　　④ 산소와 질소

NOTE ① 석유는 기본적으로 탄소원자와 수소원자의 복잡한 화학구조로 되어 있다. 유전으로부터 운반되어 온 원유(crude oil)를 증류탑에서 정제하면 가솔린, 등유, 경유, 중유를 비등점에 따라 얻게 되는데, 이 중유는 착화성과 인화성이 동시에 우수하여 디젤엔진이나 가스터빈 등 내연기관용 연료나 난방용 보일러 및 각종 공업용 노의 연료로 사용된다.

110 추진기축의 작은 균열이나 비틀림과 같은 내부 결함을 발견하는데 사용되는 탐상법 중 강철제에 강한 자석을 접촉시켜 균열 여부를 알아보는 방식은?

① 방사선 탐상법　　② 침투 탐상법
③ 전자기 탐상법　　④ 초음파 탐상법

NOTE ③ 전자기 탐상법은 자석을 접촉시켜 내부로 자속(자기력선속)을 형성할 때 표면의 결함을 찾는 방법이다.
① 방사선 탐상법은 전자기 복사의 강력한 형태인 감마선을 투과시켜 내부 결함을 촬영하는 방법이다.
④ 초음파 탐상법은 초음파를 발사하여 내부에서 반사되는 음파를 조사하여 결함 여부를 확인하는 방식이다.
② 침투 탐상법은 균열이 의심되는 표면에 침투액을 칠하여 결함 여부를 알아내는 방식이다.

answer 107.④ 108.② 109.① 110.③

111 다음 중 선박 디젤 기관을 고속, 중속, 저속으로 구분하는 기준은?

① 동력 전달 능력
② 선적 능력
③ 열효율
④ 기관의 회전수

NOTE ④ 선박 디젤 기관은 기관의 회전수(rpm)에 따라 저속, 중속, 고속 기관으로 분류를 하고 있다. 고속기관은 1200에서 2400rpm 정도이며, 중속기관은 400~1000rpm 정도, 저속기관은 처음부터 그 회전속도가 프로펠러의 최적 회전속도와 일치하도록 설계된 것인데 대형 디젤기관은 모두 저속기관으로서 120rpm 이하의 회전수를 가진다.
대당 출력은 5천~4만5천 마력이 보통이며 이런 규모에서 경제성은 다른 어떤 추진기관보다 우수하다.
저속엔진은 5000~45,000 마력 정도로 대규모의 컨테이너선이나 탱커 등의 추진에 이용되고, 중속 및 고속엔진은 카페리나 어선 등에 더 일반적으로 사용되며 보조동력으로도 광범위하게 사용되고 있다.

112 기관에 사용하는 연료유를 가열하는 목적은?

① 옥탄값을 높이기 위하여
② 점도를 낮추기 위하여
③ 연료의 유동점을 높이기 위하여
④ 부식을 방지하기 위하여

NOTE ② 선박에 사용되는 연료유를 가열하는 이유는 점도를 낮추기 위해서이다. 점도는 연소 상태 및 연료 공급 계통에 크게 영향을 미치는 변수 중 하나로 적당한 예열온도를 유지할 경우 고점도의 중질유도 사용할 수가 있다. 중대형 선박의 연료유를 가열해 점도를 낮춤으로써 펌프에 의한 이송작업을 원활하게 할 수 있다.
※ **점도**(viscosity) … 점도는 액체가 유동할 때 나타나는 내부저항을 말한다. 점도를 나타내는 단위는 점성이라 하며 일반적으로 연료유의 온도가 낮아지면 점도는 높아지고, 온도가 높으면 연료유의 점도는 낮아진다. 즉, 점도는 연료 분사 밸브의 분사 상태에 큰 영향을 준다고 볼 수 있다.

answer 111.④ 112.②

113 다음 중 디젤기관에 사용하는 연료유가 갖추어야 할 성질로 보기 어려운 것은?

① 높은 점성　　② 높은 발열량
③ 반응성은 중성　　④ 낮은 응고점

NOTE ① 디젤기관 연료유의 점도는 적당해야 한다.
※ 디젤기관 연료유가 갖추어야 할 조건
㉠ 연소 효율이 뛰어나며 점도는 적당해야 한다.
㉡ 발열량이 높으면서 반응은 중성이인 것이 좋다.
㉢ 회분, 수분, 유황분 등과 같은 물질의 함유량이 적어야 한다.
㉣ 응고점이 낮아야 한다(-4℃ 이하).

114 안전하게 연속해서 운전할 수 있는 선박의 최대 출력 단위는?

① 최대 출력　　② 정격 출력
③ 연속 최대 출력　　④ 상용 출력

NOTE ③ 기관의 출력은 실린더 용적에서 연료를 연소시켜 얻는 일의 양으로 알 수 있다. 연속 최대 출력(maximum continuous rating) : 선박용 기관에서 이용하는 출력이며, 안전하게 연속해서 운전할 수 있는 최대 출력을 뜻한다.
① 최대 출력(maximum power)이란 최대 출력은 제조자가 정한 운전 조건에서 기관이 낼 수 있는 최대 출력을 의미한다. 자동차용 기관에서 이용한다.
② 정격 출력(rated horse power)이란 정해진 운전 조건으로 정해진 시간 동안의 운전을 보증하는 출력이다.
④ 상용 출력(nomal continuous rating)이란 선박용 기관에서 실제로 사용되는 출력으로, 연속해서 경제적으로 항해할 수 있는 출력을 뜻한다.

115 선박 바닥에 가라앉아 있는 물때나 침전물들을 퍼올리기 위한 펌프는?

① 급수펌프　　② 복수펌프
③ 진공펌프　　④ 빌지 펌프

NOTE ④ 빌지 펌프(bilge pump)는 선박 안에 괸 오수(汚水)를 밖으로 배출하는 펌프를 가리킨다.

answer 113.① 114.③ 115.④

116 (　　) 안에 알맞은 것은?

선박이 일정시간 항해 시 필요한 연료 소비량은 속도의 (　　)에 비례한다.

① 제곱
② 세제곱
③ 제곱근
④ 세제곱근

NOTE 선박이 일정시간 항해 시 필요한 연료 소비량은 속도의 세제곱에 비례한다.

117 선체를 부두의 안벽에 붙이기 위해 계선줄을 감는 장치는?

① 조타장치
② 양묘장치
③ 무어링 윈치
④ 하역장치

NOTE 계선줄을 감아올려 선체를 안벽에 붙이는 장치는 무어링 윈치와 캡스턴이 있다.

118 소형 디젤기관에서 시동이 걸리지 않는 경우의 원인으로 옳지 않은 것은?

① 연료유가 공급되지 않는 경우
② 냉각수의 온도가 낮은 경우
③ 배기 밸브가 심하게 누설되는 경우
④ 시동용 배터리가 완전 방전된 경우

NOTE ㉠ 시동이 안 되는 경우의 원인
- 연료 공급이 잘 안되거나 실린더 내의 온도가 낮은 경우
- 압축 압력이 낮거나 연료유에 물이나 공기가 차 있는 경우
- 연료의 분사 시기가 일정하지 않은 경우

㉡ 대책
- 연료 공급 계통을 확인하여 조치한다.
- 테스트콕을 열고 실린더 내의 가스를 배출한다.
- 시동공기 압력을 확인한다.

answer 116.② 117.③ 118.②

119 정박 중 터닝기어로 기관을 터닝하려 할 때 터닝이 잘 되지 않는다면 가장 먼저 확인해야 할 것은?

① 연료분사밸브가 열려있는지를 확인
② 흡기밸브가 열려있는지를 확인
③ 인디케이터 콕이 열려있는지를 확인
④ 시동밸브가 열려있는지를 확인

NOTE 정박 중 터닝기어로 기관을 터닝하려 할 때 터닝이 잘 되지 않는다면 인디케이터 콕이 열려있는지를 확인하여야 한다.

120 디젤기관에서 스러스트 베어링의 설치 위치를 옳게 설명한 것은?

① 1번 실린더보다 선수 쪽에 있다.
② 메인베어링보다 선미 쪽에 있다.
③ 프로펠러축보다 선미 쪽에 있다.
④ 중간축과 프로펠러축 사이에 있다.

NOTE 스러스트 베어링(추력베어링)은 선미쪽에 있다.

121 선내에 사용하는 교류 전원의 주파수는?

① 30[Hz] ② 40[Hz]
③ 60[Hz] ④ 100[Hz]

NOTE 선박에서 사용하는 주파수는 60[Hz]이다.

answer 119.③ 120.② 121.③

122 앵커를 감는 장치는?

① 양묘기 ② 크레인
③ 조타기 ④ 양화기

NOTE 양묘기는 닻을 감아올리고 내리는데와 선박을 접안시킬 때 계선줄을 감는데 사용한다.

123 단위 면적당 수직으로 작용하는 힘을 무엇이라 하는가?

① 밀도 ② 비중
③ 부피 ④ 압력

NOTE 압력은 단위 면적당 수직으로 작용하는 힘을 말한다.

124 스크루 프로펠러의 추력을 받는 것은?

① 중간축 베어링 ② 메인 베어링
③ 스러스트 베어링 ④ 크랭크핀 베어링

NOTE 력 베어링(스러스트 베어링)
㉠ 종류 : 상자형, 말굽형, 미첼형 추력 베어링이 있다.
㉡ 역할 : 선체의 메인 베어링보다 선미쪽에 부착되어 있으며 추력칼라의 선후에 설치되어 프로펠러에서 전달되어 오는 추력을 추력 칼라에서 받아서 선체에 전달하여 선박을 추진할 수 있도록 한다.

125 연료의 온도를 인화점보다 높게 하면 외부에서 불을 붙여 주지 않아도 자연 발화되는 최저 온도를 무엇이라 하는가?

① 유동점 ② 소기점
③ 진화점 ④ 발화점

NOTE 발화점(ignition point)
- 연료의 온도를 인화점보다 높게 하면 불이 없어도 자연 발화하게 되는데 이와 같이 자연 발화하는데 필요한 연료의 최저 온도를 말한다.
- 디젤기관의 연소에 가장 관계가 깊으며 인화점의 온도보다 발화점의 온도가 더 높다.

answer 122.① 123.④ 124.③ 125.④

126 연료유 탱크에 들어 있는 기름보다 비중이 더 큰 기름을 동일한 양으로 혼합한 경우 비중은 어떻게 변하는가?

① 혼합비중은 비중이 더 큰 기름보다 비중이 더 커진다.
② 혼합비중은 비중이 더 큰 기름의 비중과 동일하게 된다.
③ 혼합비중은 비중이 더 작은 기름보다 비중이 더 작아진다.
④ 혼합비중은 비중이 작은 기름과 비중이 큰 기름의 중간 정도로 된다.

NOTE 비중이 작은 기름보다 비중이 더 큰 기름을 동일한 양으로 혼합한 경우 혼합비중은 비중이 작은 기름과 비중이 큰 기름의 중간 정도로 된다.

127 선체 저항의 종류가 아닌 것은?

① 마찰저항
② 전기저항
③ 조파저항
④ 공기저항

NOTE 선체저항 … 마찰저항, 조파저항, 공기저항, 조와저항

128 선박에서 가장 선수 쪽에 설치되는 갑판보기는?

① 양화기
② 조수기
③ 조타기
④ 양묘기

NOTE 양묘기 … 가장 선수부에 설치한다. 양화기는 작업이 편한 위치에 설치하고 조수기는 기관실에, 조타기는 조종실에 위치한다.

129 비중이 0.85인 경유 100[l]와 비중이 0.8인 경유 100[l]를 혼합하였을 경우의 혼합비중은?

① 0.8
② 0.825
③ 0.835
④ 0.85

NOTE 혼합비중 = 혼합무게/혼합부피이므로 혼합무게는 $0.85 \times 100 + 0.8 \times 100 = 165$, 혼합부피는 $100 + 100 = 200$
그러므로 혼합비중은 165/200=0.825이다.

answer 126.④ 127.② 128.④ 129.②

내연기관의 분류 중 작동 사이클에 의한 분류

① **4행정 사이클 기관** : 흡입행정, 압축행정, 팽창(동력)행정, 배기행정으로 1사이클을 완성하는 기관을 말하며 1사이클을 완성하는 동안 기관의 크랭크축은 720°로 2회전을 하는 기관이다.

② **2행정 사이클 기관** : 소기, 압축행정과 팽창, 배기행정(동력행정)으로 1사이클을 완성하는 기관이며 1사이클을 완성하는 동안 크랭크축은 360°로 1회전을 하게 된다.

가솔린기관과 디젤기관의 비교

① 두기관의 차이점

구분	가솔린기관	디젤기관
연료	가솔린(휴발유)	• 소형기관, 고속회전기관 : 디젤(경유) • 중 · 저속기관 : 중유
기관	소형경량(진동이 적음)	대형 중량(진동이 크므로 구조가 견고함)
흡입 방법	혼합기(가솔린 + 공기)가 들어감	순수 공기만 들어간다.
착화 방법	전기적인 점화에 의해 불꽃으로 착화	고압으로 연료를 분사하여 고온에 의한 자연착화시킨다.
압축비	낮다.	높다.
용도	비행기, 자동차, 오토바이, 모터보트, 각종 산업용 원동기 등	대형선박, 기관차, 건설기계, 대형트럭, 농업용 기계, 발전기 등
열효율	30% 내외	40~50% 정도

② **4행정 사이클 디젤 기관의 작동** 2020, 2022 출제

㉠ **흡입 행정** : 피스톤이 상사점으로부터 하강하면서 연료와 공기의 혼합기를 기화기를 통하여 실린더 내로 공기만을 흡입한다. (흡기밸브 열림, 배기밸브 닫힘)

㉡ **압축 행정** : 피스톤이 상승하면서 실린더 내의 혼합기를 압축시키면서 혼합기는 고온과 고압의 상태로 변한다. 연소를 위해 흡기밸브, 배기밸브가 모두 닫힌 상태로 되며 피스톤이 올라가면서 공기를 압축한다.(흡기 · 배기밸브 모두 닫힘)

㉢ **작동 행정** : 압축행정이 끝나는 시기에 점화플러그의 불꽃에 의해 혼합기의 연소가 이루어지는 시기이다. 압축된 혼합기에 전기불꽃으로 점화 · 폭발시켜 압축된 가스의 압력으로 피스톤이 내려가면서 동력을 발생시킨다. 폭발로 인한 압력으로 피스톤이 하강을 하여 크랭크축이 회전력(Torque)을 얻기 때문에 동력 행정으로도 불린다(흡기 · 배기밸브 모두 닫힘). 2020 출제

㉣ **배기 행정** : 연소가스의 팽창이 끝나면 배기 밸브가 열리며 피스톤의 상승으로 연소가스가 배기 밸브를 통해 배출된다. 피스톤이 올라감으로써 연소된 가스를 내보내기 위해 흡기 밸브가 닫힌다.(흡기밸브 닫힘, 배기밸브 열림).

피스톤 핀 2020, 2021 출제

① 피스톤과 커넥팅로드를 연결하는 핀을 말하며, 큰 굽힘 응력에 충분히 견딜 수 있는 재료로 만든다.

② 무게를 줄이기 위해 속이 비어 있으며, 내 마멸성을 높이기 위해 표면에 경화 처리를 한다.

③ 피스톤이나 커넥팅 로드에 모두에 고정하지 않는 전부동식으로 되어 있다

④ 피스톤에서 작동할 때 피스톤 핀이 빠지지 않도록 하기 위해 피스톤 핀 끝에 스냅 링(snap ring) 또는 스톱 링(stop ring)을 끼워 실린더 벽을 보호한다.

⑤ **피스톤 핀의 구비조건**

㉠ 무게가 가벼울 것

㉡ 강도가 클 것

㉢ 내 마멸성이 클 것

⑥ **피스톤 핀의 재질** : 저탄소 침탄강 니켈크롬강 내마멸성을 놓기 위하여 표면은 경화시키고 내부는 그대로 두어 인성을 유지 시키고 있다

크랭크축의 구성 2020, 2021 출제

① **크랭크 저널** : 크랭크축의 주축 베어링에 둘러싸여 지지되는 부분이다.

② **크랭크 핀** : 크랭크 저널의 중심으로부터 크랭크의 반지름만큼 떨어진 곳에 저널과 평행하게 설치한다.

③ **크랭크 암** : 크랭크 핀과 저널을 연결하는 부분을 말하며, 크랭크 핀 반대쪽에는 평형추를 설치한다.

플라이휠(Fly Wheel)의 설치 목적(역할) 2021, 2022 출제

① 축척되어 있는 에너지를 관성을 이용하여 회전력을 균일하게 한다.

② 시동을 쉽게 하고 크랭크축의 전단부나 후단부에 설치한다.

③ 저속운전을 가능하게 하고 밸브의 조정이나 기관의 정비작업을 쉽게 해준다.

④ 회전의 변동을 조절하는 기능을 한다.

연료 분사의 조건

① **무화가 좋을 것** : 분사되는 연료유가 미립화 되어야 착화와 연소가 빨라진다.

② **분산이 좋을 것** : 연료유가 원뿔형으로 분사되어 퍼지는 상태이어야 한다.

③ **관통력이 좋을 것** : 연료유가 실린더 내의 압축공기를 관통하고 나아가야 한다,

④ **분포가 좋을 것** : 실린더 내에 분사된 연료유가 공기와 적당하게 혼합되어야 한다.

추력 베어링(스러스트 베어링)

① 종류 : 상자형, 말굽형, 미첼형 추력 베어링이 있다.

② 역할 : 선체의 메인 베어링보다 선미쪽에 부착되어 있으며 추력칼라의 선후에 설치되어 프로펠러에서 전달되어 오는 추력을 추력 칼라에서 받아서 선체에 전달하여 선박을 추진할 수 있도록 한다.

2020, 2021, 2022 출제

선미관

추진축이 선체를 관통하여 선체 밖으로 나오는 곳에 장치하는 원통 모양의 관을 말한다.

① 해수가 홈을 통해 들어와 윤활작용과 냉각작용을 하여 축의 부식을 막고 선미관 내면과의 마찰을 줄이기 위해 리그넘바이티에는 많은 홈을 만들어 둔다.

② 스터핑박스는 피스톤, 플런저 따위가 드나드는 곳에서 증기나 물이 새는 것을 막는 장치이다.

③ 프로펠러축을 지지하는 베어링 역할을 한다.

④ 베어링의 재질로는 리그넘바이트, 고무, 합성수지, 백색합금 등이 있다.

⑤ 선미관의 선수 쪽은 그리스 패킹을 넣은 스터핑 박스를 만들어 누수를 막는다.

체크밸브

정전 등으로 인해 펌프가 급정지하여 발생하게 되는 유체의 과도현상으로 인하여 펌프의 손상이나 물의 역류현상을 방지하는 역할을 한다.

디젤기관의 운전 중 점검 내용 2020, 2021, 2022 출제

① 연료 계통

㉠ 사용하는 연료유의 종류에 따라 온도와 압력이 정상적으로 작동되고 있는지 점검한다.

㉡ 여과기의 상태에 따라 연료유의 공급 압력이 변할 수 있으므로 연료유 공급 펌프의 입구와 출구 압력을 관찰하여야 한다.

② 배기 계통

㉠ 정상적으로 연소되고 있는지 주기적으로 배기색을 확인하여 점검하여야 한다.

㉡ 실린더가 범위를 벗어난 것이 있으면 지압기를 찍어 밸브 누설, 연소 상태 등을 점검하고 원인을 파악해야 한다.

㉢ 각 실린더별 편차는 취급 설명서에 제시된 범위 내에 있어야 하며 작을수록 좋다.

㉣ 각 실린더의 배기가스 온도가 정상적인 값을 나타내는지 확인한다.

③ 소기 계통

㉠ 과급기의 터빈측에 냉각수가 공급되는 경우라면 냉각수의 압력과 입구 및 출구의 온도로 확인하여야 한다.

㉡ 과급기에 공급되는 윤활유의 압력과 온도 및 기관에 공급되는 소기 공급의 압력과 온도가 정상 값을 나타내는지 점검한다.

④ 운동부의 윤활유 계통

㉠ 메인 베어링과 크랭크축 베어링에 공급되는 윤활유의 압력과 입구 및 출구의 온도가 정상적인 값을 나타내는지 점검한다.

㉡ 윤활유 펌프의 입구 및 출구의 압력이 정상인데 베어링에 공급되는 윤활유의 압력과 온도가 약간이라도 정상적인 값에서 벗어나면 베어링부의 발열을 먼저 점검하여야 한다.

⑤ 냉각수 계통

㉠ 실린더 헤드나 실린더 라이너, 피스톤 크라운에 균열이 발생되게 되면 연소가스가 냉각수와 접촉하기 때문에 냉각수의 출구 온도 상승과 함께 냉각수에 카본 성분이 검출될 수 있다.

㉡ 실린더와 실린더 헤드에 공급되는 냉각수의 압력과 입구 및 출구의 온도가 정상적인 값을 나타내는지 점검한다.

기관이 갑자기 정지하는 경우의 원인 2021, 2022 출제

① 연료유 계통에 문제가 있는 경우(조속기의 고장, 연료유 공급 차단, 연료유 수분 과다 혼입, 연료유 여과기의 막힘 등)

② 피스톤이나 메인 베어링, 크랭크 핀 베어링 등과 같은 주 운동 부분이 고착되어 있는 경우

③ 흡입밸브가 너무 조여져 있는 경우

④ 소기압이 낮거나 기관의 회전수가 규정치보다 너무 높아진 경우

운전 중 고장의 원인과 대책

① 기관이 급정지한 경우

원인	대책
과속도 정지장치가 작동한 경우	과속도 정지장치를 재조정한다.
연료가 부족한 경우	연료계 및 연료탱크 내 연료의 양을 확인한다.
조속기가 이상한 경우	조속기를 확인한다.
연료에 물이 혼입된 경우	연료탱크에서 물을 제거한다.

② 검은색 배기가스가 발생한 경우 2021 출제

원인	대책
연료 분사 상태가 불량하거나 연료밸브의 개방 압력이 부적당한 경우	연료밸브를 확인한다,
과부하 운전의 경우	기관의 부하를 줄인다.
공기 압력이 불충분한 경우	과급기를 청소한다.

메인 베어링이 발열을 일으키는 경우

원인	대책
윤활유의 부족 및 불량인 경우	윤활유를 공급하면서 기관을 냉각시키고 베어링의 틈새를 알맞게 조절한다.
베어링의 틈새가 불량인 경우	
과부하 운전상태인 경우	
크랭크축의 중심선이 불일치하는 경우	

연료유의 종류

① 가솔린(휘발유)

㉠ 원유를 분별 증류하였을 때, 30~200℃ 범위에서 끓는 액체를 말하며, 비중은 0.69~0.77이고 가솔린은 흔히 휘발유라고 부르기도 하는데, 상온에서 증발하기 쉽고 인화성이 좋아 공기와 혼합되면 폭발성을 지닌다.

㉡ 가솔린의 증기는 공기보다 약 3배 정도 무겁고 독성이 있으므로 주의해야 한다.

② **등유** : 가솔린 다음으로 증류되며 원유로부터 분별 증류하여 얻는 끓는점의 범위가 180~250℃인 석유로서 비중이 0.78~0.84로 난방용, 석유기관, 항공기의 가스터빈 연료로 사용된다.

③ **경유** : 경유는 분별 증류하여 얻는 끓는점이 250~350℃ 사이에 있는 탄화수소들의 혼합물로서 비중이 0.84~0.89로 원유의 증류과정에서 등유 다음으로 얻어진다. 고속 디젤기관에 주로 사용되므로 디젤유라고도 한다.

④ 중유

㉠ 원유에서 가솔린 · 석유 · 경유 등을 증류하고 나서 얻어지는 기름으로 주로 디젤기관이나 보일러 가열용, 화력발전용으로 사용되는 석유이다.

㉡ 등유나 경유에 비해 증발하기 어려워 쉽게 연소되지 않는 단점이 있다.

㉢ 비중은 0.91~0.99, 발열량은 9,720~10,000kcal/kg으로 흑갈색의 고점성 연료로 발열량이 석탄에 비해 약 2배나 되고, 열효율도 뛰어나다.

⑤ 비중, 유동점, 점도, 발열량의 크기는 가솔린, 등유, 경유, 중유 순이다.

⑥ 연료유의 유종을 구분하는데 가장 도움이 되는 것은 비중계와 점도계이다.

연료유의 성질

① 점도(viscosity) **2020, 2021, 2022 출제**

㉠ 액체가 유동할 때 분자 간에 마찰에 의하여 유동에 대한 저항이 일어나는 성질을 점성이라 하며 이에 대한 대소의 표시를 점도라고 하며 끈적함의 정도를 나타낸다.

㉡ 점도는 연료 분사 밸브의 분사 상태와 파이프 내의 연료유의 유동성에 큰 영향을 준다.

㉢ 일반적으로 연료유의 점도는 온도가 상승하면 낮아지고 온도가 낮아지면 높아진다.

② 비중(specific gravity) **2022 출제**

㉠ 부피가 같은 물과 연료유의 무게 비이다.

㉡ 연료유의 비중은 상온에 있어서 액체 상태 또는 고체 상태의 원유 및 석유 제품에서 석유 제품 증기압 시험 방법에 의한 증기압 1.8kg/㎠ 이하인 것의 비중은 석유 제품 비중 시험 방법의 규정에 따라 실시한다.

㉢ 비중은 온도에 따라 변화가 크므로 보통 15℃(또는 60°F)일 경우를 표준온도로 한다.

㉣ 비중의 표시 방법으로는 15/4℃ 비중, 60/60°F 비중과 API(American Petroleum Institute, 미국 석유협회) 비중이 사용되고 있다.

㉤ 15/4℃ 비중이란 15℃에서의 시료의 질량(진공 중의 중량)과 4℃에서의 같은 부피의 순수 질량(진공 중의 중량)과의 비로 표시하고, 15/4℃의 기호를 부기한다.

ⓐ 혼합무게 = (A액체 비중 × A액체 부피) + (B액체 비중 × B액체 부피)

ⓑ 혼합비중 = 혼합무게/혼합부피

ⓒ 혼합부피 = A액체 부피 + B액체 부피

02

실전 모의고사

01. 실전 모의고사 | 02. 정답 및 해설

01 실전 모의고사

4과목/100분(과목당 25분)

정답 및 해설 P.350

01. 항해

01 자기컴퍼스가 선체나 선내 철기류 등의 영향을 받아 생기는 오차는?

① 자차　② 편차
③ 기차　④ 수직차

02 연중 해면이 그 이상으로 낮아지는 일이 거의 없다고 생각되는 수면을 무엇이라고 하는가?

① 평균수면　② 기본수준면
③ 일조부등　④ 월조간격

03 등광은 꺼지지 않고 등색만 교체되는 등화를 무엇이라고 하는가?

① 부동등　② 섬광등
③ 명암등　④ 호광등

04 주로 등대나 다른 항로표지에 부설되어 있으며, 시계가 불량할 때 이용되는 항로표지는?

① 야간표지　② 주간표지
③ 음파표지　④ 전파표지

05 다음 중 가장 축척이 큰 해도는 어느 것인가?

① 총도　② 항양도
③ 항해도　④ 항박도

06 자신의 선수를 0°로 하여 시계방향으로 360°까지 재거나 좌현 또는 우현으로 180°씩 측정하는 것은?

① 자침방위　② 상대방위
③ 선수방위　④ 진방위

07 S 30°E의 방위는?

① 120°　② 140°
③ 150°　④ 180°

08 해저의 일정한 지점에 체인으로 연결되어 해면상에 떠 있는 구조물로서 등광을 발하는 것을 무엇이라고 하는가?

① 등대　② 등부표
③ 등주　④ 입표

09 위도 1분의 길이는 몇 미터인가?

① 1,000미터 ② 1,545미터
③ 1,852미터 ④ 2,142미터

10 해류에 관한 설명으로 옳은 것은?

① 하루에 두 번 해면의 승강작용이 있다.
② 하루에 두 번 방향이 바뀐다.
③ 달의 인력과 관계가 있다.
④ 해수의 흐름이 일정 방향으로 흐르는 것이다.

11 조류의 방향은 어떻게 표시되는가?

① 흘러가는 쪽의 방향
② 흘러오는 쪽의 방향
③ 해면이 높아지는 방향
④ 해면이 낮아지는 방향

12 국제 해상 부표 방식의 종류가 아닌 것은?

① 우현표지 ② 특수표지
③ 교량표지 ④ 고립장해표지

13 두 개의 무선 전신국으로부터 받는 전파의 도착 시각 차이를 측정하여 자신의 위치를 산출하는 선위측정계기는?

① 레이저 수신기 ② 로란C 수신기
③ GPS ④ GIS

14 표체 직경이 10m 이상으로 고광도 광원과 각종 항해안전지원시설을 병설한 대형등부표는?

① 랜비 ② Racon
③ 스파브이 ④ DGPS

15 선박의 레이다로부터 발사된 전파에 응답하여 송신국의 위치를 모르스 부호로 표시하는 응답장치는?

① 스파부이 ② 등부표
③ DGPS ④ Racon

16 다음 중 음파표지가 아닌 것은?

① 에어사이렌 ② 전기혼
③ VTS ④ 무신호(fog bell)

17 다음 항해계기에 대한 설명으로 틀린 것은?

① 나침의 : 방위 측정 및 침로 유지
② 선속계 : 선박의 속력을 나타내는 장치
③ 측심기 : 바람의 방향과 세기를 나타내는 장치
④ 육분의 : 천체나 물표의 고도 및 협각을 측정

18 액체 자기나침의 액체 비율로 옳은 것은?

① 알코올 : 증류수 = 6 : 4
② 알코올 : 증류수 = 4 : 6
③ 휘발유 : 증류수 = 6 : 4
④ 휘발유 : 증류수 = 4 : 6

19 다음에 설명하는 것은?

선박을 출발지에서 목적지까지 안전하고 가능하면 빠르게 도착할 수 있도록 하기 위한 지식과 기술, 방법 등을 말한다.

① 항해 ② 항법
③ 해도 ④ 황천

20 항해 중에 태양 · 달 · 항성 · 행성 등의 천체를 육분의 등으로 관측하여, 그 값과 관측한 시간에 따라 천측계산표에서 현재의 위치를 찾는 항법은?

① 지문항법 ② 천문항법
③ 추측항법 ④ 전파항법

21 위성항법장치인 GPS의 오차 범위로 가장 적절한 것은?

① 3m ② 10m
③ 30m ④ 300m

22 GPS가 등장하기 전까지 가장 많이 사용된 전파 항법장치로 쌍곡선의 원리를 이용하여 주국과 종국 간 정확한 전파 도달 시간차로 위치를 측정하는 것은?

① Loran-C ② 위성항법장치
③ General chart ④ radar

23 전파의 특성 중 전파항법에 이용되는 성질로 보기 가장 어려운 것은?

① 정속성 ② 등속성
③ 직진성 ④ 간섭성

24 대서양 서부 적도 부근의 열대 바다에서 형성되는 이동성 저기압을 일컫는 명칭은?

① 태풍　　② 허리케인
③ 사이클론　　④ 윌리윌리

25 기본수준면으로부터 대조의 평균고조면까지의 높이는?

① 낙조　　② 대조
③ 대조승　　④ 소조승

02. 운용

26 다음 중 복원력의 크기에 가장 영향을 적게 미치는 것은?

① 선폭의 크기　　② 건현의 크기
③ 배수량의 크기　　④ 프로펠러의 크기

27 선저판, 외판, 갑판 등에 둘러싸여 화물적재에 이용되는 공간을 무엇이라 하는가?

① 선창　　② 격벽
③ 이중저　　④ 늑골

28 선박에서 기압을 측정할 때 필요한 계기는?

① 시진의　　② 나침의
③ 육분의　　④ 기압계

29 청수, 기름 등의 액체가 탱크 내에 가득 차있지 않을 경우 선체 동요시에 그 액체들이 유동하면 복원력은 어떻게 되는가?

① 증가한다.
② 증가하는 경우가 많다.
③ 감소한다.
④ 아무런 영향을 받지 않는다.

30 N 50°W는 몇 도인가?

① 310° ② 320°
③ 280° ④ 250°

31 자선으로부터 같은 거리에 있는 가까운 2개의 물체를 레이더 지시기상에 2개의 영상으로 분리하여 나타내는 능력을 무엇이라 하는가?

① 방위 분해능 ② 반사능력
③ 자침능력 ④ 비너클

32 선체 중앙에서 용골의 상면부터 건현 갑판의 현측 상면까지의 수직 거리는 ( )이다. 괄호 안에 들어갈 알맞은 것은?

① 형선 ② 형심
③ 늑골 ④ 만재흘수선

33 선체가 강선인 경우, 부식을 방지하기 위한 방법 중 옳지 않은 것은?

① 방청용 페인트를 칠해서 습기의 접촉을 차단한다.
② 아연 또는 주석 도금을 한 파이프를 사용한다.
③ 아연판으로 제작된 키(러더)를 사용한다.
④ 선체 외판에 아연판을 붙여 이온화 침식을 막는다.

34 전진 중인 선박을 가장 빨리 정지시키는 방법은 어느 것인가?

① 전속후진 ② 반속후진
③ 미속후진 ④ 기관정지

35 선저부의 중심선에 있는 배의 등뼈로서 선수미에 이르는 종강력재를 무엇이라 하는가?

① 외판 ② 종통재
③ 늑골 ④ 용골

36 선박이 해상에서 닻을 놓고 운항을 정지하는 것은?

① 정류 ② 정박
③ 계류 ④ 좌주

37 선박의 길이를 나타내는 다음 용어 중에 그 길이가 가장 긴 것은?

① 전장(LOA)
② 등록장(RL)
③ 수선간장(LBP)
④ 수선장(LWL)

38 물체는 수중에 있을 때 중력과 똑같으면서 방향은 정반대인 힘을 받는데, 이렇게 물체를 뜨게 하는 힘을 무엇이라 하는가?

① 부력 ② 감항력
③ 복원력 ④ 배력

39 바지선과 같이 다른 동력선이 끌어주는 선박을 제외한 대다수의 선박은 자체의 힘으로 항해를 할 수 있어야 한다. 이는 선박의 기능 중 무엇을 말하는가?

① 부양기능 ② 복원기능
③ 추진기능 ④ 내항기능

40 선박에서 키를 회전시키고 타각을 유지하는 데 필요한 장치는?

① 기관 ② 조타설비
③ 어로설비 ④ 정박설비

41 어선에서 어획물이나 선용품을 싣거나 내리는 데 사용되는 설비는?

① 무선설비 ② 적부설비
③ 소방설비 ④ 하역장비

42 다음 구명설비 중 탑승장치는?

① 구명부기 ② 자기점화등
③ 그물사다리 ④ 구명뗏목진수장치

43 다음 중 신호장치가 아닌 것은?

① 구명부환 ② 신호홍염
③ 수밀전기등 ④ 역반사재

44 현재의 침로를 유지하라는 조타 명령은?

① midship
② port easy
③ steady as she goes
④ steady

45 황천 시 대피요령으로 가장 먼저 해야 할 일은?

① 기상 및 해상을 파악한다.
② 피항지를 선정한다.
③ 창구, 출입구등 개구부를 폐쇄한다.
④ 기관을 정지한다.

46 황천 항법에 대한 설명으로 틀린 것은?

① 추파에서의 항주는 선미에 파도가 집중되어 키를 잡고 있는 상황에서도 횡전할 위험이 있기 때문에 가능한 회피

② 횡파 항주는 파도에 동조되어 옆으로 흔들리고 경사되기 쉽기 때문에 가능한 회피

③ 어쩔 수 없이 추파에서 항주하는 경우에는 선미로부터 로프, 폐그물 등을 흐르게 하여 심하게 피칭하는 것을 방지

④ 파도가 클 때는 속력을 최대한 높여 타가 잘 듣는 정도의 속력을 유지토록 함

47 선박안전 수칙에 대한 설명으로 옳지 않은 것은?

① 기상이 좋지 않을 때는 레이더를 활용하여 주변해상의 상황을 파악할 것

② 어로중인 선박이나 해상공사, 작업선 등에 접근하여 항행하지 말 것

③ 처음으로 항행하는 해역일지라도 안내인을 승선시켜 항행하지 말 것

④ 수로정보, 항행경보를 입수하고 최신의 해도를 활용하여 항행할 것

48 선박이 수평을 유지하여 흘수가 같은 상태를 이르는 말은?

① 선수 트림 ② 등흘수

③ 선미 트림 ④ 복원력

49 수난사고 발생 시 관계기관에 통보할 사항으로 가장 거리가 먼 것은?

① 선종 및 선명

② 사상자 및 유출유의 유무

③ 현재의 조치상태

④ 최대 탑승 가능 인원

50 국제 신호서에 의한 국제기류신호 중 'Y'가 의미하는 바는?

① 닻을 조작 중

② 본선을 피하라

③ 본선을 도와 달라

④ 예인선이 필요함

03. 법규

51 **선박입출항법상 무역항에 대한 정의로 옳은 것은?**

① 국민경제와 공공의 이해에 밀접한 관계가 있고 주로 외항선이 입항 · 출항하는 항만
② 한국 선박이 상시 출입할 수 있는 항
③ 어선과 화물선이 상시 출입할 수 있는 항
④ 대형 선박의 출입이 가능한 항

52 **해양환경관리법상 선박의 소유자는 그 선박에 승무하는 선원 중에서 선장을 보좌하여 선박으로부터의 오염물질 및 대기오염물질의 배출방지에 관한 업무를 관리하게 하기 위하여 해양오염방지관리인을 임명하여야 하는데 여기에 해당하지 않는 선박은?**

① 총톤수 150톤 이상인 유조선
② 총톤수 400톤 이상인 선박
③ 국적취득조건부로 나용선한 외국선박
④ 부선 등 선박의 구조상 오염물질 및 대기오염물질을 발생하지 아니하는 선박

53 **해상교통안전법상 적절한 경계에 대한 설명으로 옳지 않은 것은?**

① 선박 주위의 상황을 파악하기 위함이다.
② 충돌의 위험을 파악하기 위함이다.
③ 시각적 수단만 활용해도 충분하다.
④ 이용할 수 있는 모든 수단을 활용한다.

54 **선박의 충돌을 방지하기 위하여 통항로를 설정하거나 그 밖의 적절한 방법으로 한쪽 방향으로만 항행할 수 있도록 항로를 분리하는 제도는?**

① 가변수로제도 ② 통항분리제도
③ 무해통항 ④ 연안통항대

55 **범선의 피항원칙으로 옳은 것은?**

① 대형범선이 소형범선을 피항한다.
② 두 범선이 서로 같은 현에 바람을 받고 있는 경우에는 바람이 불어오는 쪽의 범선이 바람이 불어가는 쪽의 범선의 진로를 피하여야 한다.
③ 각 범선이 다른 쪽 현에 바람을 받고 있는 경우에는 우현에 바람을 받고 있는 범선이 다른 범선의 진로를 피하여야 한다.
④ 우현에서 바람을 받는 범선이 피항 의무가 제일 크다.

56 선박입출항법상 틀린 내용은?

① 선박은 무역항의 수상구역 등에서 특별한 사유 없이 기적(汽笛)이나 사이렌을 울려서는 아니 된다.
② 해양수산부장관은폐기물을 버리거나 흩어지기 쉬운 물건을 수면에 떨어뜨린 자에게 그 폐기물 또는 물건을 제거할 것을 명할 수 있다.
③ 범선이 무역항의 수상구역 등에서 항행할 때에는 돛을 줄이거나 예인선이 범선을 끌고 가게 하여야 한다.
④ 우선피항선은 무역항의 수상구역 등이나 무역항의 수상구역 부근에서 다른 선박의 진로를 방해할 수 있다.

57 선체의 한 부분인 화물창이나 선체에 고정된 탱크 등에 해양수산부령으로 정하는 위험물을 싣고 운반하는 선박은?

① 수상항공기
② 수면비행선박
③ 위험화물운반선
④ 고속여객선

58 범선이란?

① 길이 200미터 이상의 선박
② 돛을 사용하여 추진하는 선박
③ 기관을 사용하여 추진하는 선박
④ 어로에 종사하고 있는 선박

59 선체에 고정된 돌출물을 포함하여 선수의 끝단부터 선미의 끝단 사이의 최대 수평거리는?

① 길이
② 폭
③ 넓이
④ 높이

60 교통안전특정해역 설정권자는?

① 대통령
② 국무총리
③ 해양수산부장관
④ 행정자치부장관

61 레이더를 사용하고 있지 아니한 선박의 경우 안전한 속력을 결정할 때 고려할 사항으로 가장 거리가 먼 것은?

① 시계의 상태
② 해상교통량의 밀도
③ 선박의 흘수와 수심과의 관계
④ 장애요인이 레이더 탐지에 미치는 영향

62 충돌 위험에 대한 설명으로 틀린 것은?

① 선박은 다른 선박과 충돌할 위험이 있는지를 판단하기 위하여 당시의 상황에 알맞은 모든 수단을 활용하여야 한다.

② 레이더를 설치한 선박은 다른 선박과 충돌할 위험성 유무를 미리 파악하기 위하여 레이더를 이용하여 장거리 주사(走査), 탐지된 물체에 대한 작도(作圖), 그 밖의 체계적인 관측을 하여야 한다.

③ 선박은 불충분한 레이더 정보나 그 밖의 불충분한 정보에 의존하여 다른 선박과의 충돌 위험여부를 판단할 수 있다.

④ 선박은 접근하여 오는 다른 선박의 나침방위에 뚜렷한 변화가 일어나지 아니하면 충돌할 위험성이 있다고 보고 필요한 조치를 하여야 한다.

63 선박은 연안통항대에 인접한 통항분리수역의 통항로를 안전하게 통과할 수 있는 경우에는 연안통항대를 따라 항행하여서는 아니 된다. 이에 대한 예외로 연안통항대를 따라 항행할 수 있는 선박이 아닌 것은?

① 길이 20미터 이상의 선박

② 범선

③ 어로에 종사하고 있는 선박

④ 급박한 위험을 피하기 위한 선박

64 다음 중 항행 중인 범선이 진로를 피하여야 할 선박이 아닌 것은?

① 조종불능선

② 조종제한선

③ 어로에 종사하고 있는 선박

④ 항행 중인 동력선

65 끌려가고 있는 선박이나 물체가 표시하여야 하는 등화나 형상물이 아닌 것은?

① 현등 1쌍

② 선미등 1개

③ 선미등의 위쪽에 수직선 위로 예선등 1개

④ 예인선열의 길이가 200미터를 초과하면 가장 잘 보이는 곳에 마름모꼴의 형상물 1개

66 정류 및 정박에 대한 설명으로 잘못 연결된 것은?

① 정박 : 선박이 해상에서 닻을 바다 밑바닥에 내려놓고 운항을 멈추는 것

② 정류 : 선박을 다른 시설에 붙들어 매어 놓는 것

③ 계선 : 선박이 운항을 중지하고 정박하거나 계류하는 것

④ 항로 : 선박의 출입 통로로 이용하기 위하여 지정 · 고시한 수로

67 다음 중 출입 신고를 하지 않아도 되는 선박이 아닌 것은?

① 총톤수 5톤 이상의 선박
② 해양사고구조에 사용되는 선박
③ 「수상레저안전법」에 따른 수상레저기구 중 국내항 간을 운항하는 모터보트 및 동력요트
④ 그 밖에 공공목적이나 항만 운영의 효율성을 위하여 해양수산부령으로 정하는 선박

68 총톤수 (　　)톤 이상의 선박을 무역항의 수상구역 등에 계선하려는 자는 해양수산부령으로 정하는 바에 따라 관리청에 신고하여야 한다. 괄호에 들어갈 내용으로 알맞은 것은?

① 5　② 10
③ 15　④ 20

69 다음 중 선장이 항로에 선박을 정박 또는 정류시키거나 예인되는 선박 또는 부유물을 방치하여서는 안 되는 규정의 예외에 해당하지 않는 것은?

① 「해양사고의 조사 및 심판에 관한 법률」에 따른 해양사고를 피하기 위한 경우
② 선박의 고장이나 그 밖의 사유로 선박을 조종할 수 없는 경우
③ 인명을 구조하거나 급박한 위험이 있는 선박을 구조하는 경우
④ 허가를 받지 않은 공사에 사용하는 경우

70 다음 중 해양수산부장관이 선박수리의 허가 신청을 받았을 때 허가하지 않을 수 있는 경우는?

① 화재·폭발 등을 일으킬 우려가 없는 방식으로 수리하려는 경우
② 용접공 등 수리작업을 할 사람의 자격이 부적절한 경우
③ 수리장소 및 수리시기 등이 항문운영에 지장을 줄 우려가 없다고 판단되는 경우
④ 위험물운송선박의 경우 수리하려는 구역에 인화성 물질 또는 폭발성 가스가 없다는 것을 증명한 경우

71 해양환경관리법상 용어에 대한 설명으로 틀린 것은?

① 해양오염 : 해양에 유입되거나 해양에서 발생되는 물질 또는 에너지로 인하여 해양환경에 해로운 결과를 미치거나 미칠 우려가 있는 상태를 말한다.
② 밸러스트수 : 선박의 중심을 잡기 위하여 선박에 싣는 물을 말한다.
③ 포장유해물질 : 해양환경에 해로운 결과를 미치거나 미칠 우려가 있는 액체물질(기름을 제외)과 그 물질이 함유된 혼합 액체물질로서 해양수산부령이 정하는 것을 말한다.
④ 잔류성유기오염물질 : 해양에 유입되어 생물체에 농축되는 경우 장기간 지속적으로 급성·만성의 독성 또는 발암성을 야기하는 화학물질로서 해양수산부령이 정하는 것을 말한다.

72 다음 중 항만관리청에 해당하지 않는 곳은?

① 항만법에 따른 관리청
② 어촌 · 어항법에 따른 어항관리청
③ 항만공사법에 따른 항만공사
④ 안전행정부장관

73 선박에너지효율이란 선박이 화물운송과 관련하여 사용한 에너지량을 (　　) 발생비율로 나타낸 것을 말한다. 괄호 안에 들어갈 내용으로 알맞은 것은?

① 산소　　② 이산화탄소
③ 수소　　④ 물

74 선박오염물질기록부의 관리에 대한 설명으로 틀린 것은?

① 선박의 선장은 그 선박에서 사용하거나 운반 · 처리하는 폐기물 · 기름 및 유해액체물질에 대한 선박오염물질기록부를 그 선박 안에 비치하고 그 사용량 · 운반량 및 처리량 등을 기록하여야 한다.
② 폐기물기록부란 해양수산부령이 정하는 일정규모 이상의 선박에서 발생하는 폐기물의 총량 · 처리량 등을 기록하는 장부를 말한다.
③ 기름기록부란 선박에서 사용하는 기름의 사용량 · 처리량을 기록하는 장부로, 유조선의 경우에는 기름의 사용량 · 처리량 외에 운반량을 추가로 기록하여야 한다.
④ 선박오염물질기록부의 보존기간은 최종기재를 한 날부터 1년으로 하며, 그 기재사항 · 보존방법 등에 관하여 필요한 사항은 해양수산부령으로 정한다.

75 다음 중 해양오염방지검사증서 등의 유효기간으로 틀린 것은?

① 해양오염방지검사증서 : 5년
② 방오시스템검사증서 : 영구
③ 에너지효율검사증서 : 10년
④ 협약검사증서 : 5년

04. 기관

76 저속선에서 선체가 받는 저항 중 가장 큰 비중을 차지하는 것은?

① 공기저항 ② 마찰저항
③ 조와저항 ④ 조파저항

77 다음 중 연소실의 구성요소가 아닌 것은?

① 실린더 헤드 ② 실린더 라이너
③ 피스톤 ④ 크랭크

78 사용 연료에 의하여 내연기관을 분류한 것 중 틀린 것은?

① 가솔린 기관 ② 소구 기관
③ 중유 기관 ④ 증기 기관

79 다음 중 실린더 내부로 유입되는 공기를 순간적으로 압축해 보다 큰 폭발력을 만들어 큰 출력을 얻도록 고안된 장치는?

① 소기구 ② 과급기
③ 블레이드 ④ 조속기

80 4행정 사이클 기관에서 흡·배기 밸브가 모두 닫혀 있을 때 피스톤이 상승하고 있는 행정은?

① 흡입 행정 ② 압축 행정
③ 팽창 행정 ④ 배기 행정

81 다음 중 연료유 장치에 해당하지 않는 것은?

① 분사 펌프 ② 섬프 탱크
③ 분사 노즐 ④ 스트레이너

82 밀폐된 용기 내의 물을 가열하여 대기압 이상의 증기를 발생시키는 장치는?

① 보일러 ② 진공관
③ 예열기 ④ 수격관

83 다음 중 변압기의 역할로 옳은 것은?

① 전압을 증감시켜 사용하기 위함
② 전류를 증감시켜 사용하기 위함
③ 저항을 조정하여 사용하기 위함
④ 전류를 차단시켜 사용하기 위함

84 프로펠러가 1회전 하였을 때 프로펠러 날개상의 한 점이 축 방향으로 이동한 거리를 ( )(이)라 한다. 괄호에 알맞은 것은?

① 피치
② 보스
③ 슬립
④ 프로펠러 지름

85 디젤 기관의 각종 계기 중 기관이 사용하는 연료 사용량을 알 수 있는 계기는?

① 회전계
② 온도계
③ 압력계
④ 유량계

86 다음 중 기관에 윤활유를 사용하는 주요 목적은?

① 마찰을 적게 한다.
② 발열을 돕는다.
③ 마모를 촉진한다.
④ 하중이 한 곳에 집중하도록 한다.

87 연료에 수분이 혼입 되었을 때 기관의 배기색은?

① 백색
② 황색
③ 갈색
④ 흑색

88 프로펠러의 재료로서 갖추어야 할 필요조건이 아닌 것은?

① 인장, 파괴강도가 클 것
② 피로강도가 클 것
③ 내식성이 우수할 것
④ 중량이 클 것

89 피스톤에 대한 설명으로 틀린 것은?

① 실린더 내를 왕복 운동하여 새로운 공기를 흡입하고 압축하는 역할을 한다.
② 높은 압력과 열을 직접 받으므로 충분한 강도를 가져야 한다.
③ 열전도가 잘 되지 않는 재료로 만들어져야 한다.
④ 피스톤 헤드, 링 지대, 스커트부 등으로 구성된다.

90 기관 각 부분에서 떨어지는 윤활유를 받아 모으는 역할을 하는 것은?

① 연결봉
② 크랭크축
③ 플라이휠
④ 기관 베드

91 연료 속에 함유되어 있는 불순물을 제거하여 순수한 연료를 제공하기 위한 장치는?

① 연료 필터 ② 분사 노즐
③ 조속기 ④ 연료 탱크

92 분사 노즐에 대한 설명으로 틀린 것은?

① 실린더 헤드 연소실에 상부에 장착되어 피스톤이 압축 시 연료를 분사하는 장치이다.
② 디젤기관의 분사 노즐은 연료 분사 펌프에서 보내는 고압의 연료를 연소실 내부에 분사하는 역할을 한다.
③ 부화가 잘 되고, 분자의 입자가 작고 균일하게 하는 기능을 필요로 한다.
④ 홀형, 핀틀형, 스로틀형은 개방형 분사 노즐이다.

93 디젤엔진에서 연료분사의 3대 조건이 아닌 것은?

① 무화 ② 분산
③ 흡입력 ④ 관통력

94 윤활유의 조건으로 옳지 않은 것은?

① 고온과 고압의 환경에서도 양호한 성능을 지녀야 한다.
② 온도 변화에 따른 점도 변화가 커야 한다.
③ 열에 의한 산화가 적어야 한다.
④ 금속에 대한 부식성이 없어야 한다.

95 다음 중 기관실 보조기기가 아닌 것은?

① 조수장치 ② 조타장치
③ 열교환기 ④ 유청정기

96 디젤 기관의 연료유와 윤활유에 포함된 물이나 슬러지 등을 제거해 주는 기관실 보조기기는 무엇인가?

① 유청정기 ② 발전기
③ 보조보일러 ④ 해양오염방지기

97 선박을 부두나 잔교 등에 계류하기 위하여 설치되는 장치는?

① 조타장치 ② 하역장치
③ 계선장치 ④ 양묘장치

98 기관고장 예방을 위한 주의사항으로 잘못된 것은?

① 연료분사펌프는 제작사에 문의 없이 절대 조정하지 않는다.
② 엔진오일 또는 냉각수가 없는 상태에서 운전한다.
③ 기관점검기준표에 따라 일정하게 정해진 주기를 준수한다.
④ 수분이 침투하지 않도록 항상 청결을 유지한다.

99 다음 중 엔진과열 시 확인사항과 조치사항이 잘못 연결된 것은?

① 냉각수량 및 누설여부 – 냉각수 보충, 수리
② 해수펌프 상태 – 임펠러 교환
③ 열교환기 막힘 여부 – 스트레이너 세척
④ 장시간 과부하 운전 – 회전수 내림

100 연료유 수급 시 주의사항이 아닌 것은?

① 연료 급유 시 물이나 이물질이 혼입되지 않도록 주의한다.
② 연료필터는 가급적 교체하지 않는다.
③ 유수분리기 내 응축수를 정기적으로 제거한다.
④ 황천 시 엔진이 정지하지 않도록 평소에 정기적으로 연료 계통을 점검정비한다.

02 정답 및 해설

answer

1	①	2	②	3	④	4	③	5	④	6	②	7	③	8	②	9	③	10	④
11	①	12	③	13	②	14	①	15	④	16	③	17	③	18	②	19	②	20	②
21	③	22	①	23	④	24	②	25	③	26	④	27	①	28	④	29	③	30	①
31	①	32	②	33	③	34	①	35	④	36	②	37	①	38	①	39	③	40	②
41	④	42	③	43	①	44	③	45	①	46	④	47	③	48	②	49	④	50	①
51	①	52	④	53	③	54	②	55	②	56	④	57	③	58	②	59	①	60	③
61	④	62	③	63	①	64	④	65	③	66	②	67	①	68	④	69	④	70	②
71	③	72	④	73	②	74	④	75	③	76	②	77	④	78	④	79	②	80	②
81	②	82	①	83	①	84	①	85	④	86	①	87	①	88	④	89	③	90	④
91	①	92	④	93	③	94	②	95	②	96	①	97	③	98	②	99	③	100	②

01 항해

1 ①

① 자차는 지구의 자기장에 상호 작용하는 선박 내의 자기장에 의해서 발생하는 오차이다.

2 ②

② 기본수준면이란 해도에 나타나는 수심의 기준면으로 수심의 기준면은 조위(潮位)가 그 이하로는 거의 떨어지지 않는 낮은 면이다.

3 ④

④ 호광등(Alternating light)은 색깔이 다른 종류의 빛을 교대로 내며 그 사이에 등광은 꺼지는 일이 없이 계속 빛을 발산한다.

4 ③

③ 음파표지는 음파를 발생시켜 음향을 발사함으로써 선박에 그 위치를 알리는 것으로 음향을 발하는 기계기구를 무신호기라 한다. 무신호기는 안개, 눈, 노을, 호우, 연무 등에 의하여 시계불량한 날이 많은 지역 또는 항만에 설치된다.

5 ④

④ 항박도(Harbour chart)는 항만, 투묘지, 어항, 해협과 같은 좁은 구역을 대상으로 선박이 접안 할 수 있는 시설 등을 상세히 표시한 해도로서 1 : 50,000 이상 대축척으로 제작된다.

6 ②

② 상대방위(Relative bearing)에 대한 내용이다. 상대방위는 일반적으로 180°식을 사용한다.

7 ③

③ 180°−30°=150°

8 ②

② 등부표는 항해하는 선박에게 암초나 수심이 얕은 곳의 소재를 알리거나 또는 항로의 경계를 알리기 위하여 해상의 고정위치에 띄워놓은 구조물로서 등화가 설치된 것을 등부표, 등화가 없는 것을 부표라 한다.

9 ③

③ 1위도 1분의 평균길이 1852m이다.

10 ④

④ 해류는 일정한 방향으로 흘러가는 바닷물의 운동으로 해류는 그 원인에 따라 바람에 의해 생기는 취송류와 바닷물의 밀도차이로 생기는 밀도류, 해면의 경사로 때문에 일어나는 경사류, 어떤 장소의 해수가 다른 데로 움직이면 이를 보충하기 위해 다른 장소의 해수가 흘러오는 보류 등으로 나뉜다.

11 ①

① 조류란 조석에 의하여 일어나는 해수의 주기적 수평운동으로 조류 바닷물이 흘러가는 방향을 기준으로 표시하며, 이와 달리 바람은 불어오는 쪽을 기준으로 방향을 표시한다.

12 ③

③ 교량표지는 국제 해상 부표 방식의 종류가 아니다. 국제해상부표방식에는 측방표지, 방위표지, 고립장애표지, 안전수역표지, 특수표지, 신위험물표지, 등선이 있다.

13 ②

② 로란C는 쌍곡선 방식으로서 펄스의 도착시간 차에 의해 선박위치를 구하는 전파표지의 일종이다. 로란C는 2개의 송신국으로부터 시간 약속하에 발사하는 전파 도착시간 차이를 측정하여 위치를 구하게 된다.

14 ①

① 랜비(LANBY ; Large Navigation Buoys)는 표체 직경이 10m 이상으로 고광도 광원과 각종 항해안전지원시설을 병설한 대형등부표를 말한다.

15 ④

④ Racon은 Radar beacon의 약자로, 레이더에서 발사하는 전파 신호를 받을 때 자동으로 응답하여 식별 가능한 신호를 발사하는 해상무선항행 업무용 장치를 말한다.

16 ③

③ 음파표지는 안개, 눈, 비 등으로 시계가 불량할 때 음향을 발하여 그 위치를 표시하기 위한 것으로 에어사이렌, 전기혼, 다이어폰, 무신호(fog bell) 등이 있다. 선박통항신호소(VTS)는 항만출입항로, 항만접근수로 및 협수로 해역에 레이더 및 CCTV를 설치 항해선박을 관제하여 안전항해를 유도하기 위한 시설이다.

17 ③

③ 측심기는 수심을 측정하는 장치로 측심의라고도 한다. 바람의 방향과 세기를 나타내는 장치는 풍향 풍속계이다.

18 ②

액체 자기나침의 액체 비율은 알코올 : 증류수 = 4 : 6이다.

19 ②

제시된 내용은 항법에 대한 설명이다.

20 ②

① **지문항법** : 이미 위치가 알려진 지상의 목표를 항해 중에 육안으로 확인함으로써 목적지와 본선의 위치관계를 알아내는 항해 방법이다.
③ **추측항법** : 선박의 대수속도 · 항행시간 · 침로 · 풍향 · 풍속 · 편류 등 항법에 필요한 제원 중 몇 개의 값을 구하거나 가정하여 그 선박의 위치 · 대지속도 · 침로 · 도착시각 등을 산출하는 방법이다.
④ **전파항법** : 전파의 정속성, 등속성 및 직진성을 이용한 항법이다.

21 ③

GPS의 오차 범위는 약 30m로 Loran-C와 비교하여 매우 작고, 실시간 수신이 가능하다.

22 ①

GPS가 등장하기 전까지 선박, 항공기 등에 가장 많이 사용된 전파 항법장치는 Loran-C이다.

23 ④

전파항법은 전파의 정속성, 등속성 및 직진성을 이용한 항법이다.

24 ②

① 북태평양의 남서해상에서 발생
③ 인도양, 아라비아해, 벵골만에서 발생
④ 호주 북부 주변 해상

25 ③

① 낙조 : 조석에 의하여 해면이 하강하여 가는 동안
② 대조 : 삭 또는 망 후 조차가 큰 조석
④ 소조승 : 기본수준면으로부터 소조의 평균고조면까지의 높이

02 운용

26 ④

④ 선박이 파도나 바람 등의 외력에 의하여 어느 한쪽으로 기울었을 때 원래의 위치로 되돌아오려는 성질을 선박의 복원성(Stability)이라 하고, 이때 작용하는 힘을 복원력이라 한다. 복원성에 영향을 미치는 요소는 선폭, 건현, 현호, 배수량, 유동수에 영향을 크게 받는다.

27 ①

① 선창은 선박의 화물, 기타를 적재하는 구획을 가리킨다.

28 ④

④ 선박에 설치하여 기압을 측정하는 장비는 기압계이다.

29 ③

③ 선내 탱크에 청수, 밸러스트, 기름 등의 액체가 가득 차 있지 않아 출렁일 수 있는 자유 표면을 가질 경우, 선박이 동요하게 되면 탱크 안의 액체도 유동하게 된다. 선박이 항해 중에 운동하게 되면 액체의 표면도 움직이게 되므로, 유동수의 가상 중심에 의해 선박의 무게 중심(G)이 상승한 것과 똑같은 결과를 가져와 복원력을 감소시키는 효과를 일으키는데 이것을 유동수의 자유 표면 효과라 한다.

30 ①

① 방위란 어떠한 지점으로 부터 다른 지점을 바라 본 것을 말하며 자침의 북쪽에서 오른쪽으로 잰 각을 방위각이라 한다.
$360° - 50° = 310°$

※ 방위각

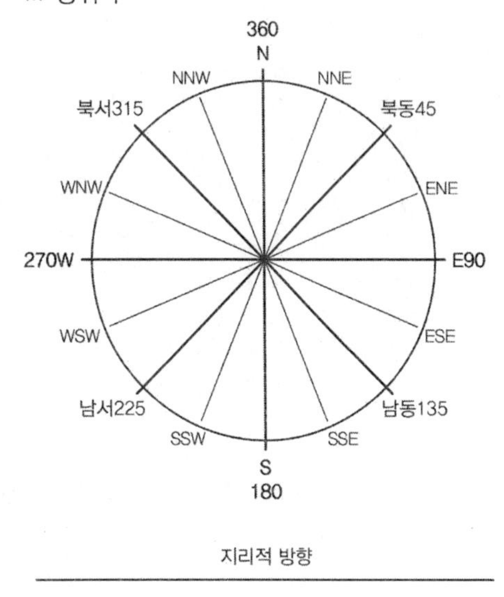

지리적 방향

31 ①

① 방위 분해능에 대한 내용이다. 방위 분해능은 동일 거리에 있는 방위가 근접된 두 물체 표적을 식별하는 능력을 말한다.

32 ②

② 선체의 중앙에서 상갑판 빔의 현측 상면에서 용골의 상면까지의 수직 거리를 형심이라고도 한다.

33 ③

③ 아연판으로 제작된 키(러더)를 사용하지는 않는다.

※ 강선의 부식 방지

㉠ 방청용 페인트 및 시멘트를 발라서 습기와의 접촉을 차단
㉡ 부식이 심한 장소의 파이프는 아연 또는 주석을 도금한 것을 사용
㉢ 프로펠러나 키 주위에는 철보다 이온화 경향이 큰 아연판 부착
㉣ 고순도의 마그네슘 또는 아연의 양극 금속을 기관실 등에 설치하여 선체에 약한 전류를 통과시킴
㉤ 일반 화물선의 화물창 내에 강제 통풍에 의한 건조한 공기 불어넣기
㉥ 유조선은 탱크 내에 불활성 기체인 이너트 가스를 주입하여 폭발 방지 및 선체방식에도 기여
㉦ 유조선에서 원유 양하 작업 중에 원유세정 실시로 잔유 문제와 탱크 부식 및 환경 오염 방지

34 ①

① 전진중인 선박을 가장 빨리 정지시키는 방법은 전속후진이다.

35 ④

④ 선저의 선체 중심선을 따라서 선수재로부터 선미골재까지 길이 방향으로 관통하는 구조부재를 용골이라고 하며, 인간의 몸을 포함한 모든 동물들의 척추와 같은 역할을 한다.

36 ②

② 선박이 해상에서 닻을 내리고 운항을 정지하는 것을 말한다. 묘박이라고도 한다.

37 ①

① 선박의 전장(Length Over All, LOA)은 선체에 고정적으로 부착된 모든 돌출물을 포함한 선수재의 최전단으로부터 선미 돌출부의 최후단까지의 수평 거리를 말하며, 안벽 계류, 운하 통과 및 입거 등 선박 조종에 필요로 하는 선체의 최대 길이를 나타낸다.

38 ①

① 물체는 수중에 있을 때 중력과 똑같으면서 방향은 정반대인 힘을 받는데, 이렇게 물체를 뜨게 하는 힘을 부력(Buoyancy)이라 한다.

39 ③

① **부양기능** : 선박자체의 무게를 비롯하여 적재된 화물의 무게를 견디고 물에 뜨는 기능

② **복원기능** : 선박은 물에 뜬 상태로 어느 한쪽으로 기울여지지 않아야 하기 때문에 선박 운항 때 무게중심을 유지하기 위해 배 아래나 좌우에 설치된 탱크에 채워 넣는 바닷물인 선박 평형수를 이용

④ **내항기능** : 선박은 운행 중 파도를 마주치더라도 움직임이 안정적이어야 함

40 ②

① **기관** : 선박의 동력을 발생시키는 장치

③ **어로설비** : 어로 작업이나 어획물의 가공, 저장 등에 필요한 장비

④ **정박설비** : 선박을 일정한 수역 내에서 안전하게 머물 수 있도록 하거나, 긴급 시에 응급 조종용으로 사용할 수 있도록 선박에 장착되어 있는 닻 등의 장비

41 ④

① **무선설비** : 전파를 보내거나 받는 전기적 장치

② **적부설비** : 위험물이나 그 밖의 산적화물을 실은 선박과 운송물의 안전을 위하여 운송물을 계획적으로 선박 내에 배치하기 위한 설비

③ **소방설비** : 선내에서 화재가 발생한 경우에 화재의 위치를 탐지하는 화재 탐지 장치와 불을 끄는 소화 장치

42 ③

③ 탑승장치에는 탑승용사다리, 강하식탑승장치, 그물사다리 등이 있다.
① 구명부기 – 구명기구
② 자기점화등 – 신호장치
④ 구명뗏목진수장치 – 진수장치

43 ①

구명부환은 구명기구이다.

44 ③

① 타각을 0°로 하시오.
② 좌현으로 7~8°로 하시오.
④ 가능한 한 빨리 회두를 줄이시오.

45 ①

황천 시 라디오 기상통보 및 날씨에 관한 속보에 유념하여 변화를 예측하고 대응한다.

46 ④

④ 파도가 클 때는 속력을 떨어뜨려 타가 잘 듣는 정도의 속력을 유지토록 함

47 ③

③ 처음으로 항행하는 해역에서는 안내인을 승선하여 항행할 것

48 ②

① 선수가 선미보다 물속으로 더 깊이 기울어진 상태
③ 선미가 선수보다 물속으로 더 깊이 기울어진 상태
④ 선박이 파도나 바람 등의 외력에 의하여 어느 한쪽으로 기울었을 때 원래의 위치로 되돌아오려는 성질

49 ④

관계기관 통보사항
㉠ 선종, 선명, 톤수, 승무원 수, 조난 등의 일시, 장소, 수난사고의 종류, 사상자 및 유출유의 유무 등 통보
㉡ 조난 상황, 현재의 조치상태, 피해 확대 가능성 유무, 현재의 날씨 및 수상(해상)상태 등 통보

50 ①

② T ③ V ④ Z

03 법규

51 ①

① 선박입출항법상 무역항이란 국민경제와 공공의 이해에 밀접한 관계가 있고 주로 외항선이 입항 · 출항하는 항만을 말한다(선박입출항법 제2조).

52 ④

④ 해양수산부령이 정하는 선박의 소유자는 그 선박에 승무하는 선원 중에서 선장을 보좌하여 선박으로부터의 오염물질 및 대기오염물질의 배출방지에 관한 업무를 관리하게 하기 위하여 해양오염방지관리인을 임명하여야 한다. 이 경우 유해액체물질을 산적하여 운반하는 선박의 경우에는 유해액체물질의 해양오염방지관리인 1인 이상을 추가로 임명하여야 한다(해양환경관리법 제32조제1항).

※ 선박에서의 오염방지에 관한 규칙 제27조(해양오염방지관리인 승무대상 선박)

해양환경관리법 제32조 제1항에서 "해양수산부령이 정하는 선박"이란 다음 각 호의 선박을 말한다.

㉠ 총톤수 150톤 이상인 유조선

㉡ 총톤수 400톤 이상인 선박(국적취득조건부로 나용선한 외국선박을 포함한다). 다만, 부선 등 선박의 구조상 오염물질 및 대기오염물질을 발생하지 아니하는 선박은 제외한다.

53 ③

③ 선박은 주위의 상황 및 다른 선박과 충돌할 수 있는 위험성을 충분히 파악할 수 있도록 시각 · 청각 및 당시의 상황에 맞게 이용할 수 있는 모든 수단을 이용하여 항상 적절한 경계를 하여야 한다(해상교통안전법 제70조).

54 ②

② 통항분리제도란 선박의 충돌을 방지하기 위하여 통항로를 설정하거나 그 밖의 적절한 방법으로 한쪽 방향으로만 항행할 수 있도록 항로를 분리하는 제도를 말한다(해상교통안전법 제2조 제22호).

55 ②

② 해상교통안전법 제77조 제1항 제2호

※ 해상교통안전법 제77조(범선)

① 2척의 범선이 서로 접근하여 충돌할 위험이 있는 경우에는 다음 각 호에 따른 항행방법에 따라 항행하여야 한다.

1. 각 범선이 다른 쪽 현에 바람을 받고 있는 경우에는 좌현에 바람을 받고 있는 범선이 다른 범선의 진로를 피하여야 한다.
2. 두 범선이 서로 같은 현에 바람을 받고 있는 경우에는 바람이 불어오는 쪽의 범선이 바람이 불어가는 쪽의 범선의 진로를 피하여야 한다.
3. 좌현에 바람을 받고 있는 범선은 바람이 불어오는 쪽에 있는 다른 범선을 본 경우로서 그 범선이 바람을 좌우 어느 쪽에 받고 있는지 확인할 수 없는 때에는 그 범선의 진로를 피하여야 한다.

② 제1항을 적용할 때에 바람이 불어오는 쪽이란 종범선에서는 주범을 펴고 있는 쪽의 반대쪽을 말하고, 횡범선에서는 최대의 종범을 펴고 있는 쪽의 반대쪽을 말하며, 바람이 불어가는 쪽이란 바람이 불어오는 쪽의 반대쪽을 말한다.

56 ④

④ 우선피항선은 무역항의 수상구역 등이나 무역항의 수상구역 부근에서 다른 선박의 진로를 방해하여서는 아니 된다(선박입출항법 제16조 제1항).

57 ③

위험화물운반선이란 선체의 한 부분인 화물창이나 선체에 고정된 탱크 등에 해양수산부령으로 정하는 위험물을 싣고 운반하는 선박을 말한다.(해상교통안전법 제2조 제4호)

58 ②

② 범선이란 돛을 사용하여 추진하는 선박을 말한다. 다만, 기관을 설치한 선박이라도 주로 돛을 사용하여 추진하는 경우에는 범선으로 본다(해상교통안전법 제2조 제8호).

① 거대선 ③ 동력선

59 ①

길이란 선체에 고정된 돌출물을 포함하여 선수(船首)의 끝단부터 선미(船尾)의 끝단 사이의 최대 수평거리를 말한다(해상교통안전법 제2조 제20호).

60 ③

해양수산부장관은 다음의 어느 하나에 해당하는 해역으로서 대형 해양사고가 발생할 우려가 있는 해역(교통안전특정해역)을 설정할 수 있다(해상교통안전법 제7조 제1항).

㉠ 해상교통량이 아주 많은 해역

㉡ 거대선, 위험화물운반선, 고속여객선 등의 통항이 잦은 해역

61 ④

레이더를 사용하고 있지 아니한 선박이 안전한 속력을 결정할 때 고려할 사항(해상교통안전법 제71조 제2항)

㉠ 시계의 상태

㉡ 해상교통량의 밀도

㉢ 선박의 정지거리 · 선회성능, 그 밖의 조종성능

㉣ 야간의 경우에는 항해에 지장을 주는 불빛의 유무

㉤ 바람 · 해면 및 조류의 상태와 항행장애물의 근접상태

㉥ 선박의 흘수와 수심과의 관계

62 ③

③ 선박은 불충분한 레이더 정보나 그 밖의 불충분한 정보에 의존하여 다른 선박과의 충돌 위험여부를 판단하여서는 아니 된다(해상교통안전법 제72조 제3항).

63 ①

선박은 연안통항대에 인접한 통항분리수역의 통항로를 안전하게 통과할 수 있는 경우에는 연안통항대를 따라 항행하여서는 아니 된다. 다만, 다음의 선박의 경우에는 연안통항대를 따라 항행할 수 있다(해상교통안전법 제75조 제4항).

㉠ 길이 20미터 미만의 선박
㉡ 범선
㉢ 어로에 종사하고 있는 선박
㉣ 인접한 항구로 입항 · 출항하는 선박
㉤ 연안통항대 안에 있는 해양시설 또는 도선사의 승하선(乘下船) 장소에 출입하는 선박
㉥ 급박한 위험을 피하기 위한 선박

64 ④

항행 중인 범선은 조종불능선, 조종제한선, 어로에 종사하고 있는 선박의 진로를 피하여야 한다(해상교통안전법 제83조 제3항).

④ 항행 중인 동력선은 범선의 진로를 피하여야 한다.

65 ③

끌려가고 있는 선박이나 물체는 다음의 등화나 형상물을 표시하여야 한다(해상교통안전법 제89조 제3항).

㉠ 현등 1쌍
㉡ 선미등 1개
㉢ 예인선열의 길이가 200미터를 초과하면 가장 잘 보이는 곳에 마름모꼴의 형상물 1개

66 ②

② 정류는 선박이 해상에서 일시적으로 운항을 멈추는 것을 말한다. 선박을 다른 시설에 붙들어 매어 놓는 것은 계류이다(선박입출항법 제2조 제8호, 제9호).

67 ①

① 총톤수 5톤 미만의 선박은 출입 신고를 하지 아니할 수 있다(선박입출항법 제4조 제1항).

68 ④

총톤수 20톤 이상의 선박을 무역항의 수상구역 등에 계선하려는 자는 해양수산부령으로 정하는 바에 따라 관리청에 신고하여야 한다(선박입출항법 제7조 제1항).

69 ④

선장은 항로에 선박을 정박 또는 정류시키거나 예인되는 선박 또는 부유물을 내버려두어서는 아니 된다. 다만 다음의 어느 하나에 해당하는 경우는 그러하지 아니하다(선박입출항법 제11조 제1항).

㉠ 「해양사고의 조사 및 심판에 관한 법률」 제2조 제1호에 따른 해양사고를 피하기 위한 경우
㉡ 선박의 고장이나 그 밖의 사유로 선박을 조종할 수 없는 경우
㉢ 인명을 구조하거나 급박한 위험이 있는 선박을 구조하는 경우
㉣ 제41조에 따른 허가를 받은 공사 또는 작업에 사용하는 경우

70 ②

관리청은 선박수리의 허가 신청을 받았을 때에는 신청 내용이 다음의 어느 하나에 해당하는 경우를 제외하고는 허가하여야 한다(선박입출항법 제37조 제2항).

㉠ 화재 · 폭발 등을 일으킬 우려가 있는 방식으로 수리하려는 경우
㉡ 용접공 등 수리작업을 할 사람의 자격이 부적절한 경우
㉢ 화재 · 폭발 등의 사고 예방에 필요한 조치가 미흡한 것으로 판단되는 경우
㉣ 선박수리로 인하여 인근의 선박 및 항만시설의 안전에 지장을 초래할 우려가 있다고 판단되는 경우
㉤ 수리장소 및 수리시기 등이 항만운영에 지장을 줄 우려가 있다고 판단되는 경우
㉥ 위험물운송선박의 경우 수리하려는 구역에 인화성 물질 또는 폭발성 가스가 없다는 것을 증명하지 못하는 경우

71 ③

③은 유해액체물질에 대한 설명이다. 포장유해물질은 포장된 형태로 선박에 의하여 운송되는 유해물질 중 해양에 배출되는 경우 해양환경에 해로운 결과를 미치거나 미칠 우려가 있는 물질로서 해양수산부령이 정하는 것을 말한다(해양환경관리법 제2조 제7호, 제8호).

72 ④

항만관리청 … 「항만법」 제20조의 관리청, 「어촌 · 어항법」 제35조의 어항관리청 및 「항만공사법」에 따른 항만공사를 말한다(해양환경관리법 제2조 제19호).

73 ②

선박에너지효율이란 선박이 화물운송과 관련하여 사용한 에너지량을 이산화탄소 발생비율로 나타낸 것을 말한다(해양환경관리법 제2조 제21호).

74 ④

④ 선박오염물질기록부의 보존기간은 최종기재를 한 날부터 3년으로 하며, 그 기재사항 · 보존방법 등에 관하여 필요한 사항은 해양수산부령으로 정한다(해양환경관리법 제30조 제2항).

75 ③

③ 에너지효율검사증서의 유효기간은 영구이다(해양환경관리법 제56조 제1항).

04 기관

76 ②

② 마찰저항은 선체가 수중을 진행할 때 선체와 물이 접하고 있는 모든 면에 물의 부착력이 작용하여 선박의 진행을 방해하는 힘으로 저속선의 경우에 전체저항의 70~80% 정도에 이르고, 고속선에서도 40~50%를 차지할 정도로 전체 저항 중에 가장 큰 비중을 차지한다.

77 ④

④ 크랭크는 피스톤의 왕복 운동을 회전 운동으로 바꾸는 기능을 하는 부품으로 피스톤과 커넥팅 로드는 직선(왕복)운동으로 연결된 크랭크축을 움직이게 하고, 크랭크축은 이 전달받은 에너지(Energy)를 회전운동으로 플라이휠(Flywheel)과 같은 다른 부품을 작동시키는 역할을 한다.

78 ④

④ 증기기관은 외연기관이다.

※ 열기관의 구분

79 ②

② 디젤 기관 연소실 내에 공기의 양이 많으면 정해진 용량보다 더 많은 연료가 연소되면서 출력이 높아지기 때문에 압축기를 이용해 연소실 내부로 다량의 공기를 넣어 주는데 이를 과급이라 한다. 과급은 보통 중형 또는 대형의 고성능 디젤 기관에서는 많이 이용하고 있으며, 과급에 의해 약 20~40%의 출력 향상을 나타낸다. 과급기(super charger)는 흡입 공기를 대기압 이상의 압력으로 압축해 밀도가 높은 공기를 실린더 내로 공급하여 평균유효 압력을 높임으로써 기관 출력을 증대시키는 역할을 한다. 대형 기관의 선박은 주로 배기가스 터빈에 의한 배기 터빈 과급기를 사용한다.

80 ②

② 압축행정에 대한 질문이다.

※ 각 행정별 특성

구분	흡입행정	압축행정	폭발행정	배기행정
피스톤	상사점 → 하사점	하사점 → 상사점	상사점 → 하사점	하사점 → 상사점
흡기밸브	열림	닫힘	닫힘	닫힘
배기밸브	닫힘	닫힘	닫힘	열림
혼합기	흡입	압축, 점화	연소, 팽창	배기

81 ②

② 섬프 탱크(sump tank)는 윤활 장치에 해당된다. 디젤 기관에서는 일반적으로 섬프 탱크에 모여 있는 윤활유를 펌프로 가압하여 운동부에 공급하고 윤활부에 공급된 윤활유를 다시 섬프 탱크에 모아 순환시키는 강제 순환식 급유 방식이 사용된다.

82 ①

① 보일러란 연료를 연소시키면서 발생하는 열을 용기 속의 물과 같은 열매체를 가열해 증기를 만드는 폐쇄된 용기를 말한다. 보일러는 보일러 본체, 연소장치, 통풍장치, 급수장치, 자동제어 장치, 안전밸브, 압력계, 수면계 등의 부속품으로 구성되어 있으며, 보통 그 내부 압력은 대기압 이상이다.

83 ①

① 변압기는 전자기유도현상을 이용하여 입력 전압과 출력 전압을 다르게 할 수 있는 장치이다.

84 ①

① 피치(pitch)는 프로펠러가 1회전할 때 선박이 전진 또는 후진하는 거리를 말한다.

85 ④

④ 유량계는 액체의 유량을 측정하는 계기이다.

86 ①

① 윤활은 상대적으로 움직이고 있는 두 물체 사이에 기체, 액체, 고체 또는 반고체상의 물질을 넣어 마찰과 마모를 감소시키는 것으로 윤활유는 기계의 마찰부분에 유막을 형성시켜 마찰을 적게 하며 부품이 타버리거나 마모되는 것을 방지 하고 동력의 소비를 줄여 기계의 효율을 증대시키는 역할을 한다.

87 ①

① 연료에 수분이 다량 혼입되면 배기가스 색은 백색을 띄게 된다.

※ 배기가스 색으로 알아보는 기관의 현상

구분	색
연료에 수분이 다량 혼입	백색
윤활유가 연소되는 경우	청색
과부하 운전을 하는 경우	검은색

88 ④

④ 프로펠러는 엔진의 회전력을 추진력으로 변환하는 장치로서 물을 뒤로 밀어내면서 그 반작용으로 보트를 앞으로 추진하는 역할을 하기 때문에 인장강도, 피로강도, 강성이 커야 하며 부식이 일어나기 어려운 성질인 내식성이 우수해야 한다.

89 ③

③ 열을 실린더 내벽으로 잘 전달하는 열전도가 좋은 재료로 만들어져야 한다.

90 ④

기관 베드는 내부에 메인 베어링을 포함하고 크랭크축과 프레임으로부터 힘을 받아 기관 전체를 기초 위에 고정한다.

91 ①

② 분사 노즐 : 실린더 헤드 연소실에 상부에 장착되어 피스톤이 압축 시 연료를 분사하는 장치

③ 조속기 : 기관의 회전속도나 부하의 변동에 따라 자동으로 연료 분사량을 조절하는 제어장치

④ 연료 탱크 : 연료를 저장하는 용기

92 ④

④ 홀형, 핀틀형, 스로틀형은 폐지형 분사 노즐이다.

93 ③

디젤엔진에서 연료분사의 3대 조건

㉠ 무화

㉡ 분산

㉢ 관통력

94 ②

② 온도 변화에 따른 점도 변화가 적어야 한다.

95 ②

② 조타장치는 갑판 보조기기이다.

96 ①

② 발전기 : 선내의 전동기, 조명, 통신, 항해 계기 등에 전력을 공급하는 매우 중요한 보조기계
③ 보조보일러 : 선내 난방이나 취사 등에 사용되는 증기를 발생시키는 보일러
④ 해양오염방지기 : 해양 오염 방지에 필요한 유수 분리 장치, 폐유 소각 장치, 오수 처리 장치

97 ③

① 조타장치 : 키를 움직여 선박의 진로를 유지하거나 변경하는 장치
② 하역장치 : 선박에 화물을 싣고 내리는데 사용되는 장치
④ 양묘장치 : 선박을 임의의 수면에서 정 위치에 정지할 필요가 있을 때나, 좁은 수역에서 선박을 회전시키거나 긴급한 감속을 위한 보조수단으로도 사용하는 장치

98 ②

② 엔진오일 또는 냉각수가 없는 상태에서 운전하지 않는다.

99 ③

③ 열교환기 막혔을 경우 튜브를 세척해야 한다. 스트레이너 세척은 해수스트레이너가 막혔을 때 조치사항이다.

100 ②

② 연료필터는 정기적으로 교체한다.